나의행복한
물리학 특강

FOR THE LOVE
OF PHYSICS:
From the End of the Rainbow
to the Edge of Time - A
Journey Through the Wonders
of Physics

Copyright © 2011 by Walter Lewin and Warren Goldstein •
All rights reserved. • Published by arrangement with the original
publisher, Free Press, A Divsion of Simon & Schuster, Inc., New
York

나의 행복한

물리학 특강

지은이 월터 르윈
옮긴이 고중숙
1판 1쇄 발행 2012. 6. 14.
1판 10쇄 발행 2025. 11. 28.

발행처_ 김영사 • **발행인**_ 박강휘 **등록번호**_ 제406-2003-036호 • **등록일자**_ 1979. 5. 17. • **주소**_ 경기도 파주시 문발로 197(문발동) 우편번호 10881 • **전화**_ 마케팅부 031)955-3100, 편집부 031)955-3200 • **팩시밀리**_ 031)955-3111 • 이 책은 (주)한국저작권센터(KCC)를 통한 저작권자와의 독점 계약으로 김영사에서 출간되었습니다. 저자와 출판사의 허락 없이 내용의 일부를 인용하거나 발췌하는 것을 금합니다.

값은 뒤표지에 있습니다. ISBN 978-89-349-5784-3 03420 • 홈페이지_ www.gimmyoung.com • 이메일_ bestbook@gimmyoung.com • 좋은 독자가 좋은 책을 만듭니다. • 김영사는 독자 여러분의 의견에 항상 귀 기울이고 있습니다.

나의 행복한
물리학 특강

월터 르윈 지음 | 고중숙 옮김

차례

서문 … 6

Chapter 1
원자핵에서
우주까지

17

Chapter 2
측정과
오차와 별

37

Chapter 3
운동하는 물체

59

Chapter 4
빨대의 마술

89

Chapter 5
무지개의
신비

115

Chapter 6
현악기와
관악기의 화음

151

Chapter 7
전기의 신비

181

Chapter 8
자기의 신비

213

Chapter 9
에너지 보존

239

Chapter **10**
외계에서 오는
엑스선

267

Chapter **11**
초기의
엑스선풍선

283

Chapter **12**
우주적 재앙,
중성자성,
블랙홀

307

Chapter **13**
천상의 발레

331

Chapter **14**
엑스선 폭발

349

Chapter **15**
세상을 보는 법

367

부록 1 포유류의 대퇴골 …384
부록 2 뉴턴의 법칙 …386
옮긴이의 말 …393
찾아보기 …397

서문

188cm의 마른 몸매에 푸른 작업복 같은 옷을 걸치고 소매는 팔목까지 걷어올렸으며 카키색 건빵바지에 하얀 양말과 샌들을 신은 한 교수가 무릎 높이의 실험대와 일련의 칠판이 마련된 강의실 앞쪽을 좌우로 활보하거나 몸짓을 섞어가며 설명하다가 강조할 부분에서는 잠시 멈춰 서곤 했다. 그의 앞에 오르막으로 배치된 400개의 좌석을 가득 메운 학생들은 각자의 자리에서 몸을 뒤척이는 중에도 시선만은 이 교수를 줄곧 주시했다. 그의 모습만으로는 어디서 수많은 학생들의 시선을 사로잡을 정도의 강한 에너지가 솟아나는지 알아차리기 어려웠다. 감전되어 헝클어진 듯한 머리칼과 넓은 이마 아래에 안경을 걸치고 유래를 모를 듯한 어렴풋한 유럽식 말투를 구사하는 그에게서는 영화 〈백 투 더 퓨처Back to the Future〉에서 크리스토퍼 로이드Christopher Lloyd가 연기했던 열정적이고 외계인 같으며 약간 미친 듯한 과학자이자 발명가인 브라운 박사의 분위기가 풍겨났다.

하지만 이곳은 브라운 박사의 차고가 아니라 과학과 공학 분야에서 세계적으로 유명한 매사추세츠공과대학교MIT이며, 칠판 앞에서 강의하고 있는 사람은 월터 르윈Walter H. G. Lewin 교수다. 그는 걸음을 멈추고 학생들을 바라본다. 그리고 양팔을 크게 벌리고 손가락을 쫙 펴면서 말한다. "자, 모든 측정에서 참으로 중요하지만 모든 대학 물리학 교재에서 언제나 무시되고 있는 것은 측정의 오차입니다." 이어 학생들에게 생각할 시간을 주기 위해 잠시 뜸을 들이고는 한 걸음을 떼었다가 다시 멈춘다. "오차를 모르고 한 측정은 모두 무의미합니다." 강조하기 위해 그는 손을 휘저어 허공을 가른다. 그리고 또 잠시 멈춘다.

"다시 말합니다. 나는 여러분이 오늘밤 새벽 3시에 일어나 이 말을 듣기 바랍니다." 그는 양손의 집게손가락을 관자놀이에 대고 나사처럼 머리에 박는 시늉을 한다. "오차를 모르고 한 측정은 모두 완전히 무의미합니다." 학생들은 온통 황홀경에 빠져 그를 바라본다.

물리 8.01의 첫 시간은 이제 11분쯤 지났다. 학생들의 시선을 온통 사로잡은 이 강의는 세계에서 가장 유명한 대학 기초물리학 강좌다.

2007년 12월 《뉴욕타임스》는 1면에 실은 기사에서 월터 르윈 교수를 '웹스타webstar'라고 불렀고 그의 물리학 강좌는 MIT의 오픈코스웨어OpenCourseWare 사이트를 비롯하여 유튜브YouTube, 아이튠스대학iTunes U, 아카데믹어스Academic Earth 등에서도 들을 수 있다고 소개했다. 이 강좌는 MIT에서 인터넷에 올린 첫 강좌들 가운데 하나로, MIT에 많은 기여를 했다. 구체적으로 3개의 주제를 완전히 다룬 강좌와 7개의 독립 강의를 포함하여 모두 94개의 강의로 이루어진 그의 강좌는 인기가 특히 높아 매일 약 3000명이 찾고 연간 조회수는 100만에 이른다. 놀라운 것은 빌 게이츠도 이 강좌를 많이 찾았다는 사실이다. 그는 르윈 교수에게 이메일이 아니라 손으로 직접 쓴 스네일메일 snail mail 을 보내 고전역학에 대한 강의 8.01과 전자기학에 대한 강의 8.02를 모두 보았으며, 이제는 많은 기대감 속에 진동과 파동에 대한 8.03으로 넘어가려 한다고 말했다(이 동영상 강좌는 http://ocw.mit.edu/courses/physics/에서 볼 수 있다.—옮긴이).

"교수님은 제 삶을 바꿔놓았습니다"라는 구절은 르윈 교수가 날마다 전 세계 모든 연령층의 사람들이 보내는 수많은 이메일에서 흔히 보는 제목이다. 샌디에이고의 화훼가 스티브는 "교수님의 강의를 통해 저는 새로운 활력을 찾았으며 물리의 시각에서 삶을 바라보게 되었습니다"라는 메일을 보내왔다. 튀니지 엔지니어링예비학교의 학생인 모하메드가 보낸 메일에는 "르윈 교수님은 물리에서 아름다움을 보지만 우리나라의 교수님들은 그렇지 못합니다. 그분들은 우리가 시험을 잘 보도록 그저 '상투적인' 문제를 푸는 방법만 익히기를 바라며, 그런 좁은 시야의 너머는 쳐다보지도 않습니다"라고 쓰여 있었다.

미국에서 이미 석사학위를 여럿 받은 이란인 세이예드 Seyed 는 "교수님의 물리 강좌를 보기 전에는 삶의 참된 기쁨을 맛보지 못했습니다. 교수님은 정말 제 삶을 바꿔놓았습니다. 교수님의 강의는 수업료 10배 이상의 가치가 있습니다. 잘못 가르치는 것은 분명 커다란 죄이며, 이런 뜻에서 일부 강사들은 죄인이나 마찬가지입니다"라고 했으며, 인도의 싯다르트 Siddharth 는 "저는 수식을 넘어선 물리를 느낍니다. 저의 삶과 배움을 이제껏 제가 알았던 것보다 더 흥미롭게 만들어주신 교수님을 잊지 못할 것이며, 교수님께 배운 학생들도 역시 그럴 겁니다"라고 썼다.

모하메드는 르윈 교수의 허락 아래 물리 8.01의 마지막 강의에 나오는 대목을 열정적으로 인용한다. "여러분은 내가 이 강좌에서 물리가 매우 흥미롭고 아름다우며 우리 주변에 언제나 있으므로 이에 대한 안목만 갖추면 그 아름다움을 한껏 즐길 수 있다고 이야기한 사실을 기억할 것입니다." 또 다른 팬인 마르호리Marjory는 다음과 같이 썼다. "저는 가능한 한 자주 교수님의 강좌에 들렀고, 때로는 일주일에 다섯 번이나 본 적도 있습니다. 저는 교수님의 인품과 유머 감각, 그리고 특히 문제를 단순화하는 능력에 반했습니다. 고교 시절에는 물리를 싫어했지만 이제는 사랑하게 되었습니다."

르윈 교수는 이런 이메일들을 매주 10여 통씩 받으며 그 모두에 응답한다.

물리의 경이로움을 소개할 때 르윈 교수는 마술을 발휘한다. 그의 비밀은 무엇일까? 그는 "나는 사람들에게 그들의 세계를 보여줍니다"라고 대답한다. "그들이 살고 있는 낯익은 세상을 보여주지만 아직 물리학자처럼 다가서지는 않습니다. 한 예로 물의 파동에 대해 이야기할 때는 먼저 욕조에서 어떤 실험을 하게 합니다. 그러면 사람들은 파동을 거기에 관련지을 수 있습니다. 또한 무지개에도 관련짓게 됩니다. 이는 바로 내가 물리를 사랑하는 한 가지 이유입니다. 무엇이든 설명하려는 마음이 생긴다는 것입니다. 이런 일은 그들은 물론 내게도 놀라운 경험일 수 있습니다. 나는 사람들이 물리를 사랑하게 해줍니다! 가끔씩 학생들이 깊이 빠져들 때면 수업은 마치 한바탕 쇼와 같아집니다."

때로 그는 5m나 되는 사다리의 꼭대기에 앉아 실험용 튜브로 만든 뱀처럼 기다랗고 구불구불한 빨대로 바닥의 비커에 담긴 크랜베리주스를 빨아들인다. 또는 작지만 무척 강한 파괴력을 가진 추가 흔들리는 경로에 자신의 머리를 놓고 턱 앞 바로 몇 mm까지 접근하게 하여 자칫 큰 부상을 당할 위험을 자초한다. 또한 물이 가득 찬 두 페인트 통에 총을 쏘기도 하며, 반데그라프발전기 Van de Graaff Generator 라고 부르는 커다란 장치로 자신의 몸을 30만V로 충전하기도 하는데, 마치 공상과학 영화에 나올 것처럼 생긴 이 도구 때문에 부스스한 그의 머리는 더욱 괴이하게 똑바로 솟구친다. 그는 자신의 몸을 실험 장비의 하나로 사용하며, 실제로 가끔씩 "과학은 어차피 희생을 요구한다"라고 말한다. 또한 진자의 운동을 설명하기 위한 실험에서 그는 매우 불편한 금속 공에 올라타 진자의 진동과 관련된 법칙을 몸소 보여준다. 이 공은 강의실의 천장에서 내려오는 기다란 진자에 매달려 있는데, 그는 이것을 "모든 진자의 어머니 mother of all pendulums"라고 부른다. 이 실험에서 그는 학생들에게 주어진 시간 동안 추가 왕복하는 횟수를 헤아리게 하여 진자의 주기는 추의 무게와 무관하다는 사실을 증명한다.

    그의 아들 에마뉘엘 척 르윈 Emanuel Chuck Lewin 은 아버지의 강의를 몇 번 듣고 다음과 같이 말했다. "언젠가 아버지는 헬륨 기체를 마셔서 목소리를 변하게 했습니다. 그런데 확실한 효과를 보이기 위해 숨은 위험성을 자세히 알지 못한 채 거의 질식할 정도로 들이마시고 말았습니다." 르윈 교수는 기하학적 도형, 벡터, 그래프, 천문 현상, 동물 등을 척척 그려내어 '판서의 달인'으로도 유명하다. 특히 점선을 긋는 방법에 매료된 학생들은 물리 8.01 강좌에서 해당 대목들만 발췌하여 '월터 르윈 교수가 그은 최고의 선들'이라는 제목의 재미있는 동영상을 만들어 유튜브에 올리기도 했다. www.youtube.com/watch?v=

당당하고 위엄이 넘치면서도 기발한 르윈 교수는 물리에 홀린 진짜 괴짜다. 그는 푸른 하늘이나 무지개나 창문에서 반사되어 나오는 것 등 어떤 광원에서 나오는 빛이든 관찰할 수 있도록 지갑에 항상 편광판을 넣고 다닌다. 그리하여 자신은 물론 같이 있는 사람도 함께 즐기도록 한다.

그가 수업 중에 입는 푸른 작업복은 어떤가? 사실 그 옷은 작업복이 아니다. 몇 년에 한 번씩 홍콩의 재단사에게 10여 벌씩 특별히 주문하는 고급 면제품이다. 그는 물리학자이자 연기자로 세심한 패션 감각을 지녔다. 왼쪽에 붙은 커다란 호주머니에는 달력을 넣고 다니며 호주머니 보호대(펜이나 작은 물건을 셔츠 주머니에 꽂고 사용할 때 주머니가 손상되거나 펜에서 흘러나온 잉크로 얼룩이 지는 것을 막기 위한 물건으로, 주로 공대생이나 엔지니어들이 사용한다)는 사용하지 않는다. 때로 사람들은 "왜 그는 어떤 대학 교수도 착용한 적이 없는 가장 기이한 브로치인 플라스틱으로 만든 달걀부침을 달고 있지?"라는 의문을 품는다. 이에 대해 그는 "달걀을 얼굴보다 옷에 붙이는 게 나으니까"라고 대답한다.

그렇다면 왼손에 커다랗고 투명한 핑크빛 반지는 왜 끼고 있을까? 또한 배꼽 높이에서 셔츠를 붙들고 있는 은빛 물건은 무엇이기에 그는 가끔씩 이것을 훔쳐볼까?

르윈 교수는 매일 아침 40개의 반지와 35개의 브로치와 10여 개의 팔찌 및 목걸이들 가운데에서 몇 가지를 골라 치장한다. 그의 취향은 절충적인 것에서(케냐산 구슬을 꿰어 만든 팔찌, 큰 호박 보석으로 만든 목걸이, 플라스틱 과일 브로치) 고전적인 것(은빛의 무거운 투르크멘 팔찌), 또는 디자이너나 장인이 만든 보석에서 단순하고 터무니없도록 우스운 것(부드러운 사탕과자로 만든 목걸이)에 이르기까지 다양하다. 이에 대해 그는 "학생들이 갈수록 나를 주목하기에 나는 강의 때마다 다르게 치장하기 시작했습니다. 특히 어린이들 앞에 나설 때는 더욱 그렇습니다. 애들은 이런 모습을 아주 좋아해요"라고 말한다.

또한 커다란 넥타이 클립처럼 셔츠에는 예술가인 친구가 특별히 디자인해서 선물한 시계가 끼여 있는데, 이 시계는 자판이 거꾸로 되어 있어서 르윈 교수는 강의 중에 시계를 흘낏 내려다보고 시간을 확인할 수 있다.

르윈 교수는 정신이 산만한 전형적인 얼간이 교수로 보일 수 있다. 하지만 진실을 들여다보면 이는 대개 그가 물리의 여러 측면들에 깊이 빠져 있기 때문임을 알 수 있다. 그의 아내 수전 카우프만 Susan Kaufman 은 근래 다음과 같이 회고했다. "우리가 뉴욕에 갈 때는 항상 제가 운전합니다. 그런데 웬일인지 나는 최근에 나도 모르게 지도를 꺼내 보았는데 여백마다 온통 수식들로 채워져 있었습니다. 그 여백들은 지난번 강의 때 채워졌으며, 남편은 뉴욕까지의 여행이 따분했던 것입니다. 그의 마음속에는 항상 물리가 자리잡고 있습니다. 학교와 학생들이 날마다 24시간 내내 그와 함께 있는 셈이지요."

르윈 교수의 오랜 친구인 건축사학자 낸시 스티버 Nancy Stieber 는 그의 성품에서 가장 두드러진 점에 대해 이렇게 말한다. "그것은 자신의 흥미를 향한 레이저처럼 예리하고 강한 열정일 것입니다. 그는 자신이 택한 것이라면 어느 것에나 언제라도 최대한 몰입하면서 세상의 90%는 배제해버리는 듯합니다. 이렇게 레이저처럼 날카로운 집중력을 통해 그는 불필요한 것들을 물리치면서 매우 강하게 몰입하며, 이로부터 놀라운 삶의 환희를 이끌어냅니다."

르윈 교수는 세밀한 부분에 이르기까지 거의 광적으로 집착하는 완벽주의자다. 그는 세계 최고 수준의 물리학 강사일 뿐 아니라 엑스선 천문학의 선구자로서 20년의 세월을 바쳐 엑스선을 놀랍도록 정밀하고 예민하게 측정할 장비를 만들고 점검하여 원자 이하에서부터 천문학적 규모에 이르는 현상들을 관찰해왔다. 그는 지구 대기의 상한까지 올라가는 거대하면서도 매우 정밀한 풍선을 만들어서 엑스선 폭발과 같은 색다른 천문학적 현상의 비밀을 탐사했다. 이 분야에서 그와 동료들이 얻어낸 발견들은 거대한 초신성의 폭발로 나타나는 별들의 죽음에 얽힌 신비와 블랙홀이 정말로 존재한다는 사실을 밝히는 데에 많은 도움을 주었다.

그는 시험하는 방법을 배웠고 시험에 시험을 거듭했다. 덕분에 그는 관측 천체물리학자로 성공했으며, 나아가 뉴턴 법칙의 위대성, 바이올린의 현이 왜 그토록 아름다운 음을 내며 떨리는지, 엘리베이터를 타면 잠시나마 왜 몸무게가 늘거나 주는지 등을 놀랍도록 말끔히 설명할 수 있게 되었다.

강의를 할 때면 르윈 교수는 빈 강의실에서 적어도 세 번의 연습을 하며 마지막 연습은 강의가 있는 날 새벽 5시에 한다. 예전에 학생으로 강의실에서 르윈 교수를 도왔던 천체물리학자 데이비드 풀리David Pooley는 다음과 같이 말했다. "르윈 교수의 강의는 그가 바친 시간 덕분에 성공을 거두었습니다."

2002년 르윈 교수가 MIT 물리학과의 영예로운 강의상을 받았을 때

많은 동료들은 이토록 정확한 성품에 주목했다. 스티븐 리브Steven Leeb는 그에게서 물리를 배운 한 사람으로서 그의 강의에 대해 아주 좋은 기억을 가지고 있다. 현재 MIT의 전자기 및 전기 장치 실험실에서 전기공학 및 컴퓨터과학 분야의 교수로 있는 그는 1984년에 르윈 교수의 전자기학 강의를 들었다. "르윈 교수님은 교단에서 폭발합니다. 그는 우리의 뇌를 붙잡고 전자기학의 롤러코스터를 태우는데, 저는 지금도 당시의 느낌이 목덜미로 흐르는 것을 느낄 수 있습니다. 강의를 할 때 그는 여러 개념들을 쉽게 설명할 길을 찾는 데에 타의 추종을 불허할 정도로 풍부한 원천을 가진 천재였습니다."

물리학과 동료들 가운데 한 사람인 로버트 헐시저Robert Hulsizer는 르윈 교수가 강의실에서 보여주는 실험들 가운데 일부를 발췌하여 다른 대학들에게 일종의 하이라이트로 제공하고자 했다. 하지만 그는 이게 불가능하다는 사실을 깨달았다. "그의 실험은 개념의 구성부터 완성에 이르는 과정들 모두에 너무나 긴밀히 얽혀 있어서 시작과 끝을 깨끗이 분리해낼 수 없었습니다. 내가 보기에 르윈 교수의 강의는 낱낱의 조각으로 쪼갤 수 없는 풍성함을 가진 듯합니다."

르윈 교수가 물리의 경이로움을 소개하는 방법은 우주의 모든 신비를 전해주려는 기쁨에 찬 감동을 지니고 있다. 그의 아들 척은 이 기쁨을 자식들에게 안겨주고자 노력하던 아버지의 헌신을 즐거이 회상한다. "아버지는 우리가 사물을 보고 그 아름다움에 압도되도록 이끌어주는 능력을 지녔습니다. 그는 우리 안의 환희와 흥분과 놀라움이 들끓도록 휘저어줍니다. 아버지는 작지만 믿을 수 없는 창문들 한가운데 계십니다. 우리는 이런 아버지의 슬하에 아버지가 창조한 사건 속에서 살고 있기에 참으로 행복했습니다. 언젠가 우리는 메인주로 휴가를 떠났습니다. 하지만 날씨가 그다지 좋지 않아서 우리도 다른 애들처럼 그저 지루한 시간을 보내고 있었습니다. 그런데 아버지는 어찌어찌 작은 공을 하나 구하더니 단순하지만 묘한 게임을 창안했습니다. 그러자 얼마 가지 않아 해변에서 놀던 다른 애들까지 하나 둘 모여들더니 결국 여섯 명이 던지고 받고 웃으면서 즐기게 되었습니다. 돌이켜보면 정말 한껏 들떠 참으로 재미있게 놀았던 걸로 기억됩니다. 그와 같은 순수한 환희의 순간을 간직하고 인생이 얼마나 좋을 수 있는지에 대한 비전을 품었던 지난날을 돌아보게 됩니다. 동시에 인생을 살아가면서 어떤 것들이 내 삶을 지탱할 바탕이 되었는지 곰곰이 생각해보면 그것은 아버지로부터 얻은 것들이었다는 결론에 이르게 됩니다."

르윈 교수는 자식들이 겨울에도 즐길 수 있는 게임으로 난로가 있는 널찍한 거실에서 종이비행기를 날리면서 공기역학적 성질들을 시험하는 것을 생각해냈다. "어머니는 공포에 질렸지만 우리는 난로에 빠진 비행기까지 끄집어내어 복구하곤 했습니다. 다음 게임에서 기어이 이겨보고자 작심했기 때문이지요!"

저녁식사에 손님이 오면 르윈 교수는 '달나라 여행 Going to the Moon'이란 게임을 이끌곤 했는데, 척은 이를 다음과 같이 회상한다. "우리는 불을 어둡게 한 뒤 주먹으로 식탁을 드럼처럼 두들겨 로켓이 발사될 때 나오는 굉음을 흉내 냈습니다. 심지어 어떤 애들은 식탁 밑으로 기어들어가 때리기도 했지요. 그러다 우주 공간에 이르면 이 소동을 멈춥니다. 이윽고 달나라에 도착하면 중력이 아주 낮으므로 이를 그려내기 위해 우스꽝스럽게 과장된 발걸음으로 거실을 돌아다녔습니다. 그러는 동안 손님들은 '이 사람들이 돌았군!'이라고 여겼겠지요. 하지만 우리와 같은 아이들에게는 참으로 환상적이었습니다! '달나라 여행'이었으니까요!"

월터 르윈 교수는 반세기가 넘는 과거에 처음 강의실에 들어선 이래 학생들을 끊임없이 달나라로 데려갔다. 그는 무지개에서부터 중성자성에 이르기까지, 쥐의 대퇴골에서부터 음악 소리에 이르기까지 자연계의 아름다움과 신비는 물론, 이 우주를 표현하고 풀이하고 설명하는 과학자들과 예술가들의 노력에 영원토록 매료된 사람이다. 그는 지금도 살아 있는 이 세계를 열어주는 가장 열정적이고 헌신적이며 능란한 과학적 안내자를 자처하고 있다.

이제 이 책을 읽어가면서 독자 여러분은 그의 열정과 헌신과 원숙함을 한껏 음미하면서 평생토록 이어지는 물리에 대한 그의 사랑을 함께 누릴 수 있을 것이다. 부디 즐거운 여행이 되기를!

워런 골드스틴

❶ 매사추세츠의 디코도바박물관에서 월터 르윈을 둘러싼 유리무지개. 2004년 9월 13일 '오늘의 신비로운 천문학 사진'으로 뽑혔다. 월터 르윈 제공.

❷ 러시아 캅카스산맥에 있는 BTA-6 망원경으로 몰려 올라오는 안개의 벽.

❸ 때맞추어 안개가 밀려왔을 때 태양은 아직 높이 떠 있었으며, 그 결과는 '성 월터(Saint Walter)'의 사진이었다. 월터 르윈 제공.

❹ 알래스카의 파이크스피크(Pikes Peak) 부근의 하얀 무지개. 안쪽의 어두운 덧무지개를 주목하라. 위체크 리칠리크(Wojtek Rychlik) 제공.

❺ 뉴멕시코의 거대배열전파천문대(Very Large Array radio astronomy observatory) 위로 걸린 이중 무지개의 사진. 빨강이 제1무지개에서는 바깥쪽에 있지만 제2무지개에서는 안쪽에 있으며, 제1무지개의 안쪽은 바깥쪽보다 훨씬 밝다는 점에 주목하라. 두 무지개 사이의 아주 어두운 영역은 알렉산더암대(Alexander's dark band)라고 부른다. 터프츠대학교(Tufts University)의 케네스 랭(Kenneth R. Lang)과 워싱턴주 바텔천문대(Battelle Observatory)의 더글러스 존슨(Douglas Johnson) 제공.

❻ 녹색과 자주색이 교대로 되풀이되는 덧무지개. 앤드루 던(Andrew Dunn) 제공.

❼ 월터 르윈 교수의 딸 엠마가 추운 겨울날 용감히 나서 무지개를 만드는 아빠를 돕고 있다. 월터 르윈 제공.

❽ 비행기의 그림자를 둘러싼 원광을 찍은 월터 르윈의 사진. 날개 바로 뒤에 있는 그의 좌석은 원광의 중심에 자리잡고 있다. 월터 르윈 제공.

❾ 오스트레일리아의 앨리스스프링(Alice Spring)에서 108만m³의 풍선을 띄우는 광경. 월터 르윈 제공.

❿ 4만 3,500m 상공에 떠 있는 108만m³ 풍선을 망원경으로 본 모습. 월터 르윈 제공.

⓫ 1970년 10월 15일 오스트레일리아의 밀두라(Mildura)에서 일출 얼마 뒤에 918,000m³의 풍선을 부풀리는 모습. 이 풍선의 비행 중에 르윈의 연구팀은 2.3분의 주기를 가진 GX 1+4를 발견했다. 월터 르윈 제공.

❷ 1972년 뮌헨에서 열린 여름 올림픽의 폐막식에 띄워진 무지개 풍선. 여기서 월터 르윈은 오토 핀(Otto Piene)과 함께 일했다(제15장 참조). 볼프 후버(Wolf Huber) 제공.

❸ 지름이 11광년가량인 게성운(Crab Nebula). 푸른빛은 이 성운의 자기장을 맴도는 전자들로부터 방출된다. 섬유와 같은 조직은 1054년에 폭발한 별의 대기에서 나온 잔해들이다. 지구에서는 달의 약 1/6 크기로 보인다. 나사(미국항공우주국)와 허블헤리티지팀(Hubble Heritage Team) 제공.

❶❹ 초신성 1987A. 3개의 고리는 폭발보다 수천 년 앞서 별로부터 배출된 물질들이다. 아주 밝은 안쪽 고리에 대한 자세한 내용은 본문에 설명되어 있다(제12장 참조). 폭발한 별로부터 나오는 빛은 고리의 중심에서 볼 수 있다. 2개의 밝은 하얀 별들은 이 초신성과 무관하다. 크리스토퍼 버로우스 (Christopher Burrows) 박사 제공.

❶❺ 백조자리의 Cyg X-1 쌍성계를 미술가가 그린 그림. 왼쪽은 HDE 226868으로 이름 붙여진 공여성이며 질량은 태양의 30배가량이다. 오른쪽에서 이 별을 빨아들이는 블랙홀은 공여성에서 나온 기체의 흐름이 만드는 유착원반에 둘러싸여 있는데, 질량은 태양의 15배가량이다. 유럽우주기구(ESA) 제공.

원자핵에서 우주까지

FOR THE LOVE OF PHYSICS

···저자가 언급한 인터넷 사이트는 독자들의 편의를 위해 QR코드를 병기했다.···

1
원자핵에서 우주까지

 돌이켜보면 참으로 놀랍다. 외할아버지는 글을 모르는 수위였다. 그런데 두 세대 뒤의 나는 MIT의 정교수가 되었다. 네덜란드의 교육제도 덕을 톡톡히 보았기 때문이다. 델프트공과대학교Delft University of Technology의 대학원에 진학한 나는 일석삼조의 행운을 누렸다.

 진학하면서 곧장 나는 물리를 가르치게 되었다. 등록금을 마련하기 위해 정부로부터 대출을 받아야 했는데, 전임으로 일주일에 최소 20시간씩 가르치면 정부는 매년 대출 금액의 20%를 탕감해준다. 조교 생활의 또 다른 이점은 군복무 면제였다. 내게 군대는 최악의 상황으로 완전히 재앙이었을 것이다. 나는 성격상 권위적인 것들에는 모두 알레르기를 느낀다. 따라서 군대에 갔다면 입을 함부로 놀리다가 마루나 닦는 신세가 되고 말았을 것이다. 나는 전임으로 일주일에 22시간씩 로테르담의 리바논리세움Libanon Lyceum에서 16~17세의 학생들에게 수학과 물리를 가르쳤다. 그리하여 결국 한꺼번에 군대도 피하고 대출도 완전히 탕

감되고 박사학위까지 받게 되었다.

  나는 또한 가르치기 위해 배웠다. 고등학생들을 가르친다는 것은 젊은이들의 마음을 적극적으로 바꾼다는 것이며, 나는 이로부터 짜릿한 자극을 받았다. 학교의 분위기는 사뭇 엄격했지만 나는 언제나 수업을 흥미롭게 이끌어 학생들을 즐겁게 해주려고 노력했다. 놀랍게도 교실 문 위에는 창문이 있었는데, 교장은 가끔씩 의자를 딛고 올라가 창문을 통해 내 수업을 감시하곤 했다. 이게 믿어지는가?

  나는 열정이 넘치는 대학원생이었기에 학교 문화에 물들지 않았다. 내 목표는 학생들에게 이 열정을 전하는 것이었다. 그리하여 그들을 둘러싼 세상의 아름다움을 새로운 눈으로 보도록 하고, 물리의 세계가 아름답다는 사실을 깨우쳐주며, 물리가 모든 곳에 존재하고, 따라서 우리 생활에도 깊이 스며들어 있음을 보여주고자 했다. 나는 수업에서 중요한 것은 "진도를 나아가는(cover-)" 게 아니라 "진실을 찾아내는(uncover)" 것이라는 점을 깨달았다. 진도 나가기에 바쁜 수업은 지겹고 그건 학생들도 마찬가지다. 반면 물리 법칙을 드러내 방정식을 꿰뚫어볼 수 있도록 하는 수업은 발견의 과정을 직접 보여주기 때문에 학생들도 즐거이 몰입한다.

  나는 교실에서 멀리 떨어진 곳에서도 이처럼 유별난 수업을 했다. 학교는 강사가 원하면 매년 경비를 후원하여 학생들을 이끌고 학교에서 제법 멀리 떨어진 원시적인 캠프장으로 일주일가량의 휴가를 떠날 수 있도록 배려했다. 나와 아내 히베르타Huibertha는 한 번 다녀온 뒤 여기에 흠뻑 빠졌다. 우리는 모두 함께 요리하고 식사한 뒤 텐트에서 잤다. 그런데 이곳은 도시의 불빛에서 아주 멀리 떨어져 있었기에 한밤중에 아이들을 깨워 뜨거운 초콜릿 차를 나눠준 뒤 별을 관찰하자며 이끌고 나갔다. 우리는 행성과 별자리들을 찾았고 은하수의 장관을 한껏 즐겼다.

당시 나는 천체물리학을 배우지도 가르치지도 않았으며, 실제로는 우주에서 가장 작은 입자들을 검출하는 실험을 구상했다. 하지만 나는 언제나 천문학에 매료되었다. 사실을 말하면 지구상의 거의 모든 물리학자들은 천문학을 사랑한다. 내가 아는 물리학자들 중 많은 이들은 고교 시절에 스스로 망원경을 만들었다. MIT의 동료이자 오랜 친구인 조지 클라크George Clark 교수는 고교 시절에 망원경을 만들고자 지름 15cm의 거울을 갈고 닦았다.

물리학자들은 왜 이렇게 천문학을 사랑할까? 한 가지 이유는 공전에 대한 이론과 같은 물리학의 많은 발전이 천문학의 관찰과 의문과 이론으로부터 유래했기 때문이다. 한편 입장을 바꿔보면 천문학은 밤하늘에 광대하게 펼친 물리학이다. 일식과 월식, 혜성, 유성, 구상성단, 중성자성, 감마선 폭발, 가스분출, 행성상성운行星狀星雲(은하계 내의 가스성운 중 비교적 작은 것으로 망원경으로 보았을 때 행성 모양으로 보이기 때문에 이런 이름이 붙었다.—옮긴이), 초신성, 은하단, 블랙홀 등등.

그저 하늘을 보며 몇 가지 너무나 빤한 의문을 생각해보라! 왜 하늘은 파랗고, 노을은 붉고, 구름은 하얀가? 물리는 답할 수 있다! 햇빛에는 무지개의 색들이 모두 섞여 있다. 하지만 대기층을 지나면서 기체 분자나 1μ(미크론, 0.001mm)보다 훨씬 작은 먼지 입자들 때문에 온갖 방향으로 산란되며, 이를 레일리산란Rayleigh scattering 이라고 부른다. 그런데 파란 빛은 빨간 빛보다 5배가량 더 잘 산란된다. 따라서 낮에 하늘을 보면(다만 해는 보지 않도록 주의!) 어느 곳이든 파란 빛이 넘쳐나 온통 파랑게 보인다. 그러나 사진으로 본 사람도 있겠지만 달 표면에서 낮에 하늘을 보면 파랗지 않고 지구에서 보는 밤하늘처럼 까맣다. 왜 그럴까? 달에는 대기가 없기 때문이다.

왜 노을은 붉을까? 낮의 하늘이 파란 것과 똑같은 이유 때문이다. 해가 지평선에 이르면 햇빛은 우리 눈에 닿기까지 두터운 대기층을 지나야 한다. 그래서 보라와 파랑과 초록 계통의 빛들은 모두 산란되어 사실상 걸러지고 만다. 그래서 이윽고 우리 눈에 닿을 때쯤이면 노랑과 주황 그리고 특히 빨강이 많이 남으며, 이에 따라 머리 위에 구름이 있을 경우 붉은 노을로 물들게 된다. 아침이나 저녁에 때로 아름다운 붉은 노을이 펼쳐지는 것은 바로 이 때문이다.

왜 구름은 하얄까? 구름에 있는 물방울들은 하늘을 파랗게 만드는 입자들보다 훨씬 크다. 따라서 빛이 구름의 물방울에 부딪치면 색깔에 상관없이 모두 동등하게 산란된다. 곧 이 빛에는 모든 색깔이 다 들어 있으므로 하얀색으로 보인다. 하지만 구름층이 아주 두텁거나 다른 구름의 그림자 속에 있으면 빛이 투과할 수 없으며, 따라서 이런 구름들은 어두운 색깔을 띤다.

내가 좋아하는 시범 가운데 하나는 교실에서 한 조각의 '파란 하늘'을 만들어내는 것이다. 이를 위해 전등을 모두 끄고 칠판 가까운 천장에서 아주 밝은 백열등 하나만 비추도록 한다. 이 빛은 너무 넓게 퍼지지 않도록 잘 차단해야 한다. 그런 다음 이 빛 속에서 담배 몇 개비를 피운다. 담배 연기 입자들은 레일리산란을 일으킬 정도로 미세하며 따라서 파란 빛이 가장 많이 산란되므로 학생들은 파란 연기를 보게 된다. 이어서 나는 한 단계 더 나아간다. 담배를 한 모금 빨아 허파를 채운 다음 1분가량 참는다. 물론 이는 쉽지는 않지만 과학은 때로 희생을 요구하는 법이다. 그런 뒤 나는 빨아들인 연기를 빛 속으로 내뿜는다. 허파 속에는 수증기가 많으며, 이것이 담배의 연기 입자들에 달라붙어 큰 입자를 만든다. 따라서 내뿜어진 입자들은 모든 빛을 동등하게 산란시키므로 연기는 하얀색을 띤다. 파란 하늘이 하얀 구름으로 변하는 이 광경은 참으로 놀랍다!

이 시범으로 나는 "하늘은 왜 파랗고 구름은 왜 하얀가?"라는 두 의문에 함께 답하는 셈이다. 그런데 실은 아주 흥미로운 셋째 의문이 있다. 이는 편광에 관련되는데, 이에 대해서는 제5장에서 살펴볼 것이다.

교외에서는 학생들에게 안드로메다은하를 보여줄 수 있다. 이것은 맨눈으로 볼 수 있는 유일한 은하로 우리 은하계로부터 250만 광년(2,400경km) 정도 떨어져 있지만, 천문학적 규모에서는 바로 이웃이나 마찬가지다. 이 은하에 들어 있는 별의 수는 무려 2천억이지만 우리 눈에는 그저 흐릿한 반점으로 보일 뿐이다.

또한 우리는 흔히 별똥별이라고 부르는 수많은 유성도 관찰한다. 약간의 끈기를 갖고 보면 대략 4~5분에 하나 꼴로 관찰할 수 있다. 당시에는 없었지만 요즘에는 인공위성도 많이 볼 수 있다. 현재 2천 개가 넘는 인공위성들이 지구 궤도를 돌고 있으며, 약 5분 정도만 참고 기다리면 분명 하나쯤은 볼 수 있다. 특히 해 뜨기 전이나 해가 진 뒤 몇 시간 사이가 관찰하기에 좋은데, 이 무렵에는 해가 인공위성의 높이로 떠 있지도 않고 아주 저물지도 않아서 인공위성에서 반사된 빛이 잘 보이기 때문이다. 인공위성의 궤도가 높으면 지평선 아래로 깊이 잠긴 해에서 온 빛도 반사할 수 있으므로 늦은 밤에도 볼 수 있다. 인공위성인지 어떻게 아느냐고? 유성을 제외하고는 가장 빠르다는 점으로 알 수 있다. 만일 관찰하는 빛이 깜박거린다면 장담하건대 그것은 비행기의 불빛이다.

나는 또한 별을 관찰할 때면 언제나 특히 수성이 어디에 있는지 찾아주는 것을 즐겼다. 수성이 해에 가장 가까이 있을 때는 맨눈으로 보기가 아주 어려우며, 관찰하기에 가장 좋은 때는 1년에 10여 일의 아침과 저녁 무렵에 지나지 않는다. 수성의 공전주기는 88일에 불과하며, 그리스와 로마 신화에서 각각 헤르메스 Hermes 와 머큐리 Mercury 라는 "빠른 발을 가진 전령 신"으로 불리게 된 것은 바로 이 때문이다. 수성을 관찰하기 어려운 이유는 공전궤도가 해와 너무 가깝기 때문이다. 지구에서 볼 때 수성의 궤도는 해를 중심으로 25° 이상 벌어지지 않는데, 이는 시계가 11시를 가리킬 때 시침과 분침이 이루는 각도보다 작다. 따라서 수성은 해와 가장 멀리 떨어져 있는 날의 일출 전 또는 일몰 후 짧은 시간 동안에만 볼 수 있다. 미국에서는 또한 언제나 지평선 가까이에 있으므로 교외로 나가지 않으면 거의 보기 어렵다. 그러므로 실제로 수성을 찾는다면 정말 대단한 일이다!

별 관찰은 우리를 우주의 광대함으로 이끈다. 밤하늘을 계속 지켜보면서 시각을 충분히 적응시키면 우리 은하계 자체의 거대하고도 아름다운 구조를 깊이 들여다볼 수 있다. 내비치는 천에 수놓은 듯한 1천억에서 2천억에 이르는 별들이 모여 있는 모습은 참으로 신비롭고도 미묘하다. 하지만 은하계는 단지 시작에 불과하며, 우주의 크기는 실로 상상을 초월한다.

현재의 어림으로 우주에는 우리 은하계에 있는 별의 수만큼 많은 은하가 있다고 여겨진다. 사실 망원경으로 우주의 심연을 관찰할 때 보이는 것들은 대부분 은하인데, 너무나 멀리 떨어져 있어서 그 안의 엄청나게 많은 별들을 개별적으로 가려내지는 못한다.

다른 예로 슬로언디지털스카이서베이 SDSS, Sloan Digital Sky Survey 가 얻어낸 자료를 이용하여 그려낸 것으로 지금껏 발견된 가장 거대한 우주 구조인 은하장성 Great Wall of galaxies 을 생각해보자. 이 탐사는 25개의 대학교와 연구소에서 300명이 넘는 천문학자와 기술자들이 참여하는 대규모의 프로젝트이며 2000년부터 시작되어 2014년까지 계속될 예정이다. 여기에 전용으로 배정되어 날마다 밤하늘을 관찰하는 슬로언망원경이 발견한 은하장성의 길이는 10억 광년이 넘는다. 이 웅대한 규모를 생각하면 머리가 아찔하지 않은가? 하지만 이것도 부족하다면 관측 가능한 우주는 어떨까? 다시 말해서 우주 전체가 아니라 단지 우리가 볼 수 있는 일부로서의 우주만을 말하는데, 그럼에도 불구하고 그 지름은 대략 900억 광년에 이른다.

이것이 바로 물리의 위력이다. 물리는 관측 가능한 우주가 1천억 개가량의 은하로 이루어져 있다고 말한다. 또한 보이는 우주에 있는 모든 물질의 4%만이 별과 은하 그리고 우리를 구성하는 보통의 물질이라고 말한다. 이 밖에 23%는 암흑물질이라고 부르는 보이지 않는 물질인데, 존재한다는 것은 알지만 무엇인지는 모른다. 나머지 73%는 암흑에너지라고 부르는 방대한 에너지인데, 이것도 보이지 않으며, 정체가 무엇인지 아무런 실마리도 얻지 못하고 있다. 요컨대 우리는 우리 우주의 96%에 대해 전혀 모르고 있다. 물리는 아주 많은 것을 설명했지만 풀어야 할 신비도 아직 많으며 끊임없이 우리의 영감을 자극한다.

물리는 상상을 초월하는 광대한 세계를 탐사하는 한편 양성자의 작은 일부 또는 중성미자와 같은 궁극의 물질들이 떠도는 극미의 세계를 파고들기도 한다. 젊은 시절 나는 이처럼 미세한 세계에서 일어나는 방사성원소의 붕괴로부터 방출되는 입자와 방사선을 측정하여 그 전모를 밝히는 일에 대부분의 시간을 보냈다. 이는 핵물리학의 한 분야이지만 핵무기를 만드는 일과는 다르다. 나는 참으로 근본적인 수준에서 물질이 어떻게 살아가는지를 연구했던 것이다.

여러분은 우리가 보고 만지는 모든 물체가 수소나 산소나 탄소와 같은 원자들이 모여 만든 분자들로 이루어져 있으며, 원자들은 다시 원자핵과 전자로 되어 있다는 사실을 알고 있을 것이다. 원자핵은 양성자와 중성자로 이루어져 있는데, 우주에서 가장 가벼우면서 가장 풍부한 수소의 원자는 대부분 양성자와 전자를 하나씩 갖고 있다. 그런데 양성자에 중성자가 결합된 수소도 있으며, 중성자가 하나이면 중수소, 둘이면 삼중수소라고 부르는데, 이처럼 같은 원소이면서 중성자의 수가 다른 것들을 동위원소라고 부른다. 모든 동위원소는 양성자와 전자의 수는 서로 같지만 중성자의 수가 다르며, 원소에 따라 동위원소의 수도 다르다. 예를 들어 산소의 동위원소는 13가지이지만 금의 동위원소는 36가지다.

동위원소들 가운데는 안정하여 거의 영원토록 존재할 수 있는 것도 있다. 하지만 대부분은 불안정한데, 다시 말해서 이는 방사성이란 뜻이며, 이런 것들은 방사능을 방출하고 붕괴하면서 다른 원소로 변한다. 이렇게 변해서 만들어진 원소들이 안정하면 방사성붕괴는 그 단계에서 멈추지만 불안정하면 안정한 원소로 변할 때까지 붕괴를 계속한다. 수소의 3가지 동위원소들 가운데 삼중수소는 방사성이며, 붕괴되어 안정한 헬륨의 동위원소로 변한다. 산소의 13가지 동위원소들 가운데는 3가지가 안정한데, 금의 36가지 동위원소 가운데는 1가지만 안정하다.

아마 여러분은 방사성동위원소가 얼마나 빨리 붕괴하는지를 반감기로 나타낸다는 점을 기억할 텐데, 이는 몇 백만분의 1초로부터 수십억 년에 이르기도 한다. 삼중수소의 반감기는 약 12년이며, 이는 일정량의 삼중수소가 12년이 지나면 절반으로 줄어든다는 뜻이다. 따라서 반감기가 2번 지나면 4분의 1만 남는다. 원자핵의 붕괴는 많은 원소가 서로 변하여 만들어지는 아주 중요한 과정들 가운데 하나이지만 연금술은 아니다. 사실 나는 박사학위 과정 동안 금의 방사성동위원소가 수은으로 붕괴하는 과정을 가끔 관찰했지만 이와 반대의 과정, 곧 중세의 연금술사들이 바랐던 것처럼 수은이 금으로 변하는 과정은 보지 못했다. 하지만 수은은 물론 백금의 많은 방사성동위원소들이 붕괴되어 금으로 변한다. 그러나 수은과 백금의 동위원소들 가운데 각각 하나씩만 우리가 손가락에 끼는 반지와 같은 안정한 금의 동위원소로 변할 수 있다.

이 실험은 엄청나게 흥미로웠으며, 실제로 방사성동위원소가 내 손에서 붕괴되기도 했다. 또한 이는 아주 바쁜 일이기도 했다. 내가 연구했던 동위원소의 반감기는 대개 하루나 이틀 정도였다. 예를 들어 금-198의 반감기는 2.5일이 조금 넘으므로 나는 아주 바쁘게 움직여야 했다. 나는 델프트에서 사이클로트론(입자가속기)으로 이 동위원소를 만드는 암스테르담까지 차를 몰아갔다가 다시 서둘러 델프트로 돌아오곤 했다. 델프트에 오면 이것을 산에 녹여 액체로 만든 뒤 아주 얇은 막으로 펼쳐서 검출기에 넣었다.

나는 원자핵의 붕괴에 대한 어떤 이론을 입증하려고 했는데, 이로부터 원자핵에서 나오는 감마선과 전자의 비율이 예측되므로 나의 연구에서는 매우 정확한 측정이 중요했다. 이 실험은 다른 많은 방사성동위원소에 대해서 이미 행해졌다. 하지만 나중의 어떤 실험들에서는 이론이 예측한 것과 약간 다른 결과가 나왔다. 나를 지도한 알데르트 와프스트라Aaldert Wapstra 교수는 잘못된 게 이론인지 측정인지 밝혀보라고 했다. 나는 이 실험이 놀랍도록 복잡한 퍼즐을 푸는 것처럼 아주 만족스러웠다. 문제는 나의 측정이 이전에 다른 사람들이 했던 측정보다 훨씬 정확해야 한다는 점이었다.

전자는 너무나 작아서 아무리 크게 봐도 1천조분의 1cm를 넘지 못하므로 어떤 사람들은 실질적으로 크기가 없다고 말할 정도다. 그리고 감마선의 파장은 10억분의 1cm 이하다. 하지만 물리 덕분에 나는 이것들을 헤아리고 잴 수 있다. 이는 바로 내가 실험물리학을 사랑하는 또 다른 이유인데, 이를 통해 우리는 보이지 않는 것을 '만질' 수 있다.

실험물리학자에게 정확성은 생명이다. 정확성은 모든 것이며 정확도를 나타내지 않은 측정은 무의미하다. 그런데 이 단순하고 강력하고 참으로 근본적인 관념이 대부분의 물리 교과서들에서 무시되어 있다. 하지만 정확도를 아는 것은 우리 삶의 매우 많은 부분에서 아주 중요하다.

방사성동위원소에 대한 연구에서 나는 아주 높은 정확도를 얻어야 했다. 하지만 3~4년이 지나는 동안 나의 측정은 갈수록 향상되었고 몇몇 검출기는 성능을 개량하여 극도로 정확해졌다. 마침내 나는 이론을 입증했고 논문을 펴냈으며 이로써 나의 박사학위 과정은 끝을 맺었다. 나는 이때 내 결과가 사뭇 단정적이었다는 게 특히 만족스러웠는데 이런 일은 그다지 흔치 않다. 물리학은 물론 과학 전반에서 얻어지는 결과들은 분명하지 않은 경우가 많다. 이런 뜻에서 내가 확실한 결론을 내릴 수 있게 된 것은 행운이었다. 나는 이 퍼즐을 풀어서 미지의 아원자 세계를 그려내는 데에 일조했고 물리학자로 홀로 서게 되었다. 당시 스물아홉 살이었던 나는 이처럼 확고한 기여를 하게 되어 짜릿한 기쁨을 맛보았다. 아무나 뉴턴과 아인슈타인처럼 장엄한 근본적 발견을 할 운명을 타고나지는 못한다. 하지만 한껏 무르익은 채 탐사를 기다리는 영역은 아직도 엄청나게 많다.

나는 또한 시기적으로 운이 좋았는데, 내가 학위를 받을 무렵 우주의 참모습에 대해 완전히 새로운 발견의 시대가 막 펼쳐지기 시작했던 것이다. 천문학자들은 놀라운 속도로 새로운 발견을 이뤄냈다. 어떤 사람들은 화성과 금성의 대기를 관측하면서 수증기를 찾았고, 다른 어떤 사람들은 지구의 자기장을 따라 원을 그리며 움직이는 하전입자들의 띠를 발견했는데 오늘날 이는 밴앨런대帶, Van Allen belts 라고 부른다. 또한 막대한 에너지를 뿜어내는 강력한 전파원도 발견되었으며, 이는 '별과 비슷한 전파원quasi-stellar radio source'이라는 말을 줄여서 퀘이사quasar라고 부른다. 1965년에는 우주마이크로파배경복사cosmic microwave background (CMB) radiation가 발견되었는데, 이는 빅뱅에서 방출된 에너지의 흔적으로 오랫동안 논란이 되었던 우주의 기원에 관한 빅뱅 이론을 지지하는 강력한 증거가 되었다. 또한 곧이어 1967년에 천문학자들은 펄서pulsar (이 책 318쪽에서 자세히 설명됨—옮긴이)라고 부르는 새로운 종류의 별들을 발견했다.

나는 핵물리학을 계속 연구할 수도 있었을 것이다. 여기서도 많은 사실들이 발견되었기 때문이다. 이 분야의 연구는 대부분 빠르게 늘어가는 아원자입자들을 찾아나서는 것이었는데 그중 특히 쿼크quark가 중요하다. 쿼크는 양성자와 중성자의 구성 요소들인데 행동이 매우 기이하여 물리학자들은 향flavor이라고 부르는 속성을 이용하여 업up, 다운down, 스트레인지strange, 참charm, 톱top, 보텀bottom의 6가지로 나눈다. 쿼크의 발견은 과학에서 순수하게 이론적인 아이디어가 확증되는 것을 보여주는 아름다운 사례들 가운데 하나로 꼽힌다. 이론가들이 먼저 그 존재를 예언하고 실험가들이 찾아냈던 것이다. 그런데 그 성질이 아주 특이하여 물질의 근본이 우리가 알고 있던 것보다 훨씬 복잡하다는 사실을 드러내준다.

예를 들어 우리는 이제 양성자가 2개의 업쿼크와 하나의 다운쿼크가 강력strong force으로 한데 묶여서 만들어진 것임을 알고 있는데, 이 강력은 글루온gluon이라는 또 다른 기이한 입자를 통해 발휘된다. 최근에 어떤 이론가들은 업쿼크와 다운쿼크가 각각 양성자 질량의 0.2%와 0.5%가량이라고 계산했는데, 이런 점들을 보면 오늘날 알고 있는 원자핵은 우리의 할아버지들이 알고 있는 것과 아주 다르다.

나는 입자동물원(입자물리학에서 상대적으로 광범위한 수의 알려진 소립자 목록이 마치 동물원에 있는 수백 가지의 종류의 동물과 같다 하여 만들어진 표현—옮긴이)을 연구 분야로 택하는 것도 아주 환상적이라고 믿는다. 그런데 행복한 우연이지만 원자핵에서 나오는 방사능을 측정하면서 익힌 나의 기술은 우주를 탐사하는 데에도 매우 유용한 것으로 드러났다. 1965년 나는 MIT에서 엑스선 천문학을 연구하던 브루노 로시Bruno Rossi 교수의 초청을 받았다. 엑스선 천문학은 로시 교수에 의해 1959년에야 비로소 시작되었으므로 당시에는 태어난 지 몇 년밖에 되지 않은 완전히 새로운 분야였다.

　MIT는 내가 바랄 수 있는 최상의 터전이었다. 우주선cosmic ray에 대한 로시의 연구는 이미 전설이었다. 제2차 세계대전 중에 그는 로스알라모스Los Alamos에서 한 연구팀을 이끌면서 태양풍 관측 분야를 개척했다. 행성간플라즈마interplanetary plasma라고도 불리는 태양풍은 태양에서 방출되는 하전입자들의 흐름으로 북극광aurora borealis을 만들고 혜성의 꼬리를 태양의 반대쪽으로 불어낸다. 로시 교수는 이 무렵 우주에서 엑스선을 찾아보자는 아이디어를 떠올렸다. 이는 완전히 새로운 탐사여서 발견될지의 여부는 그도 전혀 알 수 없었다.

　당시 MIT에서는 무엇이든 시도되었다. 사람들에게 가능성을 납득시킬 수만 있다면 어떤 아이디어든 시도할 수 있었다. 네덜란드와는 얼마나 다른가! 델프트의 위계질서는 엄격하여 대학원생들은 마치 하층민처럼 취급받았다. 내가 연구하던 건물의 경우 교수들은 정문 열쇠를 가졌지만 대학원생인 나는 자전거를 보관하는 지하실 열쇠만 가질 수 있었다. 따라서 그 건물로 들어가려면 자전거 보관소를 거쳐야 했으며 그 때마다 우리는 처량한 느낌을 떨칠 수 없었다.

　게다가 오후 5시가 넘도록 일하려면 날마다 4시까지 정당한 사유를 밝힌 신청서를 작성하여 제출해야 했다. 나의 경우 이는 거의 매일의 일과였는데, 이와 같은 관료체계는 정말 지겨웠다.

　내가 일하던 학과는 세 교수가 관장했으며 이들에게는 정문 앞에 전용 주차 공간이 주어졌다. 그중 한 사람인 내 지도교수는 암스테르담에서 일하며 델프트에는 일주일에 화요일 하루만 왔다. 그래서 나는 어느 날 그에게 "여기 안 계시는 동안에는 교수님의 주차 공간을 제가 써도 되겠습니까?"라고 물어보았다. 그는 "물론 안 되지"라고 대답했다. 하지만 나는 그냥 주차했는데, 처음 주차한 바로 그날 나는 인터폰으로 소환되어 가능한 가장 강한 말투로 차를 빼라고 말하는 지시를 받았다. 하나만 더 들자. 동위원소를 가지러 암스테르담으로 갈 때 나는 커피와 점심에 각각 25센트와 1.25길더guilder(당시 1.25길더는 3분의 1달러쯤이었다)를 쓸 수 있었는데 영수증을 따로따로 제출해야 했다. 그래서 나는 점심 영수증에 25센트를 더하여 하나만 제출해도 되냐고 물었다. 그러자 학과장이었던 블레이즈Blaisse 교수는 내가 고급 식사를 하고 싶다면 해도 좋지만 비용은 개인 부담이라는 답장을 보내왔다.

이러니 내가 MIT에 와서 맛본 자유가 얼마나 달콤했겠는가? 마치 새로 태어난 듯했다. 모든 것은 우리를 격려하도록 되어 있었다. 내게도 정문 열쇠가 주어져 원하면 밤낮 없이 일할 수 있었다. 내게 정문 열쇠는 모든 것에 대한 열쇠나 마찬가지였다. 물리학과의 학과장은 내가 온 지 여섯 달 만인 1966년 6월에 교수직을 제시했다. 나는 이를 받아들였고 이후 다시 떠나지 않았다.

MIT에 왔을 때 나는 운이 좋았다. 나는 그 무렵 수많은 발견들이 폭발적으로 이루어지고 있다는 사실을 깨달았다. 게다가 나는 우주의 연구에 대해 아무것도 몰랐음에도 불구하고 내가 가진 기술은 브루노 로시의 선구적인 엑스선 천문학 팀에 최적의 것이었다.

이와 관련하여 V-2로켓이 지구 대기권의 한계를 깨뜨림으로써 새로운 발견의 지평이 활짝 열렸다. 그런데 아이러니컬하게도 V-2는 나치였던 베르너 폰 브라운Wernher von Braun이 설계했다. 그는 제2차 세계대전 중에 연합국 민간인을 살해하기 위해 이를 개발했으며 이것의 성능은 매우 파괴적이었다. 수용소에서 끌려온 노예 신세의 노동자들이 페네뮌데Peenemünde와 악명 높은 미텔베르크Mittelwerk의 지하 공장에서 이를 만들었으며 이 와중에 약 2만 명이 목숨을 잃었다. 또한 이 로켓에 의해 약 7천 명의 민간인이 희생되었는데 대부분 런던에서였다. 헤이그에 있던 외조부모님 집에서 1.5km쯤 떨어진 곳에도 발사대가 있었고, 나는 연료가 채워질 때의 들끓는 소리와 발사될 때의 굉음을 기억하고 있다. 한번은 연합군이 공습을 펼쳐 V-2를 파괴하려 했는데 표적을 놓쳐 애꿎게도 네덜란드의 민간인 500명이 죽었다. 전쟁이 끝난 뒤 미군은 폰 브라운을 미국으로 데려갔는데, 그는 영웅이 되었다. 하지만 사실은 당혹스런 일이다. 그는 영웅이 아니라 전범이기 때문이다!

폰 브라운은 미 육군과 15년 동안 함께 일하면서 V-2의 후속판으로 핵탄두를 장착할 수 있는 레드스톤Redstone 과 주피터Jupiter 미사일을 만들었다. 1960년 그는 미국항공우주국NASA에 들어가 앨라배마의 마셜우주비행센터Marshall Space Flight Center를 지휘했으며, 나중에 최초로 우주인을 달에 보낸 새턴Saturn 로켓을 개발했다. 그가 만든 로켓의 후속판들은 엑스선 천문학을 열었으므로 로켓은 무기로 시작되었지만 과학의 영광에도 최소한이나마 기여하게 되었다. 1950년대 말에서 1960년대 초 무렵 로켓은 세상, 아니 우주를 향한 새 창문을 열어 우리에게 지구의 대기를 벗어나 다른 방법으로는 관측할 수 없는 것들을 내다볼 수 있게 해주었다.

외계에서 엑스선을 발견하기 위해 로시 교수는 직감을 동원했다. 1959년 그는 전에 그의 학생으로 케임브리지에서 미국의 과학과 기술AS&E, American Science and Engineering이라는 연구 회사를 이끌고 있던 마틴 애니스Martin Annis를 찾아가 "저 밖에 엑스선이 있는지 보세"라고 말했다. 미래의 노벨상 수상자 리카르도 지아코니Riccardo Giacconi가 이끄는 미국의 과학과 기술팀은 1962년 6월 18일 3개의 가이거뮐러계수기Geiger-Müller counter를 실은 로켓을 발사했다. 이 로켓은 80km 상공에서 겨우 6분을 보냈는데, 이처럼 대기권을 벗어나는 이유는 대기가 엑스선을 흡수하기 때문이다.

그들은 엑스선을 검출했다. 나아가 더욱 중요하게도 그 근원이 태양계를 벗어난 외계라는 점도 확인했다. 이 결과는 천문학을 전면적으로 뒤엎는 폭탄과도 같았다. 아무도 그 존재를 예상하지 못했을 뿐 아니라 왜 있어야 하는지에 대한 타당한 이유도 알지 못했다. 한마디로 이 발견을 아무도 제대로 이해하지 못했다. 로시 교수는 이 아이디어를 그저 벽에 던져 달라붙는지 보려 했던 것인데, 위대한 과학자들에게는 이런 묘한 직감이 스며들곤 한다.

나는 MIT에 도착한 날짜, 곧 1966년 1월 11일을 정확히 기억한다. 내 아이들 중 하나가 이하선염에 걸렸는데 전염성이어서 KLM 항공이 탑승을 거부하여 보스턴으로 가는 일정을 늦춰야 했기 때문이다. 아무튼 도착한 첫날 나는 브루노 로시 교수와 조지 클라크 교수를 함께 만났다. 클라크 교수는 1964년 엑스선의 근원을 찾기 위해 최초로 4만 2천 m나 되는 높이까지 풍선을 띄워 관측했는데, 아주 강한 엑스선은 그 정도의 고도까지 침투할 수 있었다. 그는 "당신이 우리 팀에 합류한다면 정말 근사한 일이지요"라고 말했다. 나는 실로 가장 적절한 곳에 가장 필요한 때에 자리잡았던 것이었다.

뭔가를 처음 할 경우 반드시 성공해야 하는데, 우리 팀은 잇달아 많은 발견을 했다. 클라크 교수는 아주 관대한 사람이어서 2년 뒤에는 연구팀을 완전히 내게 넘겨주었다. 아무튼 이렇게 하여 천문학의 새 조류에서 가장 앞서나가게 된 것은 참으로 짜릿한 경험이었다.

나는 자신이 당시 천체물리학의 가장 흥미로운 연구 분야에 깊이 침투해 있다는 점을 커다란 행운으로 여겼다. 하지만 실제로는 물리학의 모든 분야가 마찬가지였으며, 끊임없이 이어지는 놀라운 새 발견들 때문에 온통 강렬한 흥분에 휩싸여 있었다. 우리가 새로운 엑스선의 근원들을 찾고 있는 동안 입자물리학자들은 원자핵을 이루는 더욱 근본적인 요소들을 발견하면서 "원자핵이 어떻게 결합되어 있는가?"라는 신비를 파헤쳐갔다. 이들은 약한 상호작용weak interaction이라고도 부르는 약력weak force을 전달하는 W와 Z 보손boson을 발견하는가 하면 강한 상호작용strong interaction이라고도 부르는 강력strong force에 관련되는 쿼크와 글루온도 찾아냈다.

우리는 물리 덕분에 시간을 아득히 거슬러 우주의 끝자락까지 내다보게 되었다. 허블초심역HUDF, Hubble Ultra Deep Field이라 부르는 관측에서 얻어진 경이로운 영상은 무한히 많은 듯한 은하들을 드러냈다. 독자 여러분은 이 장을 덮기 전에 인터넷에서 이 영상을 찾아보기 바란다. 내 친구들 가운데는 이 영상을 컴퓨터의 화면보호기로 삼은 이들도 있다!

우주의 나이는 약 137억 살이다. 하지만 빅뱅 이후 공간 자체가 엄청나게 팽창해왔으므로 현재 우리는 빅뱅 이후 4억에서 8억 년 무렵에 만들어진 은하들도 관측하고 있지만 이것들은 137억 광년보다 훨씬 멀리 떨어져 있다. 오늘날 천문학자들은 관측 가능한 우주의 끝자락이 모든 방향으로 약 470억 광년 정도라고 추산한다. 그리고 공간 자체의 팽창 때문에 많은 은하들이 광속보다 더 빠른 속도로 우리로부터 멀어지고 있다. 이런 이야기는 아인슈타인의 특수상대성이론에 따르면 무엇이든 광속보다 빠르게 움직일 수 없다는 사실을 알고 있는 사람에게는 충격적일 뿐 아니라 불가능하게 여겨질 것이다. 하지만 아인슈타인의 일반상대성이론에 따르면 은하들 사이의 공간 자체가 팽창하는 속도에는 제한이 없다. 많은 과학자들이 오늘날 우리가 전 우주의 연원과 진화에 대해 탐구하는 우주론의 황금기에 살고 있다고 여기는 데에는 상당한 이유가 있다.

물리는 무지개의 아름다움과 덧없음은 물론 블랙홀의 존재를 설명해준다. 또한 왜 행성들은 그렇게 움직이는지, 별이 폭발할 때는 무슨 일이 벌어지는지, 왜 스케이팅 선수들이 팔을 움츠리면 더 빨리 도는지, 왜 우주 공간에서 우주인들은 무중력을 경험하는지, 우주의 원소들은 어떻게 만들어졌는지, 우주는 언제 시작했는지, 플루트는 음률을 어떻게 만들어내는지, 우리의 몸과 경제를 움직이는 전기는 어떻게 만드는지, 빅뱅의 소리는 어땠을지 등에 대해서도 알려준다. 실로 물리는 아원자입자부터 우주의 광대한 영역에 이르기까지 모두 포괄한다.

나의 친구이자 동료인 빅토르 바이스코프 Victor Weisskopf 는 내가 MIT에 도착했을 때 이미 원로가 되어 《물리학자의 특권 The Privilege of Being a Physicist》(1989)이라는 책을 썼다. 이 훌륭한 제목은 인류가 밤하늘을 유심히 쳐다본 이래 당시가 천문학과 천체물리학에서 가장 흥미진진한 발전이 이루어지고 있으며, 내가 바로 그런 시기 한가운데에 자리잡고 있으면서 갖게 되는 느낌을 잘 나타내준다.

MIT에서 나와 함께 또는 복도를 가로지른 곳에서 일하고 있는 사람들이 과학의 모든 영역에서 가장 근본적인 의문들을 무너뜨리기 위하여 놀랍도록 창의적이고 정교한 기술들을 고안해내고 있었던 것이다. 나로서는 내가 별과 우주에 대해 인류가 쌓아온 지식을 확장하는 데에 힘을 보탤 뿐 아니라 몇몇 젊은 세대들에게 이 장엄한 분야를 사랑하고 깊이 음미하도록 해줄 수 있다는 것은 참으로 고마운 특권이 아닐 수 없었다.

손에 방사성동위원소를 들고 있었던 젊은 시절 이래 나는 오래된 것이든 새로운 것이든 물리의 여러 발견들로부터 끊임없는 환희를 맛보아 왔다. 물리는 풍부한 역사와 최첨단의 전선을 부단히 확장하면서 나로 하여금 나를 둘러싼 세상에서 벌어지는 예기치 못한 경이들에 눈을 뜨게 했다. 물리는 황홀하든 평범하든, 장엄하든 미세하든 상관없이, 내가 이 세상을 모든 게 서로 긴밀히 한데 엮인 오싹하도록 아름다운 일체로 보는 방법을 가르쳐주었다.

이는 또한 내가 언제나 학생들에게 물리를 생생히 전해주려는 방법이기도 하다. 나는 어차피 학생들이 모두 물리학자가 되지 않는 이상, 복잡한 수학에 집중하기보다 그들이 얻는 발견들의 아름다움을 기억하는 게 훨씬 중요하다고 믿는다. 나는 그들이 세상을 다른 방법으로 보도록 돕는 데에 최선을 다하고자 했다. 그래서 그들에게 지금까지와 전혀 다르게 생각하도록 질문했고, 무지개를 지금껏 본 적이 없는 새로운 방식으로 보도록 했으며, 자질구레한 수학이 아니라 물리의 오묘한 아름다움에 집중하도록 격려했다. 이것은 이 책을 쓴 의도이기도 하다. 나는 여러분이 이 책을 통해 물리가 이 세상의 놀라운 아름다움과 우아함을 드러내고 이 세상이 움직이는 길을 밝혀주는 탁월한 방식에 대해 새로운 안목을 갖게 되기를 바란다.

측정과 오차와 별

FOR THE LOVE
OF PHYSICS

**2
측정과 오차와 별**

할 머 니 와   갈 릴 레 오   갈 릴 레 이

물리는 근본적으로 실험과학이다. 따라서 측정과 오차는 모든 실험과 발견의 핵심에 자리잡고 있다. 심지어 물리의 가장 위대한 이론적 성과들도 가측량들에 대한 예측의 형태를 띠고 있다. 예를 들어 물리에서 가장 중요한 방정식이라고 할 "힘은 질량에 속도를 곱한 것과 같다"는 뉴턴의 제2법칙 $F=ma$, 그리고 물리에서 가장 유명한 방정식이라고 할 "에너지는 질량에 광속의 제곱을 곱한 것과 같다"는 아인슈타인의 $E=mc^2$을 보면 이를 잘 알 수 있다. 물리학자들이 밀도, 무게, 길이, 전하, 중력, 온도, 속도와 같은 가측량들에 대한 수학적 방정식 외에 다른 어떤 방법으로 이들 사이의 관계를 나타낼 수 있을 것인가?

나는 여기에 나의 편견이 조금 끼어들었다는 점을 인정한다. 내 박사학위 과정은 여러 가지의 원자핵 붕괴를 높은 정확도로 측정하는 것이었고, 초기에 나는 수십만 광년 떨어진 곳에서 오는 고에너지의 엑스선을 측정함으로써 엑스선 천문학 분야에 기여했기 때문이다. 하지만 아무튼 측정이 없으면 물리도 없다. 또한 마찬가지로 중요하지만 오차가 없는 유의미한 측정도 없다.

우리는 어느 정도의 합리적인 오차는 무의식적으로 항상 예상하며 살아간다. 은행에서 잔고가 얼마라고 말할 때 끄트머리 몇 자리 정도 금액은 대략 무시하는 경우가 많다. 한편 온라인으로 옷을 살 경우 사이즈가 전체 크기의 아주 작은 비율 범위 안에서 잘 맞기를 바란다. 예를 들어 허리둘레가 34인치인 바지를 살 때 오차가 전체의 3%가량이라면 실제로는 35인치여서 엉덩이에 걸쳐지거나 아니면 33인치여서 살이 쪘는지 의아해할 수 있기 때문이다.

측정값은 올바른 단위로 나타내야 한다는 점도 중요하다. 무려 11년 동안 1억 2500만 달러를 들여 화성으로 보냈던 화성기후탐사선 Mars Climate Orbiter이 파국적인 결말을 맞은 것은 바로 단위의 혼란 때문이었다. 당시 기술진의 한 팀은 미터법을 쓴 반면 다른 팀은 영국식 단위를 썼고 그 결과 1999년 9월 이 탐사선은 화성의 안정된 궤도에 자리잡지 못하고 대기권으로 들어가 파괴되어버렸다.

과학자들은 대부분 미터법을 쓰므로 이 책에서 나도 이를 따랐다. 하지만 독자들의 편의상 타당하다고 여겨질 경우 가끔씩 인치(in), 피트(ft), 마일(mile), 파운드(lb) 등의 영국식 단위를 썼다. 온도의 단위로는 섭씨(°C)나 켈빈(K, Kelvin, 섭씨 온도에 273.15를 더한 것)을 사용했는데, 물리학자들이 쓰지 않는 단위이기는 하지만 때로 화씨(°F)도 사용했다.

내가 물리에서 측정이 핵심적 역할을 한다고 보는 이유는 측정으로 검증될 수 없는 이론을 의문스럽게 여기기 때문이다. 끈이론 string theory 또는 더욱 흥미롭게 꾸민 사촌으로 이른바 만유의 이론 theory of everything 이라는 이름 아래 이론가들이 많은 노력을 기울여 내놓은 최신의 초끈이론 superstring theory 을 보자. 끈이론 연구자들 중에는 참으로 뛰어난 사람들도 있지만 아무튼 이론물리학자들은 여태껏 끈이론의 결론들을 검증할 단 하나의 실험도 제시하지 못하고 있다. 적어도 지금까지는 끈이론의 그 어느 것도 실험적으로 검증될 수 없다는 말이다. 이는 끈이론에 예측력이 없다는 뜻이며, 이 때문에 하버드대학교의 셸던 글래쇼 Sheldon Glashow 를 비롯한 일부 물리학자들은 끈이론을 과연 물리학이라고 할 수 있는지조차 의아해한다.

하지만 끈이론은 몇몇 탁월한 달변가들이 후원하고 있다. 브라이언 그린 Brian Greene 은 그중 한 사람이며, 그가 쓴 책 《엘러건트 유니버스 The Elegant Universe》와 이를 토대로 제작한 미국 공공방송 PBS 의 프로그램은 아름답고 매력적인데, 나도 이에 대해 간단히 인터뷰를 한 적이 있다. 에드워드 위튼 Edward Witten 의 엠이론 M-theory 은 서로 다른 5가지의 끈이론을 통합한 것으로 사뭇 기발하고 생각할수록 흥미진진하다. 이에 따르면 공간은 11차원이지만 우리는 그중 3차원만 보면서 살고 있다고 한다.

그러나 이론이 너무 앞서갈 때면 나는 외할머니를 떠올린다. 외할머니는 꽤 뛰어난 직관적 과학자라고 할 정도로 감탄할 만한 언행을 보여주신 대단한 분이었다. 예를 들어 외할머니는 내게 누워 있을 때보다 서 있을 때 키가 더 작다고 말씀하시곤 했다. 나는 학생들에게 이를 직접 보여주기를 좋아한다. 그래서 내 강좌의 첫 시간에 나는 외할머니께 경의를 표하면서 이 기이한 주장을 검증한다. 물론 학생들은 황당한 표정을 짓는데, 그 표정을 보면 '누워 있을 때보다 서 있을 때 더 작다고? 어림도 없지!'라는 생각을 금세 읽을 수 있다.

그들의 불신은 이해할 만하다. 누워 있을 때와 서 있을 때의 키가 다르다면 그 차이는 분명 아주 작을 것이다. 만일 차이가 한 뼘가량이라면 누가 모르겠는가? 아침에 침대에서 빠져나와 몸을 세우자마자 덜커덩하면서 한 뼘이 줄어들 테니 말이다. 하지만 그 차이가 0.1cm에 불과하다면 아마 알아차리지 못할 것이다. 따라서 나는 외할머니가 옳다면 그 차이는 몇 cm를 넘지 못할 것이고, 길어봐야 2cm 남짓이리라고 짐작했다.

이에 대한 실험을 하려면 물론 먼저 학생들에게 내 측정의 오차부터 밝혀두어야 한다. 그래서 나는 길이가 150.0cm인 알루미늄 막대를 수직으로 세워 재면서 내가 ±0.1cm의 오차로 잴 수 있다는 점에 대한 동의를 구한다. 그렇다면 이 수직 측정의 결과는 150.0±0.1cm로 쓸 수 있다. 그런 다음 나는 이 막대를 수평으로 놓고 측정하는데, 그 값이 149.9±0.1cm라면 이는 오차의 범위 안에서 수직 측정과 일치한다고 할 수 있다.

알루미늄 막대를 두 위치에서 측정하여 나는 무엇을 얻었을까? 아주 많다! 첫째로 이 두 측정은 내가 약 1mm의 정확도로 측정할 수 있음을 보여주었다. 하지만 내게 적어도 이와 마찬가지로 중요한 것은 내가 학생들에게 속임수를 쓰지 않는다는 점을 보여주었다는 사실이다. 예를 들어 내가 수평 위치에서 이상한 자를 이용하여 측정했다면 아주 부정직하고 나쁜 짓일 것이다. 이 두 측정에서 알루미늄 막대의 길이가 같게 나온다는 점을 보여줌으로써 나는 나의 과학적 정직성을 의문의 여지가 없도록 입증한 것이다.

다음으로 나는 지원자를 선발하여 서 있을 때의 키를 측정하고 185.2cm라는 값을 칠판에 기록하는데, 물론 ±0.1cm의 오차도 빠뜨리지 않는다. 이어서 지원자에게 신발 가게에서 발의 크기를 재는 데에 쓰는 나무로 만든 리츠스틱 Ritz Stick 을 크게 확대한 것과 같은 측정 장치가 설치된 책상 위로 올라가 눕도록 한다. 그 동안 나는 농담을 건네면서 지원자에게 편안한지 묻는데, 과학을 위하여 희생하게 된 것을 축하한다고 말하면 지원자는 아주 조금 거북해한다. 이때 내가 몰래 준비한 것은 무엇일까? 나는 삼각형의 나무 조각을 바닥에 대고 미끄러뜨려 지원자의 머리에 살며시 닿게 한 다음 새로 얻은 측정값을 칠판에 쓴다. 이렇게 하여 우리는 각각 0.1cm의 오차로 두 값을 얻었다. 과연 이 결과는 어떨까?

독자 여러분은 이 두 측정값이 2.5±0.2cm만큼 차이가 난다는 사실을 알면 놀라지 않을까? 이 측정을 토대로 나는 지원자의 키가 누워 있을 때보다 서 있을 때 적어도 2.3cm 더 작다는 결론을 내려야 한다. 나는 길게 뻗은 지원자에게 돌아가 누워 있을 때보다 서 있을 때 대략 1인치쯤 더 크다고 알려준다. 이어서 가장 중요한 대목으로 넘어가 다음과 같이 선언한다. "할머니는 옳았습니다! 할머니는 언제나 옳았어요!"

아직도 의심스러운가? 생각해보면 외할머니는 우리들 대부분보다 더 훌륭한 과학자다. 우리가 서 있을 때는 등뼈를 구성하는 작은 뼈들 사이에 있는 부드러운 조직들이 중력에 의해 눌리지만 누워 있을 때는 이런 작용이 없으므로 본래대로 늘어난다. 이처럼 이유를 알고 나면 당연하게 여겨지지만, 그 이유를 알기 전에 예측할 수 있었을까? 사실 나사의 과학자들도 첫 번째의 우주비행을 계획할 때 이 효과를 고려하지 못했다. 그래서 우주인들은 우주 공간에 올라갔을 때 우주복이 꽉 조인다는 불평을 털어놓았다. 나중에 스카이랩Skylab 우주정거장에서 6명의 우주인들에 대해 행해진 실험에 따르면 모두 키가 3%가량 커졌는데, 이는 키가 180cm쯤인 사람의 경우 5cm가 조금 넘게 커진다는 뜻이다. 그래서 우주복은 이후 이를 고려하여 약간 크게 만들고 있다.

좋은 측정이 얼마나 중요한지 이해했는가? 외할머니가 옳았음을 입증한 그 수업 시간에 나는 또 아주 이상하면서도 재미있는 측정을 한다. 이는 현대 과학과 천문학의 아버지인 갈릴레오 갈릴레이가 제시한 것으로 언젠가 자신에게 물었던 "왜 가장 큰 동물들은 그 정도까지만 자라고 더 이상 자라지 않을까?"라는 의문에 대답하기 위한 것이다. 그는 동물들이 너무 커지면 뼈가 부러질 것이라고 추측했다. 나는 이 내용을 처음 읽었을 때 그가 정말 옳은지 알아보고 싶은 흥미를 느꼈다. 물론 그의 답이 직관적으로는 옳은 듯하지만 어쨌든 검증해보고 싶었던 것이다.

나는 동물들의 몸무게가 대부분 대퇴골, 곧 넓적다리뼈에 의해 지탱된다는 사실을 알고 있었다. 그래서 나는 몇몇 동물들의 대퇴골을 비교하는 실험을 하기로 마음먹었다. 만일 갈릴레오가 옳다면 너무 무거운 동물의 경우 대퇴골이 몸무게를 지탱할 정도로 강하지 못할 것이다. 물론 나는 대퇴골의 강도가 두께에 비례해야 한다는 사실을 깨달았다. 두꺼운 뼈가 더 큰 무게를 지탱할 수 있다는 것은 직관적으로 명백하다. 따라서 큰 동물의 경우 더 강한 뼈가 필요하다.

또한 대퇴골은 동물이 클수록 길어야 한다. 그래서 나는 여러 동물들을 비교하여 크기가 커짐에 따라 대퇴골의 길이와 두께가 어떻게 달라지는지를 비교하면 갈릴레오의 생각을 검증할 수 있을 것이라고 생각했다. 내가 고안한 계산에 따르면 갈릴레오가 옳다고 할 경우 동물의 크기가 커짐에 따라 대퇴골의 두께는 길이보다 더 빠르게 증가한다. 이 계산의 자세한 내용은 여기에 제시하기에는 좀 복잡하므로 '부록 1'에 따로 실었다. 예를 들어 한 동물이 다른 동물보다 5배 크면 대퇴골의 길이도 5배가 되어야 하지만 두께는 약 11배로 증가해야 한다.

이 사실은 어느 시점에 이르면 대퇴골의 두께가 길이와 같아지거나 더 커진다는 것을 의미하며 이에 해당하는 동물의 모습은 사뭇 비현실적일 것이다. 분명 이런 동물은 생존경쟁에 적합하지 못할 것이고, 바로 이 때문에 동물의 최대 크기에는 한계가 있게 된다.

따라서 나는 두께가 길이보다 빠르게 증가한다고 예측하는데, 정말 재미있는 일은 이제부터다.

하버드대학교는 많은 뼈들을 잘 소장하고 있어서 나는 그중 말과 너구리의 대퇴골을 빌렸다. 그런데 말은 너구리보다 약 4배 크며, 아닌게 아니라 42.0 ± 0.5cm인 말의 대퇴골은 12.4 ± 0.3cm인 너구리의 대퇴골보다 약 3.5배 길었다. 따라서 여기까지는 아주 좋았다. 이어서 이 값들을 나의 식에 넣었더니 말의 대퇴골은 너구리의 것보다 6배가 좀 넘게 두꺼울 것이라는 예측이 나왔다. 너구리와 말의 대퇴골 두께에 대한 오차 범위는 각각 0.5cm와 2cm였는데, 실제로 측정한 결과 말의 대퇴골이 5배가량 두꺼웠고 측정의 오차는 $\pm10\%$가량이었다. 그러므로 갈릴레오의 예측에 꽤 잘 부합하는 셈이다. 하지만 나는 이에 만족하지 않고 더 큰 동물과 더 작은 동물도 조사해보기로 했다.

그래서 나는 또 하버드대학교를 찾아 영양과 주머니쥐와 생쥐의 뼈를 빌렸는데, 그 모습들은 그림과 같다.

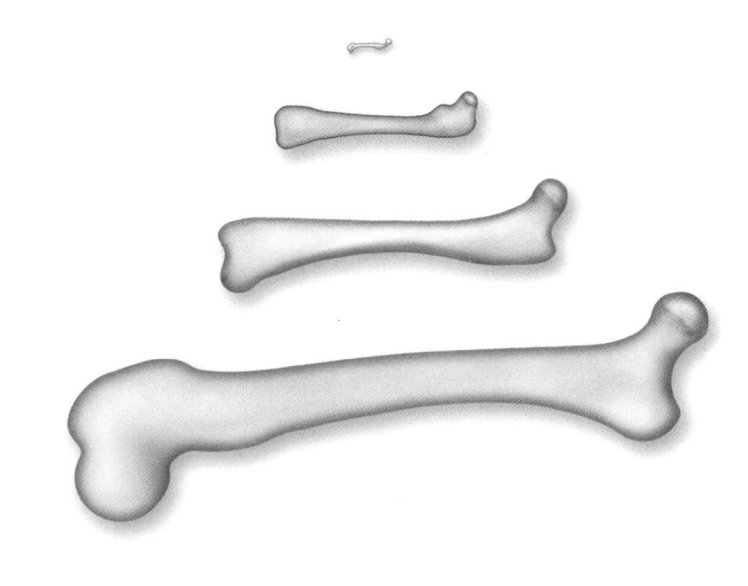

어떤가? 참으로 놀랍고 낭만적이지 않은가? 뼈 모습의 변화는 아주 매력적이며, 특히 생쥐의 것은 정말 작고 섬세해 보인다. 자그마한 생쥐에 아주 잘 어울리는 정말 작은 뼈다. 그 모양은 또한 아름답지 않은가? 나는 이와 같은 자연계의 세밀한 아름다움들에 대해 끊임없이 탄복한다.

그런데 측정은 어떤가? 그 값들은 내가 세운 식에 잘 부합했을까? 계산을 마쳤을 때 나는 충격을 받았는데, 이는 정말 큰 충격이었다. 말의 대퇴골은 생쥐의 것보다 40배 길므로 내 계산에 따르면 250배가량 두꺼워야 한다. 하지만 실제로는 단지 70배에 지나지 않았다.

그래서 나는 자신에게 말했다. "왜 코끼리의 것을 구하지 않았을까? 그게 있으면 문제가 확실히 풀릴 텐데……." 나는 하버드대학교에 또 찾아가면 귀찮게 여기지 않을까 걱정되었다. 하지만 그들은 기꺼이 코끼리의 대퇴골을 빌려주었다. 나는 이때 그들이 내가 그만오기만을 바라고 있음을 확신했다! 어쨌거나 이 뼈를 옮기는 것은 정말 힘들었다. 길이는 1m가 넘고 무게는 1톤에 이르렀기 때문이다. 하지만 측정하고 싶어 조바심이 나서 견딜 수 없었고 밤새 잠들지 못했다.

내가 얻은 결과는 어땠을까? 생쥐의 것은 길이가 1.1 ± 0.05cm에 두께는 0.7 ± 0.1mm여서 정말 가늘었다. 반면 코끼리의 것은 길이가 101 ± 1cm여서 생쥐의 것보다 거의 100배나 되었다. 그렇다면 두께는? 내 측정값은 86 ± 4mm였으므로 생쥐의 것보다 대략 120배 두꺼웠다. 내 계산에 따르면 갈릴레오가 옳을 경우 코끼리 대퇴골의 두께는 생쥐의 것보다 1천 배쯤 두꺼워야 한다. 다시 말해서 약 70cm여야 한다. 하지만 실제로는 고작 9cm 정도였다. 따라서 나는 내키지는 않지만 위대한 갈릴레오가 틀렸다고 결론지을 수밖에 없었다!

성간 공간의 측정

물리학에서 측정과 밀접한 분야의 하나는 천문학이다. 천문학에서는 특히 광대한 거리를 다루므로 측정과 오차는 천문학자들에게 매우 중요한 문제다. 도대체 별들은 얼마나 멀리 떨어져 있을까? 우리의 아름다운 이웃인 안드로메다은하는 어떨까? 가장 강력한 망원경으로 볼 수 있는 은하들은 어떨까? 우주에서 가장 멀리 떨어진 천체를 볼 때 우리는 얼마나 멀리까지 보고 있는 것일까? 우주는 얼마나 클까?

모든 과학에는 가장 근본적이고 심오한 의문들이 있다. 그리고 이에 대한 서로 다른 해답들이 우리의 우주관을 뒤엎곤 했다. 사실 거리 측정은 자체로 하나의 놀라운 역사다. 별들의 거리를 측정하는 기술의 변화로 천문학의 진화 과정을 추적해볼 수 있을 정도이기 때문이다. 이 과정의 모든 단계들은 측정의 정확도에 의지했는데, 이는 곧 측정 장비와 천문학자의 창의력에 달려 있다는 뜻이다. 19세기 말까지만 해도 천문학자들이 가진 유일한 수단은 시차parallax라는 현상을 이용한 계산법이었다.

우리는 무의식중에 이미 시차에 익숙해져 있다. 자리에 앉아 벽을 바라보면서 출입문이나 거기에 매달린 그림을 주시해보자. 또는 밖에 나가 큰 나무를 보아도 좋다. 그런 다음 엄지손가락을 세운 채 한손을 정면으로 쭉 뻗어 눈과 주시하는 물체 사이에 둔다. 이제 먼저 오른쪽 눈을 감고 관찰한 뒤 왼쪽 눈을 감고 관찰한다. 그러면 엄지손가락이 주시하는 물체의 좌우로 움직이는 모습을 볼 수 있다. 이번에는 손을 눈 쪽으로 가까이 가져온 뒤 똑같이 관찰해본다. 그러면 손가락은 더 큰 폭으로 움직인다. 이는 대단한 효과이며, 이게 바로 시차다!

시차는 같은 물체를 다른 시선으로 관찰하기 때문에 일어난다. 위 예의 경우 오른쪽 눈의 시선과 왼쪽 눈의 시선으로 번갈아 보기 때문인데, 우리의 두 눈 사이의 거리는 약 6.5cm다.

측정과 오차와 별 | 47

이것이 성간(星間) 거리 측정의 배경 아이디어다. 다만 여기서는 약 6.5cm인 두 눈 사이의 거리가 아니라 지름이 약 3억km인 지구의 공전 궤도를 기준선으로 이용한다. 지구가 1년에 걸쳐 태양의 둘레를 공전하는 동안 가까운 곳의 별은 먼 곳의 별보다 더 많이 움직인다. 여섯 달 사이에 지구는 공전궤도의 반대쪽에 자리잡으며, 같은 별을 이 두 곳에서 관찰한 시선이 엇갈리는 정도를 시차각parallax angle이라고 부른다. 이처럼 여섯 달의 사이를 두고 많은 별들을 관찰하면 서로 다른 시차각들을 얻게 된다. 그림에는 간단히 설명하기 위해 황도면ecliptic plane이라고도 부르는 지구의 궤도면과 같은 평면에 있는 하나의 별만 그렸다. 하지만 여기에 묘사된 시차 측정의 원리는 황도면에 있는 별들은 물론 다른 모든 별들에 똑같이 적용된다.

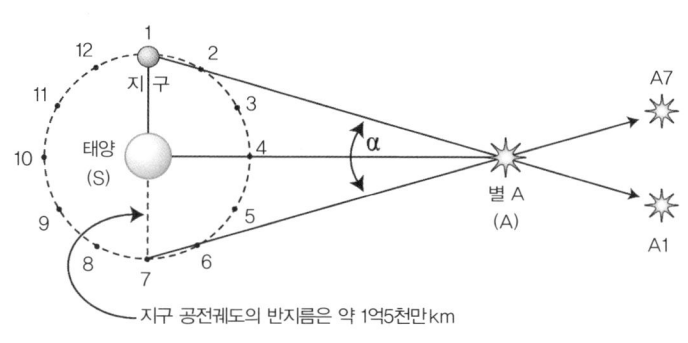

지구가 공전궤도를 돌면서 1의 위치에 있을 때 이 별을 관찰했다고 가정하자. 그러면 이 별은 아주 먼 곳에 있는 가상의 배경에서 A1의 자

리에 있는 듯 보인다. 다음으로 같은 별을 여섯 달 뒤에 7의 위치에서 보면 A7의 자리에 있는 듯 보인다. 그림에 α로 표시된 각은 이 별을 관찰하면서 얻을 수 있는 최대의 시차각이다. 2와 8, 3과 9, 4와 10의 위치에서 비슷한 측정을 할 때 얻어지는 시차각들은 모두 α보다 작다. 시차각은 심지어 0이 될 수도 있는데, 예를 들어 4와 10에서 하는 가상적인 측정의 경우가 그렇다(10에서는 태양에 가려 별이 보이지 않으므로 가상의 경우다). 이제 1과 7과 A를 이어서 만든 삼각형을 생각해보자. 우리는 1과 7 사이의 거리가 약 3억km라는 점과 α의 값을 알고 있다. 따라서 고교 시절에 배우는 삼각법을 이용하면 태양과 별 사이의 거리 SA를 알 수 있다.

 이처럼 궤도상의 위치에 따라 여섯 달의 간격을 두고 얻는 시차각도 달라진다. 하지만 천문학자들은 여러 별들에 대해 '시차'라는 용어를 자주 쓰는데, 이것은 위에서 설명한 최대 시차각의 절반을 뜻한다. 예를 들어 최대 시차각이 2.00″(초)이면 시차는 1.00″이며, 이에 해당하는 태양과 별 사이의 거리는 3.26광년이다(다만 실제로 이 거리 안에 있는 별은 없다). 그림에서 쉽게 알 수 있듯 시차가 작을수록 거리는 커지는데, 시차가 0.10″이면 거리는 32.6광년이다. 실제 예로 태양에서 가장 가까운 별인 프록시마켄타우리 Proxima Centauri의 경우 시차는 0.76″이며, 따라서 거기까지의 거리는 약 4.3광년이다.

 천문학자들이 측정하고자 하는 별들의 위치 변화가 얼마나 작은지 이해하려면 먼저 '초'가 얼마나 작은 각도인지 이해해야 한다. 밤하늘을 보면서 천정 zenith(머리 위의 수직 방향으로 무한대의 거리에 있는 점)을 지나 지구를 한 바퀴 둘러싸는 무한히 큰 원을 상상하자. 이 원의 중심각은 물론 360°다. 1°를 60개로 나눈 것의 하나는 1′(분)이고, 1′을 60개로 나눈 것의 하나가 1″(초)다. 따라서 원의 한 바퀴에는 모두 1,296,000″가 있는 셈이니 1″는 정말 작은 각도다.

  1″를 실감나게 이해할 다른 방법을 생각해보자. 10원짜리 동전을 3.5km가량 떨어진 곳에 정면으로 놓고 바라볼 때의 각도가 대략 1″다. 또 다른 방법도 있다. 모든 천문학자는 보름달이 차지하는 각도가 0.5°, 곧 30′임을 알고 있으며, 이것을 달의 각크기 angular size 라고 부른다. 따라서 1″는 보름달을 나란히 1,800조각으로 쪼갰을 때 한 조각이 차지하는 각도에 해당한다.

  하지만 이토록 작은 각도임에도 별까지의 거리를 알려면 천문학자들은 시차를 정확히 재야 한다. 따라서 시차의 측정에 관련된 오차가 얼마나 중요한지 잘 이해할 수 있다.

  천문학자들이 사용하는 장비가 개선되면서 시차의 측정도 갈수록 정확해졌고, 이에 따라 별들의 거리에 대한 데이터도 바뀌었는데, 때로는 아주 극적으로 바뀌기도 했다. 19세기 초 토머스 헨더슨 Thomas Henderson 은 밤하늘에서 가장 밝게 빛나는 시리우스 Sirius 의 시차가 0.23″이며 오차는 0.25″가량이라고 발표했다. 다시 말해서 이 시차의 한계는 0.5″가량이며 따라서 시리우스는 적어도 6.5광년 이상 떨어져 있다는 뜻인데, 1839년 당시로서는 아주 중요한 결과였다. 하지만 반세기쯤 지난 뒤 데이비드 길 David Gill 이 발표한 자료에 따르면 시리우스의 시차는 0.370″이고 오차는 ±0.010″다. 길의 측정은 헨더슨의 것에 부합하지만 오차 범위가 25배나 작다. 따라서 그 결과도 훨씬 뛰어난데, 0.370±0.010″라는 시차는 8.81±0.23광년의 거리에 해당하므로 이전의 결과인 6.5광년과 비교하면 아주 큰 변화다!

1990년대에 고대 그리스의 유명한 천문학자의 이름에 짜맞추어 명명한 히파르코스위성 Hipparcos, the High Precision Parallax Collecting Satellite 은 10만 개 이상의 별들에 대한 시차를(따라서 그 거리를) 약 1천분의 1″라는 작은 오차 범위로 측정했다. 정말 놀랍지 않은가? 1″의 각도를 만들려면 10원짜리 동전을 얼마나 먼 곳에 놓아야 하는지 기억나는가? 1천분의 1″라는 각도를 만들려면 이 동전을 무려 3,500km나 떨어진 곳에 놓아야 한다.

히파르코스위성은 물론 시리우스의 시차도 측정했다. 그 값은 0.37921±0.00158″였으며 거리로 환산하면 8.601±0.036광년이 된다.

가장 정확한 시차 측정은 1995년부터 1998년 사이에 전파 천문학자들에 의해 Sco X-1이라 부르는 매우 특별한 별에 대해 이루어졌다. 자세한 이야기는 제10장에서 다루기로 하고, 아무튼 그 결과는 0.00036±0.00004″이며, 거리로 환산하면 9,100±900광년이다.

천문학에는 장비의 제한된 정확도와 관측에 수반되는 시간적 제한 때문에 발생하는 오차 외에 천문학자의 악몽이라고 할 '미지의 숨은 오차'도 존재한다. 장비를 잘못 조정했기 때문에 일어나는 오차 또는 뭔가를 놓친 탓에 알지도 못할 구석에서 일어나는 오차가 바로 그것이다. 예를 들어 욕실에서 쓰는 저울의 영점이 살 때부터 5kg이나 잘못 조정된 것을 몰랐다고 하자. 그러면 이로 인한 오차는 거의 심장마비에 걸릴 지경으로 건강이 악화되어 의사를 찾은 뒤에야 알게 될 수도 있다. 이런 오차는 계통오차 systematic error 라고 부르는데, 생각할수록 끔찍한 것이다. 나는 전 국방장관 도널드 럼스펠드 Donald Rumsfeld 를 좋아하지 않지만 그가 2002년 어느 날 언론에 브리핑하면서 다음과 같이 말할 때는 아주 조금이나마 공감이 갔다. "우리는 우리가 이해하지 못하는 게 있음을 알고 있습니다. 하지만 세상에는 미지의 미지수, 곧 우리가 모르는지도 모르는 것들도 있습니다."

측정 장비의 한계에 대한 도전은, 탁월한 능력에도 불구하고 거의 빛을 보지 못했던 여성 천문학자 헨리에터 스완 레빗Henrietta Swan Leavitt의 성과를 놀랍도록 돋보이게 한다. 1908년 당시 레빗은 하버드천문대에서 낮은 지위의 직원으로 일하고 있었는데, 그녀의 연구에 힘입어 성간 거리의 측정은 비약적인 발전을 이루었다.

과학사를 살펴보면 이런 일들, 곧 여성 과학자들의 재능과 지성과 공헌에 대한 과소평가는 아주 흔히 일어나므로 일종의 계통오차라고 볼 수도 있다.★

레빗은 소마젤란운SMC, Small Magellanic Cloud을 촬영한 수천 장의 사진 건판을 분석하던 중 어떤 종류의 큰 변광성들은 광도와 변광주기 사이에 일정한 관계가 있음을 발견했다. 오늘날 세페이드변광성Cepheid variable이라고 부르는 이 별들은 밝을수록 변광주기가 길었다. 아래에서 보겠지만 그녀의 이 발견은 성단과 은하들의 거리를 정확히 측정하는 데에서 신기원을 이룩했다.

레빗의 발견을 이해하려면 먼저 휘도luminosity와 광도brightness의 차이를 알아야 한다. 휘도는 천체가 1초 동안 방사하는 총 에너지를 가리킨

★ 이런 일은 핵분열을 도운 리제 마이트너Lise Meitner, DNA 구조의 해명을 도운 로절린드 프랭클린 Rosalind Franklin, 펄서를 발견한 조슬린 벨Jocelyn Bell에게도 일어났다. 벨의 경우 1974년의 노벨상을 공동으로 수상했어야 하는데, 이는 "펄서의 발견에 대한 그의 결정적인 기여"라는 이유로 그녀의 지도교수인 앤터니 휴이시Antony Hewish에게 돌아갔다

다. 광도는 천체가 방사하는 빛 에너지 가운데 우리가 지구의 1m² 넓이에서 1초 동안 받는 에너지를 가리키며, 이는 광학망원경으로 측정한다.

예를 들어 금성을 보자. 금성은 때로 밤하늘 전체에서 가장 밝은 천체이며 심지어 가장 밝은 별인 시리우스보다 더 밝다. 금성은 지구에서 가장 가깝기 때문에 이처럼 아주 밝지만 그 자체의 휘도는 사실상 전혀 없다. 시리우스에 비하면 상대적으로 거의 아무런 에너지도 방출하지 않는데, 강력한 핵반응로인 시리우스는 태양보다 2배나 무겁고 휘도는 25배나 된다. 천체의 휘도를 알면 천문학자들은 이에 대해 아주 많은 것을 알 수 있다. 그러나 문제는 휘도를 측정할 좋은 방법이 없다는 점이다. 광도는 우리가 빤히 보는 것이므로 측정으로 바로 알려진다. 하지만 휘도는 그렇지 않으며, 이를 측정하려면 별의 광도와 거리를 모두 알아야 한다.

그런데 에냐르 헤르츠스프룽Ejnar Hertzsprung과 핼로 셰이플리Harlow Shapley는 1913년과 1918년에 각각 통계시차statistical parallax라고 부르는 기법을 이용하여 레빗의 광도를 휘도로 바꿀 수 있었다. 그리고 소마젤란운에 있는 어떤 주기의 세페이드변광성이 방출하는 휘도는 다른 곳에 있는 같은 주기의 세페이드변광성이 방출하는 휘도와 같다고 가정함으로써 소마젤란운은 물론 다른 모든 곳에 있는 세페이드변광성들의 휘도를 계산할 수 있는 방법을 얻어냈다. 이 방법은 사뭇 전문적이므로 여기서 설명하지는 않겠다. 다만 새겨둘 것은 이렇게 얻은 '휘도주기관계'는 별들의 거리를 측정하는 데에 이정표와 같은 위업이 되었다는 사실이다. 그 덕분에 우리는 별의 휘도와 광도를 알면 거리를 곧바로 알아낼 수 있게 되었다.

그런데 휘도의 범위는 아주 크다. 예를 들어 주기가 3일인 세페이드 변광성의 휘도는 태양의 1천 배가량인데, 주기가 30일인 것은 1만 3천 배나 된다.

1923년 위대한 천문학자 에드윈 허블Edwin Hubble은 M31이라고도 부르는 안드로메다은하에서 세페이드변광성을 발견했다. 이를 토대로 그는 안드로메다은하까지의 거리가 약 100만 광년이라고 계산했는데, 이 결과는 많은 천문학자들에게 엄청난 충격이었다. 셰이플리를 비롯한 많은 사람들은 우리의 은하계가 안드로메다은하는 물론 전 우주를 포괄한다고 주장해왔지만 허블은 안드로메다은하가 우리 은하계로부터 아득히 멀리 떨어져 있다는 사실을 밝혔기 때문이었다. 하지만 오늘날 구글 등을 통해 조사해보면 안드로메다은하까지의 거리는 약 250만 광년으로 나온다.

이는 바로 미지의 미지수에 해당하는 경우였다. 천재적인 허블도 계통오차의 덫에 걸렸던 것이다. 그가 계산의 토대로 삼았던 별은 나중에 2종 세페이드변광성Type II Cepheids이라고 부르게 된 것으로 그가 관찰했다고 여겼던 것(오늘날 1종 세페이드변광성Type I Cepheids이라고 부른다)보다 4배 이상 밝은 종류였다. 천문학자들은 1950년대에 들어서야 이 차이를 알게 되었으며, 하룻밤 사이에 지난 30년 동안 해온 거리 측정이 2배 이상 틀렸다는 점을 깨달았다. 결과적으로 알려진 우주의 크기는 2배가 넘게 되었으므로 이는 아주 큰 계통오차라고 하겠다.

2004년에도 어떤 천문학자들은 세페이드변광법Cepheid variable method을 이용하여 안드로메다은하까지의 거리를 251만±13만 광년으로 측정했다. 한편 2005년에 쌍성가림법eclipsing binary stars method을 이용한 천문학자들은 252만±14만 광년으로 측정했다. 약 2,400경km로 환산되는 이 거리에 대한 두 측정의 결과는 서로 아주 잘 일치하지만 오차는 여전히 약 14만 광년, 곧 약 130경km에 이른다. 그러나 천문학적 기준에 비추어보면 안드로메다은하는 바로 이웃이나 같다. 따라서 다른 수많은 은하들에 대한 오차가 어느 정도일지 대략 실감할 수 있다.

이상의 이야기로부터 우리는 천문학자들이 왜 언제나 이른바 표준촉광 standard candle, 곧 잘 알려진 휘도를 가진 천체들을 찾는지 알 수 있다. 이것들은 우리가 우주 전체에 걸쳐 믿을 만한 거리 측정을 할 수 있도록 많은 도움을 준다. 그리하여 우주거리사다리 cosmic distance ladder 라고 부르는 체계를 정립하는 데에 결정적인 역할을 한다.

이 사다리의 첫째 칸에서 우리는 시차를 이용하여 거리를 잰다. 히파르코스위성의 놀랍도록 정확한 시차 측정 덕분에 우리는 수천 광년에 이르는 거리까지는 이 방법으로 아주 정확한 결과를 얻을 수 있다.

거리 측정은 거리가 멀어질수록 까다로워진다. 이는 부분적으로 1925년 에드윈 허블이 우주의 머나먼 은하들이 서로 멀어지고 있다는 놀라운 사실을 발견한 것에서 유래한다. 지난 세기에 천문학은 물론 전체 과학에서조차 가장 충격적이고 중요한 것 가운데 하나인 허블의 발견에 맞설 만한 것은 아마 자연선택 natural selection 이라는 메커니즘을 내세운 찰스 다윈 Charles Darwin 의 진화론뿐일 것이다.

허블은 은하들이 내뿜는 빛의 스펙트럼이 에너지가 낮은 긴 파장 쪽, 곧 빨간색 쪽으로 이동한다는 특이한 현상을 발견했다. 이는 적색편이 redshift 라고 부르는데, 그 값이 클수록 은하가 멀어지는 속도도 크다. 이 현상은 도플러효과 Doppler effect 의 일종이므로 소리를 이용하여 지상에서도 살펴볼 수 있다. 예를 들어 앰뷸런스의 사이렌 소리는 앰뷸런스가 다가올 때는 고음으로 들리지만 멀어질 때는 저음으로 바뀌는데, 이에 대한 자세한 내용은 제13장에서 다룰 것이다.

허블은 측정할 수 있는 모든 은하들에 대해 거리와 적색편이를 검토한 결과 먼 은하일수록 더 빨리 멀어진다는 사실을 알아냈다. 따라서 우주는 팽창하고 있다는 뜻인데, 이 얼마나 획기적인 발견인가! 우주 안의 멀리 떨어진 은하들은 서로 멀어지고 있는 것이다.

이 때문에 수십억 광년가량 떨어진 은하들 사이에서는 거리의 의미에 큰 혼란이 일어난다. 이 상황에서의 거리는, 예를 들어 130억 년 전과 같이 빛이 방출되었을 때의 거리를 가리키는가, 아니면 현재, 곧 130억 년이 지나 처음보다 훨씬 증가된 거리를 가리키는가? 이 때문에 한 천문학자는 어떤 천체까지의 거리가 130억 광년이라고 발표하는 반면(이것은 광속여행거리 light travel time distance 라고 부른다), 다른 천문학자는 같은 천체에 대해 290억 광년이라고 발표할 수도 있다(이것은 동행거리 co-moving distance 라고 부른다).

아무튼 이러한 허블의 발견은 오늘날 다음과 같은 허블의 법칙, 즉 "은하들의 후퇴속도는 거리에 비례한다"로 알려져 있다. 곧 먼 은하일수록 더 빨리 멀어진다.

후퇴속도는 비교적 쉽게 측정된다. 스펙트럼의 적색편이는 속도로 쉽게 변환되기 때문이다. 반면 거리의 측정은 이와 달리 아주 어려우며, 허블이 안드로메다은하에 대해 측정한 거리가 이후 약 2.5배나 달라졌다는 점에서 이를 잘 알 수 있다. 허블은 이와 관련하여 $v = H_0 D$ 라는 단순한 식을 얻었는데, v는 은하의 후퇴속도, D는 은하까지의 거리, H_0

는 일정한 값으로 허블상수Hubble's constant라고 부른다. 허블상수의 단위는 메가파섹megaparsec당 1초당의 km인데(km/s/Mpc, 1메가파섹은 326만 광년), 처음에 허블은 이 값을 약 500으로 추산했고 오차는 약 10%였다. 그러므로 허블에 따르면 5메가파섹의 거리에 있는 은하는 초당 2,500km의 속도로 우리로부터 멀어지고 있는 셈이다.

분명 우주는 빠르게 팽창하고 있다. 하지만 허블의 발견이 여기에 그치지는 않는다. 허블상수의 값을 정확히 알면 시계를 거꾸로 돌려 빅뱅 이후 지금까지 경과한 시간, 따라서 우주의 나이를 알아낼 수 있다. 허블 자신은 이 값을 20억 년쯤으로 추산했다. 하지만 이는 당시 지질학자들이 지구의 나이가 30억 년에 이른다고 주장했던 것과 어긋났는데, 이 주장의 신빙성은 상당히 높았으므로 허블은 곤경에 빠졌다. 그런데 허블은 이때도 많은 계통오차를 안고 있었다. 그는 세페이드변광성의 종류를 혼동하기도 했고 아주 먼 은하들 속에서 별들을 만들어내는 기체 구름을 밝은 별로 착각하기도 했다.

우주의 거리 측정에 대해 지난 80년 동안 이루어진 발전을 음미하는 방법은 허블상수 자체의 역사를 돌이켜보는 것이다. 천문학자들은 거의 한 세기 동안 허블상수의 값을 정확히 알아내려고 분투해왔는데, 그 결과 이 상수의 값은 처음보다 약 7분의 1로 줄어들었다. 이에 따라 알려진 우주의 크기도 극적으로 증가했으며, 나이도 허블이 처음 추산했던 20억 년에서 오늘날에는 약 140억 년, 더 정확히 말하면 137.5 ± 1.1억 년으로 늘어났다. 끝으로 그의 이름을 따서 지구 궤도에 띄운 고성능의 허블우주망원경으로 관측한 결과에 의하면 현재 허블상수의 값은 메가파섹당 초당 70.4 ± 1.4km라는 것에 의견이 모아지고 있다. 그런데 여기에 관련된 오차가 단 2%에 불과하다는 점은 참으로 놀랍기만 하다!

다시 생각해보자. 1838년에 시작된 시차 측정은 천체의 거리 측정에 대한 이론과 장비 모두에 중요한 기초가 되었고, 이를 토대로 오늘날에는 수십억 광년에 이르는 관측 가능한 우주의 끝자락까지 더듬게 되었다.

이처럼 어려운 문제들을 해결해온 탄복할 만한 발전에도 불구하고 세상에는 더욱 많은 신비들이 남아 있다. 우리는 우주 안의 암흑물질과 암흑에너지의 비율은 측정할 수 있지만 정체가 무엇인지는 전혀 모른다. 우리는 우주의 나이는 알지만 언제 어떻게 끝날지는 아직 모른다. 우리는 중력과 전자기력과 강력 및 약력의 크기는 정확히 측정할 수 있지만 과연 이것들이 하나의 힘으로 통합될 수 있는지에 대해서는 아무런 실마리도 찾지 못하고 있다. 그리고 우리 은하계 또는 이를 벗어난 다른 은하에 우리와 같은 지적 존재가 살고 있는지에 대해서도 전혀 알지 못한다. 따라서 앞으로도 우리가 갈 길은 멀다. 하지만 어쨌든 지금껏 물리의 많은 도구들이 이런 의문들에 대해 놀랍도록 높은 정확도로 많은 답을 알려주었다는 점은 참으로 경이로운 사실임에 틀림없다.

운동하는 물체

FOR THE LOVE
OF PHYSICS

3
운동하는 물체

여기 재밋거리가 하나 있다. 욕실 저울에 올라서보자. 병원에 있는 고급 저울이나 발가락으로 살짝 건드려 작동시키는 디지털 저울일 필요는 없다. 그저 평범한 저울이면 된다. 또한 남에게 보여주려는 것도 아니므로 신발을 신어도 무방하다. 그리고 표시된 숫자가 맘에 들든 안 들든 상관없다. 이제 재빨리 발꿈치를 들고 곧추서서 그 자세를 유지한다. 그러면 저울의 눈금이 잠시 미친 듯 요동치는 것을 볼 수 있을 것이다. 이 과정은 꽤 빨리 진행되므로 분명히 관찰하기 위해서는 몇 번 되풀이할 필요도 있다.

처음에는 눈금이 올라간다. 그렇지 않은가? 하지만 다음에는 정상적인 몸무게보다 더 낮은 값으로 내려간다. 그리고 이어서, 저울에 따라 다르지만, 안정되기 전까지 눈금은 몇 번 더 요동친다. 이번에는 곧추선 자세에서 재빨리 발꿈치를 내려보자. 그러면 눈금은 앞서와 반대로 처음에는 내려가지만 곧이어 정상적인 몸무게를 지나쳐 올라가며, 이윽고

안정될 때까지 몇 번 더 요동친다. 도대체 어찌 된 일일까? 우리의 몸무게는 발꿈치를 올리든 내리든 같아야 하는 것 아닐까? 그런데 과연 정말 그럴까?

이것을 이해하려면, 내가 역사상 가장 위대한 물리학자로 꼽는 아이작 뉴턴Isaac Newton의 도움을 구해야 한다. 내 동료들이나 독자들 가운데 어떤 분들은 이에 동의하지 않고 알베르트 아인슈타인Albert Einstein을 내세울 수도 있을 것이다. 하지만 이 두 사람이 1, 2위를 다툰다는 점에 대해서는 아무도 이의를 제기하지 않을 것이다. 그런데 나는 왜 뉴턴을 지지할까? 이는 그의 발견들이 너무나 근본적이고 너무나 다양하기 때문이다. 그는 빛의 본질을 연구하고 색에 대한 이론을 개발했다. 또한 행성들의 운동을 연구하기 위해 반사망원경을 최초로 만들었는데, 이는 당시 널리 쓰였던 굴절망원경을 뛰어넘는 커다란 진보였으며 오늘날에도 주요 망원경들은 기본적으로 그의 구상에 쓰인 원리들을 따르고 있다. 한편 그는 유체의 운동 특성에 대한 연구를 통해 물리학의 중요한 분야를 개척했으며, 이 과정에서 소리의 속도를 계산했는데 그 오차는 약 15%밖에 되지 않는다. 나아가 뉴턴은 미적분이라는 완전히 새롭고도 엄청나게 중요한 수학 분야를 통째로 개발해냈다.

하지만 이 장에서 살펴볼 그의 위대한 업적에 대한 논의에서는 다행히 미적분이 필요하지 않다. 이 업적은 뉴턴의 운동법칙으로 알려져 있다. 나는 이 장에서 겉보기로는 아주 단순한 이 법칙들의 심오하고도 원대한 귀결들을 독자 여러분께 충분히 전달하게 되기를 진심으로 바란다.

뉴턴의 3가지 운동법칙

제1법칙은, 정지한 물체는 그대로 정지 상태를 유지하려고 하며 운동하는 물체는 속도와 방향을 유지하려 한다는 것이다. 단, 이때 물체에 작용하는 힘이 없어야 한다. 뉴턴 자신의 표현에 따르면 관성법칙이라고 부르는 이 법칙은 다음과 같다. "상태를 변화시키려는 힘이 작용하지 않는 한 정지한 물체는 정지 상태를 유지하려 하고 움직이는 물체는 직선 위에서 일정한 운동을 그대로 유지하려 한다."

관성의 개념은 낯익지만 이에 대해 조금만 깊이 생각해보면 실제로는 놀라울 정도로 우리의 직관과 어긋난다. 오늘날 우리는 이 법칙이 일상적인 경험과 분명히 어긋남에도 불구하고 아주 당연하게 여긴다. 사실 직선처럼 완전히 똑바로 움직이는 물체는 거의 없다. 또한 무한히 계속 움직이는 물체도 없으며, 따라서 우리는 모든 물체가 언젠가는 멈출 것이라고 예상한다. 골프의 퍼팅에서 똑바로 가는 경우는 거의 없고 홀에 훨씬 못 미쳐 멈추는 경우가 아주 많으므로 골프를 좋아하는 사람은 관성법칙을 발견해내지 못했을 것이다. 예나 지금이나 직관에 부합하는 것은 이와 반대되는 현상이다. 다시 말해서 물체는 본래 멈추기 마련이라는 생각은 너무나 자연스러웠기 때문에 뉴턴이 돌파구를 열기까지 수천 년 동안 서구는 이것에서 벗어나지 못했다.

뉴턴은 물체의 운동에 대한 우리의 이해를 완전히 뒤집었다. 그는 골프공이 때로 홀에 못 미쳐 서는 것은 마찰력이 속도를 늦추기 때문이며, 달이 우주 공간으로 날아가지 않고 지구를 계속 맴도는 이유는 중력이 끌어당겨 궤도에 머물게 하기 때문이라고 설명했다.

관성의 본질을 좀더 직관적으로 음미하려면 아이스스케이팅을 할 때 링크의 끝에서 방향을 바꾸기가 얼마나 어려운지를 상상해보면 좋다. 스케이팅을 배우다 보면 이 경우 우리의 몸은 가던 방향으로 곧장 나아가려 하므로 코스에서 벗어나 도리깨질을 하거나 벽에 부딪치지 않으려면 직각 방향으로 많은 힘을 가해야 한다는 점을 깨닫게 된다. 또는 스키를 타고 있는데 내가 가던 길로 다른 사람이 뛰어들 때 이를 재빨리 피하기가 얼마나 어려운지를 상상해보아도 좋다. 이 예들에서 다른 일상적인 경우들에서보다 관성의 본질을 훨씬 쉽게 이해할 수 있는 이유는 우리가 쉽게 방향을 바꾸도록 도와주고 우리의 움직임에 저항하는 마찰이 훨씬 작기 때문이다. 골프장의 그린이 얼음으로 되어 있다고 상상해보자. 그러면 골프공이 가던 방향으로 얼마나 하염없이 계속 가려고 하는지를 선명히 깨달을 수 있을 것이다.

뉴턴의 이러한 통찰이 얼마나 혁명적이었는지 음미해보라. 이는 그때까지의 이해를 완전히 뒤엎었을 뿐 아니라 보이지는 않지만 항상 작용하고 있었던 마찰, 중력, 전기력, 자기력과 같은 많은 힘들의 발견으로 우리를 이끌었다. 이처럼 물리에 대한 그의 공헌이 엄청났기에 힘의 단위에 그의 이름을 붙여 기리고 있다. 하지만 뉴턴은 이런 숨은 힘들을 보여주는 데에 머물지 않았으며 이로부터 더 나아가 어떻게 측정하는지도 보여주었다.

뉴턴은 제2법칙을 통해 힘을 계산하는 놀랍도록 간단하면서도 강력한 방법을 제시했다. 그래서 어떤 사람들은 $F=ma$로 표현되는 이 법칙을 물리학 전체를 통틀어 가장 중요한 방정식으로 꼽는다. 이에 따르면 물체에 가해지는 알짜힘 F는 물체의 질량 m에 물체가 얻는 알짜가속

a를 곱한 것과 같다.

이 식이 일상생활에서 얼마나 유용한지 이해하기 위해 엑스선 기기를 생각해보자. 이 기기에서는 방출되는 엑스선의 에너지 범위를 정확히 설정하는 것이 매우 중요한데, 뉴턴의 제2법칙을 이용하면 다음과 같이 해결할 수 있다.

나중에 자세히 알아보겠지만 물리의 중요한 발견 가운데 하나는 전자나 양성자나 이온과 같은 하전입자들은 전기장에 놓으면 힘을 받는다는 사실이다. 이때 입자의 전하와 전기장의 세기를 알면 우리는 입자에 가해지는 전기력의 크기를 계산할 수 있다. 또한 전기력을 알면 뉴턴의 제2법칙에 따라 입자의 가속도를 계산할 수 있다.*

엑스선 기기에서 전자는 진공관 안에 있는 목표에 충돌하기 전에 높은 전압으로 가속되며, 발생하는 엑스선의 에너지는 목표와 충돌하는 전자의 속도에 의해 결정된다. 그리고 전기장의 세기를 변화시키면 전자의 가속도도 변화된다. 따라서 목표에 충돌하는 전자의 속도를 조절함으로써 엑스선의 에너지를 원하는 범위로 조절할 수 있다.

이런 계산을 원활하게 하기 위해 물리학자들은 힘의 단위로 N(뉴턴)을 사용하며, 1N은 1kg의 물체를 초당 1m씩 가속시킬 수 있는 힘을 가리킨다. 본래 속도는 일정한 시간당 움직이는 거리인데, 가속도는 속도의 일정한 시간당 변화이므로 시간의 단위로 초를 쓸 경우 가속도의 단위에는 '초의 제곱'이 나타나고, 이는 힘의 단위인 뉴턴에서도 마찬가지다(m, kg, 초를 쓸 경우 가속도의 단위는 m/s^2, 힘의 단위는 $kg \cdot m/s^2$이다.—

---

* 이 입자에는 중력도 물론 작용한다. 하지만 크기가 전기력보다 극히 작으므로 여기서는 무시한다.

옮긴이). 이처럼 가속이 일어나면 속도는 계속 변하며, 특히 가속이 일정하면 속도는 매초 똑같은 정도씩 증가한다.

이 점을 더 분명히 이해하기 위해 맨해튼의 높은 빌딩에서 볼링공을 떨어뜨리는 광경을 상상해보자. 엠파이어스테이트빌딩의 전망대가 있는 층이면 적당할 것이다. 이렇게 땅으로 떨어지는 물체는 속도가 초당 9.8m씩 증가한다고 알려져 있는데, 물리학에서는 이것을 중력가속도라 부르고 g로 나타낸다. 한편 여기서는 편의상 공기의 저항을 무시한다. 이에 대해서는 나중에 자세히 살펴볼 것이다. 중력가속도가 $9.8m/s^2$이므로 볼링공을 떨어뜨린 뒤 1초가 지나면 공의 속도는 $9.8m/s$가 되고, 2초가 지나면 여기에 $9.8m/s$가 더해져서 $19.6m/s$가 되며, 3초가 지나면 여기에 다시 $9.8m/s$가 더해져서 $29.4m/s$가 된다. 그런데 이 경우 공이 땅에 닿기까지 약 8초가 걸린다. 따라서 공의 최종 속도는 $9.8m/s$의 8배인 $78m/s$가량이 되며, 시속으로는 약 $280km/s$이다.

이와 관련하여 엠파이어스테이트빌딩 꼭대기에서 떨어뜨린 10원짜리 동전에 길 가던 사람이 맞으면 죽게 된다는 널리 퍼진 이야기를 생각해보자. 과연 이게 사실일까? 이 경우 공기의 저항은 상당한 영향을 미친다. 하지만 이를 무시하더라도 동전의 속도는 $280km/s$가량이므로 사람을 죽일 정도는 되지 못한다.

이 대목은 또한 질량과 무게의 차이를 밝힐 좋은 기회이기도 하다. 이 두 개념은 물리에서 자꾸만 되풀이되어 나오고 이 책에서도 그럴 것이기 때문이다. 뉴턴은 운동 제2법칙에서 무게가 아니라 질량을 썼다는 점에 다시 주목하자. 어쩌면 여러분은 질량과 무게가 같은 것이라고 여길 수 있겠지만 실제로 이 둘은 근본적으로 다르다. 우리는 무게의 단위로 흔히 kg이나 lb(파운드) 등을 쓰지만 사실 이것들은 질량의 단위다.

알고 보면 이 차이는 단순하다. 어떤 물체의 질량은 우주의 어디에서나 같다. 따라서 우리 몸의 질량은 달에서나 소행성의 표면에서나 우주 공간에서나 모두 똑같다. 변하는 것은 무게다. 그렇다면 무게는 무엇일까? 문제는 여기서 약간 까다로워진다. 무게는 중력이 작용한 결과다. 다시 말해서 무게는 힘인데, 여기서 말하는 힘의 원천은 중력이므로 지구에서의 경우 무게는 질량에 중력가속도를 곱한 것, 곧 $F=mg$이다. 이로부터 쉽게 알 수 있듯 우리의 몸무게는 우리에게 작용하는 중력의 세기에 따라 변한다. 그러므로 우주인이 달에 가면 몸무게가 줄어드는데, 달의 중력은 지구의 약 6분의 1이므로 몸무게도 지구에서 잰 것의 6분의 1밖에 나가지 않는다.

어떤 질량에 대해 지구가 미치는 중력은 지구의 어디에서든 대략 일정하다. 따라서 비록 질량과 무게를 혼동하는 표현이기는 하지만 우리는 이에 구애받지 않고 "그의 몸무게는 70kg이다" 또는 "그녀의 몸무게는 110lb다" 등으로 말할 수 있다.* 나는 힘이나 무게의 단위로 이 책에서 kg이나 lb 대신 정식의 물리 단위를 쓸 것인지 많이 고민했다. 하지만 결국 일상적인 용법에 따르기로 했다. 정식 단위는 혼란스러울 뿐 아니라 심지어 물리학자들도 자신의 몸무게를 말할 때 "나는 686N(뉴턴)이다(70×9.8=686)"라고 하지 않기 때문이다. 따라서 나는 여러분이 이 차이를 잘 이해하고 기억해두기 바란다. 이에 대해서는 조금 있다가 앞서의 예, 곧 저울에 올라서면 눈금이 왜 요동치는지에 대해 이야기하

---

* 1kg은 약 2.2lb이며, 거꾸로 1lb는 약 454g이다.

면서 다시 생각해보기로 한다.

"중력가속도가 지구상의 어디서든 거의 같다"는 사실은 누구나 많이 들어보았을 것으로 여겨지는 이야기, 곧 "무게가 다른 물체라도 낙하속도는 같다"라는 신비한 사실의 배경에 자리잡고 있는 원리다. 오래된 갈릴레오의 전기에 처음 쓰여진 유명한 이야기에 따르면 갈릴레오는 피사의 사탑에서 대포알과 이보다 작은 나무 공을 동시에 떨어뜨리는 실험을 했다고 한다. 그리고 이때 갈릴레오는 무거운 물체가 가벼운 것보다 빠르게 떨어진다는 아리스토텔레스의 주장을 반박하려는 의도를 가졌다고 한다.

하지만 이 이야기에 대해서는 오랫동안 의문이 제기되었고 오늘날의 판단에 따르면 갈릴레오가 이 실험을 하지 않았다는 게 확실한 것 같다. 다만 그렇더라도 이는 아주 좋은 이야기여서 심지어 달 탐사선 아폴로 15호의 선장 데이비드 스코트 David Scott 도 달에서 이를 흉내 낸 유명한 실험을 했다. 그는 진공인 달 표면에서 망치와 매의 깃털을 동시에 떨어뜨려 과연 질량이 다른 이 두 물체가 달 표면에 동시에 닿는지 확인했는데, 이 흥미로운 실험은 다음 사이트에서 동영상으로 감상할 수 있다. http://nssdc.gsfc.nasa.gov/planetary/lunar/apollo_15_feather_drop.html

내가 이 동영상을 보았을 때 놀란 것은 두 물체가 모두 아주 느리게 떨어진다는 점이었다. 별 생각 없이 볼 경우 둘 다 빨리 떨어지든지 최소한 망치라도 빨리 떨어지리라고 예상하게 된다. 하지만 달의 중력가속도는 지구보다 6배나 작기 때문에 이처럼 천천히 떨어진다.

질량이 다른 두 물체가 동시에 땅에 닿는다는 갈릴레오의 주장은 왜 옳을까? 그 답은 중력가속도가 모든 물체에 대해 같다는 데에 있다.

$F=ma$에 따르면 질량이 클수록 중력도 크지만 가속 자체는 모든 물체에 대해 같다. 따라서 두 물체는 땅에 같은 속도로 도달한다. 물론 질량이 큰 물체는 더 많은 에너지를 가지므로 땅에 대한 충격은 더 크다.

그런데 지구에서 망치와 깃털을 떨어뜨리는 실험을 하면 땅에 같이 닿지 않는다는 사실을 주목할 필요가 있다. 이는 지금까지 무시해왔던 공기의 저항 때문이다. 공기의 저항은 물체의 운동 방향과 반대로 작용하다. 또한 바람은 망치보다 깃털에 훨씬 큰 효과를 발휘한다.

이로부터 우리는 제2법칙의 아주 중요한 특징 하나를 알 수 있다. 위에서 $F=ma$를 처음 제시하면서 썼던 '알짜'라는 말이 그것인데, 이는 자연계에서 보는 모든 물체에는 거의 언제나 여러 가지의 힘이 작용하고 있기 때문이다. 이 말은 이 모두를 고려해야 한다는 뜻이며, 따라서 우리는 이 힘들을 모두 더해야 한다. 그러나 이는 그리 간단하지 않다. 그 이유는 힘이 이른바 벡터vector, 곧 크기와 방향을 모두 가진 것이기 때문이다. 이러한 벡터의 경우에는 알짜 효과를 구할 때 '2+3=5'와 같이 그냥 마구 더해서는 안 된다. 예를 들어 질량이 4kg인 물체에 두 힘이 가해져 있는데, 한 힘은 아래에서 위로 3N이고 다른 한 힘은 위에서 아래로 2N이라고 하자. 그러면 알짜힘은 아래에서 위로 향하는 1N이며, 따라서 이 물체는 뉴턴의 운동 제2법칙에 따라 위쪽으로 $0.25 m/s^2$의 가속을 받는다.

두 힘을 합한 결과는 때로 0이 될 수도 있다. 질량이 m인 물체를 책상 위에 놓았다고 하자. 운동 제2법칙에 따르면 힘은 질량에 가속을 곱한 것이므로 이 물체가 아래로 누르는 힘은 mg이다(질량×중력가속도). 하지만 이 물체는 가속되지 않고 정지해 있으므로 이 물체에 가해지는 알짜힘은 0이어야 한다. 이 사실은 mg만큼의 다른 힘이 아래에서 위로 작용하고 있음을 알려준다. 이 힘은 바로 책상이 이 물체를 아래에서 위로 떠받쳐주는 힘이다. 다시 말해서 이 물체에는 위에서 아래로 mg, 아래에서 위로 mg의 힘이 가해지고 있으므로 알짜힘은 0이다!

이는 또한 우리에게 다음과 같은 뉴턴의 운동 제3법칙을 알려준다. "모든 작용에는 크기는 같고 방향은 반대인 반작용이 있다." 이에 따르면 두 물체가 서로 작용하는 힘은 크기가 언제나 같고 방향은 반대다. 나는 이에 대해 "작용은 음의 반작용과 같다"라고 말하기를 좋아하는데, 일반적으로는 "모든 작용에는 같은 크기의 반작용이 있다"라고 표현한다.

이 법칙의 몇 가지 귀결은 직관적으로 이해할 수 있다. 예를 들어 총을 쏘면 반동 때문에 어깨가 뒤로 밀린다. 또한 벽에 손을 대고 밀면 벽은 손을 정확히 같은 크기의 힘으로 반대로 민다. 생일파티 테이블에 놓인 딸기 케이크는 받침대를 아래로 누르지만 받침대도 위로 똑같은 힘을 미친다. 이처럼 생각할수록 기이하게도 우리는 제3법칙이 적용되는 수많은 예들로 완전히 둘러싸여 있다.

수도꼭지에 연결된 호스로 물을 뿜을 때 자칫 손을 놓치면 호스가 땅바닥을 뱀처럼 온통 뒹굴던 광경을 본 기억이 있는가? 운이 좋을 때는 손도 대지 않고 동생들에게 물을 뿌려 골려주기도 했다. 그런데 왜 이렇게 될까? 그 이유는 물이 호스에서 뿜어져나오면서 뒤로 힘을 가하기 때문이고, 누군가 잡지 않으면 호스는 이 힘에 의해 땅바닥을 휘젓게 된다. 또한 풍선에 바람을 넣다가 놓치면 풍선이 담겨 있던 공기를 뿜어내면서 방 안을 떠돌던 광경도 경험했을 것이다. 이때 풍선에서는 바람이 빠져나오면서 반대로 풍선을 밀기 때문에 방 안을 휩쓸게 되는 것이다. 뱀처럼 꿈틀거리는 정원 호스의 공기 버전이라고 할 수 있다. 그런데 제트비행기와 로켓을 움직이는 원리도 이와 다를 게 없다. 이것들은 기체를 매우 빠른 속도로 뒤로 분출하고 그 반동에 의해 앞으로 나아간다.

이제 제3법칙의 진정한 의의를 깊이 음미하기 위해 30층 빌딩의 꼭대기에서 사과를 떨어뜨리는 실험을 상상해보자. 우리는 이때의 가속도가 g이고 그 값은 $9.8 m/s^2$임을 알고 있다. 이 사과의 무게가 0.5kg이라면 지구가 이 사과를 당기는 힘은 제2법칙 $F=ma$에 의해 $0.5 \times 9.8 = 4.9N$임을 알 수 있다.

그런데 이때 제3법칙은 무엇을 요구할까? 지구가 사과를 4.9N의 힘으로 당기면 제3법칙에 따라 사과도 지구를 4.9N의 힘으로 당겨야 한다. 그러면 사과가 지구로 떨어질 때 지구도 사과에 떨어지게 된다. 혹시 이 말이 어이없게 들리지 않는가? 하지만 생각해보자. 이 말이 우습게 들리는 것은 지구의 질량이 사과에 비해 너무나 커서 그럴 뿐이다. 알려진 바에 따르면 지구의 질량은 6×10^{24}kg이고, 이를 토대로 계산해보면 지구는 사과 쪽으로 10^{-22}m가량 떨어진다. 그런데 이는 양성자 크기의 1천만분의 1에 불과하므로 측정이 사실상 불가능하며, 따라서 실질적으로 무의미하다.

두 물체 사이의 힘이 서로 같고 반대라는 사실은 일상생활의 모든 곳에서 발견되며, 앞서 예로 들었던 저울 눈금의 미친 듯한 요동을 이해하는 데에도 핵심적인 역할을 한다. 그리하여 우리로 하여금 무게가 과연 무엇인지 돌이켜보게 하고, 나아가 이를 좀더 정확히 이해하도록 도와준다.

욕실 저울에 올라서면 중력이 우리의 몸을 mg의 힘으로 당기는데 (m은 몸의 질량), 이와 동시에 저울은 우리 몸에 아래서 위로 같은 힘을 작용시켜 알짜힘이 0이 되게 한다. 저울이 실제로 측정하는 것은 이렇게 떠받치는 힘이며, 우리가 몸무게라고 부르는 것은 바로 이것이다. 이쯤에서 무게와 질량은 같지 않다는 점을 상기하자. 우리 몸의 질량을 바꾸려면 다이어트를 해서 줄이거나 반대로 과식을 해서 늘리거나 해야 하지만, 무게는 언제라도 곧장 변화시킬 수 있다.

예를 들어 어떤 사람의 질량 m이 55kg이라고 하자. 이 사람이 욕실의 저울에 올라서면 저울을 mg의 힘으로 누르고 저울은 반대로 이와 똑같은 mg의 힘으로 떠받친다. 따라서 알짜힘은 0이다. 그리고 저울이 이렇게 반대로 떠받치는 힘을 눈금에서 읽는다. 저울의 눈금은 대개 kg으로 쓰여 있으므로 이때 이 사람은 55kg이라고 읽게 된다.

다음으로 엘리베이터에 있을 때의 몸무게를 재보자. 엘리베이터가 멈춰 있거나 일정한 속도로 움직일 때는 이 사람의 몸이나 엘리베이터 모두 가속이 되지 않으므로 욕실에서 잴 때와 마찬가지로 55kg이 나온다. 이제 맨 위층의 단추를 누르면 엘리베이터는 적당한 속도를 얻기 위해 잠시 동안 가속된다. 이 가속도가 일정하게 $2m/s^2$이라 하자. 그런데 이렇게 잠시 가속되는 동안에는 이 사람에게 작용하는 알짜힘이 0이 아니다. 뉴턴의 제2법칙에 따르면 이 알짜힘 F_{net}는 $F_{net}=ma_{net}$로 나타내진다. 가속도를 $2m/s^2$으로 가정했으므로 이 알짜힘은 위쪽으로 $m\times 2$이다. 한편 이 사람의 몸에 가해지는 중력은 mg이므로 전체적으로는 위쪽으로 $mg+m2$의 힘이 가해지며, 이는 $m(g+2)$로 쓸 수 있다. 그런데 이 힘은 어디서 올까? 이는 분명 저울에서 올 것이다(다른 어디서 오겠는가?). 곧 저울은 이 사람을 위쪽으로 $m(g+2)$의 힘으로 밀고 있다. 그런데 앞서 눈금에 표시된 몸무게는 저울이 몸을 위쪽으로 떠받치는 힘을 나타낸 것이라고 했다. 그러므로 이때의 눈금은 g의 값을 약 10이라고 하면 55(10+2)/10=66이 된다. 결과적으로 엘리베이터의 가속 때문에 이 사람의 몸무게는 55kg에서 66kg으로 11kg이나 늘어난다!

저울이 위로 $m(g+2)$의 힘을 가하므로 뉴턴의 제3법칙에 따르면 이 사람도 같은 힘으로 저울을 위에서 아래로 누른다. 이때 저울과 이 사람이 서로에게 가하는 힘이 같고 방향은 반대여서 서로 상쇄되어 알짜힘은 0이 되므로 이 사람은 가속되지 않을 것이라고 생각할 수 있다. 하지만 이런 식의 추론은 아주 흔한 오류다. 이때 이 사람에게 미치는 힘은 두 가지뿐이다. 곧 아래로 누르는 중력 mg와 저울이 위로 떠받치는 힘 $m(g+2)$가 그것이다. 따라서 알짜힘은 $2m$이며, 이 힘 때문에 이 사람은 $2m/s^2$으로 가속된다.

엘리베이터가 가속을 멈추는 순간 이 사람의 몸무게는 정상으로 돌아온다. 그러므로 몸무게가 늘어나는 것은 가속을 받으며 올라가는 짧은 시간 동안일 뿐이다.

이제 여러분은 엘리베이터가 내려가면서 아래로 가속되는 동안에는 이 사람의 몸무게가 줄어든다는 것을 이해할 수 있을 것이다. 아래쪽으로 $2m/s^2$으로 가속되면 저울의 눈금은 $m(g-2)$의 무게, 약 44kg을 가리킨다. 한편 위로 올라가는 엘리베이터가 멈출 때는 멈추기 전에 잠시 아래쪽으로 가속되어야 한다. 따라서 위로 올라가다가 원하는 층에 도달할 즈음에는 몸무게가 약간 줄어드는데, 다이어트를 원하는 사람이라면 이를 좋아할 수도 있다! 하지만 그 잠깐의 시간이 지나 엘리베이터가 멈추면 몸무게는 다시 정상적인 55kg으로 돌아오고 만다.

다음으로 우리가 엘리베이터에 타고 있는데 누군가, 가령 우리를 매우 싫어하는 어떤 사람이 엘리베이터의 케이블을 잘라버렸다고 상상하자. 그러면 엘리베이터는 g의 가속도로 엘리베이터 통로를 따라 추락할 것이다. 물론 이런 상황에서는 물리에 대해 생각할 겨를도 없겠지만 잠시나마 이런 아찔한 순간을 상상해보자. 이때는 $m(g-g)=0$이므로 무중력 상태가 되어 우리의 몸무게는 사라진다. 발밑의 저울도 우리와 똑같이 아래로 가속되며 떨어지므로 우리를 위로 떠받칠 힘이 없어지기 때문이다. 이 순간 저울의 눈금을 보면 물론 0을 가리킨다. 사실 이때 우리는 엘리베이터 안에서 둥둥 떠돌고 있으며, 그 안의 다른 모든 것들도 마찬가지다. 그러므로 물이 들어 있는 컵을 뒤집어엎더라도 물은 쏟아지지 않는다. 다만 이 상상 속의 실험을 직접 하지는 말기 바란다!

이상의 내용을 통해 우리는 우주선 안의 우주인들이 왜 떠도는지 이해할 수 있다. 우주선이 지구 궤도에 일단 오르면 그때부터는 자유낙하 상태가 되며, 이는 케이블이 끊어진 엘리베이터와 다를 게 없다. 그런데 자유낙하라는 것은 정확히 무엇일까? 그 답을 들으면 여러분은 아마 놀랄지도 모른다. 자유낙하는 물체에 작용하는 힘이 중력뿐이고 다른 어떤 힘도 없는 상태를 가리킨다. 지구 궤도에서는 우주선이든 우주인이든 그리고 우주선에 들어 있는 그 무엇이든 모두 지구를 향해 자유롭게 떨어진다. 그런데 이처럼 자유낙하를 하는데도 결국 땅에 충돌하지 않는 이유는 무엇일까? 그 이유는 지구가 둥글게 휘어져 있으며, 우주선과 그 안에 들어 있는 모든 것들은 아주 빠른 속도로 움직이므로 매 순

운동하는 물체 | 73

간 지구를 향해 떨어지는 만큼 정확히 지구 표면으로부터 멀어지기 때문이다. 이처럼 낙하하는 거리와 멀어지는 거리가 정확히 비기므로 자유낙하를 하면서도 땅에 충돌하지 않는다.

결과적으로 우주선 안의 우주인들은 무게가 없다. 이 때문에 우리가 우주선 안에 있다면 중력이 없다고 여길 수 있다. 사실 우주선 안의 그 어느 것도 무게를 갖지 않으며 그 안의 사람들도 그렇게 느끼므로 흔히 우주선은 무중력 상태에 있다고 말한다. 하지만 위에서 설명했다시피 중력이 없다면 우주선은 지구 궤도에 머물 수 없다.

무게의 변화와 관련된 이 모든 아이디어들은 참으로 흥미롭기에 나는 무게가 사라지는 무중력 상태를 수업 시간에 직접 보여주고 싶었다. 만일 발밑에 저울을 붙들어매고 책상 위로 올라가 강의실 바닥으로 뛰어내리면 어떨까? 나는 이때 특수한 카메라를 매달아 0.5초나 될까말까 한 짧은 순간을 촬영하면 학생들에게 자유낙하를 하는 동안 저울의 눈금은 0이 된다는 사실을 보여줄 수 있을 것이라고 생각했다. 어쩌면 여러분에게 이 실험을 추천할 수도 있겠으나 사실을 말하면 나는 여러 차례 시도해봤지만 저울만 많이 깨뜨렸을 뿐이다. 그러니 나를 믿고 굳이 따라하지 않기 바란다.

여기서의 문제는 시중에서 살 수 있는 저울은 그 안에 스프링이 들어있는데 그것의 관성 때문에 힘의 변화에 충분히 빠르게 반응하지 못한다는 데에 있다. 뉴턴의 제2법칙과 제3법칙을 보여주려는 이 실험에서 제1법칙이 심술을 부리는 셈이다! 만일 30층 빌딩에서 이런 장비를 갖추고 뛰어내린다면 약 4.5초의 여유가 있으므로 바라는 효과를 촬영할 수 있을 것이다. 하지만 이때는 다른 문제들이 끼어든다!

따라서 저울을 부수거나 빌딩에서 뛰어내리지 않고 해볼 수 있는 실험이 있으면 좋겠다고 생각하는 사람들을 위해 소풍 테이블과 튼튼한 무릎만 있다면 어디에서든 가능한 무중력 상태를 확인해볼 수 있는 실험을 제안하고 싶다. 바로 내가 강의실에서 하는 실험이다.

물이 1~2l쯤 들어 있는 통을 두 손으로 받쳐들고 실험대 위로 올라서서 팔을 앞으로 쭉 펴서 내민다. 이때 물통은 옆을 감싸쥐지 말고 아래서 가볍게 받치는 게 좋다. 한마디로 손 안에 편히 자리잡도록 해야 한다. 이제 숨을 고르고 실험대 위에서 바닥으로 뛰어내린다. 그러면 짧으나마 공중에 떠 있는 동안 물통이 손 위에서 떠도는 것을 볼 수 있다. 친구에게 부탁해서 캠코더로 찍으면 나중에 느린 동작으로 재생하여 물통이 떠도는 모습을 아주 선명하게 관찰할 수 있다. 그런데 왜 이렇게 떠돌까? 그 이유는 우리가 아래쪽으로 가속되는 동안 물통을 떠받들고 있던 힘이 0이 되기 때문이다. 이 동안 물통은 우리 몸과 마찬가지로 $9.8 m/s^2$으로 가속된다. 따라서 우리 몸과 물통은 모두 자유낙하 상태에 있다.

그런데 이 모든 내용과 우리가 욕실 저울에서 발꿈치를 들고 섰을 때 저울 눈금이 미친 듯 요동치는 것과 무슨 관계가 있을까? 발꿈치를 들어 몸을 위쪽으로 밀어올리면 몸은 위쪽으로 가속되므로 저울이 우리를 떠받치는 힘도 증가한다. 따라서 우리의 몸무게도 잠깐 동안 증가한다. 하지만 발꿈치가 다 들어올려진 순간에는 몸이 멈추기 위해 아래쪽으로 가속되며, 이에 따라 몸무게가 줄어든다. 그런데 다시 발꿈치를 내려놓으면 전체 과정이 역전된다. 요컨대 지금까지의 과정을 통해 우리는 질량은 바꾸지 않으면서 비록 1초의 몇분의 1이라는 짧은 시간 동안이지만, 무게는 바꿀 수 있음을 확인한 셈이다.

만유인력법칙과 뉴턴의 사과

사람들은 뉴턴의 3가지 법칙에 대해 이야기한다. 하지만 사실 그는 4가지를 만들었다. 우리는 모두 뉴턴이 어느 날 그의 과수원에서 사과가 떨어지는 모습을 보았다는 이야기를 잘 알고 있다. 뉴턴의 초기 전기 작가들 가운데 한 사람은 뉴턴 자신이 이 이야기를 말했다고 주장한다.

뉴턴의 친구 윌리엄 스투켈리 William Stukeley 는 뉴턴과 나누었던 대화를 인용하면서 다음과 같이 썼다. "뉴턴이 깊은 생각에 빠져 앉아 있을 때 사과가 하나 떨어졌다. 이를 본 그는 '왜 사과는 수직으로 땅에 떨어질까?'라고 스스로 물었다."* 하지만 많은 사람들은 이 이야기가 사실인지 확신하지 못한다. 그도 그럴 것이 뉴턴은 죽기 1년 전에 스투켈리에게만 이 이야기를 했을 뿐 그가 남긴 수많은 문헌에는 어디에도 이에 대해 아무런 언급이 없기 때문이다.

아무튼 의문의 여지없이 확실한 것은 사과를 나무에서 떨어뜨리는 힘은 지구와 달과 태양의 운동, 나아가 우주 만물의 운동을 지배하는 힘과 같다는 점을 처음 깨달은 사람은 바로 뉴턴이라는 사실이다. 이는 그 자체만으로도 위대한 통찰이지만 뉴턴은 여기서 멈추지 않았다. 그는 우주 만물이 모두 서로 끌어당기고 있다는 사실을 깨달았고, 이 힘이 얼마나 되는지를 계산하는 식도 발견했는데, 나중에 이 식은 만유인력법칙 universal law of gravitation 이라고 불리게 되었다. 이 식에 따르면 어떤 두 물체

---

* 영국왕립학회 The Royal Society 는 스투켈리의 원고를 디지털화하여 최근에 온라인에 공개했다. http://royalsociety.org/turning-the-pages/ 참조.

사이의 중력은 질량의 곱에 비례하고 거리의 제곱에 반비례한다.

이를 실감나게 이해하기 위해 현실과는 동떨어지지만 유용한 가상적 예를 생각해보자. 만일 지구와 목성이 태양을 같은 거리에서 공전한다면 목성의 질량은 지구의 약 318배이므로 태양과 목성 사이의 중력은 태양과 지구 사이의 중력보다 약 318배 강하다. 한편 지구와 목성의 질량이 같지만 목성이 실제의 궤도에 있다면 태양과 목성 사이의 거리는 태양과 지구 사이 거리의 약 5배이므로 태양과 지구 사이의 중력은 태양과 목성 사이의 중력보다 약 25배 강하다.

뉴턴이 1687년에 펴낸 유명한 저서 《자연과학의 수학적 원리Philosophiæ Naturalis Principia Mathematica》는 흔히 줄여서 《프린키피아》라고 부르는데, 그는 이 책에서 만유인력법칙을 소개하기는 했지만 수식은 사용하지는 않았다. 그러나 오늘날의 물리학에서는 보통 아래와 같은 수식으로 나타낸다.

$$F_{grav} = G\frac{m_1 m_2}{r^2}$$

m_1과 m_2는 두 물체의 질량, F_{grav}는 서로 끌어당기는 중력, r^2은 둘 사이의 거리의 제곱을 나타낸다. 그렇다면 G는 무엇일까? 이것은 중력상수gravitational constant 라고 부르는데, 뉴턴은 이런 상수가 존재한다는 사실을 알았지만 《프린키피아》에서는 언급하지 않았다. 이 상수의 값에 대해서는 이후 수많은 측정이 이루어졌고 오늘날 인정받고 있는 가장 정확한 값은 $6.67428 \pm 0.00067 \times 10^{-11} Nm^2/kg^2$이다.* 애초에 뉴턴이 추

측했듯 물리학자들은 이 값이 우주의 어디에서나 같다고 믿는다.

뉴턴의 법칙들이 미친 영향은 참으로 심대하며 아무리 높게 평가해도 결코 지나치지 않다. 또한 그가 쓴 《프린키피아》는 과학 역사상 가장 중요한 저술로 여겨진다. 그의 법칙들은 물리학과 천문학을 송두리째 개혁했다. 이를 이용하면 태양과 행성들의 질량을 계산할 수 있다. 게다가 그 방법은 놀랍도록 아름답다. 또한 어떤 행성, 예를 들어 지구나 목성의 공전주기 및 태양과 이 행성 사이의 거리를 알면 태양의 질량도 계산할 수 있다.

이런 사실이 마치 마술처럼 들리지 않는가? 하지만 이게 끝이 아니다. 만일 1609년에 갈릴레오가 발견한 목성의 밝은 위성들 가운데 하나의 공전주기를 알고 그것과 목성 사이의 거리를 알면 목성의 질량도 계산할 수 있다. 따라서 지구를 도는 달의 공전주기를 알고(27.32일) 지구와 달 사이의 거리(384,400km)를 알면 지구의 질량을 아주 정확히 계산할 수 있다. 나는 이 계산을 '부록 2 (386쪽)'에 실었는데, 약간의 수학만 이해하면 이를 한껏 즐길 수 있다!

뉴턴의 법칙들은 태양계를 훨씬 벗어나서도 적용된다. 다시 말해서 이 법칙들은 별, 쌍성(제13장에서 자세하게 설명할 것이다), 성단, 은하, 그리고 심지어 은하단에도 적용되며, 20세기에 들어 암흑물질이라고 부르는 것을 발견하는 데에도 기여했는데, 이에 대해서는 나중에 자세히 이야기할 것이다. 그의 법칙들은 단순하기 그지없지만 숨막히도록 아름

---

* 이 값을 사용할 때는 질량과 거리를 kg과 m로 나타내야 한다. 그러면 중력의 값은 뉴턴으로 나온다.

다우며 믿을 수 없을 정도로 강력하다. 이에 의해 참으로 많은 현상들이 설명되었는데, 그 드넓은 적용 범위는 상상을 초월한다.

뉴턴은 운동과 물체들 사이의 상호작용과 행성들의 운행에 대한 물리학을 통합함으로써 천문학의 측정에 신기원을 이룩했다. 그리하여 그는 오랜 세월 동안 행해졌던 혼란스런 관측 결과들이 모두 어떻게 관련지어질 수 있는지를 보여주었다. 물론 다른 사람들도 이런 통찰의 그림자를 어렴풋이 감지했다. 하지만 이 모두를 선명하게 통합한 사람은 바로 뉴턴이었다.

뉴턴이 태어나기 1년 전에 죽은 갈릴레오는 뉴턴의 제1법칙을 사실상 이미 알고 있었고 이를 이용하여 많은 물체들의 운동을 수학적으로 묘사할 수 있었다. 그는 또한 공기의 저항이 없다면 모든 물체가 주어진 높이에서 모두 같은 속도로 떨어질 것이라는 올바른 낙하법칙을 발견했다. 하지만 그는 이게 왜 그런지는 설명하지 못했다.

한편 요하네스 케플러 Johannes Kepler 는 행성들의 공전궤도에 관련된 법칙들을 찾아냈지만 그 이유에 대해서는 아무런 실마리도 알지 못했다. 뉴턴은 이런 이유들을 밝혀냈으며, 위에서 보았다시피 이로부터 유도되는 답과 결론들 가운데는 우리의 직관과 아주 동떨어진 것들도 많다.

운동에 얽힌 힘은 나를 끝없는 황홀경으로 이끈다. 중력은 언제나 우리들과 함께 있고 우주의 모든 곳에 스며들어 있다. 그런데 이와 관련된 한 가지 놀라운 사실은, 이는 정말 참으로 놀라운 것인데, 중력은 서로 떨어져 있는데도 작용한다는 점, 곧 원격적으로 작용한다는 점이다. 독자 여러분은 혹시 우리 지구가 태양으로부터 1억 5천만km나 떨어져 있는데도 중력에 의해 붙들려 있기에 우리 모두가 살아갈 수 있다는 사실을 곰곰이 숙고해본 적이 있는가?

움직이는 진자

중력이 우리의 생활에 깊이 스며 있는 힘이기는 하지만 그 효과는 여러 가지 방식으로 우리를 어리둥절하게 한다. 나는 진자를 이용하여 중력이 놀랍도록 우리의 직관과 어긋날 수 있다는 사실을 학생들에게 보여주곤 하는데, 구체적으로는 다음과 같다.

어떤 어른이 놀이터의 그네를 타고 있는데 몸무게가 훨씬 더 가벼운 어린이가 옆의 그네에 올라앉았다고 하자. 그러면 많은 사람들은 이 어른이 어린이보다 훨씬 더 느리게 왔다갔다 할 것이라고 여긴다. 하지만 실제로는 그렇지 않다. 다시 말해서 많은 사람들은 두 진자가 흔들릴 때 길이가 같다면 주기가 추의 무게에 상관없이 같다는 사실을 놀랍게 여긴다.

여기서의 진자는 이른바 단진자 simple pendulum 를 가리키는데, 이는 다음 두 가지 조건을 충족하는 진자를 뜻한다. 첫째, 추의 무게는 끈에 비해 아주 무거워서 끈의 무게를 사실상 무시할 수 있어야 한다. 둘째, 추의 크기는 충분히 작아서 사실상 크기가 0인 점으로 취급할 수 있어야 한다.* 이러한 단진자는 집에서도 쉽게 만들 수 있다. 예를 들어 가벼운

---

* 끈의 질량이나 추의 크기를 무시할 수 없다면 단진자가 아니라 물리진자 physical pendulum 라고 부르는데, 이는 단진자와 다르게 행동한다.

실의 끝에 사과를 매달면 되는데, 실의 길이가 사과의 크기보다 최소한 4배 이상이면 된다.

뉴턴의 운동법칙들을 이용하여 나는 수업 중에 단진자의 주기를 계산하는 식을 유도한 뒤 이를 실험으로 검증한다. 이를 위해 나는 단진자가 움직이는 각도의 전체 범위가 사뭇 작다고 가정하는데, 그 의미가 무엇인지 좀 더 자세히 알아보자. 집에서 만든 진자를 좌우로 흔들면서 관찰하면 추는 대부분의 시간을 왼쪽이나 오른쪽으로 움직이면서 보낸다. 하지만 처음 위치에서 시작하여 다시 이 위치로 돌아오는 한 주기 동안 추는 맨 왼쪽과 맨 오른쪽의 두 군데에서 두 번 잠시 멈춘다. 이때의 진자는 수직의 위치에 대해 최대의 각도를 이루며, 이를 진폭이라고 부른다. 만일 공기의 저항(마찰)을 무시하면 이 최대의 각도는 진자가 맨 왼쪽과 맨 오른쪽에서 잠시 멈출 때 서로 같다.

내가 수업 중에 유도하는 식은 이 최대의 각도가 작을 때, 곧 진폭이 작을 때에만 타당하다. 그래서 물리에서는 이 식을 작은각어림small-angle approximation이라고 부른다. 그런데 학생들은 언제나 "얼마나 작아야 작다고 합니까?"라고 묻는다. 심지어 어떤 학생은 아주 구체적으로 "진폭이 5°이면 작은 겁니까? 진폭이 10°라도 이 식은 여전히 타당합니까? 아니면 10°는 너무 큰 진폭입니까?"라고 묻는다. 물론 이것들은 훌륭한 질문들이다. 따라서 나는 수업 중에 이를 실험으로 검증한다.

내가 유도한 식은 단순하지만 매우 우아하다. 하지만 한동안 수학을 해보지 않은 사람은 이를 보고 조금 움찔할 수도 있을 것이다.

$$T = 2\pi\sqrt{L/g}$$

T는 주기(단위는 초), L은 끈의 길이(단위는 m), π는 3.14, g는 9.8m/s^2인 중력가속도다. 따라서 우변은 π의 2배에 진자의 길이를 중력가속도로 나눈 값의 제곱근을 곱한 것이라는 뜻이다. 여기서는 유도 과정을 보이지 않겠지만 원하는 사람은 다음의 동영상 강의에서 볼 수 있다.

 http://ocw.mit.edu/courses/physics/8-01-physics-i-classical-mechanics-fall-1999/video-lectures/embed10/

 내가 이 식을 제시한 이유는 나의 실험이 이것을 얼마나 정확히 검증하는지를 보여주기 위해서다. 이 식에 따르면 길이가 1m인 진자의 주기는 약 2초다. 나는 이 주기를 1m 길이의 진자를 좌우로 흔들면서 10번 왕복하는 데에 걸리는 시간을 재고 10으로 나누어서 구한다. 그 시간은 약 20초이므로 10으로 나누면 1번 왕복하는 데에 걸리는 시간, 곧 주기는 약 2초가 된다. 그런 다음 나는 길이가 이것의 4분의 1인 진자에 대해 같은 실험을 되풀이한다. 이 식에 따르면 그 주기는 절반이 되어야 한다. 이에 따라 나는 길이가 25cm인 진자를 흔들고 10번 왕복하는 데에 걸리는 시간을 잰다. 그러면 약 10초가 나오는데, 이는 아주 만족스런 결과라고 할 수 있다.

 실제 수업에서는 이 식을 사과와 끈으로 만든 진자를 이용한 방법보다 훨씬 정밀하게 검증하기 위해 나는 15kg의 둥근 강철 추를 5.18m의 밧줄에 매단 진자를 사용한다. 나는 이 진자를 "모든 진자의 어머니"라고 부르는데, 이 실험은 앞서 소개한 동영상 강의의 끝 부분에서 볼 수 있다.

 이 진자의 주기 T는 얼마일까?

 위의 값들을 식에 대입하면 $T = 2\pi \sqrt{5.18/9.8}$ 이므로 약 4.57초가 나온다. 학생들에게 약속한 대로 이 결과를 검증하기 위해 나는 이 진자의 주기를 진폭이 5°인 경우와 10°인 경우에 대해 각각 측정한다.

나는 학생들이 잘 볼 수 있도록 커다란 디지털 타이머를 사용하는데 그 정확도는 100분의 1초다. 한편 지난 몇 년 동안의 무수히 많은 경험에 따르면 이 타이머를 켜고 끄는 데에 대한 나의 반응 시간은 컨디션이 좋은 날의 경우 약 10분의 1초였다. 이는 내가 똑같은 주기 측정을 열 번 정도 되풀이할 경우 얻어진 값들의 변화 폭이 0.1초 또는 0.15초가량이라는 뜻이다. 다시 말해서 내가 1번 또는 10번의 진동에 대한 시간을 측정하면 내 측정의 오차는 ±0.1초가량이 될 것이다. 그러므로 나는 이 진자를 10번 진동시키면서 시간을 재는데, 그렇게 하면 단 한 번 진동시키는 것보다 10배쯤 더 정확한 값을 얻게 되기 때문이다.

나는 추를 충분히 잡아당겨 밧줄이 수직 위치와 5°가 되도록 한 뒤 손을 놓으면서 타이머를 작동시킨다. 학생들은 한목소리로 추의 진동을 헤아리며 나는 10회의 진동이 끝날 때 타이머를 멈춘다. 타이머가 보여준 시간은 45.70초이며, 놀랍게도 정확히 내가 계산한 한 주기의 10배다. 이에 학생들은 큰 박수로 환호한다.

다음에 나는 진폭을 10°로 늘려서 추를 흔들고 타이머를 작동한다. 그러면 학생들은 다시 진동을 헤아리며, 나는 추가 10회의 진동을 마칠 때 타이머를 멈춘다. 그 수치는 45.75초이므로 오차를 고려하면 10회의 진동에 45.75±0.1초가 걸렸다고 말할 수 있고, 따라서 1회의 진동 주기는 4.575±0.01초가 된다. 이 결과는 진폭이 5°인 경우와 10°인 경우의 주기가 오차의 범위 안에서 일치함을 보여준다. 그러므로 주기에 대한 식은 아직 아주 정확한 셈이다.

그런 다음 나는 학생들에게 묻는다. "만일 내가 추 위에 앉아서 추와 함께 흔들리면 진동의 주기는 똑같을까 아니면 변할까?" 나는 이것을 한 번도 고대한 적이 없다. 추 위에 올라타면 아주 아프기 때문이다. 하지만 과학을 위해서, 학생들이 웃고 즐기도록 하기 위해서, 나는 이 수고를 기꺼이 감수한다. 물론 나는 추 위에 똑바로 올라설 수 없다. 그럴 경우 실질적으로 밧줄의 길이를 줄이는 셈이 되므로 주기도 함께 줄어들기 때문이다. 하지만 내 몸을 가능한 한 추와 나란히 움직이도록 수평으로 눕히면 밧줄의 길이는 거의 같게 유지될 것이다. 그래서 나는 추를 잡아당겨 다리 사이에 끼고 손으로는 밧줄을 잡아 몸을 수평으로 눕힌 뒤 온몸을 진자에 맡기며 흔들린다. 그 모습은 바로 이 책의 383쪽에 실려 있다!

그런데 진자에 매달린 채 나의 반응 시간을 늘리지 않으면서 타이머를 작동시키고 멈추기는 쉽지 않다. 하지만 나는 연습에 연습을 거듭하여 내 측정의 오차를 ±0.1초 이내로 유지할 수 있음을 매우 확신할 수 있게 되었다. 이렇게 하여 내가 10회를 왕복하면 학생들은 횟수를 헤아리는데, 그동안 내가 고통에 못 이겨 불평하고 크게 신음하면 학생들은 이 황당한 상황에 박장대소한다. 이윽고 10번의 진동이 끝나 측정한 타이머를 보니 45.61초가 걸렸다고 한다. 이는 주기가 4.56±0.01초라는 뜻이며, 이를 보고 내가 "물리 만세!"라고 외치면 학생들은 크게 열광한다.

할머니와 우주인

중력의 또 다른 교묘한 점은 때로 이것이 실제로 작용하는 방향과 다른 방향에서 당기는 듯 느껴질 수 있다는 것이다. 중력은 언제나 지구의 중심으로 향한다. 물론 명왕성에서가 아니라 지구에서 말이다. 하지만 가끔씩 우리는 중력이 수평으로 작용하는 듯 느끼는데, 가상중력 또는 겉보기중력이라고 부르는 이 힘은 실제로 중력 자체를 물리치는 것처럼 보일 수 있다.

가상중력은 나의 할머니가 샐러드를 만들 때마다 쓰곤 했던 방법을 통해 쉽게 보여줄 수 있다. 기억하겠지만 그 분은 우리가 서 있을 때보다 누워 있을 때의 키가 더 크다는 사실을 내게 가르쳐주셨는데, 다음의 예처럼 놀라운 아이디어도 알고 계셨다. 할머니는 상추를 씻어 소쿠리에 받쳐놓은 뒤 물기를 행주로 닦지 않았다. 그럴 경우 상추가 상할 수 있기 때문이다. 대신 할머니는 다른 기술을 개발했다. 행주를 펴고 상추가 담긴 소쿠리를 위에 놓은 뒤 행주로 소쿠리를 감싸고 소쿠리 입구 부근에 있는 행주 끝자락을 고무 밴드로 묶는다. 그런 다음 통째로 원을 그리며 맹렬히 돌린다. 정말이지 아주 맹렬히 말이다.

이 때문에 수업 중에 이 시범을 보일 때면 나는 앞의 두 줄에 앉은 학생들에게 책과 노트가 젖지 않도록 덮으라고 말한다. 나는 가져온 상추를 실험대에 있는 싱크대에서 조심스럽게 씻은 뒤 소쿠리에 넣는다. 그런 다음 "준비 완료"라고 외치고 위아래로 큰 원을 그리며 팔을 휘두른다. 그러면 물방울이 온통 흩뿌려진다! 물론 오늘날에는 플라스틱으로 만든 샐러드 탈수기가 할머니의 방법을 대체했다. 나는 이 책을 쓰면서 이를 아주 애석하게 여기는데, 현대 생활에서는 이처럼 오래된 낭만들이 많이 사라지고 있기 때문이다.

우주인들의 경우 우주선이 가속되면서 지구 궤도로 오르는 동안 이와 마찬가지의 가상중력을 경험한다. MIT의 동료이자 친구인 제프리 호프먼Jeffrey Hoffman은 우주왕복선을 5번이나 탔는데, 그의 이야기에 따르면 발사된 뒤 지구 궤도에 오르기까지 우주인들은 몇 단계의 다른 가속을 겪는다. 맨 처음에는 0.5g로 시작되며 고체연료가 소진될 즈음에는 2.5g가량 된다. 그런 뒤 잠시 1g로 돌아왔다가 액체연료가 타기 시작하면 다시 가속되어 발사의 끝자락에서는 3g에 이른다. 이 단계까지 약 8분 30초가 걸리고, 이때 우주왕복선의 속도는 시속 약 2만 7천km가 된다. 이 과정은 전혀 편안하지 않다. 하지만 아무튼 이 모든 게 끝나고 지구 궤도에 오르면 무게가 사라져서 중력이 0인 것처럼 느끼게 된다.

여러분도 이제 알겠지만 상추는 소쿠리, 우주인은 좌석으로부터 미는 힘을 느끼며, 이것이 바로 가상중력의 일종이다. 할머니의 발명품과 샐러드 탈수기는 원심분리기의 변형으로, 상추의 잎에 묻은 물을 소쿠리의 구멍을 통해 흩뿌린다. 이러한 겉보기중력을 경험하기 위해 우주까지 나갈 필요는 없다. 놀이공원에서 로터Rotor라고 부르는 괴물 같은 놀이기구를 생각해보자. 그 안에 들어가 커다란 회전 원반의 끝에서 벽에 등을 대고 서 있으면 원통이 회전하고 속도가 점점 빨라짐에 따라 벽이 등을 점점 더 세게 미는 것을 느낄 수 있다. 뉴턴의 제3법칙에 따르면 벽이 등을 미는 것과 똑같은 힘으로 등도 벽을 민다.

이때 벽이 우리의 등을 미는 힘을 구심력이라고 부른다. 이 힘은 우리가 원운동을 하는 데에 필요한 가속을 제공하며, 빨리 회전할수록 더 강해진다. 원운동을 할 경우 속도의 크기는 변하지 않더라도 방향이 변하므로 언제나 힘이 가해져야 하고 따라서 가속이 일어난다는 점을 상기하기 바란다. '부록 2'에서 다루었지만 이와 비슷하게 행성이 태양 주위를 공전할 때는 중력이 구심력을 제공한다. 반면 원통 안에서 우리의 등이 벽을 미는 힘을 흔히 원심력이라고 부른다. 구심력과 원심력은 크기는 같고 방향은 반대다. 이 둘을 혼동하지 말기 바란다. 우리의 몸에 작용하는 힘은 원심력이 아니라 구심력이고, 우리가 벽에 작용하는 힘은 구심력이 아니라 원심력이다.

어떤 로터들은 꽤 빠르게 회전하여 우리가 서 있는 바닥을 아래로 내려도 우리의 몸은 아래로 미끄러지지 않는다. 왜 그럴까?

생각해보자. 로터가 전혀 회전하지 않는다면 중력이 우리를 끌어내리지만 벽과 우리 몸 사이의 마찰은 이에 저항할 정도로 강하지 않다. 그러나 마찰력은 구심력의 크기에 의존하므로 로터가 빠르게 회전하면서 바닥을 아래로 내릴 때에는 마찰력도 충분히 강하다. 구심력이 강해질수록 마찰력도 강해져서 바닥을 내릴 수 있는 것이다. 그러므로 로터가 충분히 빠르게 돌 때 바닥을 내리면 마찰력은 중력에 맞설 정도로 강해져서 우리 몸이 아래로 미끄러지지 않도록 해준다.

가상중력을 보여줄 방법은 많은데, 다음에 소개하는 것은 여러분의 집, 정확히 말하면 뒤뜰에서 할 수 있다. 빈 페인트 통에 물을 절반가량 넣는다. 가득 채우면 돌리기가 아주 어렵기 때문이다. 이 통의 손잡이에 밧줄을 묶고 온 힘을 다해 큰 원을 그리면서 위아래로 돌린다. 실제로 충분히 빠르게 돌리려면 약간의 연습이 필요할 수도 있다. 하지만 일단 제대로 하면 물이 한 방울도 떨어져 나오지 않을 수 있다. 나는 수업 중에 학생들이 직접 해보도록 하는데, 정말이지 엄청난 소동이 벌어진다! 아무튼 이 작은 실험은 일부 아찔한 로터들의 경우 원통 전체를 천천히 뒤집으며 그 과정의 한순간에는 완전히 물구나무 서게 되어 우리의 몸이 꼭대기에서 땅을 향하는데도 아래로 미끄러지지 않는 이유를 명확히 설명해준다(물론 이런 로터에서는 안전벨트를 착용하도록 한다).

욕실 저울에 올라섰을 때 저울의 눈금 수치는 저울이 우리의 몸을 위로 미는 힘에 의해 결정된다. 우주인들의 몸무게가 사라지는 것은 중력이 있기 때문이지 중력이 없어지기 때문이 아니다. 그리고 사과가 지구로 떨어질 때는 지구도 사과로 떨어진다. 뉴턴의 법칙들은 단순하지만 심오하고도 근본적이며 우리의 직관을 완전히 벗어난다. 아이작 뉴턴은 참으로 신비로운 우주와 맞서 이 법칙들을 얻어냈다. 우리 모두는 그 신비들의 일부를 밝혀내고 이를 통해 완전히 새로운 시각으로 세상을 볼 수 있도록 해준 그의 능력으로부터 엄청난 은혜를 입고 있는 셈이다.

빨대의 마술

FOR THE LOVE
OF PHYSICS

4
빨대의 마술

내가 좋아하는 수업 중의 한 시범에는 페인트 통 2개와 소총 한 자루가 동원된다. 한 통에는 물을 가득 채우고 뚜껑을 세게 눌러 단단히 닫는다. 다른 통에는 위에 3cm가량 여유를 두고 물을 채워 뚜껑을 닫는다. 이어 두 통을 실험대에 앞뒤로 놓고 몇 m쯤 떨어진 다른 실험대로 간다. 거기에는 무슨 대단한 장비가 들어 있는 듯한 하얀 나무 상자가 놓여 있다. 그 상자를 열면 받침대 위에 고정된 소총이 페인트 통들을 겨냥한 상태로 나타난다. 그러면 학생들의 눈은 휘둥그레진다. 아니, 수업 시간에 총을 쏠 작정인가?

나는 학생들에게 "이 페인트 통들에 총을 쏘면 어떻게 될까?"라고 묻는다. 그러나 답을 기다리지 않는다. 나는 몸을 엎드려 소총의 조준 상태를 확인하는데, 대개 나사를 약간만 조정하면 된다. 이 동작은 긴장을 높이는 데에 아주 효과적이다. 나는 약실을 입으로 불어 먼지를 날려보내고 탄환을 넣은 뒤 "자, 총알은 장전되었는데, 여러분도 준비되었나?"라고 외친다. 그런 다음 소총의 뒤로 가서 방아쇠에 손가락을 걸치고 "하나, 둘, 셋"을 세고 발사한다. 그러면 두 페인트 통 가운데 하나의 뚜껑은 바로 공중으로 날아오르지만 다른 하나는 그냥 그대로 있다. 어떤 통의 뚜껑이 날아갔을까?

 답을 알아내려면 공기는 잘 압축되지만 물은 그렇지 않다는 사실에 주목해야 한다. 공기 분자들은 더 빽빽이 다가설 수 있으며, 이는 어떤 기체나 마찬가지다. 하지만 물을 포함한 모든 액체의 분자들은 그렇지 않다. 그래서 액체의 밀도를 조금이라도 변화시키려면 엄청난 힘과 압력이 필요하다. 이제 상상해보자. 총알은 페인트 통 속으로 들어가면서 굉장한 압력을 가한다. 그런데 물이 가득 차지 않은 통의 공기는 쿠션이나 완충기처럼 작용하므로 물은 크게 동요되지 않으며 따라서 통도 폭발하지 않는다. 그러나 물이 가득 찬 통에 담긴 물은 잘 압축되지 않는다. 그래서 총알이 발휘하는 여분의 압력에 의해 물에는 엄청난 힘이 가해진다. 이 힘은 곧장 통의 벽과 뚜껑에 전달되고 결국 뚜껑이 날아간다. 여러분도 충분히 상상할 수 있다시피 이 광경은 참으로 극적이고 학생들은 언제나 사뭇 큰 충격을 받는다.

공 기 의   압 력 에   둘 러 싸 이 다

나는 수업 중에 압력을 다룰 때마다 항상 즐거웠다. 그중에도 공기의 압력이 특히 재미있는데, 여기에는 직관에 어긋나는 게 아주 많기 때문이다. 우리는 공기의 압력을 받으면서도 직접 보기 전까지는 느끼지 못한다. 따라서 알고 나면 아주 놀라워한다. 그러나 공기의 압력이 존재한다는 사실을 깨닫고 나면 이에 대해 이해하기 시작한다. 풍선에서 기압계에 이르기까지 우리는 그 증거를 도처에서 찾을 수 있다. 그리하여 왜 빨대로 마실 수 있는지, 바다에서 스노클을 어떻게 사용하며 얼마나 깊이 잠수할 수 있는지 등을 알 수 있다.

중력이나 기압처럼 애초에 우리가 보지 못했고 따라서 그저 당연히 여겼던 것들은 알고 보면 가장 환상적인 현상들에 속한다. 이는 마치 강물에서 행복하게 헤엄치고 있는 두 물고기 사이의 농담과 같다. 한 물고기가 의문에 찬 표정으로 다른 물고기를 바라보면서 말한다. "도대체 '물'에 대한 새로운 이야기란 게 뭐냐?"

우리의 경우 눈에 보이지 않는 공기의 무게와 밀도를 자연스레 여긴다. 하지만 사실 우리는 엄청난 공기의 바다 밑바닥에 살고 있다. 따라서 우리는 날마다 매 순간 상당한 압력을 받고 있다. 손바닥을 펴서 위쪽을 향하게 하고 앞으로 쭉 내밀어보자. 그런 다음 단면의 가로와 세로가 1cm인 사각형의 기다란 관이 손바닥 위에 서 있고 그 끝은 대기권의 꼭대기에 닿았다고 하자. 대기권의 높이는 수백 km가 넘는다. 따라서 관의 무게를 제외한 공기의 무게만 하더라도 약 1kg 정도가 된다.* 이는 곧 기압을 재는 한 방법인 셈인데, $1cm^2$당 1.03kg인 경우를 표준기압이라고 부른다.

기압을 계산하는 다른 방법은 매우 단순한 식을 사용하는 것이며 모

---

* 앞서 이야기했지만 여기의 'kg'은 전문 용어가 아니라 일상 용어라는 점을 되새기기 바란다. 엄밀히 말하면 kg은 무게가 아니라 질량의 단위이지만 일상적으로는 혼용되며, 여기의 용법도 그렇다.

든 종류의 압력에 적용된다. 사실 이는 정말 단순해서 나는 식이 아니라 말로 이미 표현했다. 곧 압력은 힘을 넓이로 나눈 것이고, 식으로는 '$P=F/A$'로 쓴다. 그러므로 해수면에서의 기압은 1cm²당 약 1kg이다. 힘과 넓이와 압력 사이의 관계를 시각적으로 이해하는 다른 방법은 다음과 같다.

 어떤 사람이 연못에서 아이스스케이팅을 하다가 얼음이 깨져 빠졌다고 하자. 그러면 이 사람을 구하기 위해 어떻게 다가가야 할까? 걸어서? 아니다! 배를 깔고 엎드려 조금씩 천천히 다가가야 한다. 그래야 몸무게가 넓게 분산되어 얼음에 낮은 압력을 가하게 되고, 따라서 얼음이 깨질 가능성을 훨씬 줄일 수 있기 때문이다. 서 있을 때와 엎드려 있을 때 얼음에 미치는 압력의 차이는 놀랍도록 크다.

 몸무게가 70kg인 사람이 얼음 위에 두 발로 서 있다고 하자. 두 발바닥의 넓이가 약 500cm²라고 하면 m²로는 0.05이므로 얼음에는 70/0.05=1,400, 곧 1m²당 1,400kg의 압력이 가해진다. 나아가 한 발을 들면 압력은 2배가 되어 1m²당 2,800kg이 된다. 그런데 키가 180cm인 이 사람이 얼음 위에 눕는다면 어떻게 될까? 그러면 70kg의 몸무게가 약 8,000cm², 곧 0.8m²가량의 넓이에 분산되므로 그 압력은 1m²당 87.5kg으로 줄어들며, 한 발로 서 있을 때의 압력과 비교하면 32분의 1에 불과하다. 이렇게 압력은 넓이가 넓을수록 작으며, 반대로 넓이가 작을수록 크다. 이처럼 압력의 많은 부분은 우리의 직관과 어긋난다.

 예를 들어 압력에는 방향이 없다. 반면 압력을 일으키는 힘에는 방향이 있으며, 압력이 발생하는 면에 수직으로 작용한다. 손바닥을 위로 향한 채 손을 앞으로 내밀고 손바닥에 가해지는 힘을 생각해보자. 나의 경우 손바닥의 넓이는 약 150cm²이므로 약 150kg의 힘이 아래 방향으로 작용한다. 그런데 왜 나는 역도 선수가 아닌데도 내 손을 아주 쉽게 들고 있을까? 만일 이 힘만 작용한다면 나는 도저히 버틸 수 없을 것이다. 하지만 다른 힘이 있다. 공기는 우리를 온통 둘러싸고 있으며, 따라서 손바닥의 뒷면, 곧 손등에는 아래에서 위로 떠받드는 약 150kg의 힘이 작용한다. 그래서 손에 작용하는 알짜힘은 0이 된다.

하지만 이처럼 큰 힘들이 손의 양쪽 면에서 함께 작용한다면 왜 우리의 손은 찌그러지지 않을까? 물론 손에 들어 있는 뼈는 충분히 강하므로 부서지지는 않을 것이다. 손의 크기와 비슷한 나무 조각을 생각해보면 손의 뼈가 기압 정도에 부서지지 않으리라는 점은 쉽게 이해할 수 있다.

하지만 가슴은 어떨까? 가슴의 넓이는 1,000cm²가량이다. 따라서 공기가 누르는 알짜힘은 약 1,000kg, 곧 약 1톤이다. 또한 등에도 이만큼의 알짜힘이 가해진다. 그렇다면 왜 우리의 허파는 찌그러지지 않을까? 그 답은 공기가 허파 속에서도 바깥쪽으로 1기압이라는 같은 힘을 가하고 있기 때문이다. 이에 따라 허파의 안쪽과 바깥쪽에서 미는 기압에는 아무런 차이가 없게 된다. 그래서 우리는 쉽게 숨을 쉴 수 있다. 우리의 가슴과 비슷한 크기의 종이나 나무 또는 금속 상자를 생각해보자. 이 상자를 닫으면 그 안의 공기가 미치는 압력도 우리가 숨쉬는 공기의 압력과 마찬가지로 1기압이다. 따라서 이 상자도 우리의 허파에서와 같은 이유로 찌그러지지 않는다. 우리가 사는 집들도 안팎에서 미는 공기의 압력이 비기기 때문에 무너지지 않으며, 이런 상태를 '평형'이라고 부른다. 만일 안쪽의 압력이 1기압보다 훨씬 낮다면 상황은 아주 달라져서 상자든 집이든 폭삭 뭉개지고 말 것이다. 나는 수업 중에 이를 보여주는데, 더 자세한 내용은 나중에 살펴보기로 하자.

우리가 일상적으로 기압을 느끼지 못한다고 해서 이것이 중요하지 않다는 뜻은 아니다. 간단한 예로 일기예보만 하더라도 끊임없이 고기압과 저기압에 대해 이야기한다. 그리고 우리 모두는 고기압의 경우 대개 맑은 날씨가 되지만 저기압의 경우 폭풍 같은 게 다가올 수 있음을 알고 있다. 따라서 기압은 꼭 측정해야 하는데, 우리는 이를 느끼지 못한다. 그렇다면 어떻게 측정할 수 있을까? 물론 기압계를 사용하면 되겠지만, 이는 충분한 답이 아니다.

빨대의 마술

여러분도 많이 해보았을 간단한 장난으로 시작하자. 빨대를 컵에 든 물이나 주스에 담가 어느 정도 채운 뒤 빨대의 한쪽 끝을 손가락으로 막고 들어올리면 물이나 주스가 흘러내리지 않고 그대로 딸려온다. 마치 마술처럼 보이는 이 현상의 원인은 무엇일까? 그 답은 그다지 간단하지 않다.

이 현상은 기압계와 밀접한 관련이 있는데, 이를 이해하려면 액체에서의 압력에 대해 이해해야 한다. 액체가 홀로 발휘하는 압력을 정수압 hydrostatic pressure 이라고 부른다. 'hydrostatic'은 라틴어로 '정지한 액체'라는 뜻이다. 그런데 액체가 바닥에 작용하는 압력은, 바다를 생각해보면 쉽게 알 수 있듯, 액체 자체의 정수압과 그 위에서 작용하는 기압을 합한 것과 같음에 유의해야 한다. 한편 액체의 압력에 관한 기본 원리는 다음과 같다. "정지한 액체의 경우 같은 높이에서의 압력은 모두 같다." 다시 말해서 수평면에서는 압력이 일정하다.

따라서 여러분이 친구와 함께 풀장의 양끝으로 각각 들어가 손을 수면 아래 1m 깊이에 두면 여러분과 친구의 손에 미치는 압력은 동일하다. 수면 위에 작용하는 기압이 같고, 수면 아래로 깊이가 같으므로 그 깊이에 있는 수평면에 대해 작용하는 정수압도 모두 같기 때문이다. 만일 손을 2m 깊이에 두면 기압을 제외한 정수압은 2배가 된다. 깊이가 2배가 되면 손의 위에 놓인 물의 양도 2배가 되므로 정수압도 이에 비례하여 늘어난다.

그런데 같은 원리가 기체에 대해서도 성립한다. 그래서 때로 우리는 지표면을 '공기로 이루어진 바다'의 바닥으로 보는데, 여기에 미치는 기압이 바로 1기압가량이다. 하지만 높은 산에 올라가면 그 위에서 누르는 공기의 양이 줄어들므로 기압도 그만큼 줄어든다. 예를 들어 세계에서 가장 높은 에베레스트 산 꼭대기의 기압은 지표면의 약 3분의 1에 불과하다.

하지만 어떤 이유로 수평면에 작용하는 압력이 달라지면 액체는 압력이 같아질 때까지 고압 쪽에서 저압 쪽으로 흐른다. 이는 공기에서도 마찬가지이고 그 예가 바로 바람이다. 다시 말해서 바람은 고기압에서 저기압 쪽으로 불어 압력의 차이를 해소하려 하며, 나중에 기압이 같아지면 바람도 멈춘다.

그렇다면 앞서 본 빨대는 어찌된 일일까? 빨대의 양끝을 막지 않은 채 물에 담그면 액체는 아래쪽으로 들어가 빨대 안의 수면이 빨대 밖의 수면과 같아질 때까지 올라간다. 그러면 양쪽의 수면에 미치는 기압은 1기압으로 같아진다.

이제 빨대로 물을 빨아들여보자. 그러면 빨대 안의 공기가 일부 사라지며, 따라서 그 안의 수면에 미치는 공기의 압력도 줄어든다. 만일 빨대 안의 수면이 그대로 멈추어 있다면 빨대 안의 공기가 줄어들므로 수면에 미치는 압력이 줄어들어 1기압보다 낮아진다. 그러면 빨대 안팎의 수면은 높이가 같은데도 다른 압력을 받는데, 이런 상태는 허용되지 않는다. 따라서 물은 빨대의 아래쪽 끝을 통해 안쪽으로 이동하여 안쪽 수면을 높이며, 결국 양쪽의 압력은 다시 모두 1기압이 된다. 만일 내가 빨대 안의 기압을 1%가량 낮추면(1기압에서 0.99기압으로 만들면), 물, 주스, 우유, 맥주, 포도주 등등, 우리가 흔히 마시는 모든 음료들의 높이는 약 10cm쯤 올라가게 된다. 나는 이를 어떻게 알까?

그 답은 빨대 안의 음료들이 올라가 그 위에서 사라진 0.1기압의 기압을 되찾아야 한다는 데에서 얻어낼 수 있다. 이에 대해서는 정수압에 관련된 수식을 사용하면 되지만 여기서는 더 이상 깊이 들어가지 않겠다. 아무튼 이 식에 따라 계산하면, 물과 비슷한 밀도를 가진 음료들의 경우 기압이 0.01기압 차이가 나면 수면의 높이는 약 10cm의 차이가 난다.

그러므로 빨대의 길이가 20cm라면 그 안의 압력을 0.98기압으로 낮추어야 음료가 빨대의 끝까지 올라올 것이다. 따라서 나중을 위해 빨대의 길이가 길수록 세게 빨아들여야 한다는 사실을 기억해두기 바란다. 우리는 제3장에서 우주왕복선에서 왜 몸무게가 사라지는지 알았고 여기서는 빨대가 어떻게 작용하는지 알았다. 그렇다면 이제 흥미로운 문제 하나를 생각해보자. 우주왕복선 안에 주스 한 방울이 떠돌고 있다.

그곳은 무중력 상태이므로 컵이 필요 없다. 그런데 우주인이 빨대를 조심스레 방울에 대고 빨아들이려 했다. 과연 이 우주인은 이 주스 방울을 들이킬 수 있을까? 우주왕복선 안의 기압은 1기압으로 가정한다.

다시 지표면에서 물이 든 컵에 빨대를 담근 뒤 위쪽 끝을 손가락으로 막은 경우를 생각해보자. 이 상태에서 빨대를 천천히 5cm가량 들어올려도 그 안의 물은 흘러내리지 않는다. 이때 빨대의 안쪽 수면은 처음과 완전히 같지는 않지만 거의 같은 높이로 유지된다. 이 사실은 빨대를 물에 담그기 전에 빨대의 옆면에 매직펜으로 살짝 표시를 해서 확인할 수 있다. 다시 말해서 빨대의 위쪽 끝을 막고 들어올린 뒤에도 빨대 안쪽의 수면은 컵에 담긴 물의 수면보다 약 5cm 위에 자리잡는다.

그러나 위에서 제시했던 성스러운 원리에 따르면 빨대 안팎의 물의 압력은 같은 높이에서 평형을 이룬다는데, 이는 어찌된 일일까? 이 원리가 깨지는 것은 아닐까? 아니, 결코 그렇지 않다! 자연은 아주 영리하다! 손가락으로 막혀 빨대 안에 갇힌 공기는 그 부피를 아주 조금 늘려서 빨대 안팎의 같은 높이에 있는 물의 압력이 같아지도록 조정한다. 대략 말하자면 이렇게 해서 줄어드는 압력은 약 0.005기압인데, 이처럼 정교한 조정 덕분에 물 컵의 수면 높이에 있는 물은 빨대 안팎에서 서로 같은 압력, 곧 1기압의 압력을 받게 된다. 이는 또한 빨대 안의 물이 정확히 5cm가 아니라 이보다 조금 낮게, 어쩌면 1mm가량 낮게 올라가는 이유이기도 하다. 빨대 안에 갇힌 공기는 수면에 작용하는 압력을 정확히 맞출 정도로만 자신의 부피를 조정하면 되기 때문이다.

그렇다면 해수면의 높이에서 물이 채워진 기다란 관의 위쪽 끝을 막고 들어올릴 때 관 안의 물이 흘러내리지 않고 올릴 수 있는 최대 높이는 얼마나 될까? 그 답은 처음 시작할 때 관 안에 공기가 얼마나 채워져 있는지에 따라 다르다. 애초에 관 안에 공기가 매우 적다면 아주 높이 들어올릴 수 있다. 만일 아예 물로 가득 채워져 있었다면 최대의 높이로 들어올릴 수 있고, 높이는 10m가 조금 넘는다. 따라서 이 실험을 실제로 한다면 꽤 많은 양의 물이 필요하다. 아무튼 이 결과는 좀 놀랍지 않은가? 나아가 조금 더 이해하기 곤란한 점은 이 결과가 관의 모양에 상관없다는 것이다. 관을 구부리거나 심지어 나선형으로 만든다고 해도 올라가는 물의 높이는 수직으로 쟀을 때 여전히 10m가량으로 일정하다. 왜냐하면 이 높이의 물이 만드는 정수압이 바로 1기압이기 때문이다.

기압이 낮을수록 물의 최대 높이도 낮아진다는 사실은 기압을 측정하는 한 가지 방법을 알려준다. 예를 들어 높이가 약 1,900m인 워싱턴산의 꼭대기는 약 0.82기압밖에 되지 않으며, 이는 위의 실험을 그곳에서 할 경우 관 바깥쪽의 수면을 누르는 공기의 압력이 1기압이 아니라 0.82기압이란 뜻이다. 따라서 바깥 수면에 대한 압력이 0.82기압일 때 안쪽 수면에 대한 압력을 재면 역시 0.82기압이므로 관을 따라 올라갈 수 있는 물의 최대 높이도 낮아진다. 구체적으로는 10m에 0.82를 곱한 8.2m가량이 된다.

이 관에 눈금을 매기면 일종의 기압계가 된다. 각 장소에서의 기압을 물의 높이로 알아낼 수 있기 때문이다. 실제로 프랑스의 과학자 블레즈 파스칼 Blaise Pascal 은 적포도주를 이용하여 기압계를 만들었다고 하는데, 프랑스 사람이란 점을 고려하면 수긍이 가기도 한다.

하지만 기압계의 발명가로 인정받는 사람은 17세기 중반에 수은을 이용하여 만든 이탈리아의 에반젤리스타 토리첼리 Evangelista Torricelli 다.

한때 갈릴레오의 조수이기도 했던 그가 수은을 이용한 이유는 물보다 밀도가 높아서 올라가는 높이가 낮기 때문이었다. 수은의 밀도는 물의 13.6배나 되므로 훨씬 짧은 관으로 편리하게 다룰 수 있다. 정확히 말하면 물은 1기압에서 1033.6cm나 올라가지만 수은은 76cm밖에 올라가지 않는다.

사실 토리첼리는 애초에 자신이 만든 도구로 기압을 재려고 한 게 아니었다. 그는 당시 물을 퍼내는 데에 쓰는 펌프가 퍼올릴 수 있는 물의 높이에 한계가 있는지 알아보려 했는데, 이는 관개에 아주 중요한 문제였다. 이를 위해 그는 길이가 1m가량이고 한쪽이 막힌 유리관에 수은을 가득 채워 손가락으로 입구를 막고 수은이 담긴 통에 유리관을 거꾸로 세워 입구를 잠기게 한 다음 손가락을 뗐다. 그러자 수은의 일부는 통으로 쏟아졌지만 남은 수은은 약 76cm의 높이에서 멈춰 섰다. 그는 수은이 내려와 텅 빈 부분이 진공이라고 주장했는데, 사실 이는 실험실에서 만들어진 최초의 진공이었다.

한편 그는 수은의 밀도가 물의 13.6배가량임을 알고 있었다. 따라서 물이라면 그 높이가 10m가량일 것이라고 계산했으며, 이게 바로 그가 알고 싶어했던 자료였다. 그런데 부수적으로 그는 실험을 하던 중에 수은의 높이가 시간이 지남에 따라 오르락내리락한다는 점을 발견했고 이 변화는 기압이 변하기 때문이라고 믿게 되었다. 정말 대단하지 않은가! 아무튼 이제 여러분은 왜 수은기압계의 위쪽에 항상 여분의 작은 진공 공간이 있는지를 이해할 수 있을 것이다.

물 속 의 압 력

유리관을 따라 올라가는 물기둥의 최대 높이를 알아낸 토리첼리는 우리가 바다에서 흘낏흘낏 스치는 물고기의 모습을 찾으려고 할 때 흔히 떠올리는 문제의 답도 밝혀냈다. 나는 여러분이 살아가는 동안 언젠가는 스노클링을 하게 되리라는 전제하에 이야기하고 있다. 그런데 대부분의 스노클은 30cm가 넘지 않는다. 그래서 많은 사람들은 긴 스노클로 더 깊은 곳에서 더 오래 잠수하면 좋겠다는 생각을 한다. 과연 스노클을 써서 들어갈 수 있는 최대의 깊이는 얼마일까? 3m? 5m? 10m?

수업 중에 나는 이 물음에 대한 답을 압력계라는 간단한 도구를 이용하여 알아낸다. 이는 실험실에서 흔히 볼 수 있는 장비이며, 아주 단순하므로 집에서도 쉽게 만들 수 있다. 여기서 내가 정말로 알고 싶어하는 것은 "물속으로 얼마나 깊이 들어가면 허파로 공기를 빨아들일 수 있는 한계에 다다를까?"라는 의문에 대한 답이다. 이를 밝히려면 우리는 물속으로 깊이 들어감에 따라 우리의 가슴을 점점 더 강하게 짓누르는 수압을 계산해야 한다.

물속에서 우리에게 작용하는 압력은 같은 깊이에서는 어디서나 같다. 또한 물의 압력에 그 위에 있는 공기의 압력을 더한 것과 같다. 수면 아래에서 스노클을 하면 바깥의 공기를 빨아들이게 되는데, 그 압력은 1기압이다. 따라서 스노클로 공기를 빨아들이면 허파 속의 기압도 1기압이 된다. 하지만 가슴을 누르는 압력은 기압에 수압을 더한 것이다. 그러므로 이제 가슴을 누르는 압력은 허파 속의 압력보다 높으며, 그 차이는 정확히 수압과 같다.

이 상황에서 숨을 내쉴 때는 아무런 문제가 없다. 하지만 숨을 들이킬 때는 문제가 된다. 이때는 가슴을 팽창시켜야 하기 때문이다. 따라서 만일 물속으로 너무 깊이 들어가 수압이 너무 커지면 가슴 근육의 힘으로 이 수압을 이겨낼 수 없게 되며, 그 결과 공기를 빨아들일 수 없게 된다. 그래서 물속으로 아주 깊이 들어가고자 한다면 수압을 이겨내면서 호흡하기 위해 압축 공기를 사용해야 한다. 하지만 강하게 압축된 공기는 우리의 몸에 상당한 부담을 준다. 그래서 잠수를 할 수 있는 시간에는 엄격한 제한이 따른다.

다시 스노클링으로 돌아와서 얼마나 깊이 잠수할 수 있는지 생각해보자. 수업 중에 이를 밝히기 위해 나는 강의실의 벽에 다음과 같은 간단한 압력계를 만들어 매단다. 투명한 4m 길이의 플라스틱 관이 있다고 상상하자. 이것을 부드럽게 구부려 U자 형태로 만든 뒤 벽에 매달면 된다. 그러면 가운데에 구부러진 부분이 있으므로 양쪽의 길이는 모두 2m가 조금 못될 것이다. 이제 딸기 주스를 관의 한쪽으로 주입하여 관을 채운 주스의 전체 길이가 약 2m가 되게 한다. 그러면 주스의 표면은 자연스럽게 관의 양쪽에서 같은 높이에 있을 것이다. 그런 다음 나는 관의 한쪽 끝에 호스를 연결하여 입김을 세게 불어넣는다. 그러면 한쪽의 주스가 밀려 내려가면서 다른 쪽의 주스는 밀려 올라가는데, 이 양쪽 주스 표면의 높이 차이에 해당하는 길이가 바로 내가 기다란 스노클을 이용하여 잠수할 수 있는 최대의 깊이가 된다. 왜 그럴까? 왜냐하면 이 높이에 해당하는 물이 미치는 압력, 곧 물속에서의 수압을 나의 가슴 근육이 버틸 수 있기 때문이다. 물론 이때 주스와 물의 밀도가 거의 같다고 가정해야 하고 실제로도 그러한데, 주스를 쓴 이유는 학생들이 투명한 물보다 색깔이 있는 주스를 더 쉽게 알아볼 수 있기 때문이다.

나는 몸을 숙여 숨을 완전히 내쉰 뒤 몸을 일으키면서 숨을 완전히 들이켜고 관의 한쪽 끝에 연결한 호스로 있는 힘을 다하여 숨을 불어넣는다. 내 뺨은 불룩 솟고 눈은 튀어나오며 주스는 U자 관의 한쪽으로 밀려 올라간다. 그런데 그 높이는 얼마일까? 겨우 50cm밖에 되지 않는다. 있는 힘을 다해 불었으므로 버틸 수 있는 시간은 겨우 몇 초에 불과하다. 아무튼 한쪽 주스가 50cm 올라갔으므로 다른 쪽 주스는 50cm 내려가며, 따라서 양쪽 주스의 표면 높이는 약 1m의 차이가 난다. 다시 말해서 나는 전체 높이가 1m인 주스 기둥의 압력을 버틸 수 있는 셈이다. 그런데 우리가 스노클로 호흡할 때는 숨을 내쉬는 게 아니라 들이쉰다. 그리고 어쩌면 숨을 들이쉬는 게 더 쉬울지도 모른다. 그래서 다시 도전하는데, 이번에는 주스를 밀어올리지 않고 있는 힘을 다해 빨아들인다. 하지만 결과는 비슷하다. 한쪽 끝은 50cm가량 올라오고 다른 쪽 끝은 50cm가량 내려가서 높이 차이는 1m 정도가 되는데, 이때쯤 나는 완전히 녹초가 된다.

나는 방금 1m 깊이의 잠수를 흉내 낸 셈이다. 그곳의 수압은 0.1기압에 해당한다. 이 시범을 본 학생들은 거의 모두 깜짝 놀란다. 하지만 곧 자기들은 나이 든 나보다 잘할 것이라고 생각한다. 그래서 나는 그중 아주 힘이 세어 보이는 한 학생을 초대하여 해보게 한다. 학생은 나와 마찬가지로 있는 힘을 다해 얼굴을 붉히면서 주스를 밀어올리거나 빨아들인다. 그리고 그 결과에 다시 놀란다. 나보다 낫다고 해도 차이는 겨우 몇 cm에 불과하기 때문이다.

그러므로 스노클로 숨을 쉬면서 잠수할 수 있는 최대의 깊이는 고작

1m쯤에 지나지 않는다. 게다가 그나마도 겨우 몇 초밖에 견디지 못한다. 이 때문에 대부분의 스노클은 1m보다 훨씬 짧고 보통 30cm가량이다. 그래도 믿어지지 않는다면 실제로 긴 스노클로 해보기 바란다. 스노클과 비슷한 관이라면 어떤 것이라도 무방하다.

　여러분은 또한 스노클링을 할 때 우리의 가슴에 얼마나 큰 힘이 작용하는지 궁금해질 수도 있다. 수면 아래 1m 깊이에서 정수압은 1기압의 10분의 1이므로 1cm^{2}당 10분의 1kg의 힘이 작용하는 셈이다. 가슴의 넓이는 대략 1,000cm^{2}라고 하자. 그러면 가슴에 작용하는 힘은 모두 약 1,100kg인데, 허파의 공기 때문에 가슴의 안쪽에서 바깥쪽으로 작용하는 힘은 약 1,000kg이다. 따라서 이 둘 사이의 차이인 100kg의 힘이 수면 아래 1m 깊이에서 우리의 가슴을 짓누른다! 이런 관점에서 보면 스노클링은 아주 힘든 운동이다. 그렇지 않은가?

　하지만 이는 아무것도 아니다. 만일 수면 아래 10m의 깊이까지 내려가면 정수압은 보통의 기압과 같은 1기압이 된다. 따라서 우리의 가엾은 가슴에는 물 바깥에 있을 때에 비해 무려 1,000kg, 곧 1톤의 무게가 올라와 있는 상태가 된다.

　아시아의 진주 잠수부들 가운데는 일상적으로 30m까지 내려가는 사람들도 있다. 하지만 위에서 본 이유 때문에 그런 깊이에서는 때로 목숨이 위험할 수도 있다. 그들은 스노클을 할 수 없으므로 숨을 참아야 하는데, 견딜 수 있는 시간은 기껏해야 몇 분에 불과하므로 작업을 빠르게 해야 한다.

　이제야 우리는 잠수함에 구현된 기술적 위업을 제대로 음미할 수 있다. 예를 들어 어떤 잠수함이 물속 10m까지 들어갔는데 내부 기압은 1기압이라고 하자. 그 깊이에서의 정수압은 1m²당 약 1만kg, 곧 1m²당 10톤가량이며, 잠수함의 내부와 외부의 압력 차이에 해당한다. 따라서 우리는 이로부터 아주 작은 잠수함이 기껏 10m만 내려가려 해도 매우 튼튼해야 한다는 점을 잘 이해할 수 있다.

이런 사실을 고려하면 17세기 초에 잠수함을 발명한 코넬리스 반 드레벨Cornelis van Drebbel의 업적은 참으로 놀랍다. 게다가 네덜란드인이라는 이유로 나는 그를 더욱 자랑스럽게 여긴다. 그가 만든 잠수함은 5m 밖에 들어가지 못했다. 하지만 그 정도에서도 0.5기압의 정수압에 맞서야 했는데, 그는 오직 나무와 가죽만으로 이를 해결했다! 당시의 자료에 따르면 그는 자신이 만든 것의 하나를 템스강의 5m 깊이에서 시험하여 성공적으로 운행했다고 한다. 이 모델은 16명의 승객을 태우고 6명이 노를 저었으며 물속에서 여러 시간 동안 머물 수 있었는데, 공기는 수면에 띄운 부표에 '스노클'을 매달아 해결했다. 드레벨은 영국의 왕 제임스 1세에게 감명을 주어 해군에 배치할 잠수함 몇 대를 주문받으려 했다. 하지만 왕과 장군들은 충분한 감명을 받지 않았고 결국 실전에는 전혀 쓰이지 못했다. 드레벨의 잠수함은 비밀 병기로는 위협적이지 않았을지 모른다. 그러나 기술적 성취는 정말 놀라운 것이었다. 드레벨과 초기 잠수함에 대한 더 자세한 내용은 다음 사이트를 참조하기 바란다. www.dutchsubmarines.com/specials/special_drebbel.htm

현대 해군의 잠수함들이 얼마나 깊이 잠수할 수 있는지는 군사 기밀이다. 하지만 알려진 바에 따르면 약 1,000m 깊이까지 내려갈 수 있다고 하며, 그럴 경우 이 잠수함들은 약 100기압, 곧 1m²당 100만kg(1천 톤)의 수압을 이겨내야 한다. 따라서 미국의 잠수함들이 아주 높은 등급의 강철로 만들어진다는 사실은 놀라운 게 아니다. 러시아의 잠수함들은 더 튼튼한 티타늄으로 만들어져서 더욱 깊이 잠수할 수 있다고 한다.

잠수함의 벽이 충분히 튼튼하지 않거나 너무 깊이 잠수했을 때 어떤 일이 일어날 것인지를 보이기는 쉽다. 이를 위해 나는 약 4l 정도의 페인트 통에 진공펌프를 연결하여 안의 공기를 천천히 뽑아낸다. 이때 통 안팎의 압력 차이는 아무리 뽑아내도 1기압을 넘지 못한다. 따라서 잠수함이 겪는 압력 차이와는 비교도 되지 않는다! 우리는 페인트 통이 무척 강하다는 것을 알고 있다. 하지만 1기압도 못 되는 압력 차이에서도 페인트 통은 우리의 눈앞에서 종잇장처럼 얇은 알루미늄으로 만든 음료수 깡통처럼 힘없이 구겨져버린다. 마치 보이지 않는 거인이 손아귀 속에 넣고 쥐어 짜버리는 듯하다. 사실 여러분도 모두 한 번쯤은 플라스틱 물통의 공기를 빨아들여 구겨보았을 텐데, 그 본질에는 아무런 차이가 없다. 직관적으로 보자면 여러분이 빨아들이는 힘에 의해 물통이 찌그러진다고 여길 수 있다. 하지만 페인트 통에서 공기를 비우거나 물통에서 공기를 빨아들였을 때 일어나는 현상의 진짜 이유는 바깥쪽 공기가 발휘하는 압력에 저항하여 밖으로 충분히 밀어낼 내부의 압력이 사라지는 데에 있다. 이는 바로 필요한 경우 대기의 압력이 언제라도 할 수 있는 일이다. 정말 언제라도 말이다.

금속 페인트 통이나 플라스틱 물병은 아주 흔한 것들이다. 하지만 물리학자의 시각에서 보면 놀랍도록 강한 힘들이 균형을 이루고 있는 것과 같은 전혀 새로운 모습이 드러난다. 대부분 보이지 않지만 공기나 액체 때문에 생기는 힘이나 무자비한 중력 사이의 균형이 없다면 우리의 삶은 지속될 수 없다. 이 힘들은 아주 강하므로 평형에서 조금만 벗어나더라도 비극이 초래될 수 있다. 공기의 압력이 0.25기압에 불과한 10km 상공을 시속 900km로 날고 있는 어떤 비행기의 동체에 미세한 균열이 생겨난다면 어찌 될까? 또는 패탭스코강 밑에 20~40m 깊이로 뚫려 있는 볼티모어하버터널의 지붕에 가느다란 틈이 벌어지고 있다면 어찌 될까?

이제부터 시내의 길을 걸을 때면 물리학자처럼 생각하려고 해보자. 여러분이 정말로 보는 것은 무엇일까? 한 예로 우리는 어떤 빌딩에서든 그 안에서 치열하게 벌어지는 전쟁의 결과를 목격한다. 물론 나는 사무실들에서 벌어지는 정치적 싸움을 뜻하지 않는다. 그 전쟁의 한쪽에서는 지구의 중력이 모든 것, 빌딩의 벽과 바닥과 천장, 책상, 에어컨 배관, 우편물 투하 장치, 엘리베이터, 사장과 비서, 그리고 심지어 모닝커피와 빵에 이르기까지 모든 것들을 끌어당겨 무너뜨리려고 한다. 반면 다른 쪽에서는 강철과 벽돌과 콘크리트, 그리고 궁극적으로는 땅덩어리까지 한데 힘을 모아 빌딩이 하늘을 향하며 서 있도록 떠받치고 있다.

그렇다면 건축과 건설 기술은 아래로 끌어당기는 힘과 멈추려는 힘 사이에서 벌어지는 전쟁의 기술이라고 풀이할 수도 있다. 그리하여 우리는 하늘을 찌를 듯 솟아 있는 마천루들이 중력을 벗어나 있다고 여길 수 있다. 하지만 실제로는 전혀 그렇지 않으며, 마천루들은 단지 이 전쟁을 더 높은 곳에서 벌이고 있을 따름이다. 이 상황을 조금 더 깊이 생각해보면 이런 교착 상태는 일시적일 뿐이란 점을 곧 알아차리게 된다. 건축 자재들은 부식되고 약해지며, 결국 무자비한 자연의 힘에 굴복하여 무너지고 만다. 요컨대 시간문제일 뿐이다.

이러한 균형 작용은 대도시에서 가장 위협적이다. 2007년 뉴욕에서 일어난 끔찍한 사고를 보자. 이 사고는 82년이 넘도록 땅속에 묻혀 있던 지름 60cm의 파이프가 고압의 증기를 더 이상 견디지 못해서 일어났다. 그 결과 렉싱턴가에 지름이 6m가 넘는 구덩이가 생겨 구조차가 빠져 들어갔는데, 이 트럭은 엄청난 압력에 의해 다시 쏘아 올려져 77층의 크라이슬러빌딩보다 높이 올라갔다가 떨어졌다. 이처럼 잠재적으로 파괴적인 힘들이 거의 언제나 정교한 균형을 이루고 있지 않다면 도시의 거리를 거닐 사람은 아무도 없을 것이다.

이와 같은 거대한 힘들 사이의 균형은 인간의 작품들에서만 발견되지는 않는다. 나무를 생각해보자. 조용하고 잔잔하고 움직이지 않고 불평도 없이 느리게 자라지만 수많은 생물학적 전략을 펼치면서 중력과 수압에 맞서 싸우고 있다. 해마다 새싹을 틔우고 몸통에 새 나이테를 그리면 나무와 지구 사이의 중력은 날이 갈수록 강해지지만 그에 맞추어 스스로를 튼튼히 함으로써 지켜나가고 있다. 나무가 가장 높은 가지까지 물을 끌어올리는 것도 신비롭다. 나무가 10m가 넘도록 자란다는 게 놀랍지 않은가? 관 속의 물기둥은 10m를 넘지 못하는데 나무는 어떻게 그보다 높은 곳까지 물을 끌어올릴까? 미국 삼나무 가운데 가장 큰 것들은 100m도 넘게 자란다. 하지만 어떻게든 꼭대기에 있는 잎들까지 물을 올려보낸다.

이 때문에 나는 거목들이 폭풍에 쓰러지면 마음이 서글퍼진다. 맹렬한 바람, 가지에 쌓이는 얼음이나 폭설 등은 나무가 조화롭게 유지해왔던 정교한 힘의 균형을 깨뜨려버린다. 끝없이 이어지는 이 싸움을 생각하노라면 나는 아득한 원시시대의 어느 날 우리의 선조가 네 다리로 기어다니다가 두 다리로 딛고 서게 된 사건을 한층 깊이 음미하게 된다.

베르누이와 그 너머

우리를 외경심에 사로잡히게 하는 인간의 드높은 성취들 가운데 비행기처럼 대단한 것도 드물 것이다. 비행기는 기압의 차이로 생기는 바람을 잘 이용하여 끊임없이 당기는 중력을 이겨낸다. 도대체 비행은 어떻게 이루어질까? 아마 여러분은 이것이 날개의 위와 아래로 흐르는 공기와 관련된 베르누이원리Bernoulli's principle 덕분이란 이야기를 들어보았을 것이다.

이 원리는 네덜란드 출생의 스위스 수학자인 다니엘 베르누이Daniel Bernoulli의 이름을 딴 것이다. 오늘날 베르누이방정식Bernoulli's equation 이라고 부르는 수식은 이 원리를 구체화한 것으로 그가 1738년에 펴낸 《유체역학Hydrodynamica》에 실려 있다. 간단히 말하면 이 원리는 기체나 액체가 흐를 때는 속도가 증가할수록 그 안의 압력은 낮아진다는 사실을 나타낸다. 이것을 바로 이해하기는 어렵지만 실제로 작용하는 광경은 쉽게 확인할 수 있다.

A4 용지를 한 장 꺼내서 짧은 변의 양끝을 양손으로 쥐고 입술 바로 아래의 높이까지 올린다. 그러면 종이는 중력 때문에 아래로 휘어져 늘어뜨려질 것이다. 그런 다음 종이의 윗면으로 입김을 세게 불면서 어떤 일이 일어나는지 살펴보자. 늘어뜨려졌던 종이가 위로 올라온다. 입김을 부는 세기를 잘 조절하면 종이가 튀어오르게 할 수도 있다. 이는 바로 베르누이원리가 작용하는 모습인데, 비행기가 날아가는 것도 이 간단한 현상으로 설명할 수 있다. 많은 사람들이 이미 익숙해져 있기는 하지만 보잉747이 이륙하는 모습을 보거나 실제로 비행기의 좌석에 앉아

떠오를 때 겪는 느낌은 생각할수록 기이한 경험이다. 어린이들이 처음 비행기를 타면서 환호하는 모습만 봐도 이를 잘 이해할 수 있다. 보잉 747-8은 이륙할 때의 최대 중량이 무려 450톤에 이르는데, 도대체 이토록 무거운 것이 어떻게 떠 있는 것일까?

비행기의 날개는 위쪽으로 흐르는 공기의 속도가 아래쪽으로 흐르는 공기의 속도보다 빠르도록 만들어져 있다. 그런데 베르누이원리에 따르면 공기의 속도가 빠른 위쪽의 기압은 아래쪽보다 낮다. 따라서 비행기는 두 기압의 차이에 해당하는 양력을 받는다. 여기서는 이것을 베르누이양력Bernoulli lift이라 부르기로 하자. 지금껏 수많은 물리 책들은 비행기가 떠오르는 것이 온통 베르누이원리 때문이라고 설명해왔다. 그래서 이 설명은 널리 퍼져 있다. 하지만 잠시만 생각해보면 그럴 수 없다는 것을 깨닫게 된다. 이것이 정말이라면 거꾸로 날아가는 비행은 불가능할 것 아닌가?

따라서 베르누이원리만으로는 비행기가 뜰 수 없다는 게 명백하며, 베르누이양력 외에 이른바 반작용양력reaction lift이라는 게 더해져야 한다. 존슨B. C. Johnson은 그의 멋들어진 논문 〈공기역학적 양력, 베르누이 효과, 반작용양력Aerodynamic Lift, Bernoulli Effect, Reaction Lift〉에서 이를 자세히 잘 설명하고 있다.

모든 작용에는 반대 방향으로 같은 크기의 반작용이 있다는 뉴턴의 제3법칙에서 이름을 따온 반작용양력은 위로 조금 기울어진 비행기의 날개 밑으로 공기가 부딪치며 지나갈 때 발생한다. 비행기가 엔진의 힘으로 나아가면 공기는 날개의 앞쪽에서 뒤쪽으로 흐르면서 비행기가 누르는 힘을 받으며, 이것이 여기서의 작용이다. 그러면 이 작용에는 크기가 같고 방향이 반대인 반작용이 있어야 하며, 이것이 바로 날개를 떠받드는 반작용이다. 약 1만m 상공에서 시속 약 900km로 날아가는 보잉 747은 양력의 80% 이상을 반작용양력에서 얻는다. 반면 베르누이양력에서 얻는 것은 20%가 못 된다.

반작용양력은 차를 타고 가면서 쉽게 관찰할 수 있다. 실제로는 어린 시절에 이미 해보았을 수도 있다. 차가 달릴 때 창문을 내리고 손을 밖으로 내민 다음 손바닥의 각도를 앞쪽이 살짝 들리도록 한다. 그러면 손바닥이 바람에 밀려 위로 뜨는 느낌을 받게 된다. 이게 바로 반작용양력이다!

여러분은 이제 비행기들이 어떻게 거꾸로 날아갈 수 있는지 이해했다고 생각할 수 있다. 하지만 만일 비행기가 180° 돌아누우면 베르누이 힘과 반작용 힘이 모두 아래로 향하게 된다는 사실은 어떻게 생각하는가? 보통의 비행에서는 날개가 위로 기울어져 있으므로 반작용 힘이 위로 향하지만 180° 돌아누우면 아래로 향하게 되기 때문이다.

차창 밖으로 손을 내밀어 반작용양력을 느끼던 실험을 되새겨보자. 손바닥의 앞쪽을 위로 기울이는 한 위로 떠오르는 느낌을 받는다. 하지만 앞쪽을 아래로 기울이면 이제는 아래로 눌리는 느낌을 받는다.

그렇다면 거꾸로 나는 비행은 어떻게 가능할까? 이때 필요한 양력은 이유야 어떻든 반드시 위로 향하는 반작용 힘에서 나와야 한다. 그게 유일한 원천이기 때문이다. 이 조건은 비행기가 돌아누웠을 때 비행사가 어떻게든 기체를 기울여 날개의 각도가 앞쪽이 위로 들리도록 만들 수 있으면 충족될 수 있다. 실제로 이는 까다로운 기술이어서 아주 숙련된 조종사들만 해낼 수 있다. 또한 반작용양력은 본질적으로 아주 불안정하므로 이것에만 의지하는 것은 무척 위험하다. 우리는 이 불안정성도 차창 밖으로 손을 내미는 실험으로 확인할 수 있다. 이 실험에서 손의 각도를 기울일 때 손은 상당한 정도로 흔들리는데, 사실 이와 같은 반작용양력을 잘 통제하기가 어렵다는 점 때문에 대부분의 비행기 사고는 이륙이나 착륙 과정에서 발생한다. 아무튼 반작용양력은 정상적인 비행에서보다 이륙이나 착륙 과정에서 약간 더 필요하다. 커다란 비행기가 이착륙할 때 가끔씩 많이 흔들리는 것은 바로 이 때문이다.

음 료 수 도 둑

압력의 신비는 사실 우리를 거의 무한히 당혹케 한다. 예를 들어 음료수를 빨대로 들이마시는 현상의 과학을 되새겨보자. 여기에 이 장에서 생각해볼 마지막 퍼즐이 있는데, 아주 흥미진진하다.

어느 주말 나는 집에서 혼잣말로 물어보았다. "컵에 든 주스를 빨아마실 수 있는 빨대의 최대 길이는 얼마나 될까?" 많은 사람들이 아주 기다란 빨대를 본 적이 있을 텐데, 중간에 꼬이고 감긴 것들은 어린이들이 특히 좋아한다.

앞서 우리는 주스의 높이를 최대 약 1m밖에 빨아올리지 못하며, 그것도 몇 초밖에 버티지 못한다는 사실을 확인했다. 바꿔 말하면 이는 빨대로 주스를 1m가 넘는 높이로 빨아올릴 수 없다는 뜻이다. 그래서 나는 가느다란 플라스틱 관을 1m 길이로 잘라서 시험해보았다. 그랬더니 주스는 아무 문제 없이 잘 빨려왔다. 이번에는 3m짜리를 만들어 부엌의 바닥에 물을 놓고 의자 위로 올라가서 해보았더니 역시 잘 빨려왔다. 놀라웠다. 그러자 나는 다음과 같은 생각이 들었다. 만일 내가 우리 집 2층으로 올라가서 아래를 내려다보았더니 누군가 마루에 주스나 와인 또는 무엇이 되었건 마실 게 들어 있는 커다란 병을 놓아두었다. 예를 들어 그것이 그냥 커다란 주스병이었다고 하자. 과연 내가 아주 기다란 빨대로 이것을 훔쳐먹을 수 있을까? 나는 실제로 해보기로 마음먹었다. 결국 그 실험은 내가 수업 중에 실시하는 가장 좋아하는 시범 가운데 하나가 되었고, 학생들도 참으로 좋아한다.

나는 둥그렇게 감긴 길고 투명한 플라스틱 관을 꺼낸 다음 첫 줄에 앉은 학생들 가운데 자원자를 뽑는다. 그리고 모든 학생들이 볼 수 있도록 강의실의 바닥에 주스가 든 커다란 병을 놓는다. 이어서 관을 들고 높은 사다리로 올라가는데, 그 높이는 바닥에서부터 거의 5m에 이른다!

"자, 이 빨대를 받게"라고 말하며 나는 관의 한쪽 끝을 자원자에게 던진다. 자원자는 그것을 주스가 든 병에 넣는데, 이때쯤 나는 학생들의 긴장을 감지한다. 학생들은 내가 이렇게 높은 곳에 있는 것을 믿지 못하는 기색이다. 그들은 이미 내가 U자 모양의 관으로 주스를 약 1m밖에 움직이지 못하는 것을 보았기 때문이다. 그런데 나는 지금 바닥에서 거의 5m 높이에 있다. 그러니 어떻게 이것이 가능하겠는가?

나는 빨아들이기 시작한다. 조금씩 신음소리를 낼 때마다 주스는 천천히 관 속을 거슬러 올라온다. 처음에는 1m, 그리고 2m, 이어서 3m. 그러더니 높이는 거꾸로 조금 낮아진다. 하지만 다시 회복하고 천천히 기어올라와 마침내 내 입에 이른다. 나는 "으음……"이란 소리를 크게 내지르고 학생들은 박수를 치며 환호한다. 도대체 어떻게 된 일일까? 주스는 어떻게 이토록 높이 올라왔을까?

사실 나는 약간의 속임수를 썼다. 그게 중요하다는 것은 아니지만 이런 게임에는 규칙이란 게 없기 때문이다. 매번 빨아들일 때마다 나는 더 이상 빨아들이지 못할 정도가 되면 혀를 관의 끝에 갖자 댔다. 다시 말해서 나는 한 번씩 빨아들일 때마다 관의 끝을 막았으며, 이렇게 하면 주스가 올라온 지점에서 멈춘다. 그런 다음 나는 숨을 내쉬었다가 다시 빨아들였고, 이런 과정을 계속 되풀이했던 것이다. 이를테면 나의 입과 혀는 각각 일종의 흡입펌프와 스톱밸브였다.

주스를 5m까지 올리려면 관 속의 기압을 약 0.5기압까지 낮춰야 한다. 아직도 의아하게 여겨질지 모르지만 물론 이 속임수는 앞서 실험했던 압력계에도 똑같이 적용할 수 있으며, 그럴 경우 압력계의 주스는 훨씬 더 밀려가거나 딸려오게 된다. 그런데 이런 기법을 스노클에 적용한다면 호수나 바다에서 보통의 경우보다 훨씬 깊은 곳까지 잠수할 수 있을까? 여러분은 어떻게 생각하는가? 만일 답을 안다면 내게도 알려주기 바란다!

무지개의 신비

FOR THE LOVE OF PHYSICS

5
무지개의 신비

일상 세계에서 보는 수많은 작은 경이들은 참으로 대단한 장관을 연출할 수 있지만 우리가 어떻게 보아야 할지를 잘 배우지 못한 탓에 대부분 그냥 지나치고 만다. 나는 4~5년 전의 어느 날 아침이 기억난다. 그때 나는 내가 아끼는 나무의자, 즉 네덜란드의 가구 디자이너 헤릿 리트벨트Gerrit Rietveld가 디자인하고 제작한 적청의자red and blue chair에 앉아 에스프레소를 마시고 있었는데 갑자기 벽에 둥근 불빛 점들이 퍼져 있는 아름다운 패턴이 어른거리는 것을 발견했다. 이 패턴은 창가의 나뭇잎들이 만드는 그림자의 구멍들에 의해서 연출되고 있었다. 나는 눈을 번쩍 뜨이게 하는 이 광경을 보게 된 것이 너무나 기뻤다. 아내 수전은 정확히는 모르지만 평소의 예리함으로 낌새를 알아차리고 무슨 일인지 궁금해했다.

나는 벽의 불빛 점들을 가리키며 "이게 뭔지 알겠소? 왜 이렇게 되는지 말이오?"라고 물었다. 이어서 나는 설명했다. 일반적으로 잎사귀들 사이로 들어온 빛들이 작은 원들을 만들지 않고 그냥 반짝반짝 빛나기만 할 것이라고 예상한다. 하지만 잎사귀들 사이의 수많은 작은 구멍들은 어둠상자camera obscura, 곧 바늘구멍사진기 pinhole camera 처럼 작용하며, 이에 따라 이 구멍들은 광원의 모습, 이 경우에는 태양의 모습을 투영해낸다. 사실 이런 구멍의 크기가 적당히 작기만 하면 그 모양에 상관없이 그곳을 통과하는 빛들은 애초에 출발했던 광원의 모습을 벽에 그려내게 된다.

그러므로 부분일식이 일어날 경우 우리 집 창문으로 쏟아져 들어오는 햇빛은 벽에 둥근 모양이 아니라 둥근 원의 한 귀퉁이가 잘린 모양을 만드는데, 이때는 태양의 모습이 그러하기 때문이다. 이 현상은 2천 년 전에 이미 아리스토텔레스도 알고 있었다! 빛의 성질이 보여주는 이처럼 놀라운 광경을 바로 내 침실의 벽에서 볼 수 있다는 사실은 참으로 즐거운 일이 아닐 수 없다.

무 지 개 의   비 밀

사실 빛의 놀라운 효과는 가장 일상적인 곳이든, 자연의 가장 아름다운 현상에서든 우리가 둘러보는 곳이면 어디에서나 찾을 수 있다. 예를 들어 경이롭고 환상적인 '무지개'라는 현상을 보자. 무지개는 어디에나 있다. 11세기의 이슬람 과학자이자 수학자로서 '광학의 아버지'로 불리는 이븐 알하이탐Ibn al-Haytham 과 프랑스의 철학자이자 수학자이며 물리학자인 르네 데카르트René Descartes, 그리고 아이작 뉴턴과 같은 위대한 과학자들도 무지개에 매료되어 이것을 합리적으로 설명하고자 했다. 하지만 대부분의 물리 교사들은 수업 시간에 무지개를 무시한다. 나는 이를 이해할 수 없으며 실제로는 범죄나 마찬가지라고 생각한다.

먼저 무지개의 과학은 단순하다는 점을 주목하자. 그렇다면 무지개의 과학은 어떤 것일까? 우리의 상상력을 그토록 강하게 이끄는 현상에 대해 파헤치는 것을 어찌 거부할 수 있을까? 이처럼 찬란한 광경의 배경에 자리잡은 본질적인 아름다움의 신비를 어찌 이해하지 않고 지낼 수 있을까? 나는 무지개에 대한 강의를 언제나 사랑했고, 학생들에게 "이 강의가 끝난 뒤 여러분의 인생은 이전과 결코 같지 않을 것이다. 결코!"라고 말한다. 그리고 이는 독자 여러분도 마찬가지일 것이다.

내 강의를 들었던 학생들이나 인터넷에서 보았던 사람들이 무지개나 다른 대기 현상들에 대한 놀라운 영상들을 이메일이나 보통 우편으로 계속 보내오고 있다. 마치 전 세계에 걸쳐 '무지개 스카우트'의 네트워크가 조직된 느낌이 들 정도다. 그중 어떤 것들은 참으로 대단하다. 특히 나이아가라폭포에서 찍은 것들은 엄청난 물방울들 때문에 활 모양이 정말 장관이다. 어쩌면 독자 여러분도 보내고 싶을 수 있는데, 언제든지 보내주기 바란다!

아마 모든 사람들이 평생 수백 번은 못 되더라도 최소한 수십 번은 무지개를 볼 것이다. 플로리다나 하와이 또는 소나기가 자주 오고 햇빛은 눈부신 열대 지방 같은 곳들에서 시간을 보낸다면 더욱 많이 볼 수 있다. 한편 해가 빛나는 날 정원에서 물뿌리개나 호스로 장난을 치다가 무지개를 보았다면 이는 사실 여러분이 만들어낸 것이다.

우리 모두는 수많은 무지개를 보아왔지만 깊이 생각해본 사람은 거의 없을 것이다. 고대 신화에는 신의 활로 묘사되기도 하고 신의 세상과 인간의 세상을 이어주는 다리로 그려지기도 한다. 아마 서양의 경우 가장 유명한 것은 구약에서 하나님이 다시는 홍수로 모든 생물을 몰살시키지 않겠다는 약속의 표시로 내걸었다는 이야기일 것이다. "내가 내 무지개를 구름 속에 두었나니 이것이 나와 세상 사이의 언약의 증거니라"(창세기 9장 13절).

무지개의 매력 가운데 일부는 전 하늘에 걸쳐 퍼져 있던 광대한 위엄이 어느 결에 덧없이 사라진다는 데에 있다. 물리에서 매우 자주 보는 일이지만 그 연원은 극히 미세하고 극히 많은 물방울들이다. 때로 1mm도 되지 않는 것들이 온 하늘을 떠돌고 있는 것이다.

과학자들은 적어도 천 년에 걸쳐 무지개의 기원을 설명하려 했지만, 처음으로 정말 설득력 있는 설명을 내놓은 사람은 1704년 자신이 쓴 《광학Opticks》에서 무지개를 다룬 아이작 뉴턴이었다. 뉴턴은 몇 가지 요소를 동시에 이해했는데, 이 모두는 무지개를 만드는 데에 필수적이다. 첫째로 그는 보통의 흰 빛이 모든 색깔의 빛이 모여서 만들어진 것임을 밝혔다. 나는 이 구절을 "무지개의 모든 색깔이 모여서"라고 쓰려 했지만 이는 조금 앞선 표현이다. 그는 흰 빛을 유리 프리즘으로 굴절시켜 성분 빛들로 나누었다. 그런 다음 이렇게 나뉜 빛들을 다른 프리즘으로 모아 본래의 흰 빛을 되찾음으로써 프리즘 자체가 색깔을 만들어내는 역할을 하지 않는다는 점을 보여주었다. 나아가 그는 물을 포함한 수많은 물질들이 빛을 굴절한다는 사실도 알아냈다. 결국 그는 이런 사실들을 토대로 수많은 작은 빗방울들이 빛을 반사하고 굴절하는 게 무지개를 만드는 핵심적 과정임을 이해하게 되었다.

뉴턴은 하늘의 무지개가 태양과 수많은 물방울과 우리의 눈이 함께 빚어낸 성공적인 협동 작업의 결과라는 올바른 결론을 얻어냈다. 이때 우리의 눈은 반드시 적절한 각도로 물방울들을 바라보아야 한다. 무지개가 어떻게 만들어지는지를 이해하려면 빛이 물방울로 들어갈 때 어떤 일이 일어나는지에 먼저 주목해야 한다. 여기서 나는 일단 하나의 물방울을 예로 들어 설명한다. 하지만 그 내용은 무지개를 이루는 헤아릴 수 없이 많은 물방울들에 모두 적용된다는 사실을 알아두어야 한다.

무지개를 보려면 3가지 조건이 충족되어야 한다. 첫째로 태양은 우리의 뒤에 있어야 한다. 둘째로 우리의 앞쪽 하늘에 물방울들이 있어야 한다. 그 거리는 보통 수백에서 수천 m쯤이 될 것이다. 셋째로 햇빛은 중간에 구름 같은 장애물에 막히지 않고 무지개를 만들 물방울에 곧장 비쳐져야 한다.

빛줄기가 물방울에 들어가서 굴절되면 모든 색깔들을 드러낸다. 그런데 굴절되는 정도는 빨강이 가장 작고 보라가 가장 크다. 이렇게 나뉜 모든 색깔의 빛들은 물방울의 뒷면을 향해 달려간다. 뒷면에 이르면 일부는 그냥 통과하지만 남은 일부는 반사하여 물방울의 앞면으로 돌아온다. 사실 일부의 빛들은 두 번 이상 반사하지만 그 중요성은 나중에 나타난다. 따라서 당분간 반사를 한 번만 하는 빛을 중심으로 이야기하기로 하자. 이렇게 물방울의 앞면에 도달한 빛들은 다시 일부가 굴절되며, 이로써 수많은 색깔들이 더욱 넓게 분산된다.

이처럼 햇빛이 물방울 속으로 들어가 굴절되고 반사되고 다시 굴절되어 나오면 그 방향은 처음 들어간 방향과 거의 반대가 된다. 우리가 무지개를 보는 핵심적 이유는 물방울에서 나오는 빨간 빛이 애초에 들어갔던 햇빛보다 언제나 약 42° 이하의 작은 각도로 되돌아 나온다는 데에 있다. 그런데 태양은 실질적으로 무한대의 거리에 떨어져 있으므로 이 과정은 모든 물방울들에 대해 마찬가지다. 빨간 빛은 0°에서 42° 사이의 어느 각도로든 되돌아 나올 수 있지만 42°를 넘지 않는다. 이 최대 각도는 빛의 색깔에 따라 다르며 보라 빛은 40° 가량이다. 요컨대 무지개에 수많은 색깔의 띠가 들어 있는 것은 바로 이 때문이다.

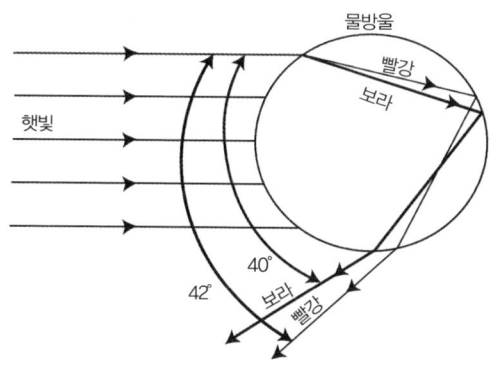

여러 조건이 충족될 때 무지개를 찾는 쉬운 방법이 있다. 다음 쪽의 그림에서 보듯 우리의 머리를 향하는 햇빛과 우리 그림자의 머리를 잇는 직선을 생각하면 이 직선은 태양에서 무지개를 이루는 물방울로 향하는 햇빛과 평행이다. 따라서 태양이 높이 떠 있을수록 그림자가 짧으므로 이 직선의 기울기도 크며, 반대로 태양의 고도가 낮으면 이 기울기도 작다. 이 직선, 곧 태양과 우리의 머리와 땅에 비친 머리의 그림자를 잇는 직선을 '가상의 직선'이라고 부르자. 곧 알게 되겠지만, 이 직선은 무지개를 찾는 데에 아주 중요한 역할을 한다.

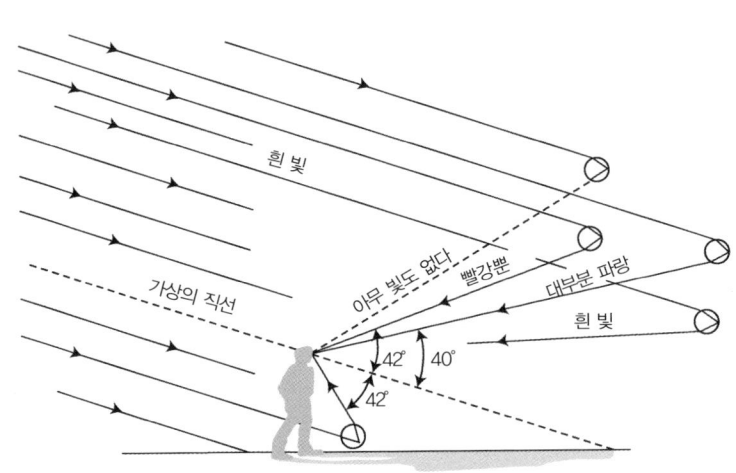

가상의 직선과 42°를 이루는 모든 물방울들은 빨강으로 보인다. 반면 40°를 이루는 것들은 파랑이 되며, 40°보다 작은 각도에 있는 것들은 햇빛 자체와 같은 흰 빛이 된다. 한편 42°보다 큰 곳에 있는 물방울들에서는 아무 빛도 오지 않는다.

이 가상의 직선으로부터 42° 떨어진 곳에 있다면, 구체적으로 그 위치가 상하좌우 어느 곳이든, 우리는 모두 무지개의 빨간 띠를 보게 된다. 반면 40° 떨어진 곳에 있다면 상하좌우 어느 곳이든 보라 띠를 보게 된다. 하지만 사실을 말하자면 무지개에서 보라는 보기가 어렵고 대부분 파랑을 훨씬 쉽게 보게 된다. 따라서 앞으로는 그냥 파랑이라고 하겠다. 이 각도들은 앞서 물방울에 대해 이야기할 때 물방울을 빠져나오는 빛이 이루는 최대의 각과 관련되는 것 아닌가? 그렇다. 이는 결코 우연이 아니다. 그림을 다시 살펴보자.

무지개의 파란 띠는 어찌된 것일까? 앞에서 이것의 마법수는 빨간 띠보다 $2°$ 작은 $40°$라고 했던 것을 상기하자. 다시 말해서 파란 빛은 굴절하고 반사하고 다시 굴절되어 나온 뒤 우리 눈에 닿을 때 최대의 각도가 $40°$가 되는 다른 물방울들에서 나온다. 이 때문에 파란 빛은 가상의 직선에서 $40°$ 떨어진 곳에서 보인다. 그런데 $40°$는 $42°$보다 가상의 직선에 더 가까우며, 이에 따라 무지개에서 파란 띠는 언제나 빨간 띠보다 안쪽에 자리잡는다. 이 밖의 다른 빛들, 곧 주황, 노랑, 초록 등의 빛들은 빨강과 파랑의 사이에서 발견된다. 이에 대해 더 자세한 내용은 다음 사이트에서 나의 강의를 참조하기 바란다. http://ocw.mit.edu/courses/physics/8-03-physics-iii-vibrations-and-waves-fall-2004/video-lectures/lecture-22/

이쯤에서 "파랑의 최대각에서는 꼭 파랑만 보이는가?"라는 의문이 들 수도 있다. 예를 들어 빨강의 최대각은 $42°$이므로 $40°$에서도 나올 것이다. 정말 이런 의문이 들었다면 여러분은 아주 예리하다고 말할 수 있다. 그 답은 어떤 색깔의 최대각에서는 그 색깔의 빛이 다른 빛들을 압도하므로 그 색깔이 두드러진다는 것이다. 하지만 빨강의 경우 최대각들 중에서도 최대각이므로 거기에는 빨강만 나타난다.

그런데 무지개는 왜 직선이 아니고 휘어져 있을까? 다시 왼쪽 그림의 가상의 직선과 $42°$라는 마법수로 돌아가보자. 가상의 직선으로부터 모든 방향으로 $42°$가 되는 영역을 추적해보면 우리는 둥그런 원을 그리게 된다. 하지만 모두 잘 알다시피 하늘에 뜬 무지개는 커다란 원 전체가 아니라 일부만 그린다. 그 이유는 무지개를 만들 수 있는 물방울들이 온 하늘에 가득 존재하지 않기 때문이기도 하고 빛이 지나는 길을 구름이 가로막기 때문이기도 하다.

  태양과 물방울과 눈의 협동 작업에는 다른 중요한 측면도 있는데, 이것을 한번 깨닫게 되면 자연의 것이든 인공의 것이든 여러 무지개들이 각각 왜 그렇게 만들어지는지에 대해 훨씬 많이 이해하게 된다. 예를 들어 왜 어떤 무지개는 엄청나게 크지만 다른 무지개는 겨우 지평선에 걸려 있는 정도일까? 또한 바위에 부딪치는 파도나 분수나 폭포나 정원의 호스가 흩뿌리는 물에 의해 만들어지는 무지개들은 어떻게 생겨나는 것일까?

  다시 눈에서 머리의 그림자를 잇는 가상의 직선으로 돌아가자. 이 직선은 우리의 뒤에 있는 태양에서 출발하여 땅으로 이어진다. 하지만 우리는 상상 속에서 이 직선을 머리 그림자를 지나 원하는 대로 얼마든지 연장할 수 있다. 그래서 우리는 이 직선이 대일점對日點, antisolar point 이라고 부르는 점을 지나고, 무지개는 이 점을 중심으로 하는 커다란 원 위에 만들어진다고 상상할 수 있다. 다시 말해서 지면이 햇빛을 가로막지 않는다면 무지개는 이 원을 따라 만들어지는데, 이 점에서 가상의 직선은 아주 유용하다.

  이를 토대로 생각해보면 해가 하늘에 얼마나 높이 떠 있는지에 따라 무지개도 높이 뜨거나 지평선에 겨우 걸쳐지기도 한다는 사실을 쉽게 이해할 수 있다. 곧 해가 아주 높이 떠 있는 한낮의 무지개는 지평선 위에 겨우 보일락말락하며, 반대로 아침 일찍 또는 해가 질 무렵에는 해가 아주 낮게 떠 있으므로 그때 보이는 무지개는 머리 위로 쳐다보는 하늘의 절반에 이르도록 광대하게 펼쳐진다. 왜 절반가량일까? 그 이유는 무지개가 만드는 최대각이 지평선 위로 42°인데 이는 머리 꼭대기, 곧 수직 각도의 절반인 45°에 가깝기 때문이다.

그러면 무지개를 어떻게 찾아야 할까? 먼저 무지개가 언제 나올 것인지에 대한 여러분의 직관을 믿어야 한다. 우리 대부분은 이에 대해 훌륭한 직관을 갖고 있는데, 이에 따르면 무지개는 폭풍우 직전이나 직후에 태양이 이를 비출 때 만들어진다. 또는 가벼운 소나기가 온 뒤 햇빛이 비출 물방울들이 아직 남아 있을 때 나타난다.

무지개가 나타날 것으로 여겨지면 다음과 같이 하면 된다. 먼저 해를 등 뒤에 두고 선다. 그런 다음 머리의 그림자를 찾고, 해와 이 그림자를 잇는 가상의 직선을 중심으로 어느 방향으로든 42°가 되는 곳을 찾는다. 만일 그곳에 물방울과 햇빛이 충분히 있으면 해와 물방울과 눈의 협동 작업으로 만들어지는 찬란한 무지개를 보게 될 것이다.

만일 해가 분명 빛나고는 있지만 구름이나 빌딩에 가려 전혀 볼 수 없다고 하자. 그렇더라도 해와 물방울들 사이에만 구름이 없으면 무지개를 볼 수 있다. 언젠가 나는 늦은 오후에 서쪽으로 해를 볼 수는 없었지만 거실이 마주한 동쪽에 떠 있는 무지개를 본 적이 있다. 무지개를 찾을 때 대부분의 경우 가상의 직선이나 42°의 각도를 살필 필요는 없다. 하지만 이 두 가지에 주의를 기울이면 큰 차이가 나타나는 경우가 있다.

나는 매사추세츠 해안에서 조금 떨어진 플럼 섬의 해변을 즐겨 거닌다. 어느 날 늦은 오후 해는 서쪽에 있고 바다는 동쪽에 있는데, 만일 파도가 충분히 높게 치고 작은 물방울들을 많이 만들기만 하면 이 물방울들이 빗방울처럼 작용하여 무지개를 볼 수 있을 참이었다. 그런데 파도가 가운데로 아주 높이 솟지는 않을 것이므로 무지개는 내 몸을 중심으로 하는 양쪽의 파도에 갈라져서 나타날 것이다. 하지만 파도가 치고 사라지는 시간은 몇 분의 1초에 지나지 않으므로 무지개가 나타날 곳을 미리 예측할 수 있다면 큰 도움이 된다. 거기서는 파도가 언제나 치고 있으므로 인내심만 충분하다면 언제나 성공적으로 무지개를 관찰할 수 있다. 이에 대해서는 이 장의 뒤에서 다시 이야기한다.

여러분이 나중에 무지개를 찾을 때 시도해볼 게 또 한 가지 있다. 각 색깔의 빛이 물방울에서 굴절되어 나오는 최대의 각도가 있다고 설명했던 게 기억나는가? 자, 설령 우리가 어떤 물방울들로부터 빨강, 파랑, 초록 등을 본다고 해도 물방울들 자체는 그다지 엄격하게 행동하지 않으며 40° 보다 작은 각도로도 많은 빛들을 굴절하고 반사하고 다시 굴절시킨다. 그런데 이렇게 나온 빛에는 온갖 색깔의 빛들이 같은 세기로 뒤섞인다. 따라서 이 빛은 흰 빛으로 보인다. 이 때문에 무지개의 파란 띠 안쪽의 하늘은 아주 밝은 흰색으로 보인다.

반대로 42° 보다 큰 각도로는 어떤 빛도 물방울에서 굴절되고 반사되고 굴절되어 빠져나오지 못한다. 그래서 무지개의 바로 바깥쪽 하늘은 안쪽보다 더 어둡게 보인다. 이 효과는 무지개 양쪽의 하늘을 유심히 비교하면 뚜렷이 드러나지만, 별 생각 없이 쳐다본다면 그런 차이가 있는 지를 알아차리지도 못할 것이다. 다음의 대기광학 Atmospheric Optic 사이트 www.atoptics.co.uk.에는 이런 효과들을 잘 보여주는 훌륭한 영상들이 많으므로 참조하기 바란다.

한번 무지개에 대한 강의를 시작하자 나는 이 주제의 내용이 아주 풍부하며, 그래서 더욱 많이 공부해야 한다는 사실을 곧 깨달았다. 예를 들어 여러분도 가끔씩 보았을 쌍무지개를 생각해보자. 그런데 실제로 쌍무지개는 거의 언제나 나타나고, 밝은 순서대로 흔히 제1무지개와 제

2무지개라고 부른다.

　아무튼 쌍무지개를 보았다면 제2무지개는 제1무지개보다 훨씬 희미하다는 사실을 확인했을 것이다. 그러나 어쩌면 이 두 무지개에서 색깔의 순서가 반대라는 것, 곧 제1무지개는 안쪽이 파랗고 바깥쪽이 빨갛지만 제2무지개는 이와 반대라는 사실은 깨닫지 못했을 수도 있다. 이 책의 앞부분에 무지개를 찍은 훌륭한 컬러 사진들을 실어두었으니 확인해보기 바란다.

　제2무지개를 이해하려면 앞서 살펴보았던 이상적인 물방울로 돌아가야 한다. 또한 제2무지개도 이와 같은 물방울들이 엄청나게 많이 모여서 만들어진다는 사실도 함께 기억해야 한다. 이 물방울로 들어가는 빛 가운데 일부는 빠져나가기 전에 1회만 반사하지만 2회를 반사하는 것들도 있다. 나아가 어떤 물방울로 들어오는 빛은 그 안에서 여러 차례 반사될 수 있지만 제1무지개는 이 가운데 1회만 반사한 것들로부터 만들어진다. 마찬가지로 제2무지개는 들어와서 빠져나가기 전에 2회만 반사하는 빛들로부터 만들어진다. 그리고 이처럼 한 번 더 반사하기 때문에 색깔의 순서가 제1무지개와 반대로 된다.

　제2무지개가 제1무지개와 다른 위치, 곧 항상 제1무지개의 바깥쪽에서 만들어지는 이유는 2회 반사될 경우 빨간 빛과 파란 빛이 언제나 제1무지개보다 더 큰 각도인 약 $50°$와 $53°$로 빠져나오기 때문이다. 따라서 제2무지개는 제1무지개의 바깥쪽으로 $10°$가량 높은 곳에서 찾아야 한다. 한편 제2무지개가 훨씬 희미한 이유는 2회 반사하는 빛의 양이 1회 반사하는 빛보다 훨씬 적기 때문이다. 이런 이유로 제2무지개를 보기는 쉽지 않지만, 이제 여러분은 제2무지개가 제1무지개와 자주 함께 나타난다는 사실을 알았으므로 이후로는 그 위치를 잘 찾아서 훨씬 많이 볼 수 있을 것이다. 또한 이에 대해서도 앞에서 소개한 대기광학 사이트를 더 찾아보기 바란다.

무지개의 생성 원리를 이해했으니, 이제 뒷마당이나 잔디밭이나 심지어 집 앞의 보도에서도 정원 호스만으로 간단한 광학 마술을 펼쳐 보일 수 있다. 그런데 이 경우에는 아주 가까운 곳의 물방울들을 다루므로 몇 가지 중요한 차이점에 유의해야 한다. 첫째로 이때는 해가 높이 떠 있더라도 무지개를 만들 수 있다. 왜 그럴까? 그 이유는 물방울을 우리와 땅에 있는 우리의 그림자 사이에 만들어낸다는 사뭇 예외적인 인공적 상황에 있기 때문이다. 이런 때는 햇빛이 닿는 곳에 물방울이 있기만 하면 무지개는 쉽게 만들어진다. 여러분은 아마 이미 이런 장난을 해보았겠지만 의도적으로 그렇게 하지는 않았을 것이다.

여러분이 가진 호스의 끝에 노즐이 달려 있다면 물줄기가 가늘게 나오도록 돌려서 작은 물방울들이 쉽게 만들어지도록 조절한다. 그리고 하늘에 떠 있는 해를 등지고 노즐을 땅으로 향하게 한 뒤 물을 뿌리기 시작한다. 이때도 무지개가 하나의 원 전체를 이루는 모습은 볼 수 없고 그 일부로 나타나는 것만 볼 수 있다. 하지만 이 부분적인 무지개의 외곽을 따라 원을 그리며 물을 분사하면 무지개가 그리는 원의 전체 모습을 순차적으로 볼 수 있다. 그런데 도대체 왜 이렇게 해야 할까? 그 이유는 아주 단순하다. 우리 뒤에는 눈이 없기 때문이다!

여러분은 가상의 직선으로부터 약 $42°$ 떨어진 곳에서 빨간 띠를 볼 것이며, 안쪽에서는 파란 띠를 볼 것이고, 그 안쪽에서는 밝은 흰 빛을 볼 것이다. 나는 정원에 물을 주는 동안 이 작은 실험을 아주 즐겨 해본다. 그리고 360°를 한 바퀴 돌면서 완전한 무지개를 그려낼 수 있게 되면 강한 희열을 맛본다. 물론 이때 해는 언제나 우리의 뒤쪽에 있을 필요는 없다.

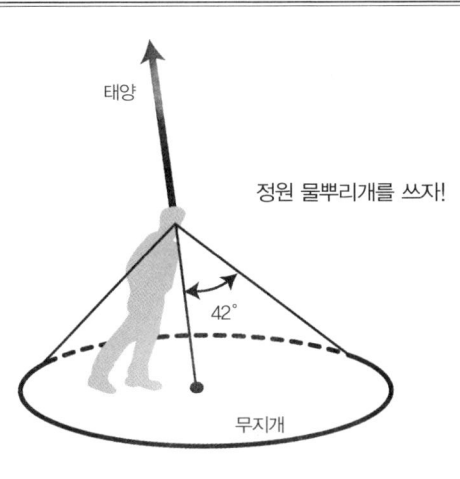

1972년 어느 추운 겨울 날 나는 학생들을 위해 무지개의 좋은 사진을 직접 만들기로 작정했다. 그리하여 정원에서 일곱 살밖에 되지 않은 가여운 나의 딸 엠마에게 호스를 들려주고 하늘 높이 물을 뿌리도록 한 뒤 나는 좀 떨어진 곳에서 카메라로 촬영했다. 나는 여러분이 과학자의 딸이라면 과학을 위해 어느 정도는 희생할 각오를 해야 한다고 생각한다. 아무튼 나는 약간의 훌륭한 사진들을 얻어냈다. 그중에는 심지어 쌍무지개가 나온 것도 있었는데, 이것은 집 앞의 아스팔트로 포장된 차도를 배경으로 삼아 선명한 대조를 이룸으로써 얻어냈다. 이 책에 삽입된 컬러 화보에는 엠마가 들어간 사진도 나와 있다(사진 7번).

나는 여러분도 이 실험을 해보았으면 하는데 다만 여름에 하기를 권한다. 혹시 제2무지개를 보지 못하더라도 실망하지 마라. 너무 희미해서 배경이 충분히 어둡지 않으면 보기 어렵기 때문이다.

여러분도 무지개의 관찰법을 알았으므로 점점 더 깊이 빠져들게 될 것이다. 실제로 나는 가끔씩 자신을 억제하지 못한다. 어느 날 나는 아내와 함께 차를 몰고 집으로 가다가 비를 만났다. 그런데 애석하게도 똑바로 해를 바라보며 서쪽으로 가던 중이었다. 그래서 나는 교통이 상당히 복잡했음에도 불구하고 차를 세우고 잠시 밖으로 나와 뒤쪽을 쳐다보았다. 그랬더니 아니나 다를까, 하늘에는 아름다운 장관이 펼쳐져 있었다!

나는 또한 해가 빛나는 날 분수 옆을 지날 때면 적절한 자리를 잡고 어딘가에 분명히 나타날 무지개를 찾곤 한다는 사실을 고백해야겠다. 여러분도 맑은 날 분수를 지날 때는 한번 시도해보기 바란다. 해를 등지고 해와 분수 사이에 선 다음 분수의 물방울들이 하늘에 떠 있는 빗방울처럼 작용한다는 사실을 떠올린다. 그리고 머리의 그림자를 찾아 해와 머리와 그림자를 잇는 가상의 직선을 그린다. 이어서 이 직선으로부터 $42°$가 되는 곳을 살펴본다. 만일 그곳에 충분한 물방울이 있으면 무지개의 빨간 띠를 보게 될 것이고, 그 안쪽으로 나머지 띠들도 찾을 수 있을 것이다. 분수 주변에서 완전한 반원 무지개를 보기는 쉽지 않다. 반원 무지개를 보기 위해서는 분수에 아주 가까이 다가서야 한다. 물론 물에 젖을 위험은 가까이 갈수록 커지지만 그 광경은 아주 아름다우므로 시도해볼 가치는 충분하다.

경고하지만, 일단 무지개를 발견하면 여러분은 지나가는 다른 사람들에게 그것을 알려주고 싶은 충동을 느낄 수도 있다. 실제로 나는 가끔씩 분수대 무지개를 지나가는 사람들에게 알려주곤 하는데, 그중에는 분명 나를 이상한 사람으로 여기는 사람들도 있을 것이다. 하지만 적어도 나는 그 아름다운 숨은 신비를 나 혼자만 즐겨야 한다고 생각하지 않는다. 그래서 다른 사람들에게도 알려주고 싶은 것이다. 여러분이 바로 여러분 앞에 무지개가 있다는 사실을 안다면 그것을 찾지 않을 이유가 무엇이며, 그것을 다른 사람들에게 알려주지 않을 이유는 또 무엇이겠는가? 그토록 아름다운 현상을 말이다.

학생들은 가끔씩 제3무지개도 있는지 묻는다. 그 답은 긍정과 부정 모두다. 여러분도 예상하다시피 제3무지개는 빗방울 안에서 세 번 반사되고 나온 빛들에 의해 만들어진다. 그런데 이것은 대일점을 중심으로 만들어지는 제1무지개와 대조적으로 해를 중심으로 만들어지며 그 각도는 42°이고 빨간 띠가 바깥쪽에 자리잡는다. 따라서 제3무지개를 보려면 우리는 해를 향해 서고 해와 우리 사이에 빗방울들이 있어야 한다. 하지만 이 경우 우리는 해를 거의 제대로 바라보지 못할 것이다.

게다가 다른 문제들도 있다. 햇빛의 대부분이 반사되지 않고 빗방울을 그냥 통과해버리며, 이로 인해 해의 둘레에는 아주 크고 밝은 띠가 만들어져서 제3무지개를 실질적으로 볼 수 없게 만들어버린다. 나아가 제3무지개는 제2무지개보다 더 희미하고, 제1, 제2무지개보다 훨씬 넓다. 따라서 결과적으로 더 희미한 띠가 더 넓게 퍼져 있는 셈이므로 더욱 보기가 어려워진다. 내가 알고 있는 한 제3무지개를 촬영한 사진도 없고 실제로 보았다는 사람을 본 적도 없다. 하지만 가끔씩 이에 대한 목격담이 나오곤 한다.

사람들은 또한 필연적으로 무지개가 실체인지 알고 싶어한다. 우리가 다가서면 다가설수록 끝없이 물러나기 때문에 무지개는 그저 신기루에 불과하다고 생각할 수도 있다. 게다가 무지개의 끝자락은 왜 또 볼 수 없는가? 만일 이런 생각이 여러분의 마음을 파고든다면 안심해도 좋다. 무지개는 실체이기 때문이다. 무지개는 진짜 햇빛이 진짜 빗방울과 진짜 눈과 작용하여 만들어내는 결과다. 다만 이는 해와 빗방울과 눈 사이의 정교한 협력으로 만들어지므로 각자는 나름의 무지개를 본다. 동등한 실체를 모두 다르게 보는 것이다.

우리 대부분이 땅을 스치는 무지개의 끝자락을 볼 수 없는 이유는 그것이 존재하지 않기 때문이 아니라 너무 멀든지 나무나 산이나 빌딩에 가려져 있든지 부근의 대기에 빗방울이 너무 적게 퍼져 있어서 무지개가 너무 희미하든지 하기 때문일 뿐이다. 만일 우리가 무지개에 충분히 다가설 수 있다면 이 끝자락을 심지어 만져볼 수도 있다. 정원의 호스로 무지개를 직접 만드는 경우가 바로 이에 해당한다.

사실 나는 샤워하는 도중에 무지개를 손아귀에 넣어보기도 한다. 나는 어느 날 우연히 이 방법을 발견했다. 내가 샤워의 물줄기에 마주 섰을 때 갑자기 두 개의(그렇다, 둘이었다!) 밝은 제1무지개를 샤워 물줄기의 안에서 보았는데, 길이와 넓이는 모두 30cm와 3cm가량이었다. 그것은 참으로 아름답고 경이로운 순간이어서 마치 꿈을 꾸는 듯했다. 나는 손을 앞으로 내밀어 무지개를 내 손안에 넣어보았다. 얼마나 짜릿했던가! 나는 40년이나 무지개에 대해 강의해왔지만 그때까지 두 개의 제1무지개를 팔이 닿는 거리 안에서 본 적은 없었다.

이 현상의 배경은 다음과 같다. 한 줄기의 햇빛이 욕실 창문을 지나 샤워 물줄기로 파고들었다. 이를테면 나는 분수 앞이 아니라 바로 그 안에 서 있는 셈이 된 것이다. 이때 물줄기는 아주 가깝고 두 눈은 7.5cm 가량 떨어져 있으므로 각각 분명히 구별되는 가상의 직선을 갖게 된다. 이런 상황에서 각도가 올바르고 물줄기의 양도 적당했기 때문에 나의 두 눈은 각각의 제1무지개를 보게 되었던 것이다. 이때 한쪽 눈을 감으면 한 무지개가 사라지고 다른 쪽 눈을 감으면 다른 무지개가 사라진다. 나는 이 놀라운 광경을 사진으로 담고 싶었지만 그럴 수 없었다. 내 사진기는 '눈'이 하나뿐이었기 때문이다.

무지개에 그토록 가까이 다가섰던 경험 덕분에 나는 무지개의 실체성을 절실히 감상할 새로운 방법을 얻게 되었다. 내가 머리를 움직이면 무지개들도 따라서 움직였고, 머리를 가만히 두면 그것들도 그랬다.

가끔씩 나는 이 무지개들을 보기 위해 아침 샤워 시간을 조정한다. 해가 적절한 위치에 있어야 햇빛이 욕실 창문에 적절한 각도로 들어설 수 있는데, 이는 5월 중순부터 7월 중순 사이에만 가능하다. 여러분은 계절에 따라 해가 뜨고 지는 각도가 달라진다는 사실을 알고 있을 것이다. 북반구의 경우 겨울 해는 동쪽에서 약간 남쪽으로 내려간 곳에서 뜨는 반면 여름 해는 약간 북쪽으로 올라간 곳에서 뜬다.

우리 집 욕실은 남향이지만 남쪽에 빌딩이 있으므로 정남향에서는 햇빛이 들어오지 못하고, 약간 남동쪽에서만 들어올 수 있다. 내가 샤워 무지개를 처음 보았던 때는 오전 10시쯤이었다. 여러분도 각자의 집에서 나름의 무지개를 보려면 햇빛이 창문을 타고 들어와 물줄기에 비쳐질 수 있어야 한다. 사실 여러분의 욕실에서 해를 전혀 볼 수 없다면 샤워 무지개는 생길 수 없으므로 시도해볼 필요도 없다. 햇빛이 어떻게든 물줄기까지 올 수 있어야 하기 때문이다. 하지만 이렇게 직접 닿는다 해도 무지개가 생긴다는 보장은 없다. 이에 더하여 많은 물방울들이 가상의 직선 주위로 42° 되는 곳에 있어야 하는데, 이 조건이 충족되지 않을 수도 있기 때문이다.

　이처럼 여러 조건이 잘 들어맞기란 쉬운 일이 아니다. 하지만 그래도 시도해볼 만하지 않은가? 만일 여러분의 경우 햇빛이 늦은 오후에야 욕실 창문을 타고 들어온다면 샤워 시간을 그에 맞춰 바꾸는 것도 고려해봐야 할 것이다.

선원들이 선글라스를 쓰는 이유

무지개 사냥에 나서기로 했는데 쓰고 있는 선글라스가 이른바 편광선글라스라면 선글라스를 벗고 무지개를 찾아야 한다. 그렇지 않으면 무지개가 보이지 않을 수 있기 때문이다. 나도 그런 경험을 한 적이 있다. 앞서 말했듯 나는 플럼 섬의 해변을 따라 걷기를 좋아하며, 그곳에서 파도가 칠 때 나타나는 작은 무지개를 즐겨 찾는다.

　몇 해 전 나는 해변을 따라 걷고 있었다. 바람이 불고 해는 밝게 빛났기에 파도가 밀려와 해변 가까이 다가오면 많은 물방울들이 만들어졌고 그 속에서 작은 무지개들을 많이 찾을 수 있었다. 나는 같이 거닐던 친구에게 이것들을 가리키며 보라고 외쳤다. 하지만 그는 내가 가리키는 것을 볼 수 없다고 말했다. 아마 우리는 똑같은 말을 대여섯 번 이상 주고받았을 것이다. "저기도 있다"라고 내가 조금 짜증 섞인 투로 말하면 그는 "아무것도 없는데"라고 대답했다. 그러던 중 나는 갑자기 어떤 생각이 떠올라 그에게 선글라스를 벗어보라고 말했다. 아니나 다를까, 그는 편광선글라스를 쓰고 있었다. 그것을 벗자 그는 무지개를 분명히 볼 수 있었다. 나아가 심지어 내게 알려주기도 했다! 도대체 어찌 된 일이었을까?

무지개에서 나오는 빛은 거의 대부분 편광이라는 점에서도 무지개는 신비로운 자연 현상이다. 어쩌면 여러분도 이미 '편광'이라는 말의 뜻을 알고 있을 것이다. 하지만 엄밀히 말하면 이 용어는 정확하지 않으므로 편광에 대해 좀 더 알아본 후에 다시 선글라스와 무지개에 대해 살펴보기로 하자.

파동은 뭔가 진동을 해야 만들어진다. 소리굽쇠나 바이올린의 현은 음파를 만드는데, 이에 대해서는 다음 장에서 이야기할 것이다. 빛의 파동은 전자의 진동에서 유래한다. 그런데 파동의 진동이 모두 어떤 한 방향으로 향하고, 그 방향이 파동의 진행 방향과 수직이면 그 파동을 선형으로 편향linearly polarized 되었다고 말한다. 하지만 편의상 '선형으로'라는 용어는 생략하겠는데, 아무튼 이 장의 나머지 부분에서 이야기하는 편광은 모두 이렇게 편향된 빛을 뜻한다.

음파는 편향될 수 없다. 음파는 슬링키Slinky(지름이 손바닥만 한 기다란 용수철로 만든 장난감인데 이것을 양손으로 잘 흔들면 좌우로 진행하는 파동을 만들 수 있다.—옮긴이)가 만들어내는 파동처럼 공기의 분자들이 진동하는 방향과 그 압력으로 생긴 음파가 진행하는 방향이 언제나 같기 때문이다. 햇빛이나 전구에서 만들어진 빛은 편광이 아니다. 하지만 비편광은 쉽게 편광으로 만들 수 있다. 한 가지 방법은 바로 편광선글라스를 이용하는 것이다. 여러분은 이제 그 이름이 정확하지 않다고 말한 까닭을 이해할 것이다. 실제로 이 선글라스가 하는 일은 편광을 만드는 것이기 때문이다. 다른 방법은 폴라로이드 회사를 창립한 에드윈 랜드Edwin Land가 발명한 선형편광판linear polarizer을 이용하는 것이다. 이 편광판은 두께가 대개 1mm가량이며 다양한 크기로 만들어져 나온다. 편광선글라스나 선형편광판을 통과한 빛은 거의 대부분 편광이 된다.

네모난 두 편광판을 서로 겹치고 돌리면 90°만큼 돌아갈 때마다 빛이 통과하거나 차단되는 현상이 되풀이된다. 나는 학생들에게 이런 편광판을 각각 2장씩 나눠주어서 집에서도 해보도록 한다.

그런데 자연계에서는 이런 편광판이 없는데도 수많은 편광들이 만들어진다. 햇빛이 오는 방향에서 직각을 이루는 푸른 하늘에서 오는 빛은 거의 완전한 편광이다. 이를 어떻게 알 수 있을까? 해를 보는 방향과 90°가 되는 임의의 방향을 향하고 그곳의 푸른 하늘에서 오는 빛을 선형편광판으로 바라보면서 편광판을 천천히 돌려보자. 그러면 하늘의 밝기가 변하는 광경을 볼 수 있다. 이 도중에 하늘이 거의 완전히 어두워지는 때가 바로 거기서 오는 편광이 편광판에 의해 가장 많이 차단되는 때이다. 여기서 보듯 편광인지 알아보려면 편광판이 한 장만 있으면 된다. 하지만 두 장이 있으면 훨씬 재미있게 쓸 수 있다.

제1장에서 나는 수업 중에 담배 연기로 흰 빛을 산란시켜 푸른 빛을 만들어내는 방법에 대해 설명했다. 이때 나는 실험 장치를 잘 배치하여 산란된 푸른 빛이 거의 90° 각도로 강의실에 퍼지도록 한다. 그러면 이 빛은 거의 완전한 편광이 되며, 학생들은 언제나 갖고 다니는 각자의 편광판으로 이를 관찰할 수 있다.

수면이나 유리에서 반사된 햇빛이나 전구의 빛도 브루스터각Brewster angle이라고 부르는 각도에 알맞게 반사되면 거의 완전한 편광이 된다. 선원들이 선글라스를 쓰는 이유는 바로 여기에 있는데, 선글라스를 씀으로써 수면에서 반사되는 빛을 상당히 차단할 수 있기 때문이다. 데이비드 브루스터David Brewster는 19세기의 스코틀랜드 물리학자로 광학에 대해 많은 연구를 했다.

나는 늘 적어도 하나의 편광판을 지갑에 넣고 다닌다. 그리고 학생들에게도 그렇게 하도록 한다.

왜 내가 여기서 편광에 대해 이야기할까? 그 이유는 무지개에서 나오는 빛이 거의 완전한 편광이기 때문이다. 햇빛의 편광은 햇빛이 물방울 속에서 반사될 때 일어나는데, 알다시피 이 반사는 무지개가 만들어질 필요조건 가운데 하나다.

나는 수업 중에 하나의 커다란 물방울로 특별한 무지개를 만들어 다음 사실들을 보여준다. (1) 빨강이 무지개의 바깥쪽에 있다. (2) 파랑은 안쪽에 있다. (3) 파란 띠의 안쪽은 하얗고 밝지만 빨간 띠의 바깥쪽은 어둡다. (4) 무지개에서 나오는 빛은 편광이다. 나는 무지개의 편광을 아주 흥미롭게 여기며, 이는 내가 편광판을 갖고 다니는 한 이유이기도 하다. 내가 수업 중에 보여주는 이 놀라운 광경은 123쪽에서 언급한 나의 강의 동영상에서 감상할 수 있다.

무지개를 넘어

무지개는 가장 잘 알려지고 가장 다채로운 대기 현상이다. 하지만 이 밖에도 수많은 다른 대기 현상들이 있다. 그 가운데는 기이하고 놀라운 것들도 있지만, 어떤 것들은 아직도 깊은 신비로 남아 있다. 그러나 우리는 여기서 무지개에 좀 더 머물면서 우리를 어디로 이끄는지 따라가보기로 한다.

아주 밝은 무지개를 유심히 살펴보면 때로 안쪽 테두리에서 밝고 어두운 색깔 띠가 교대로 늘어선 것을 볼 수 있다. 이는 덧무지개supernumerary bows라고 부르는데 이 책에 삽입된 컬러 화보에도 그 사진이 실려 있다. 이 현상을 설명하려면 빛줄기에 대한 뉴턴의 설명을 폐기해야 한다(사진 4, 5, 6번). 뉴턴은 빛이 미세한 입자들로 이루어져 있다고 보았고, 이에 따라 각각의 빛줄기가 빗방울에 들어가서 부딪치고 빠져나올 때 마치 작은 입자들처럼 행동한다고 여겼다. 하지만 덧무지개를 설명하려면 빛을 입자가 아니라 파동으로 봐야 한다. 그리고 덧무지개를 만들려면 빛의 파동은 아주 작은 물방울, 곧 지름이 1mm보다 작은 물방울을 통과해야 한다.

물리의 전 분야를 통틀어 가장 중요한 실험의 하나로 꼽히는 이중슬릿실험double-slit experiment은 빛이 파동이란 사실을 분명히 보여준다. 이 유명한 실험은 영국의 과학자 토머스 영Thomas Young이 1801~1803년에 가느다란 햇빛을 두 줄기로 나누고 이것들이 서로 더해지는 모습을 스크린에 투영하는 방식으로 실시했다. 이때 스크린에 나타난 무늬는 빛을 파동이라고 여겨야만 설명이 가능했다.

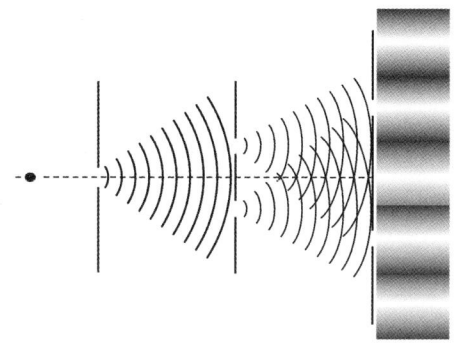

 세월이 흐름에 따라 이 실험은 실제로 두 개의 슬릿이나 바늘구멍을 이용하여 실시되었는데, 나는 여기서 아주 가는 빛줄기가 두꺼운 종이에 뚫린 서로 근접한 두 개의 아주 작은 바늘구멍을 비춘다고 가정하여 이를 설명한다. 이 빛줄기는 바늘구멍들을 통과한 뒤 스크린에서 만난다. 만일 빛이 입자로 되어 있다면 하나의 입자는 두 바늘구멍 가운데 하나를 지날 뿐 두 구멍을 동시에 지날 수 없다. 따라서 이 경우 스크린에는 두 개의 밝은 점만 나타난다. 하지만 위의 그림과 같이 실제 나타나는 패턴은 이와 전혀 다르다. 그 모습은 두 개의 파동이 스크린에서 만나는 것과 정확히 같은데, 이 경우는 두 개의 똑같은 파동이 두 개의 바늘구멍에서 동시에 나온다. 이처럼 파동들이 서로 더해지는 현상을 간섭interference이라고 부른다.

 만일 한 파동의 골이 다른 파동의 마루와 겹쳐지면 두 파동은 서로 상쇄된다. 이를 상쇄간섭destructive interference이라고 부르는데, 그 결과 스크린에서 이에 해당하는 부분은 어두워진다. 생각해보라. 두 빛줄기가 모였는데 어두워진다는 게 놀랍지 않은가! 반면에 두 파동의 골과 골 또는 마루와 마루가 서로 겹쳐지는 곳은 밝아지고 이는 보강간섭constructive interference이라고 부른다. 이 실험에서는 상쇄간섭과 보강간섭이 여러 곳에서 일어나며 따라서 스크린에는 어둡고 밝은 띠가 교대로 여러 개가 나타난다. 토머스 영이 빛줄기를 나누어 행한 실험에서 얻은 패턴도 이와 똑같다.

나는 수업 중에 빨강과 초록 레이저를 사용하여 이 실험을 하는데 참으로 대단하다. 학생들은 초록 레이저로 만든 패턴이 빨강 레이저로 만든 패턴과 아주 비슷하지만 단지 그 간격이 조금 더 좁다는 것을 발견한다. 이 간격은 빛의 파장, 따라서 색깔에 의존하기 때문이다. 파장에 대해서는 다음 장에서 다룬다.

과학자들은 빛이 입자인지 파동인지를 두고 수백 년 동안 논쟁을 벌였다. 그런데 영의 실험은 빛이 파동이라는 사실을 의문의 여지없이 밝혔다. 오늘날 우리는 빛이 입자와 파동의 두 성질을 함께 가진다는 사실을 알고 있다. 하지만 이 놀라운 결론을 얻는 데에는 양자역학이 개발될 때까지 또 다른 한 세기를 기다려야 했는데, 여기서는 더 이상 깊이 들어가지 않겠다.

앞서 말한 덧무지개는 빛의 간섭에 의해 어둡고 밝은 띠가 교대로 배열된 모습이다. 이 현상은 물방울의 지름이 0.5mm 정도일 때 가장 두드러지게 나타난다. 덧무지개의 영상은 다음 사이트에서 더 찾아볼 수 있다. www.atoptics.co.uk/rainbows/supdrsz.htm

간섭 효과는 흔히 회절diffraction이라고 부르는데, 물방울의 지름이 40μ(40마이크론, 0.04mm)보다 작을 경우에는 더욱 극적으로

나타난다. 이때 각 색깔의 빛들은 아주 넓게 퍼지고, 이에 따라 서로 다른 색깔들이 완전히 겹쳐지며, 그 결과 무지개는 흰색이 되어버린다. 하얀 무지개에는 흔히 한두 개의 덧무지개가 어두운 띠로 나타난다. 그런데 이는 아주 드물어서 나는 본 적이 없다. 1970년대 중반에 나의 제자 칼 웨일즈Carl Wales가 하얀 무지개 사진 몇 장을 보내왔다. 그는 이 사진을 어느 여름날 약 5×11km 크기의 거대한 빙산으로 된 플레처얼음 섬Fletcher Ice Island에서 놀랍게도 새벽 2시에 촬영했다. 북극해를 떠도는 이 빙산은 당시 북극에서부터 약 500km의 거리에 있었다. 이 책에 삽입된 컬러 화보에도 하얀 무지개를 찍은 괜찮은 사진이 들어 있다(사진 4번).

안개는 예외적으로 작은 물방울들로 이루어져 있으므로 안개 속에서도 하얀 무지개를 볼 수 있다. 하지만 하얀 안개무지개는 발견하기가 어려워서 실제로는 많이 보았음에도 불구하고 알아차리지 못했을 수 있다. 이 무지개는 햇빛이 투과할 수 있을 정도로 엷은 안개에서 잘 나타난다. 나는 이른 아침 아직 해가 낮게 떠 있을 때 강둑이나 항구를 거닐게 되면 이 무지개를 즐겨 찾는데, 그런 곳에서는 안개가 잘 끼므로 실제로 많이 보았다.

때로 여러분은 차의 헤드라이트를 이용하여 안개무지개를 직접 만들 수도 있다. 운전하는 중에 밤안개가 주위로 밀려오면 안전하게 주차할 수 있는 곳이 있는지 찾도록 한다. 또는 집에 있을 때 안개가 끼면 차를 안개 쪽으로 향하게 하고 헤드라이트를 켠다. 그런 다음 차에서 내려 헤드라이트가 비추는 안개를 관찰한다. 만일 운이 좋으면 안개무지개를 볼 수 있을 텐데, 이게 나타나면 그러잖아도 안개 때문에 음울한 밤이 더욱 괴기하게 보인다. 다음 사이트에서는 어떤 사람들이 차의 헤드라이트를 켜서 만든 안개무지개의 사진들을 볼 수 있다. www.extremeinstability.com/08-9-9.htm 이 사진들에서 하얀 무지개 안에 있는 어두운 띠들을 주목하기 바란다.

물방울의 크기와 빛의 파동성은 하늘을 우아하게 꾸미는 또 다른 가장 아름다운 현상인 원광圓光을 설명해준다. 원광은 비행기를 타고 구름 위를 날아갈 때 가장 잘 볼 수 있다. 나를 믿어주기 바라는데, 정말 이것은 찾아볼 가치가 있다. 원광을 찾으려면 물론 창가 쪽에 자리를 잡아야 하는데, 날개 위쪽 자리에서는 날개가 시야를 가리기 때문에 원광을 볼 수 없다. 또한 해가 좌석과 반대편에 있어야 한다. 따라서 비행기의 시간과 방향을 잘 골라야 한다. 만일 좌석의 창문으로 해를 바라볼 수 있다면 이 실험은 끝장이다. 이에 대한 자세한 설명은 아주 복잡한 수학이 많이 필요하다.

아무튼 여러 조건이 잘 맞았다고 하자. 그러면 대일점이 있는 곳을 찾은 뒤 그곳을 내려다본다. 아주 운이 좋다면 여러분은 구름에 비치는 다채로운 색깔의 고리를 보게 될 것이며, 비행기가 구름에서 그다지 멀지 않다면 원광이 비행기의 그림자를 둘러싸고 있는 모습도 볼 수 있을 것이다. 원광의 지름은 1~2°에서 20° 가량에 이르기까지 다양한데, 물방울이 작을수록 원광은 커진다.

나는 원광 사진을 많이 찍었으며, 그중 어떤 것들에는 내가 탄 비행기의 그림자가 선명히 보인다. 또한 정말 흥미로운 것은 내 좌석의 위치가 원광의 중심, 곧 대일점인 경우도 있다는 사실이다. 이 책에 삽입된 컬러 화보에는 이 사진들 가운데 하나도 들어 있다(사진 8번).

원광은 비행기뿐 아니라 도처에서 볼 수 있다. 등산가들은 해를 등지고 안개가 자욱한 계곡을 내려다볼 때 원광을 보기도 한다. 이런 경우에는 사뭇 괴이한 효과가 일어난다. 자신의 그림자가 안개에 비쳐져서 원광에 둘러싸일 수 있는 것이다. 몇 개의 다채로운 고리에 둘러싸인 모습은 정말 유령처럼 음산하다. 이 현상은 독일 하르츠산맥의 정상인 브로켄산에서 자주 일어나므로 브로켄요괴Brocken spectre 또는 브로켄무지개Brocken bow라고 부른다. 사실 사람들의 그림자를 둘러싼 원광은 성스런 후광과 아주 비슷하고 그 모습은 이 세상의 광경과 너무 동떨어진 듯하므로 예부터 성인들의 머리 위에 그려진 둥근 빛을 가리키는 말로 쓰였다는 것도 놀라운 일은 아니다. 중국에서는 원광을 불광佛光, Buddha's light이라고 부른다.

한편 오래전에 러시아 천문학자들 가운데 한 친구가 캅카스산맥의 천문대로 나를 초대한 적이 있다. 거기에는 지름 6m의 BTA-6 망원경이 있는데, 당시에는 세계 최대였다. 그곳 날씨는 관측하기에 최적이었지만 내가 그곳에 있는 동안 매일 오후 5시 반 무렵에는 계곡에서 안개가 밀려 올라와 망원경을 완전히 집어삼키곤 했다. 이는 말 그대로 '완전히'여서 내가 방문하는 동안 그때쯤에는 아무런 관측도 할 수 없었다. 이 책의 삽입 컬러 화보에는 이 망원경으로 다가오는 안개 사진이 실려 있는데(사진 2번), 그곳 천문학자들과 이야기하면서 나는 이런 안개가 아주 흔하다는 사실을 알게 되었다. 그래서 나는 왜 이곳에 천문대를 지었는지 물어보았다. 그들은 한 공산당 간부의 아내가 바로 그곳에 짓기를 바랐기 때문이라는 이유 하나뿐이라고 대답했으며, 이 얘기를 들은 나는 하마터면 의자에서 떨어져 나뒹굴 뻔했다.

아무튼 며칠 뒤 나는 환상적인 사진을 찍을 수도 있을 것이라고 생각했다. 날마다 안개가 동쪽으로 밀려올 때에도 햇살은 아직 강했으므로 원광에는 최적의 조건이었다. 그래서 다음날 나는 사진기를 들고 천문대로 올라갔는데 이제는 오히려 안개가 협조하지 않을까 염려되었다. 하지만 안개는 역시 나의 믿음을 저버리지 않고 밀려왔으며 아직 찬란한 햇살은 등뒤를 비쳤다. 나는 참고 또 참으며 최적의 순간이 오기를 기다렸다. 그리고 마침내 내 그림자를 둘러싼 원광이 나타나자 셔터를 눌렀다. 당시에는 디지털 카메라가 없었으므로 현상할 때까지 조바심이 나서 견딜 수 없을 지경이었다. 하지만 결국 길고 유령 같은 나의 그림자와 카메라의 그림자를 가운데에 둔 환상적인 원광의 영상을 얻었다. 나는 이것을 성 월터Saint Walter의 영상이라고 이름 지었다(사진 3번).

머리 주위의 후광을 보기 위해 이처럼 드문 장소까지 갈 필요는 없다. 이른 아침 햇살이 뒤에서 비출 때 이슬이 맺힌 유리창을 마주보고 서면 가끔씩 독일어로 하일리겐샤인Heiligenschein이라고 부르는 성광聖光, holy light 현상을 볼 수 있다. 다만 이 빛도 머리를 둘러싸기는 하지만 원광과 달리 다채로운 색깔은 없다. 이 현상은 햇빛이 유리창의 이슬에 반사되어 만들어지는데 원광보다 보기 쉬우므로 여러분도 꼭 시도해보기 바란다. 이때 이른 아침이어서 해가 아직 낮아 그림자가 길게 늘어지므로 후광이 어린 여러분의 모습은 마치 중세의 그림에 나오는 성인들처럼 보일 것이다.

이처럼 많은 종류의 무지개와 후광들은 예기치 못한 곳들에서 나타나 우리를 놀래주기도 한다. 나의 경우 2004년 6월 햇살이 밝은 어느 날, 아마도 하지인 6월 21일로 기억되는데, 매사추세츠의 링컨에 있는 디코도바박물관deCordova Museum을 찾았을 때 그런 일이 일어났다. 나는 그때

아들과 아들의 여자친구, 그리고 아직 아내는 아니었던 수전과 함께 갔다. 그런데 입구로 이어지는 길을 걷던 중 아들이 나를 불러세웠다. 우리 앞의 땅에 둥그런 원에 가까운 놀랍도록 다채로운 무지개가 나타났던 것이다. 하지였기에 보스턴에서 태양의 고도는 70° 가량으로 가장 높이 떠 있었다. 이때 이 무지개는 땅에 비쳐졌는데 그 광경은 숨이 막히도록 아름다웠다.

나는 재빨리 카메라를 꺼내어 가능한 가장 빠른 속도로 셔터를 눌렀다. 얼마나 예기치 못한 일이던가! 그런데 땅에는 물방울이 없었고 각도 42°보다 작았으므로 나는 이 무지개가 물방울로부터 생길 수는 없다는 사실을 이내 깨달았다. 하지만 그럼에도 불구하고 꼭 무지개를 닮아서, 빨강은 바깥쪽, 파랑은 안쪽, 그리고 그 안에는 밝은 흰 빛이 있었다. 그렇다면 이 무지개는 대체 어떻게 생겨났을까? 나는 이게 뭔가 투명하고 둥근 입자들에 의해 생겨났음에 틀림없다고 생각했다. 하지만 그게 무엇일까?

이때 찍은 무지개 사진들 가운데 하나로 컬러 화보에 실린 사진 1번은 아주 훌륭한 것이다. 그래서 나사에 의해 '오늘의 신비로운 천문학 사진'으로 뽑혀 2004년 9월 13일 나사의 사이트http://apod.nasa.gov/apod/ap040913.html에 올려졌다.* 이는 매우 유익한 사이트여서 날마다 방문해볼 만하다. 나는 지금껏 이 무지개의 원인에 대한 답으로 약 3천 통의 메일을 받았다. 그중 내가 좋아하는 것은 네 살 난 벤저민 가이

---

* 내가 찍은 사진을 온라인으로 보고 싶으면 위의 사이트를 찾아 2004년 9월 13일로 들어가면 된다.

무지개의 신비 | 145

슬러Benjamin Geisler가 손으로 써서 보낸 것이다. "저는 그 신비로운 사진이 빛과 크레용과 마커와 색연필로 만들어졌다고 생각해요." 이 편지는 MIT의 내 연구실 알림판에 붙여져 있다. 이 모든 답들 가운데 약 30개가 정답에 가까운데, 그중 진짜 정답을 쓴 것은 5개뿐이다.

이 수수께끼에 대한 가장 좋은 실마리는 우리가 방문했을 때 그 박물관에서 많은 공사가 진행 중이었다는 사실이다. 특히 박물관의 벽에서는 모래분사가 한창이었다. MIT에서 물리 시범을 담당하면서 나와 함께 오랫동안 일해온 마코스 핸킨Markos Hankin은 내게 어떤 모래뿜기에서는 유리구슬을 쓴다는 사실을 알려주었는데, 나는 그때 이를 알지 못했다. 그런 이유로 당시 그곳의 땅 위에는 미세한 유리구슬들이 아주 많았으며, 나는 몇 숟갈가량을 집으로 가져왔다. 아무튼 그때 보았던 것은 유리무지개였고 이제는 무지개의 공식적인 한 종류가 되었다. 그 반지름은 28°쯤인데, 정확한 값은 유리의 종류에 따라 다르다.

마코스와 나는 나의 강의를 위해 우리가 유리무지개를 직접 만들 수 있는지 알고 싶어 안달이 날 지경이었다. 우리는 유리구슬을 몇 kg가량 사서 커다란 검은 종이 위에 접착제로 붙였고 이 종이를 다시 강의실의 칠판 위에 붙였다. 그러고는 무지개에 대한 내 강의가 끝날 무렵에 강의실 뒤에서 종이를 향해 강한 빛을 비추었다. 그랬더니 나타났다! 나는 학생들을 한 사람씩 앞으로 나오도록 했고, 그들은 칠판 앞에 서서 그들의 그림자가 유리무지개의 중앙에 비쳐지는 모습을 즐겁게 감상했다.

이는 학생들에게 참으로 짜릿한 경험인데, 어쩌면 여러분도 집에서 시도해보고 싶을 것이다. 유리무지개를 만드는 것은 그다지 어렵지 않으며, 수고의 정도는 목표의 수준에 달려 있다. 만일 이 무지개의 색깔만 보고 싶다면 아주 쉽다. 반면 여러분의 머리를 둘러싸는 완전한 무지개를 보고 싶다면 상당한 노력이 필요하다.

무지개의 작은 조각만 보려 한다면 투명한 유리구슬과 가로와 세로가 각각 30cm 되는 검은 판지와 투명한 분무접착제만 있으면 된다. 유리구슬은 투명하고 둥글어야 한다. 우리는 지름이 150~250μ(마이크론)가량의 '굵은 유리구슬 분사제'를 썼다.

접착제를 판지에 분무한 뒤 유리구슬을 뿌린다. 유리구슬들 사이의 평균 거리는 아주 중요하지는 않지만 서로 가까울수록 더 좋다. 한편 유리구슬을 바닥에 쏟지 않도록 조심해야 한다. 따라서 어쩌면 실외에서 하는 게 좋을 수도 있다. 접착제가 마르면 해가 빛나는 날 바깥으로 나간다.

먼저 해와 머리와 머리 그림자를 잇는 가상의 직선을 찾는다. 그리고 판지를 그 직선의 경로에 놓는다. 그러면 머리 그림자가 판지에 드리운다. 디코도바박물관의 유리구슬들도 땅에 뿌려져 있었다시피 해의 고도가 높으면 판지를 땅바닥에 놓고, 반대로 해의 고도가 낮으면 의자 위에 놓으면 된다. 우선 가상의 직선에서 여러분과 판지 사이의 거리를 약 1.2m로 한다. 그리고 실제로 판지는 가상의 직선에서 수직인 방향으로 60cm가량 떨어진 곳에 놓는다. 이때 옮기는 방향은 상하좌우 어느 쪽으로든 상관없다. 그러면 그곳에서 유리무지개를 보게 된다. 만일 판지를 더 멀리 두고 싶다면, 예를 들어 1.5m쯤 떨어진 곳에 두고 싶다면, 가상의 직선에서 수직인 방향으로 75cm쯤 옮기면 된다. 여러분은 내가 어떻게 이 이동 거리를 알아내는지 궁금할 수 있다. 그 배경은 아주 단순한데, 바로 유리무지개의 반지름이 약 28°이기 때문이다.

이렇게 해서 무지개의 일부를 찾으면 가상의 직선 둘레로 판지를 옮겨가면서 다른 부분들도 찾을 수 있다. 이 과정에서 우리는 정원 호스를 이용한 때와 마찬가지로 무지개의 전체 원을 더듬어가는 것이다.

만일 무지개 전체를 한꺼번에 보고 싶다면 더 큰 판지를 쓰고 더 많은 유리구슬을 준비하면 되는데, 대략 가로 세로 1m면 된다. 이렇게 마련한 판지에서 약 80cm쯤 떨어져 판지의 중심 부근에 머리 그림자를 위치시키면 전체 무지개를 볼 수 있을 것이다. 하지만 판지로부터 1.2m쯤 떨어지면 전체를 모두 보지 못한다. 선택은 여러분의 몫이지만, 어쨌든 재미있게 즐기기 바란다!

해가 뜨지 않으면 실내에서 해도 된다. 내가 강의실에서 했듯 스포트라이트와 같은 아주 강한 조명을 벽에 매달아 비추면 된다. 준비한 등을 여러분의 뒤쪽에 달고 머리의 그림자를 가로 세로 1m의 판지 가운데에 위치시킨다. 그런 다음 판지로부터 80cm쯤 떨어지면 여러분의 그림자를 온통 에워싸는 무지개를 볼 수 있다. 여러분은 유리무지개에 초대된 것이다!

안개무지개나 유리무지개의 아름다움을 감상하는 이유를 꼭 이해해야 하는 것은 아니다. 하지만 그 배경에 깔린 과학을 이해하게 되면 새로운 안목을 갖게 되는데, 나는 이를 '앎의 아름다움'이라고 부른다. 다른 사람들은 영화를 보고 있을 때 우리는 안개가 낀 이른 아침이나 샤워 중일 때나 분수 옆을 거닐거나 비행기의 창문을 내다보면서 작은 경이에 좀 더 주의를 기울일 수 있다. 나는 여러분이 앞으로 무지개가 나타날 것 같은 느낌이 들 때면 해를 등지고 서서 가상의 직선으로부터 42°가 되는 곳들을 둘러보기 바란다. 그런 다음 하늘을 가로지르는 찬란한 무지개의 테두리를 깊이 음미하기 바란다.

  나는 이렇게 예상한다. 여러분이 다음에 무지개를 볼 때면 바깥쪽에 빨간 띠, 안쪽에 파란 띠가 있음을 확인할 것이다. 이어서 제2무지개를 찾을 것이고, 거기에는 색깔의 순서가 반대임을 확인할 것이다. 또한 제1무지개의 안쪽은 밝지만 바깥쪽은 훨씬 어둡다는 것도 확인할 것이다. 나아가 분명 그렇겠지만 여러분이 편광판을 갖고 있다면 두 무지개가 모두 강한 편광이란 사실도 확인할 것이다. 여러분은 그런 충동을 억제하지 못할 것이다. 아마 평생 지속될 불치병이 될지도 모른다. 이를 옮긴 것은 내 잘못이지만 나에겐 치료법도 없고, 그 잘못에 대해 유감으로 여기지도 않는다. 전혀!

현악기와 관악기의 화음

6
현악기와 관악기의 화음

나는 열 살 때 바이올린 교습을 받았지만 엉망이어서 이듬해에 그만두었다. 그리고 스무 살에 피아노 교습을 받았지만 또 엉망이었다. 나는 지금도 사람들이 어떻게 악보를 읽고 두 손의 열 손가락을 이용하여 음악으로 만들어내는지 잘 이해하지 못한다. 하지만 음악을 아주 높이 평가하며 음악이 가진 정서적 연결고리 대신 물리를 통해서 이해하게 되었다. 사실 나는 음악의 배경에 깔린 과학을 사랑한다. 따라서 당연히 소리의 과학에서부터 시작하기도 한다.

여러분은 소리가 어떤 대상의 빠른 진동, 예를 들어 소리굽쇠나 드럼의 표면이나 바이올린 현과 같은 것들의 진동에 의해 만들어진다는 사실을 알고 있을 것이다. 이런 진동은 아주 명백하다. 하지만 이런 진동이 일어날 때 실제로 무슨 일이 벌어지고 있는지는 그다지 명백하지 않다. 왜냐하면 대개 보이지 않기 때문이다.

소리굽쇠가 진동하면 먼저 앞으로 움직이는 동작에 의해 바로 가까이에 있는 공기가 압축되고 이어서 뒤로 움직이는 동작에 의해 팽창된다. 이처럼 교대로 밀고 당기는 동작에 의해 공기에 파동이 생기는데, 이것이 바로 음파다. 음파는 아주 빠른 속도로 퍼지는데, '음속'이라 부르는 이 속도는 15°C에서 초당 약 340m다. 그런데 음속은 매체에 따라 크게 변한다. 예를 들어 물과 철에서는 공기에서보다 각각 4배와 15배가량 더 빠르다.

진공에서 빛을 포함한 모든 전자기파의 속도는 유명한 상수 c로 나타내는데 초당 약 30만km에 이른다. 하지만 물속에서 가시광선의 속도는 이보다 약 3분의 2로 줄어든다.

소리굽쇠로 돌아가자. 거기서 나온 파동이 우리의 귀를 때리면 고막은 소리굽쇠가 공기를 진동시켰던 것과 정확히 똑같은 주기로 들어갔다 나왔다 한다. 그 뒤 거의 터무니없을 정도로 복잡한 과정이 이어지는데 먼저 고막의 진동은 중이의 뼈들로 전해진다. 망치뼈, 모루뼈, 등자뼈라고 부르는 이 뼈들은 차례로 진동하면서 음파를 내이에 가득 찬 액체의 진동으로 바꿔준다. 이 파동은 다시 전기신호로 바뀌어 청신경으로 전해진다. 그리고 청신경은 이 신호를 뇌의 청각 중추로 전달하여 마침내 소리를 듣게 된다. 정말 복잡한 과정이다.

음파를 포함한 모든 파동은 3가지의 근본적 특성을 갖고 있는데, 그것은 진동수와 파장과 진폭이다. 진동수는 정해진 시간 동안 파동이 주어진 점을 몇 번이나 통과하는지를 나타낸다. 배를 타고 바다를 지나면서 파도를 관찰할 때, 예를 들어 1분 동안 10개의 파도가 지나간다면 진동수는 분당 10이다. 하지만 대개는 초당 진동수를 더 많이 사용하는데, 단위는 헤르츠hertz이며 기호는 Hz이다. 곧 초당 200회의 진동은

200Hz로 나타낸다.

파장은 마루와 마루 또는 골과 골 사이의 거리를 말한다. 파동의 근본적 특징 가운데 하나는 진동수가 클수록 파장은 짧아지고 반대로 파장이 길수록 진동수는 작아진다는 것이다. 이로부터 물리에서 엄청나게 중요한 파동의 속도와 진동수와 파장에 대한 관계식이 나온다. 곧 파동의 속도는 파장에 진동수를 곱한 것과 같다. 이는 욕실과 대양의 파도는 물론 음파나 전자기파(엑스선, 가시광선, 적외선, 라디오파 등을 포함)에도 똑같이 적용된다. 예를 들어 피아노의 중간 '라'음의 진동수는 440Hz인데 음파의 속도는 초속 340m이므로 그 파장은 약 0.77m가 된다.

이 식은 잠시만 생각해보면 쉽게 이해할 수 있다. 음파의 속도는 기체에서는 온도에 의존하지만 액체나 고체에서는 매체마다 일정하다. 따라서 주어진 시간에 파동이 많을수록 파장이 짧아질 것은 당연하다. 반대의 경우도 명백하다. 주어진 시간에 파동이 적으면 각 파동의 길이인 파장은 길어져야 한다. 파장은 파동의 종류에 따라 다른 단위로 나타낸다. 예를 들어 음파의 파장은 m로 나타내지만 빛의 파장은 10억분의 1m를 뜻하는 nm(나노미터)로 나타낸다.

진폭은 어떤가? 다시 배를 타고 바다에서 파도를 바라본다고 상상하자. 그러면 어떤 파도는 다른 파도와 파장은 같지만 더 높을 수도 있고 낮을 수도 있다. 진폭은 파동의 이 특성을 가리킨다. 음파의 진폭은 소리의 크기와 관련된다. 진폭이 크면 소리도 크고, 진폭이 작으면 소리도 작다. 그 이유는 진폭이 클수록 더 많은 에너지가 전달되기 때문이다. 파도타기를 하는 사람이면 모두 알겠지만 바다의 파도가 클수록 더 많은 에너지가 담겨 있다. 기타의 경우 세게 칠수록 더 많은 에너지가 기타 줄에 가해지고, 따라서 만들어지는 소리도 커진다. 파도의 진폭은 대개 m나 cm로 나타낸다. 음파의 진폭은 공기 분자가 앞뒤로 움직이는 거리에 해당하지만 실제로는 이것으로 나타내지 않는다. 음파의 경우에는 대신 세기를 측정하여 데시벨decibel이라는 단위로 나타낸다. 그런데 데시벨이란 단위는 꽤 복잡하다. 하지만 다행히 이에 대해 자세히 알 필요는 없다.

음의 높낮이는 진동수에 의해 결정된다. 진동수가 높으면 음이 높고, 진동수가 낮으면 음도 낮다. 음악을 연주할 때 우리는 진동수를 계속 바꾸는 셈이다.

사람의 귀는 엄청나게 넓은 범위의 음을 들을 수 있다. 피아노의 가장 낮은 음은 27.5 Hz인데 사람의 귀는 20 Hz에서 2만 Hz까지 들을 수 있다. 나는 진동수와 진폭을 조절하여 소리를 내는 기계, 곧 청력계를 사용하여 수업 중에 재미있는 실험을 한다. 청력계로 진동수를 높여가면서 계속 새로운 음을 만들어내고 학생들에게 들을 수 없는 한계에 이르면 손을 들도록 한다.

사람은 나이가 들수록 들을 수 있는 음의 진동수가 낮아진다. 나의 경우 그 한계는 4,000 Hz 부근이고 피아노의 중간 '도' 음보다 4옥타브 높은 음으로 피아노의 맨 위쪽 건반에서 나는 음과 비슷하다. 그런데 나의 한계를 한참 넘어선 뒤에도 학생들은 들을 수 있다. 내가 다이얼을 1만 Hz를 넘어 1만 5천 Hz까지 높이면 몇몇 학생들은 손을 내린다. 2만 Hz가 되면 약 절반이 손을 내린다. 그러면 천천히 2만 1천, 2만 2천, 2만 3천으로 올린다. 그런데 2만 4천에 이르러서도 대개 몇 학생은 여전히 손을 들고 있다. 이쯤에서 나의 장난기가 발동한다. 나는 기계를 끄고 진동수를 2만 7천 Hz까지 올렸다고 말한다. 그러면 이때도 아직 용감한 한두

명이 남아 있곤 한다. 하지만 나는 진실을 밝혀 허풍을 터뜨리며, 그로 인해 강의실은 온통 유쾌한 웃음바다가 된다.

소리굽쇠가 어떻게 소리를 내는지 알아보자. 소리굽쇠를 세게 치더라도 초당 진동수는 변하지 않는다. 따라서 이로부터 나는 소리의 높이도 일정하다. 소리굽쇠가 언제나 같은 음을 내는 것은 바로 이 때문이다. 하지만 소리굽쇠를 세게 치면 가지가 움직이는 진폭이 커진다. 여러분은 이 모습을 동영상으로 촬영하여 천천히 되돌려봄으로써 확인할 수 있다. 소리굽쇠를 치면 가지가 앞뒤로 움직이는데, 세게 치면 움직이는 거리도 늘어난다. 이처럼 진폭이 커지면 소리도 커진다. 하지만 소리굽쇠의 진동수는 일정하므로 음의 높이는 변하지 않는다. 이 현상은 어딘가 기이하지 않은가? 그런데 조금 더 곰곰이 생각해보면 여러분은 이게 제3장에서 보았던 진자와 정확히 같다는 사실을 깨닫게 될 것이다. 진자의 주기도 진폭에 상관없이 일정하기 때문이다.

우 주 의   소 리

소리에 대한 이러한 관계가 지구 바깥에서도 성립할까? 우주에는 소리가 없다는 이야기를 들은 적이 있는가? 예를 들어 달 표면에서는 피아노를 아무리 열정적으로 두드려도 아무런 소리를 낼 수 없다는 뜻이다. 이게 사실일까? 그렇다. 대기가 없는 달은 사실상 진공이다. 따라서 어쩌면 좀 슬프지만, "별의 폭발이나 은하들의 충돌과 같은 엄청난 규모의 사건들도 완전한 침묵 속에서 진행된다"라는 결론을 내릴 수 있다. 나아가 심지어 약 140억 년 전에 우리 우주를 창조했던 시원의 대폭발인 빅뱅마저도 완전히 침묵 속에서 일어났다고 상상할 수 있다. 하지만 잠깐! 우주 공간은 우리의 삶처럼 매우 혼잡한데, 실제로 불과 몇 십 년 사이에 예전에 생각했던 것보다 훨씬 더 복잡하다는 사실이 밝혀졌다.

우주에서 숨을 쉬려 한다면 산소가 없어서 누구나 금세 목숨을 잃겠지만 사실 우주는 아무리 깊은 곳이라도 완전한 진공은 아니다. 다시 말해서 이런 개념들은 모두 상대적이다. 별과 은하들 사이의 공간은 지구에서 만들 수 있는 최고의 진공보다 100만 배나 더 완전한 진공에 가깝다. 하지만 그럼에도 불구하고 중요한 것은 우주를 떠도는 이 물질들이 중요할 뿐 아니라 관측 가능한 특성을 갖고 있다는 사실이다.

이 물질들의 대부분은 플라즈마plasma라고 부르는 상태로 존재하는데, 이는 부분적으로 또는 완전히 전하를 띤 입자들로 이루어진 상태를 가리킨다. 예를 들어 수소의 원자핵인 양성자와 이를 돌고 있는 전자 같은 것들로, 밀도는 곳에 따라 다르다. 플라즈마는 태양계에도 존재한다. 이는 태양에서 바깥쪽으로 방출되므로 흔히 태양풍solar wind이라고 부르는데, 브루노 로시 교수의 연구는 이를 이해하는 데에 많은 기여를 했다. 플라즈마는 별에서도 발견되고, 은하들에 있는 별들 사이의 공간에서도 발견되며(성간매질interstellar medium이라고 부른다), 은하들 사이의 공간에서도 발견된다(은하간매질intergalactic medium이라고 부른다). 대부분의 천체물리학자들은 우주에서 볼 수 있는 물질들의 99.9% 이상이 플라즈마라고 믿는다.

자, 생각해보자. 물질이 있기만 하면 압력의 변화에 따른 파동, 따라서 음파가 만들어져서 퍼져나갈 수 있다. 그런데 태양계는 물론 우주 공간 어디에나 플라즈마가 있으므로 사실 외계에는, 비록 우리가 들을 수는 없다 하더라도, 수많은 음파들이 떠돌고 있는 셈이다. 우리의 초라한 귀는 최하와 최고의 비율이 1천 배에 이르는 꽤 넓은 영역의 음파를 들을 수 있기는 하지만 이 천상의 음악을 듣기에는 역부족이다.

예를 하나 들어보자. 2003년 물리학자들은 페르세우스은하단Perseus cluster에 있는 한 은하의 중심에 자리잡은 초대형 블랙홀을 둘러싼 초고온의 플라즈마 기체에서 주름을 발견했다. 이 은하단은 수천 개의 은하들이 모인 것으로, 지구에서 2억 5천만 광년가량 떨어져 있다. 이 주름들은 분명히 음파가 있음을 알려주는데, 물질들이 블랙홀에 빨려 들어가면서 방출하는 엄청난 에너지에 의해서 만들어진다. 블랙홀에 대한 자세한 내용은 제12장에서 살펴보기로 하자.

물리학자들은 이 파동의 진동수를 계산했으며 그 결과 B플랫B flat ('시'음을 반음 내린 음—옮긴이)으로 밝혀졌다. 하지만 진동수가 262 Hz인 중간 '도'음보다 57옥타브나 낮은, 비율로는 $1/10^{17}$에 불과한 극히 낮은 음이었다! 이 우주적 주름은 다음 인터넷 사이트에서 찾아볼 수 있다. http://science.nasa.gov/science-news/science-at-nasa/2003/09sep_blackholesounds/

다시 빅뱅을 생각해보자. 우주를 창조한 시원의 폭발이 최초의 물질들—나중에 팽창하고 냉각되어 별과 은하와 결국에는 행성들까지 만들어낸 물질들—안에서 압력에 의한 파동을 만들어냈다면 오늘날 우리는 이 음파의 잔재를 볼 수 있을 것이다. 그래서 물리학자들은 초기 플라즈마에 생긴 주름들이 얼마나 멀리 떨어져 있는지 계산했는데 대략 50만 광년으로 여겨지며, 우주가 130억 년 이상 팽창된 오늘날에는 약 5억 광년에 이른다는 결론을 얻었다.

현재 은하의 지도를 작성하려는 두 가지 거대한 프로젝트가 진행 중이다. 하나는 뉴멕시코의 슬로언디지털스카이서베이고 다른 하나는 오스트레일리아의 2도영역은하적색편이탐사Two-degree Field Galaxy Redshift Survey이며, 둘 다 은하들의 분포에서 이 물결들을 독립적으로 찾고 있다. 그런데 무엇을 찾았을까? 그들은 "현재 은하들 사이의 간격은 약 5억 광년이라는 게 다른 거리들에 비해 아주 조금이나마 더 신빙성이 있는 것으로 여겨진다"는 사실을 발견했다. 다시 말해서 빅뱅은 극히 낮은 베이스의 폭발음을 냈는데, 그 파장은 오늘날 5억 광년 정도로 늘어났다는 뜻이다. 그 진동수는 우리의 귀로 들을 수 있는 가장 낮은 음의 $1/10^{15}$배나 낮으며, 따라서 약 50옥타브 아래의 음이다. 천문학자 마크 휘틀Mark Whittle 은 그가 빅뱅음향학big bang acoustics 이라 부르는 것으로 많은 연주를 했다. 그가 만든 사이트www.astro.virginia.edu/~dmw8f/BBA_web/index_frames.html를 방문하면 그가 시간과 음의 높이를 함께 조절하여 재구성한 빅뱅이 창조한 '음악'을 들을 수 있다. 거기서 1억 년은 10초로 줄여졌고, 초기 우주의 음은 50옥타브나 올려졌다.

공 명 의   경 이

공명共鳴, resonance이라 부르는 현상은 그게 없다면 존재하지 못하거나 훨씬 흥미롭지 못할 엄청나게 많은 것들이 구현될 수 있도록 해주었다. 음악, 라디오, 시계, 트램펄린, 놀이터 그네, 컴퓨터, 기차 경적, 교회 종,

MRI 등등이 그것들이다. MRI는 여러분도 무릎이나 어깨가 아플 때 찍어보았을 것이다. 이는 magnetic resonance imaging(자기공명영상)의 약어인데, 가운데의 R이 바로 공명을 뜻한다.

정확히 공명이란 무엇인가? 이를 실감나게 이해하는 좋은 방법은 그네에 앉은 어린이를 밀어보는 것이다. 이때 여러분은 직관적으로 적은 노력으로 큰 진폭을 얻는 방법을 간파한다. 그네는 진자와 같으므로 일정한 주기를 갖는다(제3장 참조). 따라서 이 주기에 정확히 동조하면서 그네를 밀면 힘을 조금씩만 더해도 그 힘들이 모여 결국 커다란 진폭으로 흔들리게 된다. 실제로 해보면 알다시피 손가락 몇 개만으로 살짝살짝 밀어도 어린이를 점점 더 높이 떠오르게 할 수 있다.

그네를 이렇게 밀 때 여러분은 바로 공명을 이용하고 있는 것이다. 물리에서 공명은 뭔가가 어떤 특정 진동수에서 다른 진동수들에서보다 더 강하게 진동하는 현상을 말하는데, 그 예로는 진자, 소리굽쇠, 바이올린 현, 포도주잔, 북의 가죽, 강철 기둥, 원자, 전자, 원자핵, 심지어 어떤 관에 들어 있는 공기기둥과 같은 수많은 것들이 포함된다. 그리고 공명 상태의 진동수를 공명진동수 또는 자연진동수라고 부른다.

한 예로 소리굽쇠는 언제나 공명진동수로 진동하도록 만들어져 있다. 만일 그 진동수가 440Hz라면 피아노 중간 '도'음의 위에 있는 중간 '라'음이 된다. 이것은 어떤 방법으로 진동시키든 거의 상관없이 두 갈래의 팔은 앞뒤로 초당 440번씩 왔다갔다 한다는 뜻이다.

모든 물체는 고유의 공명진동수를 가진다. 그래서 물체에 어떤 에너지를 가하면 이 진동수로 진동하기 시작하며, 이 진동수에 맞춰서 에너지를 계속 공급하면 작은 에너지로도 큰 효과를 얻을 수 있다. 예를 들어 비어 있는 섬세한 포도주잔을 숟가락으로 가볍게 두드리거나 젖은 손가락으로 테두리를 빙빙 돌아가면서 문지르면 포도주잔이 어떤 특정한 높이의 음을 내는데 이게 바로 공명진동수다. 공명은 언뜻 공짜 점심처럼 보이지만 실제로는 그렇지 않다. 하지만 어쨌든 공명진동수에서 물체들은 투입된 에너지를 가장 효율적으로 사용한다.

큰 밧줄을 쓰는 줄넘기도 같은 원리다. 우리는 그 한 끝을 들고 있을 때 처음부터 잘 돌리기는 어렵다는 점을 알 수 있다. 그런데 처음에는 힘들지만 일단 돌리기 시작한 뒤 밧줄의 회전주기에 맞춰 몸을 앞뒤 또는 위아래로 약간 흔들면서 돌린다는 게 핵심적인 요령이다. 그러면 어느 시점에 이르러 밧줄은 아름다운 원호를 그리며 수월하게 돌아간다. 그 상태에 이르면 힘이 그다지 많이 들지도 않으며, 이때부터 친구들은 밧줄이 그리는 원호의 가운데로 들어가서 직관적으로 밧줄의 공명주기에 맞추어 줄을 뛰어넘는다.

그런데 줄을 돌릴 때는 사실 둘 중 한 사람만 돌려도 된다. 다시 말해서 다른 한 사람은 줄을 그냥 잡고만 있어도 마찬가지로 잘 돌아간다. 만일 이것이 가능하지 않다면 이중줄넘기, 곧 두 사람이 두 밧줄을 반대방향으로 돌리는 줄넘기는 거의 불가능할 것이다. 두 밧줄을 두 사람이 반대방향으로 돌릴 수 있는 이유는 처음에는 힘이 좀 들지만 이후 밧줄들이 계속 돌도록 하는 데에는 별로 힘이 들지 않기 때문이다. 이때 밧줄은 공명진동수 가운데 가장 낮은 진동수로 돌아가며 이를 기본진동수 fundamental 라고 부른다. 직관적으로 우리는 이 공명진동수에 이르면 더 이상 빠르게 돌리지 않게 되는데, 여기서 우리의 손은 밧줄이 계속 도는 데에 필요한 구동력을 공급하므로 이를 구동진동자 driven oscillator 라고 부른다.

 밧줄을 공명진동수보다 빠르게 돌리면 아름다운 원호는 이내 구불거리며 무너져서 줄을 넘던 사람의 짜증을 돋우게 된다. 그런데 충분히 긴 밧줄을 사용하고 훨씬 빠르게 돌리면 뜻밖에도 한 줄에서 두 개의 원호가 만들어진다. 이 두 원호는 하나가 올라가면 다른 하나는 내려가는 식으로 진동하며, 마디 node 라고 부르는 중간 점은 움직이지 않는다. 이 상태에 이르면 두 사람이 두 원호에 나누어 들어가 줄넘기를 할 수 있다. 아마 이런 모습은 서커스에서도 보았을 텐데, 도대체 이는 어떤 현상일까? 이때 우리는 이른바 제2공명진동수에 이른 것이다. 곧 이야기하겠지만 모든 물체는 여러 가지의 공명진동수를 가진다. 따라서 내가 보여주는 줄넘기의 줄에도 이런 공명진동수들이 있다.

 수업 중에 나는 줄넘기 줄의 여러 공명진동수들을 보여주기 위해 수직으로 세운 두 기둥 사이에 3m가량의 줄을 매단다. 그 한쪽에는 회전수를 조절할 수 있는 모터가 달려 있다. 이 모터로 줄을 위아래로 3cm쯤 진동시키면 얼마 가지 않아 줄이 앞서 예로 들었던 줄넘기의 밧줄처럼 가장 낮은 공명진동수로 진동하는데, 이 진동수를 기본진동수나 기본음 또는 제1배음 first harmonic 이라고 부른다. 이어서 모터를 더 빠른 속도로 돌리면 제2배음에 이르며, 이때는 줄의 양쪽에 두 개의 원호가 거울에 비친 모습처럼 대칭으로 나타난다. 이름에서 쉽게 알 수 있듯 제2배음의 진동수는 제1배음의 2배다. 따라서 제1배음 때 줄이 초당 2번 진동했다면 제2배음 때는 초당 4번 진동한다. 모터를 더 빠르게 돌리면 곧이어 제3배음이 나타나며 이때는 줄이 초당 6번 진동한다. 제3배음에 도달한 줄에는 줄을 3등분하는 3개의 원호가 나타나고, 이 원호들 사이에는 진동하지 않는 2개의 마디가 나타난다.

사람의 귀로 들을 수 있는 가장 낮은 진동수가 20㎐라고 말한 게 기억나는가? 이 때문에 놀이터에서 갖고 노는 줄넘기에서는 소리가 나지 않는다. 진동수가 너무 낮아 들리지 않기 때문이다. 하지만 바이올린이나 첼로에 쓰인 것과 같은 줄에서는 전혀 다른 일이 일어난다. 예를 들어 바이올린을 보자. 그렇다고 나에게 바이올린을 켜보라고 요구하지 않기 바란다. 지난 60년 동안 전혀 진보가 없었으니까.

바이올린에서 하나의 길고 아름답고 애처로운 음이 나오기까지에는 엄청난 물리적 원리들이 작용해야 한다. 바이올린, 첼로, 하프, 기타 등 모든 현악기의 음에는 세 가지 요소가 작용하는데, 그것은 길이와 장력과 무게다. 길이가 길고 장력이 약하고 현이 무거울수록 음높이는 낮아진다. 물론 반대로 현이 짧고 세고 가벼울수록 음은 높아진다. 현악기 연주자들은 어느 정도의 시간이 지나면 음이 바뀌므로 올바른 음이 나오도록 현의 장력을 다시 조정해야 한다.

그런데 여기에 마술이 있다. 바이올린의 현을 활로 켜면 현에 에너지가 전달되고 이에 따라 가능한 모든 진동수들로부터 어찌어찌 고유의 공명진동수가 포착되어 음이 발생한다. 하지만 정말 놀라운 것은 이것이다. 비록 우리가 보지는 못하지만 이때 현에서는 여러 가지의 다른 배음들이 동시에 진동한다는 사실이다. 소리굽쇠는 하나의 진동수로만 진동하지만 현은 이와 다르다는 뜻이다.

제1배음보다 높은 추가적인 배음들은 상음上音, overtone 이라고도 부른다. 여러 가지의 상음들이 어떤 것들은 세게, 어떤 것들은 약하게 섞여 들어가 혼합되는 양상에 따라 바이올린이나 첼로 등등 여러 악기들의 소리가 서로 다르게 들린다. 이를 가리켜 음색이라고 부르는데, 무수히 많은 소리들이 각자 다르게 들리는 이유는 바로 이 음색이 다르기 때문이다. 소리굽쇠나 청력계나 라디오에서 나오는 비상 신호와 같은 것들은 한 가지의 진동수로만 만들어지지만 악기들은 여러 가지의 배음들이 동시에 울리기 때문에 복잡한 소리가 나온다. 트럼펫, 오보에, 밴조banjo(미국의 민속음악이나 재즈에 쓰는 기타와 비슷한 현악기), 피아노, 바이올린 등 각 악기들은 이 배음들이 각자 다른 방식으로 섞인다는 뜻이다.

나는 눈에 보이지 않는 우주적 바텐더를 즐겨 상상한다. 그는 수많은 배음 칵테일을 만드는 전문가인데, 한 손님에게는 밴조, 다음 손님에게는 케틀드럼, 그 다음 손님에게는 트럼본, 또 그 다음 손님에게는 이호二胡(중국의 고유 현악기—옮긴이) 등을 대접한다.

악기를 처음 만든 사람은 다른 사람들이 그 소리를 듣고 즐기기 위해 필요한 매우 중요한 또 다른 요소를 고안해내는 데에 특출한 능력을 발휘했다. 음악이 사람 귀에 들리려면 진동수가 사람이 들을 수 있는 범위 안에 들어야 하며 소리도 충분히 커야 한다. 예를 들어 현을 단순히 퉁기는 것만으로는 멀리 떨어진 사람이 들을 수 있는 소리를 내기에 부족하다. 물론 현을 좀더 세게 퉁겨 더 많은 에너지를 가함으로써 소리를 키울 수는 있지만 충분히 강한 소리를 내기에는 여전히 미흡할 수 있다. 다행히 적어도 수천여 년 전에 사람들은 이미 현악기로 방의 건너편에 있는 사람도 충분히 들을 수 있을 정도로 큰 음을 낼 수 있는 방법을 알아냈다.

조상들이 마주쳤던 이 문제를 다시 구현하여 해결해보자. 30cm가량의 끈을 준비하여 한쪽 끝은 문이나 서랍 손잡이에 묶고 다른 끝은 팽팽히 잡아당긴 다음 손가락으로 퉁긴다. 별로 특기할 것은 없다. 소리를 들을 수는 있고, 줄의 길이, 두께, 팽팽한 정도 등에 따라 여러 음도 만들 수 있을 것이다. 하지만 이 소리는 그다지 크지는 않다. 그렇지 않은가? 이런 정도라면 옆방에서는 아무도 들을 수 없다. 그런데 어떤 플라스틱 컵을 마련하고 컵의 위를 가로질러 끈을 맨 뒤, 벗겨지지 않도록 조심하면서 끈을 퉁겨보자. 그러면 좀 더 큰 소리가 날 것이다. 왜 그럴까? 왜냐하면 컵 위에 묶은 끈을 퉁기면 끈은 에너지의 일부를 컵에 전달하며, 컵은 이 에너지를 받아 끈과 같은 진동수로 진동하는데, 컵은 넓은 표면적을 갖고 있고, 이것이 진동함으로써 공기에 더 많은 충격을 가할 수 있기 때문이다. 그 결과 우리는 끈만 진동할 때보다 더 큰 소리를 듣게 된다.

이 컵으로 우리는 공명판의 원리를 실험한 셈이다. 공명판은 기타에서 바이올린과 더블베이스 그리고 피아노에 이르기까지 현이 달린 모든 악기에서 절대적으로 필요하다. 공명판은 대개 나무로 만들어지며, 현의 진동을 이어받아 진동하면서 현의 소리를 크게 증폭하여 공기에 전달한다.

기타와 바이올린에서는 공명판을 쉽게 볼 수 있다. 그랜드피아노의 공명판은 평평하며 현들이 그 위에 묶여 있다. 반면 업라이트피아노에서는 뒤쪽에 수직으로 세워져 있다. 하프의 경우에는 대개 현들이 묶여 있는 아래의 틀이 공명판 역할을 한다.

수업 중에 나는 공명판의 작용을 다른 방식으로 보여준다. 한 시범에서 나는 나의 딸 엠마가 유치원에서 만든 악기를 이용한다. 이것은 단순히 켄터키 프라이드치킨의 판지 상자에 흔히 보는 끈을 매단 것이다. 이

끈의 장력은 작은 나무토막으로 조절하면 된다. 장력을 높이면 음도 따라 올라가는데 이 놀이는 정말 재미있다. KFC 상자는 아주 훌륭한 공명판이어서 사뭇 멀리 떨어진 곳에 앉은 학생들도 이 끈을 퉁기는 소리를 잘 들을 수 있다. 내가 좋아하는 또 다른 시범에서는 오래전에 오스트리아에서 사온 뮤직박스를 이용한다. 겨우 성냥갑 크기의 이 박스에는 공명판이 없다. 그래서 태엽을 감고 그냥 놓아두면 음악이 나오는데, 소리가 너무 작아서 학생들은 물론 심지어 나도 듣지 못한다! 그런데 실험대 위에 올려놓고 되풀이하면 놀라운 결과가 펼쳐진다. 이번에는 나의 큰 강의실에서 가장 뒷자리에 앉은 학생들도 모두 들을 수 있을 만큼 커진다. 이 실험은 아주 간단한 공명판이 참으로 놀라운 효과를 보여준다는 점 때문에 나는 언제나 깊이 매료되곤 한다.

하지만 그렇다고 해서 공명판을 만드는 데에 정교한 기술이 필요하지 않다는 뜻은 아니다. 고품질의 악기를 만드는 데에는 많은 비밀이 숨어 있다. 스타인웨이앤드선스Steinway & Sons (미국의 피아노 제조회사—옮긴이)에서는 세계적으로 유명한 공명판의 제법을 여러분에게 가르쳐주지 않을 것이다!

또한 여러분은 17~18세기에 가장 환상적이고도 매력적인 바이올린을 만들었던 이탈리아의 스트라디바리우스 가문Stradivarius family의 이름을 들어보았을 것이다. 현재 스트라디바리우스의 바이올린은 540개가량이 남아 있다고 하는데 2006년에 팔린 것의 가격은 350만 달러에 달했다. 몇몇 물리학자들이 이른바 '스트라디바리우스의 비밀'을 파헤치기 위해 이 바이올린들에 대해 많은 연구를 했다. 그들은 이 마술 같은 음질을 가진 바이올린을 보다 싼 가격으로 만들 수 있기를 바랐는데, 이 연구에 대

한 일부 내용은 다음 사이트에서 찾아볼 수 있다. www.sciencedaily.com/
releases/2009/01/090122141228.htm

어떤 음들은 함께 들으면 우리의 귀를 즐겁게 하는데 이 현상은 진동수나 배음과 관계가 있다. 적어도 서양 음악에서 가장 잘 알려진 두 음의 배합은 진동수가 정확히 2배 차이가 나는 것이다. 이에 대해 우리는 두 음이 한 옥타브 차이가 난다고 말한다. 하지만 이 밖에도 우리 귀에 아름답게 들리는 음의 조합은 3도, 4도, 5도 화음 등등 아주 많다.

수학자와 자연철학자들은 고대 그리스의 피타고라스 시대 때부터 이미 화음을 이루는 음들의 진동수에 아름다운 수학적 관계가 있다는 사실에 매료되었다. 역사가들은 피타고라스가 이에 대해 이전의 바빌로니아인들로부터 얼마나 전해 들었는지, 그 자신이 얼마나 발견했는지, 그의 제자들은 또 얼마나 알아냈는지에 대해 견해가 일치하지 않는다. 하지만 아무튼 피타고라스는 서로 다른 길이와 장력을 가진 현들이 어떤 경우에 화음을 이루는지에 대해 예측할 수 있다는 사실을 알아낸 것으로 인정받고 있다. 나아가 많은 물리학자들은 그가 바로 최초의 끈이론가라고 일컫는다.

악기 제작자들은 이 지식을 아주 잘 활용한다. 예를 들어 바이올린의 각 현들은 길이는 비슷하지만 무게와 장력이 서로 다르므로 다른 진동수의 음을 내면서 화음을 이룰 수 있다. 나아가 바이올린 연주자들은 지판 위에서 손가락을 움직여 길이를 조절함으로써 수많은 음들을 만들어 낸다. 손가락을 턱 쪽으로 옮기면 현의 길이가 짧아지므로 진동수가 높아져서 2배음은 물론 그 위의 배음들도 만들어낼 수 있다. 이런 방법은 사뭇 복잡해질 수 있다. 예를 들어 시타르sitar(목 부분이 길고 동체가 작은 인도의 현악기-옮긴이)와 같은 악기들은 연주하는 데에 쓰이는 현들의 아래에 고유의 진동수로 진동하는 여분의 현들을 갖고 있는데, 이것들은 공명현sympathetic string이라고 부른다.

악기의 현들에 섞인 여러 배음들을 보는 것은 불가능하지는 않지만 어려운 일이다. 그러나 나는 오실로스코프oscilloscope에 마이크를 연결하여 극적으로 보여줄 수 있다. 오실로스코프는 진동의 모습을 화면에 보여주는 장치인데, 여러분도 직접 또는 TV 등에서 보았을 것이다. 이 장치에서 진동은 화면 한가운데의 수평선 위아래로 오르내리는 선으로 그려진다. 응급실이나 중환자실은 환자들의 심장 박동을 측정하는 오실로스코프들로 채워져 있다.

나는 학생들에게 각자의 악기를 수업 시간에 가져오도록 한다. 그리하여 그 악기들이 만들어내는 배음들의 칵테일을 보면서 감상한다.

중간 '라'음을 내는 소리굽쇠를 마이크에 대면 화면은 440Hz의 순수한 사인sine 곡선을 그린다. 앞서 말했다시피 소리굽쇠는 하나의 진동수로 진동하므로 이 곡선은 매우 깨끗하고 규칙적이다. 하지만 한 학생에게 그가 가져온 바이올린으로 같은 '라'음을 켜도록 하면 화면에는 훨씬 흥미로운 곡선이 그려진다. 이때도 기본음은 분명 있으며 화면에서 압도적인 크기로 나타나는 사인 곡선으로 쉽게 확인할 수 있다. 하지만 이 곡선의 자세한 모습은 함께 섞여 있는 높은 배음들 때문에 훨씬 복잡하다. 또한 첼로로 같은 '라'음을 켜면 다른 모습으로 나타난다. 만일 바이올린을 켜는 사람이 두 음을 동시에 내면 어떻게 보일까?

가수가 성대를 통해 공기를 내보내면서 공명의 과학에 대한 시범을 보일 때면 성대를 이루는 막이 떨면서 음파를 만든다. 나는 학생들에게도 노래를 부르도록 부탁하는데, 이때 오실로스코프에 나타나는 곡선도 역시 마찬가지다. 비슷하게 복잡한 곡선들이 한데 포개져서 화면에 그려진다.

피아노를 연주할 때 건반을 누르면 연결된 해머가 현을 치고, 이에 의해 현의 길이와 무게와 장력에 따라 결정되는 기본음이 나온다. 그런데 바이올린의 현이나 사람의 성대처럼 피아노의 현에서도 높은 배음들이 함께 울려나온다.

이제 굉장한 도약을 통해 원자보다 작은 세계로 들어가서 바이올린의 현과 비슷하지만 원자핵보다도 엄청나게 작은 끈을 생각해보자. 이 끈은 서로 다른 수많은 진동수와 배음들로 진동한다. 다시 말해서 물질의 가장 근본적인 구성 요소가 이 엄청나게 작은 끈일 수도 있다는 가정을 생각해보자는 뜻이다. 이 끈이 다양한 차원에서 다양한 진동수와 다양한 방식으로 진동하면 전자, 중성미자, 글루온, 쿼크와 같은 소립자가 만들어진다. 이 단계에 들어서면 우리는 바로 끈이론의 근본 가정을 둘러보게 되는 셈이다. 이것은 이론물리학자들이 우주의 모든 힘과 모든 소립자들을 일관되게 설명할 수 있는 이론을 세우기 위해 지난 40년 동안 노력해온 결과로 얻어낸 한 이론을 가리킨다. 따라서 어떤 뜻에서 이는 곧 '만유의 이론'이다.

끈이론이 성공할지는 아무도 모른다. 노벨상을 받은 셸던 글래쇼는 이것이 "물리학인지 철학인지 궁금하다"고 말하기도 했다. 하지만 우주의 가장 근본적인 단위는 상상할 수 없을 정도로 작은 끈들의 서로 다른 공명 상태라는 주장이 사실이라면 근본적인 소립자와 힘들로 구성되고 운행되는 우주는 모차르트의 경이로운 〈반짝 반짝 작은 별〉이 갈수록 복잡하게 펼쳐지는 우주적 규모의 변주에 해당한다고 말할 수 있다.

냉장고 안의 케첩 병에서부터 세계에서 가장 높은 빌딩에 이르기까지 모든 물체는 고유의 공명진동수를 가진다. 하지만 그중 많은 것들은 신비롭고 예측하기도 아주 힘들다. 여러분은 각자의 차가 공명하는 소리를 들었겠지만 그다지 아름답게 여겨지지는 않을 것이다. 운전하는 중에 발생하는 이 고유의 소음은 더 빠르게 가면 사라지곤 한다.

나의 지난번 차는 교통신호에 걸려 서게 될 때마다 대시보드가 고유 진동수로 진동하곤 했다. 그럴 때면 나는 차가 서 있을 때도 엔진의 회전수를 높여 차의 진동수를 바꿈으로써 이 소음을 사라지게 했다. 때로는 새로운 소음이 한동안 나타나기도 했지만 속도를 높이거나 낮추면 대개 잦아들었다. 차는 수천 개의 부속품들로 이루어져 있는데 그중 어떤 것들은 여러 이유로 느슨해진다. 그래서 속도가 바뀌어 진동수가 바뀌면 헐거워진 소음기나 낡은 엔진 버팀대 등이 고유의 진동수로 떨면서 그 상태를 우리에게 알려준다. 이것들은 모두 똑같이 "정비소로 데려다주세요, 정비소로 데려다주세요"라고 외치는 셈인데, 나는 너무 자주 이 외침소리를 무시한다. 그래서 이런 공명들이 결국 고장으로 이어졌을 때에야 비로소 그 상태를 알게 된다. 그런데 마침내 차를 정비소로 가져가면 정작 그 지겨운 소리를 재현할 수 없는 경우가 있고 그럴 때면 어쩐지 바보가 된 느낌이 든다.

학창 시절의 어느 날 우리 동아리에서는 저녁식사 후에 한 연사를 초청했는데 그다지 마음에 들지 않았다. 그래서 우리들은 손가락에 물을 묻혀 포도주잔 입구의 둘레를 문질렀다. 그러면 포도주잔의 기본음에 해당하는 소리가 발생한다. 이것은 여러분도 집에서 쉽게 해볼 수 있다.

각각의 소리는 작지만 100명가량의 학생들이 함께 했더니 아주 거슬렸다. 물론 대학 동아리의 경우에나 이런 장난을 할 수 있겠지만 아무튼 그 효과는 확실해서 연사도 우리의 메시지를 분명히 파악했다.

여러분은 모두 오페라 가수가 적절한 높이의 음으로 크게 소리를 내면 포도주잔이 깨질 수 있다는 이야기를 들어보았을 것이다. 이제 여러분은 이게 공명 때문이란 점은 알 텐데, 구체적으로 어떻게 그렇게 될까? 이론적으로는 아주 단순하다. 포도주잔을 놓고, 그것의 기본음을 측정하고, 그 진동수의 음을 발생시키면 어떤 일이 일어날까? 내 경험에 따르면 대부분의 경우 아무 일도 일어나지 않는다. 또한 나는 오페라 가수의 이야기도 실제로 본 적은 없다. 그래서 수업 시간에는 오페라 가수를 초청하지 않는다. 나는 포도주잔을 고르고, 오실로스코프 앞에서 살짝 두드려 그 기본진동수를 찾는다. 물론 이는 잔에 따라 다르지만 내가 사용한 것들은 대개 440~480 Hz 사이였다. 그런 다음 나는 포도주잔의 기본진동수와 정확히 같은 진동수의 음을 전기적으로 발생시킨다. 다만 정확히 같기란 불가능하므로 최선을 다해 비슷하게 맞춘다는 뜻이다. 이어서 이 음을 앰프에 연결하고 볼륨을 천천히 높인다. 왜 볼륨을 높이냐고? 소리가 클수록 음파에 담긴 에너지가 커지고 따라서 잔에 전달되는 에너지도 커지기 때문이다. 그러면 잔의 진폭도 그에 따라 커져서 잔의 유리 막은 앞뒤로 점점 더 크게 진동하며, 결국 우리가 바라는 대로 부서질 수도 있을 것이다.

포도주잔의 진동을 보여주기 위해 나는 그 기본진동수와 약간 다른 진동수로 빛나는 섬광을 비추면서 비디오카메라로 근접 촬영을 했다. 그 결과는 환상적이다! 유리잔이 진동하는 모습이 선명히 드러나는데, 먼저 마주 보는 두 면이 가까워졌다 멀어졌다 하다가 볼륨을 높이면 그 거리가 점점 커진다. 때로는 진동수를 약간 조절해야 하기도 하지만 어쨌든 어느 순간에 이르면 쨍하는 소리와 함께 잔은 산산조각이 난다. 이는 조바심으로 마음을 졸이던 학생들에게 언제나 최고의 순간이다. 이 실험은 나의 전자기학 8.02의 27번째 강의에서 약 6분 동안 진행되며 다음 사이트에서 찾아볼 수 있다. http://ocw.mit.edu/courses/physics/8-02-electricity-and-magnetism-spring-2002/video-lectures/lecture-27-resonance-and-destructive-resonance/

나는 또한 학생들에게 클라드니판Chladni plate이라고 부르는 것을 이용하여 공명의 효과를 기이하면서도 매우 아름답게 드러내는 시범도 즐겨 보여준다. 이것은 30cm가량의 판인데 모양은 정사각형이나 직사각형 또는 원도 될 수 있지만 정사각형이 가장 좋다. 이 실험에서는 먼저 판의 중심을 어떤 막대나 받침대 위에 고정한다. 그런 다음 판 위에 미세한 가루를 뿌린 뒤 판의 한 변을 바이올린 활로 천천히 켜면 판은 몇 가지의 공명진동수로 진동한다. 그러면 판이 만드는 파동에서 골이나 마루에 해당하는 곳에서는 가루가 밀려나 마디가 있는 곳으로 모여든다. 진동하는 물체가 끈일 때는 마디가 점이지만 클라드니판처럼 이차원의 물체인 경우에는 마디가 선이 된다.

이 판의 어디를 어떻게 '연주'하느냐에 따라 판은 여러 가지의 공명진동수로 진동하게 되며 그 파동에 의해 가루들은 판 위에 아름답지만 도무지 예측할 수 없는 무늬들을 만들어낸다. 수업 시간에 나는 약간 덜 로맨틱하지만 훨씬 효율적인 방법으로 판을 진동시킨다. 곧 전기진동기를 판에 연결하는 것이다. 이 진동기의 진동수를 변화시킴에 따라 놀라운 무늬들이 만들어졌다 사라졌다 하는 모습을 즐길 수 있다. 다음 사이트에서 동영상으로 이를 확인할 수 있는데, 그 무늬들을 즐기면서 배경에 자리잡은 수학들을 상상해보기 바란다. www.youtube.com/watch?v=6wmFAwqQB0g

어린이와 가족들을 위한 대중 강연에서 나는 어린이들에게 활로 판의 모서리를 켜게 한다. 그러면 사람들은 놀랍고 아름다운 무늬를 보며 아주 즐거워한다. 내가 물리를 통해 보고자 하는 광경은 바로 이런 것들이다.

관 악 기 의   음 악

지금껏 우리는 오케스트라의 절반을 빼먹었다! 플루트나 오보에나 트롬본은 어디에 있나? 이것들에는 진동할 현도 없고 음을 반사할 공명판도 없다. 관악기의 역사는 아주 오래되었다. 얼마 전에도 나는 신문에서 3만 5천 년 전에 독수리의 뼈를 이용해서 만든 피리의 사진을 보았다. 하지만 현악기들보다 좀 더 신비로운데, 부분적으로 이는 그 메커니즘이 눈에 보이지 않기 때문이다.

관악기에도 여러 종류가 있다. 어떤 것들은 플루트나 리코더처럼 양쪽이 모두 트였지만 클라리넷이나 오보에나 트롬본처럼 한쪽이 막힌 것도 있다. 물론 이것들의 막힌 곳도 실제로는 사람이 숨을 불어넣도록 열려 있기는 하다. 하지만 어쨌든 이 모두는 대개 입으로 불어넣는 바람이 그 안의 공기기둥을 진동시킴에 따라 음악을 만들어낸다.

관악기에 입김을 불어넣거나 다른 방법으로 공기를 주입하는 것은 기타의 현을 퉁기거나 바이올린의 현을 활로 켜는 것에 해당한다. 이를 통해 안의 공기기둥에 에너지를 전달하면서 빈 공간에 온갖 진동수의 스펙트럼을 쏟아낸다. 그러면 공기기둥은 스스로 자신이 원하는 진동수를 찾아내는데, 이는 주로 그 길이에 의해 결정된다. 이때 공기기둥이 기본음을 찾아내는 방법을 이해하기는 어렵다. 하지만 아무튼 공기기둥은 기본진동수는 물론 다른 여러 가지의 배음들까지 추려내어 그 진동수들로 진동하며, 그 결과를 계산하기는 비교적 쉽다. 공기기둥이 이렇게 진동을 시작하면 진동하는 현이나 소리굽쇠처럼 그 안의 공기를 밀고당기면서 듣는 사람에게 음파를 전해준다.

오보에와 클라리넷과 색소폰 등에서는 리드$_{reed}$에 입김을 불면 에너지가 공기기둥으로 전달되어 공명이 일어난다. 플루트와 피콜로와 리코더 등에서는 구멍이나 마우스피스를 가로질러 바람을 불면 공명이 일어난다. 그런데 금관악기들에서는 두 입술을 단단히 모아 그 자체로 일종의 진동을 일으켜 악기에 전달하는데, 연습을 제대로 하지 않으면 도무지 음이 나오지 않는다. 나의 경우 이 단계를 넘지 못해 포기하고 말았다!

만일 플루트나 피콜로처럼 관악기의 양쪽이 모두 열려 있으면 공기기둥은 현악기의 현과 마찬가지로 기본음과 그 배음들로 진동한다. 하지만 클라리넷과 색소폰과 트럼펫처럼 한쪽이 막혀 있으면 공기기둥은 기본음과 그것의 3배, 5배, 7배 등의 홀수 배에 해당하는 배음들로만 진동한다. 왜 이런 차이가 나오는지를 설명하기는 너무 복잡하므로 여기서는 생략한다.

명백한 것은 공기기둥이 길수록 진동수가 작아져서 음높이도 낮아진다는 사실이다. 관의 길이가 절반이 되면 제1배음의 진동수는 2배가 된다. 이 때문에 피콜로는 그토록 높은 소리가 나고 바순은 그토록 낮은 소리가 나며, 디제리두didgeridoo(아주 긴 피리같이 생긴 오스트레일리아 원주민의 목관 악기—옮긴이)는 참으로 낮은 소리가 나는 것이다. 이러한 일반 원리에 따르면 색소폰 중에서도 소프라노와 알토 색소폰이 이보다 더 크고 긴 바리톤 색소폰보다 더 높은 소리가 나는 이유도 쉽게 이해가 된다. 또한 파이프오르간의 경우 파이프의 길이가 매우 다양하여 어떤 것은 음역이 무려 9옥타브에 이르기도 한다. 그중 가장 낮은 음을 내는 양쪽이 모두 열린 거대한 파이프의 길이는 19.5m나 되는데 그 기본음은 약 8.7Hz여서 사람의 귀에 들리지도 않지만 몸에 전해지는 진동으로 느낄 수 있다. 이렇게 거대한 파이프는 아주 비실용적이어서 전 세계에 둘뿐이다. 이보다 10배 짧은 관은 10배 높은 음을 내므로 그 진동수는 87Hz이며, 100배 짧은 관은 100배 높은 870Hz의 음을 낸다.

 관악기는 바람만 불어넣으면 끝나는 게 아니다. 거기에는 여닫는 구멍들이 있고 이것에 의해 관의 실질적인 길이가 짧아지거나 길어져서 음높이도 높아지거나 낮아진다. 이 때문에 아이들이 장난감 피리를 불 때 구멍들을 모두 막으면 공기기둥의 길이가 길어져서 낮은 음이 나온다. 같은 원리가 관악기에도 적용된다. 관이 둥글게 말려 있음에도 불구하고 공기기둥이 길면 진동수가 낮아져서 낮은 음이 나온다. 튜바 가운데 가장 낮은 음을 내는 B플랫 또는 BB플랫 튜바의 5.4m에 이르는 관에서 나오는 기본음의 진동수는 30Hz이다. 그런데 여기에 로터리밸브rotary valve라는 부수 장치를 사용하면 공명진동수를 바꾸어 20Hz까지 낮출 수 있다. 트럼펫이나 튜바의 단추를 누르면 딸려 있는 관들이 여닫혀서 공명진동수가 바뀐다. 트롬본은 시각적으로 가장 단순하다. 관을 빼면 공기기둥의 길이가 늘어나서 공명진동수가 낮아지며, 관을 넣으면 높아진다.

나는 수업 중에 목제 트롬본으로 〈징글벨〉을 연주하는데 학생들이 아주 좋아한다. 하지만 나는 이게 내가 연주할 수 있는 유일한 곡이라는 말은 결코 하지 않는다. 사실 나는 음악에 너무나 소질이 없어서 이 강의를 그토록 많이 했지만 아직도 강의 전에 미리 연습해야 한다. 심지어 음을 맞추려고 트롬본의 슬라이드 부분에 1, 2, 3 등의 숫자까지 써놓았다. 게다가 나는 악보도 읽지 못한다. 앞서 말했다시피 나의 음악적 소질은 이처럼 빵점이지만 그럼에도 불구하고 음악의 아름다움을 감상하고 이에 대해 수많은 실험을 하면서 즐기려는 나의 열정은 조금도 식지 않는다.

이 글을 쓰고 있는 중에도 나는 1l들이 플라스틱 생수 병 안의 공기기둥으로 즐거운 실험을 한다. 이 병은 지름이 병목에서 몸통에 이르도록 차츰 증가하므로 완전한 공기기둥은 전혀 아니다. 또한 상상할 수 있다시피 병목의 과학은 매우 복잡해질 수 있다. 하지만 공기기둥이 길어지면 공명진동수는 낮아진다는 관악기 음악의 기본 원리는 똑같으며, 여러분도 쉽게 확인해볼 수 있다.

음료수나 포도주 병을 물로 거의 가득 채운 뒤 병의 입구를 가로질러 입김을 불어보자. 처음에는 약간의 연습이 필요하지만 얼마 가지 않아 공기기둥을 공명진동수로 잘 진동시키게 될 것이다. 이 소리의 높이는 물이 많을 때는 높지만 물을 조금씩 마셔서 공기기둥이 차츰 길어짐에 따라 기본음의 진동수도 차츰 낮아진다. 나아가 나는 공기기둥의 길이가 길어질수록 소리도 더 듣기 좋아진다는 사실을 깨달았다. 제1배음의 진동수가 낮을수록 더 높은 배음들을 더 쉽게 만들 수 있으며, 그에 따라 음색도 더욱 미묘해지기 때문이다.

여러분은 어쩌면 현악기에서 진동하는 것이 현이므로 이 경우에 진동하는 것은 공기가 아니라 병일 것이라고 여길 수 있다. 나아가 색소폰이 진동하는 것을 느껴보았다면 더욱 병이 진동한다고 믿을 수 있다. 하지만 실제로 진동하는 것은 내부의 공기기둥이다. 이 점을 분명히 하기 위해 이런 퍼즐을 생각해보자. 두 개의 똑같은 포도주 잔을 준비하여 하나는 비우고 다른 하나는 물을 절반쯤 채운 뒤 숟가락으로 가볍게 두드리거나 젖은 손가락으로 입구의 테두리를 문질러 기본음의 진동수를 찾는다. 어떤 게 높으며 그 이유는 무엇일까? 이 질문에 대해 내가 답하는 것은 공정하지 못하다. 왜냐하면 나는 여러분이 오답을 내도록 유도했기 때문이다. 그래서 미안하게 생각하지만 아무튼 여러분은 정답을 찾을 수 있을 것이다.

마찬가지의 원리가 여러분도 이미 보거나 갖고 놀아보았을 수도 있는 회오리튜브 whirling tube 또는 이와 비슷한 이름으로 부르는 75cm가량의 주름진 플라스틱 튜브에도 적용된다. 그게 어떻게 소리를 내는지 아는가? 이 튜브를 머리 위로 돌리기 시작하면 먼저 낮은 소리를 듣게 된다. 그런데 여러분은 이게 제1배음으로 여기겠지만 실제로는 제2배음이다. 나도 처음에는 제1배음인 줄 알았지만 그게 아니었다. 웬일인지 제1배음은 지금껏 한 번도 제대로 내지 못했다. 이것을 돌릴 때 처음 듣는 소리는 언제나 제2배음이었던 것이다.

아무튼 점점 빨리 돌리면 계속 더 높은 배음들을 들을 수 있다. 온라인 광고에 따르면 매우 빨리 돌리면 제5배음까지 들을 수 있다고 한다. 하지만 아마 여러분은 3가지 배음, 다시 말해서 제4배음까지밖에 듣지 못할 것이며, 제5배음은 정말로 매우 빠르게 돌릴 때만 가능할 것이다. 나는 길이가 75cm인 회오리튜브에서 나오는 처음 5개 배음의 진동수를 계산해보았다. 제1배음은 223Hz이지만 이것은 들어본 적이 없다. 그리고 나머지는 446Hz, 669Hz, 892Hz, 1,115Hz이다. 여기서 보듯 진동수는 사뭇 빠르게 증가한다.

위 험 한   공 명

공명의 과학은 강의실의 시범 수준을 훨씬 넘어선다. 음악이 다양한 악기들로 만들어낼 수 있는 수많은 분위기들을 생각해보자. 음악의 공명은 우리의 감정에 호소하여 기쁨, 불안, 평안, 경외, 공포, 환희, 슬픔 등등을 조성한다. 그러고 보면 우리가 감정적 공명을 경험했다고 말하는 것은 놀라운 일이 아니다. 이로써 우리는 깊고 풍부하며 애정과 욕망이 배가된 관계를 창조할 수 있다.

우리가 다른 사람들과 '동조'하게 되기를 바라는 것은 결코 우연이 아니다. 그런 공명을 일시적으로든 항구적으로든 잃게 된다면, 그리하여 화목하게 느꼈던 사이가 껄끄러운 간섭과 감정적인 알력으로 변한다면 얼마나 고통스러울 것인가! 에드워드 올비 Edward Albee 가 쓴 《누가 버지니아 울프를 두려워하랴?》에 나오는 조지와 마사를 생각해보자. 그들은 정말 끔찍이도 싸운다. 싸움이 일대일일 때는 열기를 뿜지만 손님들에게는 단지 쇼에 불과하다. 하지만 힘을 합쳐서 손님들에게 대항할 때는 훨씬 위험해진다.

공명은 물리에서도 매우 파괴적일 수 있다. 근래의 역사에서 파괴적 공명의 가장 엄청난 예는 1940년 11월 미국의 워싱턴주에서 발생했다. 그곳의 해협을 가로질러 건설된 타코마해협다리 Tacoma Narrows Bridge 는 공학의 경이였지만 공사할 때부터 위아래로 진동하는 현상 때문에 갤로핑거티 Galloping Gertie 라고 불렸다. 11월 7일 다리를 횡단하며 약한 바람이 불었는데 다리는 차츰 이에 공명하면서 크게 흔들리기 시작했다. 이어서 바람이 차츰 강해지자 다리는 진동하면서 비틀리기 시작했고 이 비틀림은 갈수록 더 심해졌으며 결국 다리는 이를 버티지 못하고 부서져서 물로 떨어져버렸다. 이 비극적인 붕괴를 담은 동영상은 다음 사이트에서 볼 수 있다. www.youtube.com/watch?v=j-zczJXSxnw

그보다 90년 전 프랑스 앙제 Angers 의 멘강 Maine River 에 가로질러 있던 현수교가 478명의 군인이 대형을 이루고 발을 맞춰 행진하는 도중에 붕괴되었다. 군인들의 행진이 다리에 공명을 일으켰고 이에 따라 부식된 일부 케이블들이 끊어지면서 발생한 이 사고에서 200명이 넘는 군인들이 아래의 강에 빠져 죽었다. 이 사고로 프랑스는 이후 20년 동안 현수교를 건설하지 않았다. 1831년 영국의 브로턴현수교 Broughton Suspension Bridge 역시 행진하며 건너던 군대가 다리의 상판에 공명을 일으키자 다리의 끝을 지탱하던 큰 나사가 빠져서 붕괴되었다. 이때 아무도 죽지는 않았지만 영국 군대는 이후 다리를 건널 때 발걸음을 맞추지 말라는 지시를 내렸다.

런던의 밀레니엄다리Millennium Bridge는 2000년에 개방되었다. 그런데 당시 그 위를 거닐던 수천 명의 보행자들은 다리가 옆으로 상당히 흔들린다는 사실을 발견했으며, 기술자들은 이를 가리켜 측면공명 lateral resonance이라고 불렀다. 당국은 며칠 뒤 다리를 폐쇄하고 2년 동안 여러 모로 궁리한 끝에 보행자들의 발걸음이 유발하는 진동을 억제할 제동기를 설치했다. 뉴욕의 웅장한 브루클린다리 Brooklyn Bridge에서도 비슷한 현상이 발견되었다. 2003년 갑작스런 정전 사고에 놀란 사람들이 다리로 몰렸는데 그 발걸음 때문에 좌우로 흔들렸고 어떤 사람들은 어지럼증을 느끼기도 했다.

이런 상황에서 차들은 그냥 지나치지만 보행자들은 걷는 동작 때문에 다리에 더 많은 무게를 가할 수 있다. 그리고 보조가 맞지 않더라도 서로의 발걸음들이 합쳐져서 다리의 상판을 흔드는 공명 진동을 일으키게 된다. 이때 다리가 한쪽으로 기울면 보행자들은 이를 상쇄하기 위해 다른 쪽을 디디며 이로 인해 다리의 진동은 증폭된다.

기술자들도 다리에 많은 사람들이 모일 때 나타나는 효과에 대해 충분히 알지 못한다고 인정했다. 하지만 다행히 그들은 마천루를 통해 이미 많은 것을 배웠기에 이에 대처할 수 있었다. 바람이나 지진에 의해 공명 진동이 일어나면 마천루가 무너져내릴 수 있다는 사실을 이미 알고 있었기 때문이었다. 생각해보면 조상들이 3만 5천 년 전에 평범한 피리로 소리를 냈던 현상에 숨어 있는 원리가 거대한 브루클린다리는 물론 전 세계의 높은 빌딩들을 위협하는 현상에도 마찬가지로 적용된다는 사실은 참으로 놀랍기만 하다.

전기의 신비

FOR THE LOVE OF PHYSICS

7
전기의 신비

정전기는 공기가 건조한 겨울에 가장 잘 일어난다. 폴리에스테르로 만든 셔츠나 스웨터를 입고 거울 앞에 서서 불을 끄고 벗어보자. 여러분은 건조기에서 세탁물을 꺼낼 때와 마찬가지로 딱딱거리는 소리가 날 것이라고 예상할 것이다. 그와 함께 여러분은 아주 작은 불꽃들이 튀는 모습도 보게 될 것이다. 물론 이때 정전기를 감소시키기 위해 사용하는 별로 낭만적이지 않은 섬유유연제 성분이 옷에 없어야 한다. 나는 우리가 찾을 방법만 알면 일상생활에 물리가 얼마나 가까이 있는지를 잘 보여준다는 점에서 이 광경을 아주 좋아한다. 나는 또한 학생들에게 사실 이 작은 시범은 친구들과 함께 하면 더욱 재미있다는 점을 즐겨 알려준다.

겨울에 카펫을 밟고 걷거나 문의 손잡이를 잡을 때 충격을 받아 움찔거린 적이 있고, 그게 정전기 때문이라는 사실은 모두 알 것이다. 또는 친구와 악수를 할 때나 식당 같은 곳의 도우미들에게 겉옷을 건네줄 때도 비슷한 충격을 받은 적이 있을 것이다. 정말 겨울에는 정전기가 도처에 퍼진 듯하다. 머리를 빗을 때나 모자를 벗을 때 머리칼들이 서로 반발하며 곤추서는 것도 이 때문이다. 그런데 왜 겨울에 특히 많은 불꽃들이 튈까?

이 모든 의문들에 대한 대답은 고대 그리스인들부터 내놓기 시작했다. 그들은 우리가 전기라고 알고 있는 현상에 대해 처음으로 이름을 붙이고 기록을 남긴 사람들이다. 2천 년보다 훨씬 전에 그리스인들과 이집트인들은 화석으로 변한 송진을 보석으로 가공했는데 이것을 호박이라고 한다. 그리스인들은 이 호박을 옷에 문지르면 마른 나뭇잎 조각을 끌어당기게 되며, 아주 많이 문지르면 충격을 받을 수도 있다는 사실을 발견했다.

나는 그리스 여자들이 파티에서 지루해지면 호박 보석을 옷에 문질러 개구리에게 대곤 했다는 이야기를 들은 적이 있다. 물론 개구리들은 이 짓궂은 장난으로부터 벗어나기 위해 필사적으로 점프했을 것이고, 옛날 사람들은 이를 보고 아주 재미있어 했을 것이다. 하지만 이 이야기에는 도무지 신빙성이 없다. 첫째로 어떤 파티에 술 취한 사람들로부터 충격을 받으려고 개구리들이 잔뜩 기다리고 있었겠는가? 둘째로 곧 설명하겠지만 개구리들이 가장 잘 눈에 띌 만한 계절에는 공기 중에 습기가 많아서, 특히 그리스의 경우 정전기가 그토록 잘 작용하지 않는다. 이 이야기의 사실 여부가 어떻든 부정할 수 없는 것은 호박을 가리키는 그리스어가 오늘날 '전자'를 뜻하는 'electron'이므로 '전기'의 이름을 지은 사람은 바로 그리스인이라는 사실이다. 이 밖에도 그리스인들은 우리 우주의 크고 작은 수많은 것들에 대해서도 많은 이름을 지어주었다.

물리학을 자연철학이라고 불렀던 16~17세기에 유럽의 물리학자들은 원자와 그 성분들에 대해 아무것도 몰랐다. 하지만 그들은 탁월한 관찰자이자 실험가이자 발명가였고 그중 일부는 뛰어난 이론가이기도 했다. 티코 브라헤Tycho Brahe, 갈릴레오 갈릴레이, 요하네스 케플러, 아이작 뉴턴, 르네 데카르트, 블레즈 파스칼, 로버트 훅Robert Hooke, 로버트 보일Robert Boyle, 고트프리트 라이프니츠Gottfried Leibniz, 크리스티안 호이겐스Christiaan Huygens. 이들은 발견하고 책을 쓰고 서로 논쟁하는 과정을 통해 중세의 스콜라철학을 무너뜨렸다.

1730년대에 들어 전기에 대해 여흥을 넘어선 순수한 과학적 연구가 영국과 프랑스는 물론 필라델피아에서도 진행되었다. 이 연구들은 모두 유리막대를 비단에 문지르면 어떤 전하를 띠는데(이것을 A라고 부르자) 호박이나 에보나이트ebonite라고 부르는 단단한 고무를 같은 방법으로 문지르면 다른 종류의 전하를 띤다는(이것을 B라고 부르자) 사실을 밝혀 냈다. 연구자들은 이 두 전하가 서로 다르다는 점을 쉽게 간파할 수 있었다. 왜냐하면 비단에 문지른 2개의 유리막대는 모두 A를 띠는데 보이지는 않지만 분명히 느낄 수 있는 힘에 의해 서로 반발했고, 모두 B를 띠는 물체들도 마찬가지로 서로 반발했지만, A를 띠는 유리막대와 B를 띠는 고무막대를 가까이 하면 반발하지 않고 오히려 서로 끌어당겼기 때문이었다.

물체를 서로 문질렀을 때 전하를 띠는 현상은 참으로 흥미로웠으며 심지어 '문지르다'의 그리스어에서 유래한 '마찰전기효과triboelectric effect'라는 이름까지 얻게 되었다. 그런데 언뜻 생각하면 두 물체 사이의 마찰에 의해 전하가 만들어지는 것 같지만 실제로는 그렇지 않다. 밝혀진 바에 따르면 어떤 물질들은 전하 B를 탐욕스레 모아 가지지만 어떤 물질들은 이를 쉽게 내주면서 전하 A를 띠게 된다. 문지르기는 물체가 서로 접촉하는 것을 도와줌으로써 이와 같은 전하의 이동을 촉진한다. 물질에 따라 이런 능력에 차이가 있는데 그 순서를 차례로 열거한 것을 대전서열triboelectric series이라고 부르며, 인터넷에서 쉽게 찾아볼 수 있다. 이 대전서열에서 멀리 떨어진 물질들일수록 서로 문질렀을 때 전기를 더 쉽게 띤다.

빗을 만드는 데에 흔히 쓰는 플라스틱이나 단단한 고무를 생각해보자. 대전서열을 보면 이것들은 사람의 머리카락에서 멀리 떨어져 있다. 따라서 겨울에 이런 것으로 만들어진 빗으로 머리를 빗으면 머리는 아주 쉽게 곤두서고 불꽃이 튀는데, 내 머리는 특히 그렇다. 내 머리를 아주 세게 빗으면 불꽃이 튀면서 빗과 머리카락 모두가 강하게 대전된다. 그런데 머리카락은 구체적으로 어떤 종류든 모두 같은 종류의 전하를 띠므로 서로 반발한다. 따라서 내가 머리를 빗으면 마치 미친 과학자 같은 모습이 된다. 신발을 질질 끌면서 카펫을 거닐면 신발과 카펫이 어떤 재료로 되어 있는지에 따라 신발과 카펫은 각각 A 또는 B의 전하를 띠게 된다. 또한 가장 가까운 문손잡이를 잡을 때 정전기의 충격을 받으면 문손잡이에서 손으로 어떤 전하가 전해지거나 아니면 손에서 문손잡이로 어떤 전하가 전해진다. 구체적으로 어떤 전하를 주거나 받거나에 상관없이 충격을 받기는 마찬가지다!

미국의 외교관이자 편집자이며 정치가에 정치철학자인 벤저민 프랭클린Benjamin Franklin은 이중초점안경과 물갈퀴와 주행계와 프랭클린난로를 만들어낸 발명가이기도 한데, 그는 스스로 전액電液, electric fluid 또는 전화電火, electric fire라고 부른 것이 모든 물질을 투과한다는 아이디어를 내놓았다. 이를 이용하면 동료 자연철학자들이 실험해서 얻은 결과들이 잘 설명되는 듯했으므로 아주 설득력 있는 이론으로 여겨졌다. 예를 들어 영국의 스티븐 그레이Stephen Gray는 전기가 금속선을 통해 멀리까지 전해질 수 있음을 보였는데, 이에 비춰보면 보이지 않는 액체나 불(방전 때의 스파크는 아닌 게 아니라 불을 닮았다)로 여기는 아이디어는 충분히 그럴싸했던 것이다.

프랭클린은 우리가 이 불을 많이 가지면 양으로 대전되고 적게 가지면 음으로 대전된다고 주장했고, 이를 토대로 양과 음의 부호를 사용하는 규약을 도입했다. 이에 따르면 유리를 양털이나 비단에 문지르면 A 전하를 띠는데, 이는 불을 많이 가진 상태이므로 양이라고 불러야 한다.

프랭클린은 무엇이 전기를 일으키는지는 알지 못했다. 그래서 전액의 아이디어는 결과적으로 틀린 이론이 되기는 했지만, 당시로서는 탁월하고 유용했다. 그는 이 액체를 한 물체에서 다른 물체로 옮기면 과량으로 가진 물체는 양으로 대전되고 그와 동시에 부족하게 된 물체는 음으로 대전된다는 생각을 견지했다. 요컨대 프랭클린은 전하는 만들어지지도 없어지지도 않는다는 전하보존법칙을 발견한 셈이다. 이 때문에 한 물체에 어느 정도의 양전하를 발생시키면 자동적으로 다른 물체에는 같은 정도의 음전하가 발생한다. 따라서 전하의 발생은 제로섬 게임이며, 물리학자들은 이를 가리켜 "전하는 보존된다"라고 말한다.

프랭클린은 오늘날 우리가 이해하는 것과 마찬가지로 양과 양 또는 음과 음처럼 동일한 전하가 함께 있을 때는 서로 밀어내고 양과 음 또는 음과 양처럼 다른 전하가 함께 있을 때는 서로 끌어당긴다고 이해했다. 그의 실험에 따르면 반발력이든 인력이든 물체가 전하를 더 많이 가질수록 그리고 서로 더 가까울수록 강해진다. 또한 그는 그레이와 같은 동시대의 다른 사람들도 밝혀냈듯 어떤 물질들은 전액이나 전하를 잘 전해주지만 다른 어떤 물질들은 그렇지 않다는 사실을 발견했다. 오늘날 우리는 전자를 도체conductor, 후자를 부도체nonconductor 또는 절연체insulator 라고 부른다.

프랭클린이 알아내지 못한 것은 전하가 도대체 무엇으로 이루어져 있는가 하는 것이었다. 만일 불이나 액체가 아니라면 무엇일까? 또한 왜 겨울에만 그토록 많은 듯 보이는 것일까? 최소한 내가 사는 미국의 북동부에서는 겨울이면 도처에서 우리를 놀라게 한다.

전하의 본질을 밝히기 위하여 원자의 내부를 들여다보기 전에 우리는 전기가 프랭클린이 알고 있던 것보다 훨씬 더, 그리고 우리들 대부분이 깨닫고 있는 것보다 훨씬 더 많이 퍼져 있다는 사실을 알 필요가 있다. 전기는 우리가 일상적으로 보는 것들의 대부분을 엮고 있을 뿐 아니라 우리가 보고 알고 다루는 모든 것들을 가능하게 해준다.

우리는 엄청나게 많은, 대략 1천억 개의 뇌세포들 사이를 전하electric charge들이 누비며 돌아다니는 작용이 있어야만 비로소 생각하고 느끼고 의문을 품고 숙고할 수 있다. 또한 신경이 발생시키는 전기 신호가 가슴에 있는 근육들을 복잡하면서도 조화롭게 움직여서 수축시키고 이완시켜야만 숨을 쉴 수 있다. 가장 단순한 예로 가슴 안에 있는 횡격막이 수축하여 아래로 내려가면 가슴의 공간이 커져서 공기가 허파로 빨려 들어가며, 반대로 이완되어 팽창하면서 위로 올라가면 허파 속의 공기가 밖으로 밀려 나간다. 만일 헤아릴 수 없이 많은 작은 전기 신호들이 우리의 몸속으로 끊임없이 전달되지 않는다면 이런 움직임들은 불가능하다. 다시 말해서 우리 몸의 근육은 한 신호에 의해 수축했다가 다른 근육들이 다른 일을 할 때는 수축을 멈추라는 신호에 의해서 이완하는데, 이런 작용은 우리가 살아 있는 한 계속 되풀이된다.

우리의 눈은 망막에 있는 미세한 간상세포와 원추세포가 각각 포착한 명암과 색깔에 의해 자극되어 방출하는 전기 신호가 시신경을 통해 뇌에 전달됨으로써 사물을 보게 된다. 그러면 우리의 뇌는 우리가 과일 진열대를 보는지 마천루를 보는지 판별해낸다. 최근에 나온 하이브리드차들은 전기를 많이 사용하지만 아직도 대부분의 차는 휘발유에 의지한다. 하지만 어쨌든 배터리에서 실린더로 전기가 공급되지 않는다면 휘발유를 쓰는 차도 움직일 수 없다. 이 전기로 분당 수천 번씩 스파크를 일으켜서 휘발유의 폭발을 잘 제어해야 하기 때문이다. 분자는 원자들이 전기적인 힘으로 묶여서 만들어지므로 휘발유의 연소와 같은 화학반응은 전기가 없다면 불가능할 것이다.

전기 덕분에 말은 달리고 개는 헐떡이고 고양이는 몸을 뻗는다. 전기 덕분에 비닐랩은 오그라들고 포장 테이프는 달라붙으며 셀로판 포장은 초콜릿 상자에서 결코 떨어지지 않으려고 한다. 이런 예들은 거의 끝이 없으며, 전기가 없을 경우 과연 무엇이 존재할 수 있을지는 상상할 수가 없을 정도다. 심지어 전기가 없다면 우리는 생각조차 하지 못한다.

이는 우리 몸을 이루는 미시적인 세포들보다 더 작은 것들에 주목할 경우에도 사실이다. 세상의 모든 것들은 원자로 되어 있다. 그리고 전기에 대해 정말로 깊이 이해하려면 원자 안으로 들어가 그 성분들을 보아야 한다. 하지만 이 성분들은 매우 복잡하므로 그 모두를 지금 당장 살펴볼 수는 없다. 따라서 우리가 필요한 성분들만 보기로 하자.

원자는 너무나 작으므로 가장 강력하고 정교한 기기들로만 볼 수 있는데, 주사터널링현미경scanning tunneling microscope, 원자간력현미경atomic force microscope, 투과전자현미경transmission electron microscope 등이 바로 그런 기기들이다. 이 기기들로 얻은 놀라운 영상들은 인터넷에서 찾아 볼 수 있으며, 다음 사이트는 그 한 예다. www.almaden.ibm.com /vis/stm/gallery.html

만일 전 인류의 수와 비슷한 65억 개의 원자를 서로 닿도록 일렬로 배열하면 약 60cm가 된다. 그런데 모든 원자의 중심에 들어 있는 원자핵은 이보다 10만 배쯤 더 작으며 거기에는 양전하를 띤 양성자와 전하를 띠지 않은 중성자가 들어 있다. 중성자는 이름에서 알 수 있듯 전하가 없다. 그리스어로 '첫 번째의 것'이라는 뜻을 가진 양성자의 질량은 중성자와 비슷한데, 구체적으로는 상상할 수 없을 정도로 작은 10억분의 10억분의 10억분의 2kg, 곧 2×10^{-27}kg가량이다. 따라서 어떤 원자들은 양성자와 중성자를 200개 이상 갖고 있기는 하지만 원자핵 안에 이것들이 이토록 많이 들어 있다 하더라도 원자들은 매우 가벼울 수밖에 없다. 또한 원자들의 크기도 극히 작으며 그 지름은 대략 1조분의 1m에 불과하다.

하지만 전기를 이해하는 데에 가장 중요한 것은 양성자가 양전하를 띤다는 사실이다. 이것을 양전하라고 부를 근본적인 이유는 없다. 단순히 프랭클린이 비단에 문지른 유리막대가 띤 전하를 양전하라고 불렀기에 이렇게 되었을 뿐이다.

그런데 사실 이보다 더 중요한 게 있다. 원자에는 이 밖에도 전자가 존재한다고 알려져 있는데, 이것들은 음전하를 띠고 원자핵을 구름처럼 감싸면서 떠돌고 있다. 원자핵과 전자 사이의 거리는 매우 짧지만 원자들의 세계에서는 상당한 거리다. 만일 야구공을 원자핵이라고 본다면 전자들은 이로부터 1km가량 떨어진 곳에서 돌고 있기 때문이다. 따라서 원자의 내부는 거의 텅텅 비어 있는 셈이다.

전자의 음전하는 양성자의 양전하와 부호는 반대이지만 세기는 같다. 따라서 전자와 양성자의 수가 같은 원자들은 전기적으로 중성이다. 만일 중성이 아니면 원자들은 전자가 남거나 모자라게 되며, 이것들은 이온ion이라고 부른다. 제6장에서 이야기했던 플라즈마는 전부 또는 부분적으로 이온화된 기체다. 지구에서 우리가 보는 대부분의 원자와 분자는 전기적으로 중성이다. 실온에서 순수한 물은 1천만 개의 분자마다 1개가량만 이온화되어 있다.

프랭클린이 만든 규약 때문에 우리는 전자가 넘치는 것들은 음으로 대전되어 있고 부족한 것들은 양으로 대전되어 있다고 말한다. 다시 말해서 비단에 문지른 유리막대는 전자를 빼앗기므로 양으로 대전된다. 반대로 호박이나 단단한 고무는 비단에서 전자를 빼앗으므로 음으로 대전된다.

대부분의 금속에서는 많은 수의 전자들이 본래 속해 있던 원자를 벗어나 여러 원자들 사이를 거의 자유롭게 떠돈다. 이 전자들은 양이나 음으로 대전된 외부의 전하들에 특히 민감하여 이런 전하들을 가까이 가져가면 여기에 끌리거나 이로부터 멀어지는 흐름이 생기는데, 이것이 바로 전류다. 전류에 대해서는 이야기할 게 정말 많다. 하지만 우선은 이런 물질들에서는 전하를 띤 입자, 이 경우에는 전자들이 쉽게 움직이므로 이를 도체라고 부른다는 점만 지적해둔다. 이온도 전류를 발생할 수 있지만 고체에서는 그렇지 않으며, 따라서 금속에서도 이온의 전류는 나타나지 않는다.

나는 전자들이 언제라도 양이나 음의 전하에 반응하여 움직이고 놀 수 있도록 준비 태세를 갖추고 있다는 사실에 매료되었다. 부도체의 경우 이런 활동이 거의 없어서 전자들은 그들이 속한 원자들에 사실상 고착되어 있다. 하지만 그렇다고 흔히 보는 고무나 풍선 등의 부도체가 아무런 재미도 없다는 뜻은 전혀 아니다.

여기서 이야기하는 모든 것들은 바람을 불어넣지 않은 풍선으로 실험해볼 수 있다. 다만 얇은 것일수록 좋은데, 바람을 불어넣고 비틀어서 여러 가지 모양을 만들 수 있는 풍선이면 된다. 아마 유리막대를 가진 사람은 거의 없을 텐데, 나는 그 대신 유리병이나 포도주병이나 심지어 전구도 쓸 수 있을 것으로 생각했다. 하지만 나의 이런 노력에도 불구하고 이것들은 도움이 되지 않았다. 따라서 나는 플라스틱이나 단단한 고무로 만든 큰 빗을 권한다. 또한 오래된 넥타이나 스카프에서 얻을 수 있는 비단 조각도 도움이 되는데, 어쩌면 여러분의 사랑하는 연인이 은근히 사달라고 졸랐던 하와이언 셔츠도 좋을 것이다. 나아가 머리카락이 흐트러지는 것을 개의치 않는다면(과학을 위해서는 흔쾌히 그러리라 믿는다), 여러분의 머리카락도 쓸 수 있다. 그리고 종이를 찢어서 작은 조각들로 만들어두는 것도 필요하다. 그 개수는 중요하지 않지만 크기는 작은 동전보다 작아야 한다.

모든 정전기 실험들처럼 여기의 실험들도 습도가 높지 않은 겨울이나 사막의 오후 공기와 같은 조건이 좋다. 왜 그럴까? 이는 공기 자체는 도체가 아니기 때문인데, 실제로 공기는 사뭇 좋은 절연체다. 반면 물은 상당한 수준의 도체이므로 공기의 습도가 높으면 공기도 그에 걸맞은 도체가 된다. 따라서 습도가 높으면 막대나 천이나 풍선이나 머리카락에 전하가 쌓이기보다는 공기 중으로 스멀거리며 빠져나간다. 문손잡이에서 충격을 받는 일이 공기가 아주 건조할 때만 일어나는 것도 바로 이 때문이다.

보이지 않는 유도

준비물들을 모두 갖추고 전기의 경이로움을 체험해보도록 하자. 첫째로 빗으로 머리카락을 세게 빗어서 빗을 대전시킨다. 이때 머리카락은 건조해야 하는데, 이게 곤란하면 비단 천에 문질러도 된다. 대전서열에 따르면 빗은 음전하를 띤다. 이제 잠시 멈추고 이 빗을 종잇조각들에 가까이 가져가면 어떤 일이 일어나며, 왜 그런지 생각해보자. 나는 여러분이 "아무 일도 일어나지 않는다"라고 대답해도 충분히 이해할 수 있다.

그러면 실제로 빗을 종잇조각들 위로 가져가 천천히 내려보자. 놀랍지 않은가? 그리고 다시 해보자. 이 결과는 우연이 아니다. 어떤 조각들은 뛰어올라 빗에 잠시 달라붙었다가 다시 떨어지지만 어떤 것들은 계속 붙어 있을 것이다. 나아가 빗의 높이와 위치를 잘 조절하면 종이가 한쪽 끝은 바닥에 대고 서 있을 뿐 아니라 빙글빙글 춤을 추게 할 수도 있다. 도대체 무슨 일이 벌어지고 있는 것일까? 왜 어떤 종잇조각들은 빗에 달라붙어 있는 반면 다른 어떤 것들은 뛰어올라 접촉했다가 곧바로 다시 떨어질까?

이는 아주 탁월한 질문이며 그 대답도 멋있다. 여기서 벌어진 일은 다음과 같다. 빗의 음전하는 종이의 원자들에 들어 있는 전자를 밀어낸다. 그러면 비록 종이의 전자들은 원자들에 묶여 있기는 하지만 아무래도 조금이나마 원자의 한쪽으로 밀려나게 된다. 이렇게 되면 원자에서 빗에 가까운 쪽은 이전보다 조금이나마 양전하를 띠게 된다. 그 결과 양으로 대전된 쪽은 빗의 음전하에 끌리게 되며, 아주 가벼운 종잇조각은 빗을 향해 뛰어오르기도 한다. 이 설명에 따르면 종잇조각의 한쪽은 양, 다른 한쪽은 음으로 대전되는데, 왜 빗의 음전하에 대한 인력이 반발력보다 더 강할까? 그 이유는 전하들 사이의 정전기적 인력과 반발력은 전하의 세기에 비례하고 전하들 사이의 거리의 제곱에 반비례하기 때문이다. 우리는 이 중요한 관계를 발견한 프랑스의 물리학자 샤를-오귀스탱 드 쿨롱 Charles-Augustin de Coulomb 의 이름을 따서 쿨롱의 법칙 Coulomb's law 이라고 부르는데, 뉴턴이 발견한 만유인력법칙과 놀랍도록 닮았다는 점을 주목하기 바란다. 이러한 그의 공로를 기리기 위하여 전하의 기본 단위를 쿨롱(C)으로 부른다. +1C은 양성자 6×10^{18}개가량의 전하에 해당하며 −1C은 전자 6×10^{18}개가량의 전하에 해당한다.

쿨롱의 법칙에 따르면 양전하와 음전하 사이의 거리가 조금만 달라도 큰 효과가 나타난다. 바꾸어 말하면 가까운 반대 전하와의 인력은 먼 곳의 같은 전하와의 반발력을 압도한다는 뜻이다.

이 현상은 유도 induction 라고 부른다. 우리가 대전된 물체를 종잇조각과 같은 중성의 물체에 가까이 가져갈 때 중성 물체의 가까운 곳에서는 반대 전하가 몰리고 먼 곳에는 같은 전하가 몰리는 편극 polarization 현상이 일어나기 때문이다. 이 작은 시범의 여러 다른 버전들은 다음 사이트에 올려진 MIT 세계MIT World의 '전기와 자기의 신비The Wonders of Electricity and Magnetism'에서 찾아볼 수 있다. http://video.mit.edu/watch/the-wonders-of-electricity-and-magnetism-9964/

그런데 어떤 종잇조각은 그냥 달라붙는 반면 다른 종잇조각은 붙었다가 곧바로 다시 떨어지는 것도 흥미로운 현상이다. 종잇조각이 빗에 닿으면 빗에 있던 과량의 전자 가운데 일부가 종이로 옮겨간다. 이런 현상이 일어나면 빗과 종이 사이의 인력이 아직 남아 있다 하더라도 중력을 이겨내기에 충분하지 못할 수 있으며 그 결과 종이는 다시 떨어지고 만다. 나아가 전하의 이동이 지나치면 전기력이 심지어 반발력으로 바뀔 수도 있으며 이때는 중력과 전기력이 힘을 합쳐 종잇조각을 떨어뜨린다.

이제 풍선을 하나 불고 입구를 묶어서 막은 다음 끝에 실을 매단다. 그리고 집안에서 적당한 장소를 찾아 이 풍선이 자유롭게 흔들리도록 매다는데, 예를 들어 전등 같은 것에 매달면 된다. 또는 풍선의 끈을 식탁 위에 놓고 무거운 것으로 실을 눌러 풍선이 식탁 아래에 매달리도록 해도 된다. 다음으로 빗을 다시 비단이나 머리카락에 세게 문질러 대전시킨다. 이때 세게 문지를수록 더 많이 대전된다는 점을 되새기도록 하자. 대전이 잘 되었다고 여겨지면 빗을 천천히 풍선에 접근시킨다. 풍선에는 과연 무슨 일이 일어날까?

자, 시도해본 결과는 어떤가? 꽤 이상하지 않은가? 풍선은 빗을 향해 움직인다. 종잇조각을 썼을 때와 마찬가지로 풍선에서도 빗에 있는 전하의 유도 작용에 의해 전하의 분리가 일어난다. 그런데 빗을 다시 멀리 옮기면 어떻게 될까? 그리고 왜 그럴까? 여러분은 직관적으로 풍선이

다시 수직의 위치로 돌아간 것을 알아챈다. 그리고 이번에는 그 이유를 이해한다. 외부의 영향력이 사라지면 빗에서 먼 쪽으로 쏠렸던 전자들이 더 이상 그곳에 머물러 있을 필요가 없다. 종잇조각과 풍선과 빗을 이용한 이 작은 실험으로부터 우리가 어떤 결론들을 이끌어낼 수 있는지 다시 생각해보도록 하자.

이제 풍선을 몇 개 더 분다. 그런데 그중 하나로 여러분의 머리카락을 세게 문지르면 어떻게 될까? 그렇다. 머리카락은 이상한 현상을 보인다. 왜 그럴까? 대전서열에 따르면 사람의 머리카락은 양전하 쪽의 끝 부분에 치우쳐 있는 반면 고무풍선은 음전하 쪽의 사뭇 먼 곳에 있다. 따라서 풍선은 머리카락에서 많은 전자를 빼앗아 머리카락을 양전하로 대전시킨다. 그러면 모두 양전하로 대전된 머리카락들은 서로 멀어지려고 할 것은 당연한데 그 결과는 어떻게 나타날까? 머리카락들은 될 수 있는 한 서로 멀어지려고 노력한 결과 길게 수직으로 뻗치면서 방사상으로 펼쳐진다. 이 현상은 겨울에 모직물로 된 모자를 벗을 때도 일어난다. 이때 모자가 머리카락을 문지르면서 많은 전자를 빼앗아 가며, 그 결과 머리카락들이 양전하로 대전되면서 방사상으로 뻗치게 되는 것이다.

풍선으로 돌아가자. 위에서는 머리카락으로 문질렀지만 폴리에스테르 셔츠에 문지르면 더 좋을 수도 있다. 아마 여러분은 내가 무엇을 제안하려는지 간파했을 것이다. 이 풍선을 친구의 셔츠나 벽에 갖다대면 달라붙는다. 왜 그럴까? 풍선을 문지르면 대전이 되기 때문이다. 이 풍선을 벽에 갖다대면 그다지 좋은 도체라고 할 수 없는 벽에 있는 원자들을 공전하는 전자들은 풍선의 음전하에 의해 반발력을 받으므로 풍선으로부터 가까운 곳에서보다 먼 곳에서 아주 조금이나마 더 많은 시간을 보낸다. 이때도 유도 현상이 일어나는 것이다!

다시 말해서 풍선이 닿는 바로 그 부근 벽의 표면은 양전하가 약간 많아지므로 음으로 대전된 풍선이 끌리게 된다. 알고 보면 이는 놀라운 결과다. 왜 양과 음의 두 전하는 그냥 서로 이동하여 중화되지 않을까? 그럴 경우 풍선은 그냥 떨어지고 말 텐데……. 이것은 아주 좋은 질문이다. 우선 풍선은 마찰에 의해 약간 과량의 전자를 갖게 된다. 그런데 고무와 같은 부도체에 옮겨진 전자는 도체에서처럼 쉽게 움직이지 못하므로 잠시 그대로 머물게 된다.

나아가 이때 우리는 풍선을 벽에 문지르지 않는다. 만일 문지르면 많은 접촉이 일어나 풍선의 전자들이 벽으로 옮겨가겠지만 문지르지 않으므로 인력을 발휘하여 그냥 붙어 있기만 한다. 물론 이렇게 붙어 있는 데에는 마찰력도 작용한다. 제3장에서 보았던 로터라는 놀이기구를 생각해보자. 거기서 원심력이 했던 일을 여기서는 전기력이 하고 있는 것이다. 하지만 시간이 지남에 따라 풍선의 전하는 차츰 사라지며 결국 풍선은 벽에서 떨어지는데, 전하가 사라지는 주된 원인은 공기 중의 습기 때문이다. 만일 풍선이 처음부터 벽에 달라붙지 않는다면 벽보다 좋은 전도체 역할을 하는 습기가 공기 중에 많거나 풍선이 너무 무거워서 그럴 수도 있는데, 이 때문에 실험을 할 때 풍선은 될 수 있으면 가벼운 게 좋다.

나는 나의 공개 강연에 오는 어린이들에게 잘 달라붙는 동그란 풍선을 갖고 있다. 이미 여러 해 동안 나는 어린이들의 생일파티에서 이 놀이를 해왔는데 여러분도 한껏 즐겨보기 바란다!

유도는 도체와 부도체 등 모든 종류의 물질들에서 일어난다. 따라서 가게에서 살 수 있는 헬륨이 채워진 마일라Mylar 풍선(알루미늄 풍선이라고도 함)으로도 빗을 이용하는 위의 실험을 할 수 있다. 마일라 풍선은 도체이며 따라서 대전된 빗을 가까이 가져오면 풍선에 있는 자유전자들은 빗에 대전된 음전하에 밀려 멀리 달아나고 빗과 가까운 곳에는 양전하가 남아 있어서 빗과 풍선은 서로 달라붙는다.

고무풍선은 머리카락이나 셔츠로 대전시킬 수 있기는 하지만 사실 고무는 이상적인 절연체여서 전선의 피복제로 많이 쓰인다. 피복제의 고무는 전하가 전선으로부터 습기 찬 공기로 새나가는 것을 막아주고 가까운 물체로 스파크를 일으키며 튀어나가는 것을 방지한다. 집안의 벽처럼 화재가 발생할 수 있는 곳들에서 스파크가 번쩍거리는 것을 좋아할 사람은 당연히 아무도 없을 것이다. 고무는 이런 환경에서 우리를 전기로부터 보호해줄 수 있고 실제로 보호해준다.

하지만 고무라도 가장 강력한 정전기, 곧 번개까지 차단하지는 못한다. 그런데도 어떤 사람들은 여전히 바닥이 고무인 운동화나 타이어가 번개로부터 우리를 보호해줄 수 있다는 잘못된 신화를 퍼뜨리고 있다. 나는 왜 이런 생각이 통용되는지 잘 모르겠지만 아무튼 여러분은 즉각 이를 떨쳐버리기 바란다! 번개는 너무나 강력하므로 약간의 고무 같은 것은 아무런 장애도 되지 않는다. 어쩌면 번개가 차에 내리꽂힐 경우에는 조금 안전할 수도 있지만(실제로는 이 역시 그렇지도 않겠지만), 설령 그렇더라도 고무 타이어와는 아무 상관이 없다. 이에 대해서는 잠시 뒤에 더 살펴볼 것이다.

전 기 장 과   스 파 크

나는 앞서 번개가 그냥 큰 스파크일 뿐이라고 말했다. 물론 복잡한 스파크이기는 하지만, 아무튼 스파크의 일종이다. 그런데 여러분은 왜 번개가 스파크냐고 물을 수 있다. 좋다! 스파크를 이해하려면 전하에 대해 아주 중요한 것을 이해할 필요가 있다. 전하는 보이지 않는 전기장electric field을 만들어내는데, 이는 모든 질량이 보이지 않는 중력장을 만들어내는 것과 같다. 우리는 반대로 대전된 두 물체를 가까이 가져가면 인력이 나타난다는 점으로 전기장을 감지할 수 있다. 또한 같은 전하로 대전된 경우 척력이 나타난다는 점으로도 그렇다. 이 두 경우 우리는 물체들 사이의 전기장이 발휘하는 효과를 보고 있는 것이다.

전기장의 세기는 1m당 볼트(V)volt로 측정한다. 사실 미터당 1m당 볼트는 고사하고 볼트만 설명하는 것도 그다지 쉽지 않다. 하지만 시도는 해보기로 하겠다. 어떤 물체의 전압voltage은 전위electric potential 라고 부르는 것의 척도인데, 일찍이 과학자들은 지구의 전위를 0으로 정했다. 따라서 지구는 0V(볼트)다. 한편 양으로 대전된 물체는 양의 값을 갖는데, 이는 우리가 한 단위의 양전하, 곧 양성자 6×10^{18}개가 모여서 이루는 1C(쿨롱)의 전하를 지구로부터 그 물체까지 가져가는 데에 필요한 에너지로 정의된다. 이때 지구뿐 아니라 지구에 연결된 도체로부터, 예를 들어 집안의 수도꼭지와 같은 것들로부터 그 물체까지 가져가는 데에 필요한 에너지라도 마찬가지다. 이 경우 왜 우리는 에너지를 투입해야 할까? 그 이유는 물체가 양으로 대전되었다고 말했으므로 양전하를 거기에 가까이 가져가려면 에너지를 투입해야 하기 때문이다. 다시 말해서 이 경우 우리는 양전하들 사이의 반발력을 이겨내기 위해 에너지를 동원해야 하기 때문인데, 이처럼 에너지를 투입하는 것을 물리에서는 일을 한다고 표현한다. 에너지의 단위는 줄(J)joule이며, 그 정의는 제9장에서 이야기할 것이다. 그러므로 우리가 이때 1J의 에너지를 투입해야 한다면 이 물체의 전압은 +1V다. 마찬가지로 1,000J의 에너지를 투입해야 한다면 이에 대응하는 전압은 +1,000V다.

물체가 음으로 대전되어 있다면 어떨까? 그럴 경우의 전위는 음이며, 이는 우리가 한 단위의 음전하, 곧 전자 6×10^{18}개가 모여서 이루는 1C의 전하를 지구로부터 그 물체까지 가져가는 데에 필요한 에너지로 정의된다. 만일 투입된 에너지가 150J이라면 그 물체의 전압은 −150V다.

그러므로 V는 전위의 단위다. 그 이름은 1800년에 오늘날 우리가 배터리라고 부르는 전지를 처음으로 개발한 이탈리아의 물리학자 알레산드로 볼타Alessandro Volta에서 따왔다. V는 에너지의 단위가 아니라는 점에 유의하기 바란다. 이는 단위 전하당의 에너지, 곧 'J/C'에 대한 단위다.

전류는 전위가 높은 곳에서 낮은 곳으로 흐른다. 전류의 세기는 전위의 차이와 두 물체 사이의 저항에 달려 있다. 절연체는 저항이 아주 높고 금속과 같은 도체는 저항이 낮다. 전위의 차이, 곧 전압의 차이가 클수록 그리고 저항이 작을수록 전류는 커진다. 벽의 콘센트에 뚫린 두 작은 구멍 속에 연결된 전선들 사이의 전압 차는 미국에서는 120V지만 유럽과 한국에서는 220V다. 다만 가정에서 쓰는 전기는 모두 교류인데, 이에 대해서는 다음 장에서 살펴보기로 하자. 전류의 단위는 프랑스의 수학자이자 물리학자인 앙드레-마리 앙페르Andre-Marie Ampere의 이름에서 따와 암페어ampere, A로 나타낸다. 전류가 1A(암페어)라 함은 도체의 어느 단면에서나 초당 1C의 전하가 지나간다는 뜻이다.

　스파크는 무엇인가? 이를 어떻게 설명할 것인가? 신발을 신고 카펫 위를 많이 걸으면 여러분과 땅 사이에 때로 3만V에 이르는 높은 전압 차가 발생한다. 이때 문손잡이와의 거리가 6m라고 하자. 그러면 1m당 볼트(V)는 5,000이 되며 이것이 바로 전기장의 세기다. 그런데 문손잡이로 가까이 가면 여러분과 문손잡이 사이의 전압 차는 변하지 않지만 거리가 줄어들므로 전기장의 세기는 커진다. 이렇게 계속 진행하여 문손잡이에 1cm까지 다가서면 1cm당 3만V가 되는데, 바꿔 말하면 이는 1m당 300만V라는 엄청난 값이 된다.

　1기압의 건조한 공기 속에서 전기장이 이처럼 강해지면 전기적 절연이 깨져서 방전이 일어난다. 그러면 전자는 자발적으로 1cm의 간격을 뛰어넘어 흐르며 그 와중에 공기 속의 분자들이 이온화된다. 그러면 이 이온들 때문에 더욱 많은 전자들이 흐르게 되고, 결국 눈사태처럼 쏟아지면서 스파크가 튀게 된다! 따라서 여러분의 손이 문손잡이에 닿기 전에 이 스파크에 의해 전류가 강하게 흐르며, 보나마나 여러분은 움찔하면서 이전에 똑같은 짜릿한 경험을 했던 순간을 되새기게 된다. 스파크로부터 느끼는 통증은 전류가 신경을 재빨리 불쾌하게 수축시키기 때문에 나타난다.

　이런 충격을 받을 때 딱딱거리며 나는 소리는 어떻게 된 것일까? 이에 대한 설명도 쉽다. 스파크를 통해 흐르는 전류는 공기를 순간적으로 아주 높은 온도로 가열하며, 이로 인해 음파가 만들어지고, 이 소리를 우리가 듣게 되는 것이다. 스파크는 또한 빛도 발생한다. 낮 동안에는 이 빛을 보기 어렵지만, 때로는 볼 수도 있다. 스파크에 의해 불꽃이 튀는 현상은 설명하기가 조금 어렵다. 앞서 스파크가 일어나면 공기 중의 분자들이 이온화된다고 했는데, 그때 떨어져나간 전자들이 다시 결합하면서 내놓는 에너지가 빛으로 방출되는 게 바로 이 불꽃이다. 아주 건조한 날 빗으로 머리를 빗더라도 어두운 밤에 거울 앞이 아니라면 스파크에서 일어나는 불꽃을 보기는 어렵겠지만, 딱딱거리는 소리는 쉽게 들을 수 있을 것이다.

생각해보자. 그냥 머리를 빗거나 폴리에스테르 셔츠를 벗기만 해도, 머리카락의 끝과 셔츠의 표면에 1m당 약 300만V의 전기장이 만들어진다. 그래서 문손잡이에 손을 내밀어 예를 들어 3mm까지 접근했을 때 스파크를 느꼈다면 전압 차는 1만V 가량이다.

이 정도의 수치면 아주 큰 것 같지만 정전기는 대부분 전혀 위험하지 않다. 그 이유는 전압은 아주 높지만 단위 시간당 흐르는 전하의 수를 뜻하는 전류는 대개 아주 작기 때문이다. 작은 충격을 꺼려하지 않는다면 여러분은 이런 충격들을 즐겁게 실험하면서 이에 관한 물리도 공부할 수 있다. 다만 집에 있는 콘센트에는 어떤 금속도 결코 대지 말아야 한다. 이는 정말로 매우 위험한 일이어서 목숨까지 잃을 수 있다.

이제 여러분의 피부를 폴리에스테르와 마찰시켜 충전시키자. 이때 바닥이 고무로 된 신발이나 샌들을 신어서 전하가 바닥으로 흘러나가지 않도록 해야 한다. 그런 다음 전등을 끄고 손가락을 천천히 금속으로 된 문손잡이에 가까이 가져가보자. 그러면 손가락이 문손잡이에 닿기 전에 공기를 가로질러 발생하는 스파크를 볼 수 있을 것이다. 충전을 많이 시킬수록 손가락과 문손잡이 사이의 전압 차도 커지며, 스파크와 소음도 더욱 커진다.

내 학생들 가운데 한 사람은 자신은 그럴 뜻이 없었지만 항상 충전을 하곤 했다. 그는 겨울에만 입는 폴리에스테르 가운이 있었는데 이는 잘못된 선택이었다. 이것을 벗을 때마다 충전이 되어서 침대의 등을 끄려 할 때면 충격을 받았기 때문이었다. 알고 보니 사람의 피부는 대전서열에서 양으로 가장 충전이 잘되는 물질의 하나인 반면, 폴리에스테르는 음으로 가장 충전이 잘되는 것의 하나였다. 그러므로 어두운 방의 거울 앞에서 스파크가 튀는 것을 보고 싶다면 폴리에스테르 셔츠를 입는 게 가장 좋다. 반대의 경우라면 폴리에스테르 가운은 피해야 하겠지만.

아주 재미있고도 사뭇 극적으로 사람을 충전시키는 방법을 보여주기 위해 나는 폴리에스테르 겉옷을 입은 학생을 선발하여 강의실 앞에 놓은 플라스틱 의자에 앉도록 한다. 플라스틱은 아주 훌륭한 절연체다. 그리고 바닥과 절연하기 위해 유리판 위에 올라선 나는 고양이털로 학생을 때리기 시작한다. 다른 학생들은 이를 보고 크게 웃는데 그 와중에 고양이털로 때리기는 약 30초 동안 계속된다. 전하는 보존되어야 하므로 학생과 나는 반대로 충전되며 우리 둘 사이의 전압은 갈수록 높아진다. 나는 손으로 네온 플래시 튜브의 한쪽 끝을 쥐고 있다는 사실을 학생들에게 알려준다. 그런 다음 나는 강의실의 불을 끄고 깜깜한 암흑 속에서 튜브의 다른 쪽 끝을 학생에게 갖다댄다. 그러면 플래시가 번쩍 하면서 우리 둘 모두 전기 충격을 느낀다! 나와 학생 사이의 전압은 적어도 3만V에 이르는데, 전류는 네온 플래시 튜브를 지나면서 나와 학생에 충전된 전하들을 모두 방전한다. 이 실험은 아주 효과적이면서도 매우 즐겁다. 여

러분은 유튜브의 아래 사이트에서 '교수가 학생을 때리다'라는 제목으로 올려진 이 대목을 감상할 수 있다. www.youtube.com/watch?v=P4XZ-

전위의 신비를 더 파헤치기 위해 나는 반데그라프발전기 Van de Graaff Generator 라고 부르는 놀라운 장치를 사용한다. 이것은 원통 기둥 위에 금속 구가 올려진 단순한 모습을 하고 있지만 엄청난 전압을 발생하는 교묘한 기계다. 내 강의실에 있는 것은 약 30만V까지 올라가지만 이보다 훨씬 높이 올릴 수 있는 것들도 많다. 나의 전자기학 강좌 8.02의 첫 여섯 강의를 보면 여러분은 내가 이 장치를 이용한 재미있는 시범들을 즐길 수 있다.

여러분은 반데그라프발전기의 큰 돔과 땅에 놓여 접지된 작은 공 사이에서 일어나는 엄청난 스파크를 통해 내가 일으키는 전기장의 붕괴를 감상하게 된다. 또한 형광등을 전기장의 방향으로 놓으면 형광등이 켜지는 것을 통해 이 전기장을 볼 수 있다. 하지만 형광등을 돌려 전기장에 수직이 되게 하면 꺼진다. 나아가 깜깜한 암흑 속에서 형광등의 한쪽을 땅에 가볍게 대면 땅과 전기회로가 형성되어 불빛은 더욱 강하게 타오른다. 이때의 충격은 사실 꽤 크므로 나는 약간 비명을 지르는데 다행히 전혀 위험하지는 않다. 만일 나의 학생들과 마찬가지로 정말 놀라운 광경을 보고자 한다면 강의 6의 막바지에서 늪 가스를 시험하는 나폴레옹의 충격적인 방법에 대한 나의 시범을 다음 사이트의 동영상으로 감상하기 바란다. http://ocw.mit.edu/courses/physics/8-02-electricity-and-magnetism-spring-2002/video-lectures/lecture-6-high-voltage-breakdown-and-lightning/

다행히 전압이 높은 것만으로는 죽지 않을 뿐 아니라 다치지도 않는다. 중요한 것은 몸을 통과하는 전류다. 전류는 앞서 말했다시피 단위 시간당의 전하이고 A(암페어)로 나타낸다. 사람을 해치거나 죽이는 데에 중요한 것은 전류이며 특히 연속적으로 이어질 때 위험하다. 왜 전류가 위험할까? 가장 간단히 말하면 몸을 통과하는 전하는 근육을 수축시키기 때문이다. 극히 낮은 수준에서 전류는 근육을 급격히 수축시키는데 이는 생명을 구하는 데에 필수적이다. 하지만 높은 수준의 전류는 근육과 신경을 고통스럽고 제어할 수 없을 정도로 크게 수축시키며 비튼다. 그리고 더 높은 수준에서는 심장의 박동을 멈추게 한다.

이 때문에 전기는 역사의 어두운 쪽에서 사람을 고문하는 데에 쓰였다. 전기는 견딜 수 없는 고통을 일으키며 특히 전기의자에서는 죽을 수도 있다. 〈슬럼독 밀리어네어 Slumdog Millionaire〉라는 영화를 보았다면 여러분은 경찰서에서 벌어지는 끔찍한 고문 장면을 기억할 것이다. 거기서 잔인한 경찰은 젊은 자말 Jamal에게 전극을 연결하여 그의 몸이 격렬히 뒤틀리게 한다.

낮은 수준의 전류는 건강에 이로울 수도 있다. 등이나 어깨에 물리치료를 받아본 적이 있다면 여러분은 치료사들이 스팀 stim이라고 줄여 부르는 전기자극이 어떤 것인지 경험한 셈이다. 치료사는 전원에 연결된 도체로 된 패드를 불편한 근육에 붙이고 전류를 천천히 올린다. 그러면 여러분 자신은 가만히 있는데도 불구하고 근육이 수축했다 이완하는 동안 기이한 느낌을 받게 된다.

전기는 또한 더욱 극적인 치료 기법으로 쓰인다. 여러분은 모두 TV에서 제세동기 defibrillator라고 부르는 전기 패드로 심장에 고통을 느끼는 환자의 심장 박동을 제어하려는 장면을 보았을 것이다. 사실 나도 작년에 심장이 멈춰서 수술을 받았는데, 그 과정의 어느 대목에서 의사들은 나의 심장이 다시 뛰도록 제세동기를 사용했으며 그 노력은 성공했다! 제세동기가 없었다면 이 책은 결코 빛을 보지 못했을 것이다.

어느 정도의 전류가 치명적인지에 대한 정확한 값은 잘 모른다. 그 이유는 그토록 위험한 수준에서 행해진 실험은 많지 않기 때문이다. 또한 전류가 몸의 어느 부위를 지나는지, 예를 들어 손과 심장과 뇌 가운데 어디를 지나는지에 따라 차이가 크다는 이유도 있다. 손의 경우 화상으로 끝날 수도 있다. 하지만 심장의 경우 0.1A(암페어) 이상이라면 1초가 못되더라도 치명적일 수 있다는 것에 견해가 거의 일치한다. 전기의자는 작동 범위는 다양하지만 대략 2,000V와 5~12A가량이다.

여러분이 어린 시절 토스터에서 구운 빵을 꺼낼 때 감전되지 않도록 포크나 나이프를 쓰지 말라는 주의를 받았던 게 기억나는가? 그런데 이게 정말 옳을까? 나는 우리 집에 있는 세 가지 전기 제품의 규격을 살펴보았는데, 라디오는 0.5A이고 토스터와 커피머신은 모두 7A였다. 이런 표시는 대부분의 기기에서 찾아볼 수 있다. 어떤 기기에는 전류 값이 나와 있지 않지만 와트watt로 표시된 전력을 전압으로 나누어 구할 수 있으며, 한국의 경우 220V, 미국의 경우 120V로 나누면 된다. 우리 집에 있는 회로차단기의 전류 한계 용량은 대부분 15~20A로 나와 있었다. 그런데 전기 기구가 1A를 쓰든 10A를 쓰든 상관없이 정말로 중요한 일은 예기치 않게 합선이 일어나지 않도록 하려는 것이다. 특히 금속제 물건으로 가정의 전선을 접촉하지 말아야 한다. 만일 샤워를 한 뒤 얼마 지나지 않아 이런 일이 일어나면 죽을 수도 있다. 그렇다면 이런 모든 정보들의 요점은 무엇일까? 간단히 말하자면 토스터를 전원에 꽂은 채 그 안에 나이프를 넣지 말라는 어머니의 말씀은 옳다는 것이다. 전기 기구를 수리하고자 한다면 어느 것이든 먼저 플러그부터 뽑아야 한다. 전류는 매우 위험할 수 있다는 사실을 결코 잊지 말기 바란다.

거룩한 스파크

가장 위험한 종류의 전류는 물론 번개다. 이는 또한 가장 경이로운 전기 현상이기도 하다. 번개는 강력하고 완전히 예측 불능이며 매우 신비로우면서도 많은 오해를 받고 있다. 그리스에서 마야의 신화에 이르기까지 번개는 성스런 존재들의 상징이나 무서운 무기로 여겨져왔지만 이는 그다지 놀라운 일은 아니다. 평균적으로 지구에서는 뇌우가 해마다 1,600만 번이나 몰아치며, 따라서 매일 4만 3천 번, 매 시간 1,800번이나 발생한다. 그런데 이때 매초 약 100번의 번개가 발생하므로 번개는 지구 전체에 걸쳐 매일 800만 번이 넘도록 내려치는 셈이다.

번개는 뇌운이 충전되어 일어난다. 대개 뇌우의 위쪽은 양, 아래쪽은 음으로 대전되는데, 그 이유는 아직도 밝혀지지 않았다. 믿거나 말거나 대기물리학에는 우리가 지금도 배우고 있는 것들이 아주 많다. 따라서 당분간은 간단히 뇌운에서 땅에 가까운 부분이 음으로 대전되어 있다고 간주한다. 그러면 유도 작용에 의해 뇌운에 가까운 땅은 양으로 대전되며, 그 결과 땅과 뇌운 사이에는 전기장이 만들어진다.

번개의 발생에 대한 과학은 사뭇 복잡한데, 핵심은 구름과 땅 사이의 전압이 수천만 볼트에 이르면 전기적 절연이 깨지면서 불꽃이 튄다는 데에 있다. 한편 우리는 번개가 구름에서 땅으로 내려친다고 여기지만 실제로는 구름에서 땅으로는 물론 땅에서 구름으로 치기도 한다. 평균적인 번개에서 흐르는 전류는 5만A 가량이지만 수십만 A에 이를 수도 있다. 또한 평균적으로 번개가 쏟아내는 최대 전력은 1조W 정도이지만 지속 시간은 겨우 몇 십 마이크로초에 불과하다. 따라서 번개 하나당의 에너지가 몇 억 줄을 넘는 경우는 드물다. 이 정도의 에너지라면 100W 전구를 한 달가량 켤 수 있다. 그러나 번개의 에너지를 모으는 것은 실용적이지도 않고 유용하지도 않다.

대부분의 사람들은 번개의 불빛과 천둥이 전해오는 시간의 차이를 이용하여 번개가 친 곳까지의 거리를 계산할 수 있다는 사실을 알고 있다. 그런데 그 배경을 통해 여기에 강력한 힘들이 작용한다는 점을 어렴풋이 깨달을 수 있다. 언젠가 한 학생은 천둥에 대해 다음과 같은 설명을 내놓았다. 번개가 일어나면 압력이 낮아지는 영역이 생기고 그곳으로 사방에서 공기가 밀려와 부딪치기 때문에 천둥소리가 난다는 것이었다. 하지만 실제는 이와 거의 정반대다. 번개가 방출하는 에너지 때문에 그곳은 온도는 태양 표면보다 3배가 넘는 섭씨 약 2만°C까지 올라간다. 이처럼 초고온으로 가열된 공기는 강력한 압력의 파동을 일으켜 주변의 차가운 공기를 몰아친다. 그러면 이로부터 음파가 발생하여 공기를 타고 퍼져간다. 음파는 공기 중에서 1km를 약 3초에 주파하므로 번개를 본 뒤 바로 시작하여 천둥소리가 들릴 때까지의 시간을 재면 그곳까지의 거리를 쉽게 알아낼 수 있다.

번개가 공기를 이토록 극적으로 가열한다는 사실은 여러분이 뇌우에서 경험했을지도 모르는 다른 현상도 설명해준다. 여러분은 혹시 뇌우가 그친 다음 교외에서 마치 뇌우가 공기를 깨끗이 씻어낸 것처럼 여겨지게 하는 상쾌한 느낌의 독특한 냄새를 맡은 적이 있는가? 도시에서는 언제나 차들이 많은 배기가스를 뿜어내므로 이 냄새를 맡기가 어렵다. 만일 그런 경험이 없다면 다음에 뇌우가 그쳤을 때 교외에 나가 살펴보기 바란다. 그런데 설령 이를 경험했다 하더라도 그게 오존, 곧 산소 원자 3개가 모여서 만들어진 분자의 냄새라는 사실을 아는 사람은 많지 않을 것이다. 보통의 산소 분자는 산소 원자 2개가 모여서 만들어지므로 O_2라고 쓰며 냄새가 없다. 하지만 번개의 엄청난 열에 노출되면 이것들이 쪼개지는데, 물론 모두는 아니지만 어느 정도의 효과를 나타내기에 충분할 정도로 분해된다. 이렇게 만들어진 산소 원자들은 불안정하므로 주변에 있는 보통의 산소 분자들에 달라붙어 O_3로 나타내는 오존 분자를 만든다.

오존은 소량일 때는 냄새가 좋지만 농도가 높아지면 조금씩 불쾌해진다. 때로 오존은 높은 전압의 송전선 아래에서 발견된다. 송전선에서 나는 "웅~" 소리는 대개 거기서 코로나방전corona discharge이라고 부르는 스파크가 일어난다는 뜻이며, 이 과정에서 약간의 오존이 만들어진다. 만일 공기가 잠잠하다면 고압선 아래에서 그 냄새를 맡을 수 있다.

바닥이 고무인 운동화를 신으면 번개를 맞더라도 괜찮다는 생각을 다시 살펴보자. 5만~10만A의 전류를 가진 번개는 공기를 태양 표면의 온도보다 3배가 넘도록 가열할 수 있다. 따라서 그런 운동화와 상관없이 엄청난 전기 충격으로 사람을 몸부림치게 하고 바삭바삭 태워버릴 것이며 나아가 몸 안의 모든 수분을 즉각 초고온의 증기로 바꾸어 폭발시켜버릴 것이다. 실제로 이런 일은 나무에서 일어나며, 그에 따라 나무의 수액이 폭발하여 껍질을 온통 날려버린다. 약 25kg의 다이너마이트와 맞먹는 1억 J의 에너지는 결코 작은 게 아니다.

 차 안에 있으면 고무 타이어 때문에 번개가 치더라도 안전하다는 이야기는 또 어떨까? 어쩌면 안전할 수도 있다. 하지만 그렇다는 보장은 결코 없으며, 안전하다 하더라도 이유는 전혀 다른 데에 있다. 도체에서는 전류가 표면을 따라 흐르는 표피효과 skin effect 라는 게 있는데, 차는 일종의 금속 상자이므로 차 안에 있으면 좋은 도체의 내부에 있는 셈이 되기 때문이다. 이때 심지어 대시보드에 있는 통풍구의 내부를 만져도 다치지 않을 수도 있다. 하지만 이런 시도는 하지 말기를 강력히 권한다. 오늘날 많은 차들은 유리섬유로 된 부분들이 많은데, 유리섬유에는 표피효과가 없기 때문이다. 다시 말해서 번개가 여러분의 차에 내리꽂히면 여러분과 여러분의 차 모두가 매우 괴로운 처지에 놓일 수 있다. 번개가 차를 덮치는 광경의 동영상과 번개를 맞은 밴의 모습을 담은 사진을 다음의 두 사이트에서 살펴보면 이는 결코 장난삼아 할 짓이 아니라는 사실을 명확히 깨닫게 될 것이다.

 우리 모두에게 다행하게도 비행기의 경우 상황은 아주 다르다. 평균적으로 비행기들은 매년 한 번 이상 번개를 맞는다. 하지만 표피효과 때문에 별 탈 없이 살아남는다. 이에 대해서는 다음 동영상을 참조하기 바란다. www.youtube.com/watch?v=O36hpBvjoQw

 번개와 관련하여 시도하지 말아야 할 또 다른 것은 바로 벤저민 프랭클린이 했던 유명한 실험, 곧 뇌우가 몰아치는 중에 열쇠를 매단 연을 날리는 일이다. 프랭클린은 뇌운이 전하를 만든다는 가설을 확인하려 했다고 전해진다. 그는 번개가 정말로 전기의 근원이라면 비로 연줄이 젖을 경우 전기의 좋은 도체가 되므로 번개는 연줄의 끝에 매단 열쇠까지 줄을 타고 내려올 것이라고 추론했다. 물론 이때 그는 '도체'라는 말을 쓰지는 않았다. 하지만 아무튼 그는 손가락을 열쇠 가까이 가져간다면 충격을 느낄 것이다. 그런데 뉴턴이 나중에야 사과가 땅에 떨어지는 것을 보고 영감을 얻었다고 주장했다는 이야기처럼 프랭클린이 실제로 이 실험을 했다는 당시의 증거는 없다. 이 이야기는 그가 영국왕립학회에 보낸 편지에 담긴 설명과 그의 친구이자 산소의 발견자인 조셉 프리스틀리 Joseph Priestley 가 15년이 지난 뒤에 쓴 편지에 나올 뿐이다.

프랭클린이 이 실험을 했든 하지 않았든, 너무나 위험해서 실제로 했다면 아마 거의 죽었겠지만, 그는 건물이나 탑의 꼭대기에 기다란 철 막대를 설치하여 번개를 땅에까지 끌어올 다른 실험에 대한 구상을 출판했다. 몇 년 뒤 프랭클린을 만나고 그의 제안을 프랑스어로 번역했던 토머스-프랑수아 달리바르 Thomas-François Dalibard 는 이를 약간 바꾼 실험을 했는데, 어찌 되었든 살아남아 이에 대한 이야기를 전할 수 있었다. 그는 하늘을 향해 12m의 철 막대를 설치했으며 땅에 닿게 하지 않은 아래쪽의 끝에서 스파크가 일어나는 것을 관찰했다.

한편 에스토니아에서 태어나 당시에는 러시아의 상트페테르부르크의 과학아카데미 회원이었던 게오르크 빌헬름 리치만 Georg Wilhelm Richmann 교수는 전기 현상에 대해 많은 연구를 했는데 달리바르의 실험에서 자극을 받아 자신도 이런 실험을 시도해보기로 했다. 마이클 브라이언 쉬퍼 Michael Brian Schiffer 의 탁월한 저서《번개 끌어내리기: 계몽시대의 벤저민 프랭클린과 전기 기술 Draw the Lightning Down: Benjamin Franklin and Electrical Technology in the Age of Enlightenment》에 따르면 리치만은 그의 집 지붕에 철 막대를 설치하고 이 막대에서부터 1층의 실험실에 마련된 전기 측정 장치까지 놋쇠 사슬로 연결했다고 한다.

운인지 운명인지 모르겠지만 1753년 8월 과학아카데미의 회의가 열리던 중에 뇌우가 몰아쳤다. 리치만은 자신의 새 책에 넣을 그림을 그리던 삽화가와 함께 급히 자신의 집으로 갔다. 그리고 리치만이 측정 장치를 관찰하고 있는 중에 번개가 내리쳤으며 막대와 사슬을 타고 내려와 30cm쯤 떨어진 리치만의 머리로 튀었다. 리치만은 그 충격으로 방을 가로질러 내동댕이쳐지면서 죽었고 함께 있던 삽화가도 감전되어 의식을 잃었다. 이 장면에 대한 몇몇 그림들을 인터넷에서 찾을 수 있는데 이것이 그 삽화가가 그린 것인지는 분명하지 않다.

프랭클린도 비슷한 장치를 발명하려던 참이었다. 하지만 이것은 접지가 된 것이었고 오늘날 피뢰침으로 알려져 있다. 이는 번개를 땅으로 끌어내리는 데에는 잘 작용하지만 그 이유는 프랭클린이 생각했던 것과 다르다. 그는 피뢰침이 대전된 구름과 건물 사이에서 계속 방전을 일으켜 전압의 차이를 줄임으로써 번개의 위험을 없앤다고 추론했다. 그는 이와 같은 자신의 생각을 철석같이 믿은 나머지 영국 왕 조지 2세에게 왕궁과 탄약고에 뾰족한 막대기들을 설치하도록 조언했다. 하지만 반대자들은 피뢰침이 방전을 일으켜 전압 차를 줄이는 효과는 미미하고 오히려 번개를 끌어들이는 역할을 할 것이라고 주장했다. 전하는 이야기에 따르면 왕은 프랭클린을 믿고 피뢰침을 설치하게 했다.

이로부터 얼마 가지 않아 탄약고들 가운데 하나에 번개가 내리쳤는데 피해는 거의 없었다. 따라서 피뢰침은 제대로 작동한 셈이지만 이유는 완전히 다르다. 프랭클린의 비판자들이 옳았던 것이다. 피뢰침은 실제로 번개를 끌어들이며 거기서 일어나는 방전은 뇌운에 축적된 엄청난 양의 전하에 비하면 거의 아무것도 아니다. 그런데 피뢰침이 실제로 잘 작동하는 이유는 이것이 1만~10만A의 전류를 견딜 수 있을 정도로 충분히 두껍다는 데에 있다. 이 경우 전류는 피뢰침의 도선을 벗어나지 않고 따라 내려와 땅 속으로 사라진다. 프랭클린은 뛰어나기도 했지만 운도 아주 좋았던 셈이다!

겨울에 스웨터를 벗을 때 딱딱거리던 작은 소리를 이해하게 되면 밤하늘을 온통 밝게 비출 수 있을 뿐 아니라 자연계에서 들을 수 있는 가장 크고도 무시무시한 소리의 근원인 거대한 뇌우를 이해하는 데에도 이를 수 있다는 게 놀랍지 않은가?

어떤 의미로 우리는 우리의 이해를 넘어선 것들을 밝혀내려고 노력한다는 점에서 벤저민 프랭클린의 현대판이라고 말할 수 있다. 1930년대 말에 과학자들은 구름의 높이보다 훨씬 높은 곳에서 발생하는 번개들의 모습을 처음으로 촬영했다. 그중 한 종류는 빨간 요정 red sprite 이라고 부르는데 지상 50~90km 상공에서 일어나는 붉은 오렌지 빛의 방전을 가리킨다. 그리고 푸른 제트 blue jet 라고 부르는 것은 대기권 상층부에서 70km에 이르도록 긴 거리까지 방전하는 거대한 번개다. 이것을 알게 된 지는 20년이 조금 넘었을 뿐이어서 이 놀라운 현상을 일으키는 원인에 대해서는 아직도 모르는 게 너무나 많다. 전기에 대한 우리의 모든 지식에도 불구하고 날마다 4만 3천 번쯤 내려치는 번개 위에는 여전히 순수한 미지의 경이들이 자리잡고 있는 셈이다.

자기의 신비

FOR THE LOVE OF PHYSICS

8
자기의 신비

우리들 대부분에게 자석은 그저 재밋거리에 지나지 않는데, 이는 부분적으로 전혀 보이지 않지만 우리가 느끼며 가지고 놀 수 있는 힘이 작용하기 때문이다. 두 자석을 가까이 가져오면 마치 전기를 띤 것들처럼 서로 끌어당기거나 밀친다. 대부분의 사람들은 자기가 전기와 깊이 연관되어 있음을 느끼는데, 예를 들어 과학을 아는 사람이라면 거의 모두 전자기 electromagnetic 라는 용어를 알고 있다. 하지만 그럼에도 대개는 전기와 자기가 왜 그리고 어떻게 관련되는지 정확히 설명하지 못한다. 이는 사실 엄청난 주제여서 나는 그 입문 과정에만 한 학기를 온통 투입한다. 따라서 여기서는 피상적으로만 둘러볼 수밖에 없다. 여기서 잠시 둘러보는 것만으로도 자기의 과학은 무척 빨리 우리를 눈이 휘둥그레질 결말과 심오한 이해의 길로 안내할 것이다.

자기장의 경이

오래된 브라운관 TV를 켜고 화면에 자석을 가져가면 아주 멋들어진 색깔과 패턴이 만들어지는 현상을 볼 수 있다. LCD liquid crystal display 나 PDP Plasma Display Panel TV가 나오기 전에 사용된 브라운관 TV는 전자빔을 화면의 뒤쪽에서 앞쪽으로 발사하여 영상을 만들었다. 이를테면 전자빔으로 화면에 그림을 그린 셈이다. 그런데 내가 수업 중에 하는 것처럼 이 화면에 강한 자석을 가까이 가져가면 거의 환각을 일으킬 만한 패턴이 만들어진다. 그 모습은 아주 신기하여 심지어 네댓 살짜리 아이들도 아주 좋아하는데, 원한다면 인터넷에서도 쉽게 찾아볼 수 있다.

사실 어린이들은 이 현상을 흔히 스스로 발견하는 것 같다. 인터넷에는 아이들이 냉장고의 자석을 TV 화면에 문질러서 이상해진 TV를 원래 상태로 되돌리는 데에 도움을 달라는 부모들의 요청이 빗발친다. 다행히 대부분의 TV에는 화면의 자기를 없애는 장치가 들어 있으므로 이 문제는 며칠 또는 몇 주면 대개 해결된다. 하지만 그래도 좋아지지 않는다면 기술자에게 의뢰하는 수밖에 없다. 따라서 나는 여러분의 TV나 컴퓨터 모니터가 너무 오래되어 고장나도 개의치 않는 경우가 아닌 한 이 실험을 하도록 권하지 않는다. 그러나 어쨌든 실제로 해보면 재미있다. 사실 세계적으로 유명한 한국의 예술가 백남준씨도 대략 이와 같은 화면 왜곡을 이용하여 많은 비디오 작품을 만들어냈다. 수업 중에 나는 TV를 켠 다음 특히 보기 흉한 프로그램을 찾는데, 이 목적에는 상업 광고가 제격이다. 그러면 학생들은 그 영상을 자석으로 뒤트는 것을 보고 아주 좋아한다.

전기와 마찬가지로 자기의 역사도 고대로 거슬러 올라간다. 2천 년도 넘은 옛날에 이미 그리스와 인도와 중국 등에서는 어떤 특별한 종류의 암석이 작은 쇳조각을 끌어당긴다는 사실을 알고 있었던 것 같은데, 이는 고대 그리스인들이 호박을 문지르면 나뭇잎 조각들이 끌리는 것을 발견한 것과 비슷하다. 이 암석은 천연적으로 발견되는 자기를 띤 광물로 오늘날 자철석이라고 부르며, 사실 지구에서 천연적으로 가장 많이 발견되는 자기 광물이다. 자철석은 철과 산소가 결합된 화합물이므로 (Fe_3O_4) 산화철이라고도 부른다.

하지만 자철석 외에도 수많은 종류의 자석이 있다. 철은 자기의 역사에서 매우 중요한 역할을 했고 오늘날에도 자기적으로 민감한 수많은 물질들의 핵심 성분으로 자리잡고 있다. 따라서 자석에 가장 세게 끌리는 물질들을 '철'을 뜻하는 접두사 'ferro'를 써서 강자성ferromagnetic이라고 부른다. 강자성 물질은 금속이나 금속 화합물인 경우가 많은데, 철은 물론 포함되고, 이밖에 코발트, 니켈, 그리고 한때 자기테이프에 아주 많이 쓰였던 이산화크로뮴 등이 있다. 강자성 물질들은 자기장에 넣어서 영구자석으로 만들 수 있다.

이와 달리 상자성paramagnetic을 가진 물질은 자기장에 넣으면 자석이 되지만 자기장을 없애면 자성을 잃는다. 여기에는 알루미늄, 텅스텐, 마그네슘 등이 포함되며, 잘 믿어지지 않겠지만 산소도 이에 속한다. 한편 반자성diamagnetic은 자기장에 넣으면 사뭇 약하게 반발하는 성질을 가리킨다. 여기에는 비스무트, 구리, 금, 수은, 수소, 소금, 나무, 플라스틱, 알코올, 공기, 물 등이 포함된다. 어떤 물질이 강자성, 상자성, 반자성을 나타내는지는 원자핵을 둘러싼 전자의 배치 상태에 달려 있는데, 자세한 내용은 여기서 설명하기에는 너무 복잡하다.

심지어 액체자석도 있다. 하지만 정확히 말하면 강자성의 액체가 아니라 강자성 물질의 용액이며, 자석에 아주 아름답고도 놀라운 방식으로 반응한다. 여러분도 이런 액체자석을 쉽게 만들 수 있는데, 다음 사이트에 그 방법이 나와 있다. http://chemistry.about.com/od/demonstrationsexperiments/ss/liquidmagnet.htm 꽤 걸쭉한 이 용액을 유리 위에 조금 붓고 자석을 밑에 가져가면 놀라운 광경을 볼 준비가 끝난 셈이다. 여러분도 어렸을 때 학교에서 철가루가 자석의 자기장을 따라 늘어서는 모습을 보았을 텐데, 이 광경은 그보다 훨씬 더 흥미롭다.

11세기 무렵 중국인들은 바늘을 자철석에 문질러 자화시킨 뒤 비단실에 매달면 남북 방향을 가리킨다는 사실을 알았던 것 같다. 이 바늘은 지구의 자기장을 따라 정렬했던 것이다. 12세기에 들어 나침반이 나타났고 중국은 물론 멀리 영국 해협에서도 항해하는 데에 이 나침반이 쓰였다. 나침반은 자화된 바늘을 물 위에 띄운 장치인데, 생각해보면 자못 독창적이지 않은가? 나침반의 바늘은 배가 어떤 방향으로 나아가든 상관없이 항상 남북 방향을 가리킨다.

하지만 자연은 더욱 경이롭다. 오늘날 우리는 철새들이 몸 안에 미세한 자철석들을 갖고 있으며 이것을 일종의 내부 나침반으로 활용하여 이동 경로를 찾는다는 사실을 알고 있다. 심지어 어떤 생물학자들은 지구의 자기장이 어떤 새들이나 도롱뇽 같은 동물들의 시각 중추를 자극한다고 여긴다. 이게 사실이라면 어떤 중요한 의미에서 이 동물들은 지구의 자기장을 '보는' 셈인데, 이 또한 참으로 기이하지 않은가?

영국의 과학자 윌리엄 길버트William Gilbert는 의사이기도 했는데, 보통

의사가 아니라 엘리자베스 1세의 시의(侍醫)인 뛰어난 의사였다. 1600년 그는 흔히 줄여서 《자석에 대하여》라고 부르는 《자석과 자성체 및 지구라는 거대한 자석에 대하여 On the Magnet and Magnetic Bodies, and on That Great Magnet the Earth》를 펴내어 지구가 자석이라고 주장했다. 그는 공 모양의 작은 자철석을 지구의 모델로 삼은 실험 결과를 토대로 이런 주장을 폈다. 이것은 자몽보다 약간 더 컸으며 표면에 작은 나침반을 달아 마치 지구 표면의 나침반처럼 작용하게 만든 장치였다. 당시 어떤 사람들은 남극과 북극에 자석으로 된 섬이 있어서 나침반이 이를 가리킨다고 설명했고, 나침반이 북극성을 가리킨다고 주장하는 사람들도 있었다. 하지만 길버트는 지구 자체가 하나의 자석이기 때문이라고 보았다.

길버트의 생각은 완전히 옳았으며, 따라서 지구에는 냉장고의 자석과 마찬가지로 두 개의 극이 있다. 하지만 이 극들은 지리적인 남극과 북극에 정확히 일치하지는 않는다. 나아가 자극들은 해마다 15km가량 떠돈다. 따라서 지구는 어떤 면에서는 장난감 가게에서 흔히 살 수 있는 작은 직사각형 모양의 자석과 비슷하지만 다른 어떤 면에서는 이와 아주 다르다. 그래서 과학자들은 오랜 세월에 걸쳐 지구가 자기장을 만드는 원인에 대해 여러 가지 이론들을 내놓았다. 아무튼 지구의 핵 속에 엄청난 양의 철이 들어 있다는 사실만으로는 이를 설명하기는 부족한데, 물체들은 퀴리온도 Curie temperature 라고 부르는 온도를 넘어서면 강자성을 잃어버리기 때문이다. 철도 예외는 아니어서 그 온도는 $770°C$이며, 우리가 알고 있기로 지구 핵의 온도는 이보다 훨씬 높다!

믿을 만한 이론은 꽤 복잡한데, 지구의 자전으로 인해 지구의 핵에서 순환하는 전류와 관련된다. 물리학자들은 이를 발전효과 dynamo effect 라고 부르며, 천문학자들은 이 효과를 이용하여 별들의 자기장도 설명한다. 그 예의 하나인 태양의 자기장은 11년마다 완전히 역전된다. 여러분에게는 놀랍겠지만 과학자들이 아직도 지구와 그 자기장에 대한 수학적 모델을 연구하는 데에 몰두하고 있다는 사실은 자기장의 복잡성을 잘 말해주고 있다. 이 연구는 지구의 자기장이 지난 천 년 동안 극적으로 변했다는 지질학적 증거 때문에 더욱 까다롭다. 다시 말해서 자극은 연간의 요동보다 훨씬 먼 거리를 이동했다는 뜻이고, 그 결과 지구의 자기장도 역전된 것으로 여겨진다. 추정에 따르면 지난 7천만 년 동안 150번 이상 역전되었다고 한다. 사뭇 놀랍지 않은가?

오늘날 우리는 인공위성 덕분에 지구의 자기장 지도를 꽤 정확히 작성할 수 있다. 덴마크의 외르스테드위성 Ørsted satellite 이 한 예인데 이런 인공위성들은 예민한 자력계를 갖추고 있다. 그 자료를 통해 지구의 자기장이 외부 공간으로 100만km 이상 뻗쳐 있다는 사실을 알게 되었다. 또한 지구에 다가서면서 이 자기장은 대기에 매우 아름다운 현상을 만들어낸다는 사실도 밝혀졌다.

기억하겠지만 태양은 엄청난 양의 하전입자들을 내뿜으며, 이 태양풍은 대부분 양성자와 전자로 이루어져 있다. 지구의 자기장은 양쪽의 극에서 이 입자들의 일부를 지구의 대기 속으로 끌어들인다. 평균 초속이 400km에 이르는 이 고속의 입자들이 대기중의 산소와 질소 분자들에 부딪치면 운동에너지의 일부가 전자기파, 곧 빛으로 바뀌는데, 산소는 초록 또는 빨강, 질소는 파랑 또는 빨강의 빛을 내놓는다. 여러분은 이쯤에서 내가 무엇을 말하는지 눈치챘을 것이다. 그렇다. 이 빛들은 바로 오로라이며, 북반구에서는 북극광, 남반구에서는 남극광이라고도 부른다. 그런데 왜 오로라는 남극과 북극 가까이에서만 볼 수 있을까? 그 이유는 태양풍의 입자들이 대부분 지구 자기장이 가장 센 남극과 북극 부근에서만 지구의 대기권으로 들어오기 때문이다. 그리고 어느 날 밤에는 다른 날보다 더 강한 이유는 태양에서 폭발이 일어날 때마다 방출되는 태양풍이 강해져서 대기권에 들어오는 입자들도 많아지기 때문이다. 간혹 거대한 폭발이 일어날 때면 지자기폭풍 geomagnetic storm 이라고 부르는 현상이 일어난다. 그 결과 오로라는 통상 보이는 영역보다 훨씬 넓은 지역에서 관찰되어 때로는 무선통신이 교란되고 컴퓨터와 인공위성의 기능에 장애가 발생하며 심지어 전력선도 막대한 피해를 입을 수 있다.

극지방 부근에 살지 않는다면 오로라를 자주 볼 수 없다. 그러므로 만일 유럽에서 미국의 북부 지방으로 여행할 기회가 생기면 대부분의 비행시간은 저녁 때라는 점을 이용하여 비행기의 왼쪽 좌석을 잡도록 권한다. 이때 비행기는 상공 11km까지 올라가므로 창문을 통해 오로라를 볼 수도 있다. 특히 최근에 태양이 활발했다면 더욱 그러한데, 이런 정보는 인터넷에서 찾을 수 있다. 나는 이런 식으로 오로라를 많이 관찰했기에 기회만 오면 비행기의 왼쪽에 앉으려고 노력한다. 영화는 집에서 원하는 시간에 얼마든지 볼 수 있다. 따라서 나는 비행기를 타면 낮에는 원광을, 밤에는 오로라를 찾는다.

우리는 지구 자기장의 혜택을 톡톡히 입고 있다. 이것이 없다면 태양풍의 하전입자들이 끊임없이 대기권에 충돌하여 일으킬 심대한 피해를 입게 된다. 태양풍은 수백만 년 전에 이미 지구의 대기와 물을 모두 날려보냄으로써 생명의 출현이 불가능하지는 않더라도 훨씬 어려운 환경으로 만들어버렸을 것이다. 과학자들은 화성의 대기가 옅고 물이 상대적으로 적은 이유는 바로 이와 같은 태양풍의 충돌 때문이라는 이론을 편다. 따라서 인류가 그런 환경에서 살고자 한다면 강력한 생명 유지 시스템이 필수적이다.

전 자 기 의   신 비

18세기에 많은 과학자들은 전기와 자기가 어떤 방식으로든 얽혀 있을 것이라고 여기게 되었다. 물론 영국의 토머스 영이나 프랑스의 앙드레-마리 앙페르처럼 서로 아무 관련이 없다고 보는 사람들도 있기는 했다. 윌리엄 길버트도 전기와 자기가 완전히 별개의 현상이라고 보았지만 《자기에 대하여》에서는 전기에 대한 이야기도 썼다. 그는 그리스어로 호박을 전자라고 부른다는 점에 착안하여 마찰한 호박이 발휘하는 인력을 전기력 electric force 이라고 불렀다. 나아가 그는 검전기 electroscope 의 한 종류를 개발하기도 했는데, 정전기의 존재와 세기를 측정하는 가장 간단한 방식의 기구였다. 간단한 검전기는 금속 막대의 한 끝에 얇은 금속 조각들을 매단 것이다. 이런 검전기는 하전되는 순간 반발력 때문에 금속 조각들이 서로 벌어진다. 이를테면 털모자를 실험실의 장치로 꾸민 것이라 하겠다.

독일의 바이에른과학아카데미는 1776년과 1777년에 전기와 자기 사이의 관계를 밝히는 논문을 모집했다. 얼마 동안 사람들은 번개가 치면 나침반이 크게 요동친다는 사실을 알고 있었지만 바늘로 라이덴병 Leyden jar 의 방전을 이끌어 바늘을 자화시킨 사람은 바로 벤저민 프랭클린이었다. 라이덴병은 18세기 중엽에 네덜란드에서 발명되었는데, 오늘날 우리가 축전기라고 부르는 것의 초기 형태로 전기를 저장하는 데에 쓰였다. 하지만 19세기 초에 전기에 대한 연구가 폭발적으로 이루어졌음에도 불구하고 전류와 자기 사이의 관계는 명확히 밝혀지지 않았다. 그런데 1777년에 태어난 덴마크의 물리학자 한스 크리스티안 외르스테드Hans Christian Ørsted가 마침내 전기와 자기가 서로 얽혀 있다는 것에 대한 결정적인 증거를 발견했다. 역사가 프레데릭 그레고리Frederick Gregory에 따르면 현대물리학의 역사에서 학생들을 앞에 두고 수업하는 도중에 이처럼 중대한 발견이 이루어진 것은 아마 이 경우가 유일한 사례일 것이다.

1820년 외르스테드는 배터리에 연결된 전선을 따라 흐르는 전류가 가까운 곳에 있는 나침반의 바늘에 수직 방향으로 영향을 미쳐 남북 방향으로부터 벗어나게 만든다는 현상을 발견했다. 물론 배터리에서 전선을 떼어 전류를 차단하면 바늘은 다시 정상으로 돌아왔다. 외르스테드가 이 실험을 의도적으로 강의 중에 했는지 아니면 이 놀라운 효과가 하필 바로 그때 일어나 관찰하게 되었는지는 분명하지 않다. 다만 물리학의 역사에서 간혹 보다시피 이에 대한 그의 설명은 이와 다르다.

우연이든 의도적이든 이는 물리학자가 행했던 실험들 가운데 가장 중요한 것의 하나라고 할 수 있으며, 우리도 그렇게 보기로 하자. 그는 전선을 따라 흐르는 전류가 자기장을 만들고 나침반의 자석 바늘은 이 자기장의 영향을 받아 방향이 바뀐다고 합리적으로 추론했다. 이 위대한 발견을 계기로 19세기에는 전기와 자기에 관한 연구가 폭발적으로 이루어졌다. 대표적 인물로는 앙드레-마리 앙페르, 마이클 패러데이Michael Faraday, 칼 프리드리히 가우스Carl Friedrich Gauss 등을 들 수 있는데, 이 과정은 제임스 클럭 맥스웰James Clerk Maxwell의 이론적 연구에 이르러 절정을 이루었다.

전류는 움직이는 전하들로 이루어져 있으므로 외르스테드는 움직이는 전하가 전기장을 만든다는 사실을 보인 것이다. 1831년 마이클 패러데이는 전선을 여러 번 감아서 만든 코일 속에서 자석을 움직이면 코일에 전류가 발생한다는 현상을 발견했다. 사실상 그는 외르스테드가 발견한 것을 뒤집어 보여준 셈이다. 외르스테드는 전류가 자기장을 만든다는 점을 보여준 반면, 그는 움직이는 자기장이 전류를 만든다는 점을 보여준 것이기 때문이다. 하지만 외르스테드의 발견이든 패러데이의 발견이든 직관적으로는 이해하기 힘들다. 자석을 도선으로 된 코일 속에서 움직이면 도대체 왜 전류가 생긴단 말인가? 특히 구리는 좋은 도체이므로 그 효과도 더욱 좋은데, 아무튼 처음에는 이 발견의 중요성이 도무지 분명하지 않았다. 전해오는 이야기에 따르면 이에 대해 미심쩍어하는 한 정치인이 패러데이에게 이 발견이 어떤 실제적 가치가 있는지 물어보았을 때 패러데이는 "저도 당장은 잘 모르겠습니다. 하지만 한 가지 확실한 것은 언젠가 여기에 세금을 매길 수 있을 것이라는 점입니다"라고 대답했다고 한다.

집에서도 쉽게 실험해볼 수 있는 이 현상은 직관적으로는 모호하지만 조금의 과장도 없이 말한다면, 우리의 경제 전체와 인간이 만든 세계의 모든 것이 여기에 의존해서 운영된다. 이 현상이 없다면 우리는 지금도 17세기와 18세기 무렵의 조상들이 누렸던 삶과 비슷한 상태에 머물러 있을 것이다. 곧 거기에 촛불은 있겠지만 라디오도 TV도 전화도 컴퓨터도 존재하지 않는다.

그런데 오늘날 우리가 쓰는 전기는 모두 어디에서 가져올까? 대부분은 발전기로 전기를 생산하는 발전소에서 온다. 가장 근본적 관점에서 볼 때 발전기가 하는 일은 구리 코일을 자기장 속에서 움직이는 것으로, 코일 속에서 자석을 움직이지는 않는다.

마이클 패러데이가 만든 최초의 발전기는 말굽자석의 두 극 사이에서 크랭크에 의해 돌아가는 구리 원반으로 되어 있었다. 전선 한 가닥은 원반의 외곽 모서리에 닿는 브러시에 연결하고 다른 한 가닥은 원반의 중심축에 닿는 모서리에 연결하는데, 이 두 전선을 전류계에 연결하면 발생하는 전류를 잴 수 있다. 그가 이 발전기를 돌리면 근육에 담겨 있던 에너지가 이 장치로 이동하여 전기에너지로 바뀐다. 하지만 이 발전기는 여러 가지 이유로 그다지 효율적이지 못했는데, 구리 원반을 손으로 돌려야 했다는 것도 중요한 이유 가운데 하나였다. 한편 어떤 의미에서 보면 발전기라기보다 에너지 변환기로 불러야 한다. 여기서 우리가 하는 일은 한 종류의 에너지를 다른 종류의 에너지로 바꾸는 것에 불과하기 때문이며, 이 경우는 운동에너지가 전기에너지로 바뀐다. 다시 말해서 공짜 점심과 같은 에너지는 없는데, 이러한 에너지의 변환에 대해서는 다음 장에서 더 깊이 살펴볼 것이다.

전 기 에 서   운 동 으 로

운동을 전기로 바꾸는 것에 대해 배웠으므로 반대로 전기를 운동으로 바꾸는 것에 대해 생각해보자. 마침내 자동차 회사들은 수십억 달러의

돈을 들여 바로 이렇게 움직이는 전기차를 개발하고 있다. 이들은 모두 자동차를 위한 강력하고 효율적인 모터를 만들려고 노력하고 있다. 그렇다면 모터는 무엇인가? 모터는 바로 전기에너지를 운동으로 바꾸는 장치다. 모터는 보기에는 단순한 원리에 의존하고 있지만 현실적으로 구현하기는 사뭇 복잡하다. 그 원리는 전류가 흐르는 도선으로 만든 코일을 자기장에 넣으면 코일이 돌아간다는 게 전부다. 이때 회전 속도는 전류의 세기, 자기장의 세기, 코일의 모양과 같은 여러 요소에 달려 있다. 물리학자들은 이 현상을 자기장이 도체 코일에 토크torque를 가한다고 설명하는데, 토크는 물체를 회전시키는 힘을 가리킨다.

  자동차의 펑크 난 타이어를 교환해본 경험이 있다면 토크를 쉽게 시각화할 수 있다. 알다시피 이 작업에서 가장 힘든 부분은 바퀴를 축에 고정시킨 큰 나사를 푸는 일이다. 이 나사는 대개 매우 세게 조여져 있으므로 언뜻 고착되었다고 여겨질 정도다. 그러므로 이것을 풀려면 커다란 렌치를 써서 엄청난 힘을 가해야 하는데, 렌치의 길이가 길면 길수록 나사에 가해지는 회전력, 곧 토크도 커진다. 따라서 만일 아주 긴 렌치가 있다면 생각보다 작은 힘으로도 풀 수 있다. 그리고 펑크 난 타이어를 스페어타이어로 교환한 뒤에는 다시 기다란 렌치로 회전 방향을 바꾸어 힘차게 조여야 한다.

  물론 어떤 때는 아무리 힘을 가해도 나사가 꿈쩍도 하지 않을 때도 있다. 그러면 WD-40과 같은 방청제(금속이 녹스는 걸 방지하는 금속 유연제)를 뿌린 뒤 느슨해질 때까지 잠시 기다리거나 망치로 렌치의 끝 부분을 좀 두드리기도 해야 한다. WD-40은 이것뿐 아니라 다른 용도 때문에라도 차의 트렁크에 항상 넣고 다니는 게 좋고, 망치도 역시 비치해두는 게 좋을 것이다.

여기서 토크에 대해 자세히 살펴볼 필요는 없다. 단지 배터리 같은 것을 써서 코일에 전류를 흘리고 이것을 자기장에 넣으면 자기장이 코일에 토크를 가하여 회전시킨다는 점만 알면 된다. 이때 전류와 자기장이 강할수록 토크도 크다. 이것이 직류 모터의 배경 원리이며, 만들기도 무척 간단하다.

직류와 교류의 차이점은 무엇인가? 배터리의 극성, 곧 양극과 음극은 바뀌지 않는다. 따라서 배터리에 도선을 연결하면 전류는 언제나 양극에서 음극으로 흐르며, 이것을 직류라고 부른다. 하지만 가정에 공급되는 전기는 한국과 미국의 경우 매초 120번, 네덜란드와 대부분의 유럽에서는 매초 100번씩 양극과 음극이 바뀌며, 이것을 교류라고 부른다. 그러므로 예를 들어 백열등이나 히터와 같은 가전제품을 가정의 전기에 연결하면 거기에 흐르는 전류는 방향이 매초 120번 또는 100번씩 바뀐다. 여기서 전류가 '양-음'으로 바뀌는 게 한 주기이므로 진동수로 따지자면 120과 100을 각각 2로 나누어야 한다. 따라서 위의 두 전류는 각각 60㎐와 50㎐의 교류가 된다. 직류와 교류의 영어는 'direct current'와 'alternating current'이므로 흔히 줄여서 DC와 AC로 나타낸다.

해마다 나의 전자기 강좌에서는 모터 콘테스트를 연다. 애초의 시작은 나보다 몇 년 앞서 내 동료이자 친구인 위트 버사Wit Busza와 빅토르 바이스코프Victor Weisskopf 교수에 의해 이루어졌다. 각 학생들은 다음과 같은 간단한 재료들이 담긴 봉투를 받는다. 절연된 구리선 2m, 서류 클립 2개, 압정 2개, 자석 2개, 작은 나무판 1개. 이외에 학생들은 각자 하나의 1.5V AA-건전지를 마련해야 한다. 학생들은 나무를 자르거나 구멍을 뚫기 위해 어떤 도구를 써도 되지만 모터는 오직 봉투 안에 든 재료로만 만들어야 하며 테이프나 풀도 허용되지 않는다. 이 과제의 목표는 가장 빠르게 도는 모터를 만드는 것이다. 곧 이 간단한 재료만 이용하여 분당 회전수를 뜻하는 RPM revolutions per minute이 가장 높은 모터를 만들면 된다. 여기서 구리선은 회전 코일을 만드는 데에 쓰고, 서류 클립은 이를 지지하는 데에 쓰며, 자석은 건전지에서 나온 전류가 흐르는 코일에 토크가 잘 가해지도록 배치해야 한다.

여러분이 이 콘테스트에 참가했다고 하자. 그리고 건전지에 코일을 연결하자마자 시계방향으로 돌기 시작했다고 하자. 여기까지는 좋다. 하지만 놀랍게도 여러분의 코일은 더 이상 돌지 않으려 할 수 있다. 그 이유는 반 바퀴 돌 때마다 코일에 가해지는 토크의 방향이 역전되기 때문이다. 이렇게 토크가 역전되면 시계방향의 회전은 멈추고 때로는 심지어 잠시 반시계방향으로 돌 수도 있다. 이는 분명 여러분이 바라는 게 아니다. 여러분은 모터가 시계방향이든 반시계방향이든 한쪽으로만 계속 돌기를 바란다. 이 문제는 코일이 반 바퀴 돌 때마다 전류의 방향을 반대로 바꿔줌으로써 해결할 수 있다. 이렇게 하면 토크는 언제나 같은 방향으로 코일에 가해지며, 이에 따라 코일도 계속 같은 방향으로 돌게 된다.

학생들은 모터를 만들면서 필연적으로 토크 역전의 문제에 부딪치는데, 겨우 몇 명의 학생들만 정류자 commutator, 곧 코일이 반 바퀴 돌 때마다 전류의 방향을 바꿔주는 장치를 만들어낸다. 하지만 이는 복잡하다. 그런데 다행히 여기에는 전류의 방향을 바꾸지 않고도 해결할 수 있는 아주 창의적이고도 쉬운 방법이 있다. 만일 반 바퀴 돌 때마다 전류를

자기의 신비 | 227

끊을 수 있다면, 따라서 토크를 멈출 수 있다면, 코일은 그 반 바퀴 동안에는 아무런 토크를 받지 않는다. 그러면 코일은 그냥 관성에 의해 돌아가는데, 그렇게 반 바퀴 돈 다음에는 다시 본래의 방향으로 가해지는 토크를 받게 된다. 따라서 이 과정의 알짜 결과에 의해 코일은 계속 같은 방향으로 돌게 된다.

나는 학생들이 만든 모터의 분당 회전수 100에 대해서 1점씩을 부여하며, 최고점은 20점으로 정했다. 학생들은 이 과제를 아주 좋아하는데, 아무튼 MIT 학생들이므로 세월이 흐름에 따라 아주 놀라운 도안이 나오기도 했다. 어쩌면 여러분도 직접 해보고 싶을 텐데, 원한다면 다음 사이트에 있는 11번째 강의 노트의 pdf 파일에 서술된 지침을 따르면 된다.

http://ocw.mit.edu/courses/physics/8-02-electricity-and-magnetism-spring-2002/lecture-notes/

거의 모든 학생들이 400RPM 정도의 모터는 꽤 쉽게 만들 수 있다. 이들은 어떻게 코일이 한쪽 방향으로만 돌게 했을까? 첫째로 도선은 완전히 절연되어 있으므로 건전지에 연결할 부분은 절연 피복을 벗겨서 항상 잘 접촉이 되도록 해야 하는데, 물론 어느 쪽을 이렇게 만들든 아무 상관이 없다. 문제는 이와 반대쪽이다. 학생들은 코일이 회전하면서 절반 동안만 전류가 흐르고 나머지 절반 동안은 전류가 차단되기를 바란다. 따라서 이쪽의 절연 피복은 절반만 벗긴다. 다시 말해서 도선의 둘레를 따라 절반만 도체가 완전히 드러나도록 벗긴다는 뜻이다. 그러면 코일이 도는 동안 매 회전마다 절반의 시간 동안 전류가 끊겨서 토크가 작용하지 않더라도 코일은 관성에 의해 계속 돌게 된다. 마찰이 있기는 하지만 정지시킬 정도로 강하지는 않기 때문이다. 그런데 도선의 둘레를 따라 어디서부터 절반을 벗길지를 파악하고 또 그 부분을 제대로 잘 벗기는 데에는 숙달이 필요하다. 하지만 이미 말했듯 거의 모든 학생들이 400RPM 정도는 달성한다. 나도 대략 이 정도였으며, 사실 이를 넘긴 적은 한 번도 없었다.

그러자 어떤 학생들이 내 문제가 무엇인지 말해주었다. 코일의 RPM이 몇 백을 넘어서면 서류 클립으로 만든 지지대 위에서 진동하기 시작하며, 이 때문에 전류가 자주 끊겨서 토크가 잘 전달되지 못한다는 것이다. 그래서 더 영리한 학생들은 두 가닥의 도선으로 서류 클립 지지대의 밖에서 코일의 양끝을 아래로 내려 누르도록 만들었다. 그러면 마찰은 여전히 적게 하면서도 전류가 끊기지 않고 돌게 할 수 있다. 이 작은 조절만으로 어찌 되었을까? 놀랍게도 RPM은 4,000을 넘어섰다!

이 학생들은 정말 창의적이다. 거의 모든 모터에서 코일의 회전축은 수평이다. 그런데 한 학생이 회전축을 수직으로 세운 모터를 만들었다. 그렇게 만든 것 중에 최고는 조그만 1.5V 건전지 하나만으로 RPM이 5,200에 이르렀다! 나는 그 학생이 우승한 것을 기억한다. 그는 신입생이었는데 수업이 끝난 뒤 나와 함께 학생들 앞에 서서 "아, 르윈 교수님, 이건 쉽습니다. 4,000RPM짜리는 10분 정도면 만들 수 있습니다"라고 말했다. 그리고 그는 바로 내 앞에서 만들기 시작했다.

하지만 여러분은 이렇게 해볼 필요도 없다. 몇 분 안에, 그것도 더 적은 부품으로 할 수 있는 방법이 있기 때문이다. 곧 1.5V 건전지, 구리선 약간, 못 또는 나사못, 작은 둥근 자석이면 되는데, 이것은 동극모터 homopolar motor 라고 부른다. 다음 사이트에는 단계별 조립 설명과 작동하는 모습을 보여주는 동영상이 있는데, 만일 RPM이 5,000을 넘는다면

 내게 이메일로 알려주기 바란다. www.evilmadscientist.com/article.php/HomopolarMotor

내가 수업 중에 하는 것으로 모터 콘테스트에 못지않지만 전혀 다른 방식의 재미있는 실험이 있다. 그것은 지름 30cm의 코일과 도체판으로 하는 것이다. 알다시피 코일을 지나는 전류는 자기장을 만든다. 따라서 코일에 건전지와 같은 직류를 흘리면 일정한 자기장이 만들어지지만 교류를 흘리면 변화하는 자기장이 만들어진다. 나의 강의실에 들어오는 전류는 미국의 일반 가정처럼 60㎐이므로 코일에 연결하면 자기장의 방향은 초당 120번 바뀐다. 이런 코일을 금속판 바로 위로 가져가면 내가 외부자기장이라고 부르는 이 변화하는 자기장은 도체판을 관통한다. 패러데이의 법칙에 따르면 이렇게 변화하는 자기장은 도체판에 전류를 유도하는데, 이것은 맴돌이전류eddy current라고 부른다.

그러면 맴돌이전류도 자체의 변화하는 자기장을 만든다. 따라서 여기에는 외부자기장과 맴돌이전류가 만드는 자기장의 2가지 자기장이 함께 존재한다. 그런데 60분의 1초 주기의 절반 동안에는 두 자기장이 반대가 되어 코일과 도체판은 서로 반발하는 반면 다른 절반 동안에는 같은 방향이 되어 코일과 도체판은 서로 끌린다. 이 현상의 상세한 과정은 미묘하고 여기서 다루기에는 너무 전문적이다. 하지만 그 알짜 결과는 코일에 반발력이 작용한다는 것이며, 그 힘은 코일을 도체판 위로 띄우기에 충분할 정도로 강하다. 이에 대한 동영상은 8.02 강좌의 19번째 강의에서 볼 수 있는데, 다음 사이트의 동영상에서 44분 20초 부근을 보면 된다. http://videolectures.net/mit802s02_lewin_lec19/

나는 이 현상을 이용하면 사람도 띄울 수 있을 것이라는 생각이 들었다. 그래서 나는 마술사들이 으레 그렇듯 강의 중에 커다란 코일을 만들어 한 여자를 그 위에 눕혀서 띄워보기로 했다. 그래서 나는 물리시범 그룹에서 함께 일하는 친구들인 마코스 핸킨과 빌 샌포드와 함께 우리의 코일에 충분히 강한 전류를 흘리려고 했지만 전류가 너무 강해서 차단기가 매번 작동했다. 그래서 우리는 MIT의 시설과에 연락하여 우리가 필요한 것, 곧 수천A(암페어)의 전류를 요청했더니 그곳 사람들은 웃으면서 "그렇게 많은 전류를 주었다간 MIT를 그만둬야 할 겁니다"라고 대답했다. 우리는 이미 여러 여자들이 이메일로 자원하고 나섰던 터라 아주 유감이었다. 그래서 나는 그들에게 일일이 미안하다는 답장을 보내야 했는데, 그렇다고 나는 좌절하지 않았다. 나는 애초의 구상보다 훨씬 가벼운 여자를 구하여 기어이 약속을 지켰으며, 여러분은 이 강의의 48분 30초쯤에서 이를 확인할 수 있다.

구 조 에   나 선   전 자 기

여자를 부양시킨 실험은 꽤 재미있고도 훌륭했지만 사실 자기부양은 이보다 훨씬 놀랍고도 유용하게 응용되고 있다. 그중 하나로는 세상에서 가장 빠르고 멋있고 저공해의 교통수단을 만드는 데에 쓰이는 신기술의 토대가 된다는 것을 들 수 있다.

여러분은 아마 고속의 자기부양열차maglev train에 대해 들어보았을 것이다. 많은 사람들은 이 기차가 보이지 않는 자기장의 마술이 가장 멋들어진 현대적 유선형 모델과 결합되어 극히 빠른 속도로 달린다는 점에 완전히 매료된다. 하지만 어쩌면 자기부양을 뜻하는 마그레브maglev가 'magnetic levitation'의 약어라는 점은 몰랐을 수도 있다. 그러나 아무튼 여러분은 두 자석을 가까이 가져가면 서로 끌리든지 밀어낸다는 사실을 잘 알고 있다. 자기부양열차의 배경에 깔린 놀라운 원리는 우리가 이 인력과 반발력을 잘 제어할 방법을 찾아내면 열차를 철로 위에 띄워서 고속으로 끌거나 밀 수 있다는 데에 있다. 이런 종류의 열차 가운데 하나인 자기현수열차electromagnetic suspension는 자기적 인력으로 열차를 띄우며 흔히 EMS라고 부른다. 이 열차의 아래 부분에는 C자 모양의 꺾쇠들이 달려 있는데, 이 꺾쇠의 위쪽은 열차의 아랫부분에 붙어 있고 아래쪽의 안쪽 윗면은 강자성의 물질로 만들어진 철로의 아래쪽에서 자기장에 끌려 열차를 철로 위로 띄운다.

이 열차는 철로 위에 붙으면 안 되지만 인력은 본질적으로 불안정하므로 열차를 철로 위에 확실히 띄우기 위해서는 아주 정교한 피드백 장치가 필요하다. 그 결과 열차는 철로 위로 불과 15mm가량 뜨게 된다! 한편 이와 별도로 설비된 전자석들은 서로 동기화되어 켜지고 꺼지는 과정을 반복하면서 열차를 끌어당겨 추진시킨다.

이와 다른 또 하나의 주된 종류는 자기부상열차electrodynamic suspension이며 흔히 EDS라고 부르는데, 이는 초전도체라는 놀라운 장치가 발휘하는 자기적 반발력을 이용한다. 초전도체는 아주 낮은 온도에서 전기저항이 사라지는 물질이다. 그 결과 초전도체로 만든 코일을 초저온으로 냉각하면 아주 적은 전력으로도 매우 강한 자기장을 만들 수 있다. 더욱 놀라운 것은 초전도자석은 마치 자기덫처럼 작용한다는 사실이다. 자석을 초전도체에 가까이 가져가면 중력과 상호 작용하여 초전도체가 자석을 일정한 거리에 가두며 이후 언제나 이런 상태를 유지하려는 경향을 띤다. 그래서 자석과 초전도체를 밀어서 붙이거나 당겨서 떼기가 꽤 어렵다. 이 때문에 초전도체를 사용하는 자기부상열차는 자기현수열차보다 본래적으로 훨씬 안정적이다. 자석과 초전도체 사이의 이 놀라운 효과에 대해서는 다음 사이트의 동영상을 참조하기 바란다. http://www.youtube.com/watch?v=nWTSzBWEsms

바닥에 자석을 가진 열차가 초전도체를 가진 철로에 너무 가까워지면 반발력이 강해져서 밀어낸다. 반대로 멀어지면 중력이 끌어내려 열차는 다시 철로로 다가선다. 그 결과 열차는 평형 위치에서 떠돈다. 자기부상열차는 열차의 추진에도 반발력을 사용하는데 이 또한 자기현수열차보다 더 간단하다.

이 두 가지 방식에 각각 장단점이 있지만 아무튼 두 방식 모두 마찰 때문에 닳고 낡아지는 전통적인 주요 부품이었던 바퀴를 없앰으로써 부드럽고 조용하고 무엇보다도 매우 빠른 속도로 달릴 수 있게 되었다. 물론 아직도 공기의 저항을 줄여야 한다는 문제가 남아 있는데, 이는 멋들어진 유선형 디자인을 이용하여 해결하고 있다. 2004년에 개통된 상하이자기부양열차는 자기현수 방식을 채택했으며 2008년의 기록에 따르면 시내에서 공항까지 30.5km의 거리를 약 8분에 주파한다. 그 평균 시속은 223~250km이지만 최고 시속은 세계의 다른 어떤 고속철보다 빠른 430km에 이른다. 자기부양열차의 최고 기록은 일본의 JR-Maglev 열차가 시험 철로에서 세운 것으로 시속 580km에 이른다.

유튜브에는 자기부양 기술과 관련된 유익하면서도 재미있는 동영상들이 많다. 어떤 소년이 6개의 자석과 작은 공작용 찰흙으로 연필을 회전시키는 다음 장면은 여러분도 집에서 쉽게 해볼 수 있다. www.youtube.com/watch?v=rrRG38WpkTQ&feature=related 다음 동영상은 초전도체를 사용한 것인데, 모형 열차와 자동차를 자석으로 만든 철로 위로 운행시키며, 심지어 짧은 애니메이션으로 친절한 설명도 해준다. www.youtube.com/watch?v=GHtAwQXVsuk&feature=related

하지만 내가 좋아하는 자기부양 시범은 레비트론Levitron이라고 알려진 조그만 놀라운 팽이인데, www.levitron.com에서 여러 가지의 다른 형태들을 볼 수 있다. 나의 연구실에 두었던 초기의 것은 수백 명의 방문객들을 매료시켰다.

자기부양열차는 환경적으로도 아주 좋은 이점이 있다. 전기를 비교적 효율적으로 사용하고 온실가스를 배출하지 않기 때문이다. 하지만 자기부양열차라도 무에서 유를 만들어내지는 못한다. 자기부양열차를 위한 철로는 대부분 기존 철로와 호환되지 않으므로 막대한 선행 투자가 필요하며, 이 때문에 지금껏 상업적으로 널리 이용되지 못하고 있다. 그러나 장차 우리 지구가 녹초가 되도록 하지 않으려면 오늘날 사용하는 것보다 더 깨끗하고 효율적인 대중교통 체계의 개발이 절대적으로 필요하다.

맥스웰의 경이로운 업적

많은 물리학자들은 제임스 클럭 맥스웰을 뉴턴과 아인슈타인의 바로 뒤를 따르는 역사상 가장 위대한 물리학자의 한 사람으로 꼽는다. 그는 토성의 링에 대한 분석에서부터 기체와 열역학과 색의 이론에 이르기까지 물리학의 놀랍도록 넓은 영역에서 많은 기여를 했다. 하지만 그의 가장 눈부신 업적은 전기와 자기를 한데 엮은 4가지의 미분방정식을 개발한 것인데, 이것은 이후 맥스웰방정식Maxwell's equations으로 불리게 되었다. 그런데 이 방정식은 겉모습은 단순하지만 배경의 수학은 사뭇 복잡하다. 적분과 미분방정식을 이해하는 사람이라면 나의 강의를 살펴보거나 인터넷을 검색하여 이에 대해 배우기를 권한다. 여기서는 이 책의 목표에 비추어 그의 위업을 단순한 방식으로 살펴본다.

무엇보다 맥스웰은 전기와 자기가 두 현상이 아니라 겉모습만 다르게 나타나는 하나의 현상임을 보임으로써 그 이론들을 전자기라는 하나의 체계로 통일했다. 다만 한 가지 주목할 점은 이 4가지 방정식들이 모두 그가 개발한 게 아니라 이런저런 형태로 이미 제시되었던 것들이었다는 사실이다. 그러나 맥스웰의 위대성은 그가 이것들을 한데 엮어 이른바 완전한 장이론field theory의 하나로 완성했다는 데에 있다.

첫째는 전기에 대한 가우스법칙으로, 전하와 이것이 만드는 전기장의 분포와 세기 사이의 관계를 보여준다. 둘째는 자기에 대한 가우스법칙으로 4가지 가운데 가장 단순한데, 몇 가지의 내용을 한꺼번에 알려준다. 먼저 이에 따르면 홀자극magnetic monopole은 존재하지 않는다. 전하는 양전하와 음전하가 각각 하나의 홀극으로 따로 존재한다. 하지만 자석은 남극과 북극이 언제나 함께 존재하며, 이를 쌍극자dipole라고 부른다. 나도 냉장고의 자석으로 자주 그랬지만 자석을 둘로 나누면 각각의 조각에는 다시 남극과 북극이 만들어진다. 나아가 1만 개로 쪼개도 마찬가지다. 다시 말해서 자석의 남극과 북극이 각각 하나의 극으로 존재하도록 만들 수 있는 방법은 없다. 반면 양전하를 많이 가져서 양으로 대전된 물체를 둘로 나누면 각 조각은 모두 양으로 대전된 상태를 그대로 유지한다.

남은 방정식들은 아주 흥미진진하다. 셋째는 패러데이법칙으로, 변하는 자기장이 어떻게 전기장을 만들어내는지를 보여준다. 여러분은 이 식이 내가 앞서 이야기한 발전기의 이론적 배경이란 점을 알 수 있을 것이다. 마지막 넷째는 앙페르법칙인데, 맥스웰은 이를 아주 중요한 방식으로 수정했다. 앙페르법칙의 본래 형태는 전류가 자기장을 만든다는 사실을 보여준다. 하지만 맥스웰은 그의 체계를 만들 때 변화하는 전기장도 자기장을 만들 수 있다는 사실을 고려하여 이를 수정했다.

맥스웰은 이 4가지 방정식을 이리저리 꿰맞추어 진공을 여행하는 전자기파의 존재를 예언했다. 나아가 그는 이 파동의 속도도 계산했다. 그런데 참으로 놀라운 것은 이 속도가 빛의 속도와 같다는 결론이었다. 다시 말해서 그는 빛도 전자기파의 일종이라고 결론지었다는 뜻이다!

앙페르와 패러데이와 맥스웰과 같은 과학자들은 자신들이 엄청난 혁명의 언저리에 와 있다는 사실을 깨달았다. 한 세기가 지나도록 많은 사람들이 전기를 이해하려고 노력해왔는데, 이제 바로 이 사람들이 계속 새로운 돌파구를 열어갔다. 나는 때로 이들이 밤에 어찌 잠을 이룰 수 있었을지 의아해한다.

맥스웰방정식은 1861년에 완성되었으므로 19세기 물리학의 정점을 이루는 위대한 성과였으며, 뉴턴과 아인슈타인의 사이에서 이루어진 모든 물리학적 성과들 가운데서도 가장 탁월하다. 다른 모든 심원한 발견과 마찬가지로 이 방정식도 근본적인 과학 이론들을 통합하는 장래의 노력에 새로운 방향을 제시해주었다.

맥스웰 이후 물리학자들은 자연계의 4가지 근본력, 곧 전자기력과 강력과 약력과 중력을 하나의 이론으로 통합하기 위하여 헤아릴 수 없는 노력을 쏟아왔다. 사실 아인슈타인도 생애의 마지막 30년을 중력과 전자기력을 통합하는 통일장이론unified field theory이라고 알려진 이론을 개발하는 데에 바쳤지만 실패로 끝나고 말았다.

하지만 통일을 향한 연구는 계속되었다. 압두스 살람Abdus Salam과 셸던 글래쇼와 스티븐 와인버그Steven Weinberg는 전자기력과 약력을 전자약력electroweak force으로 통합하는 이론을 개발하여 1979년에 노벨 물리학상을 공동으로 수상했다. 이어서 수많은 물리학자들이 전자약력과 강력을 통합하는 이론으로 흔히 GUT라고 줄여 부르는 대통일이론grand unified theory을 개발하는 데에 매진하고 있다. 이 수준의 통일을 이룬다면 이는 맥스웰의 업적에 버금가는 찬란한 위업으로 기록될 것이다. 나아가 언젠가 어디선가 어떤 한 물리학자가 여기에 중력까지 결합하여 많은 사람들이 만유의 이론이라고 부르는 것을 이룩하는 데에 성공한다면 물리학의 가장 거룩한 성배를 얻었다고 말할 수 있다. 한마디로 근본력의 통합은 참으로 원대한 꿈이다.

이 때문에 나는 전자기학 강좌를 진행하다가 맥스웰방정식의 가장 간결하면서도 위대한 절정을 한껏 만끽하게 되는 순간에 이르면 학생들에게 꽃을 나누어주고 이 방정식을 강의실 둘레의 벽에 빙 둘러 투영하면서 이 중대한 이정표를 드높이 찬양한다. 여러분이 조금만 견디고 나아가면 제15장에서 이에 대해 더 깊이 살펴볼 수 있다.

Chapter 9

에너지 보존

FOR THE LOVE
OF PHYSICS

9
에너지 보존

변 해 도   그 대 로

여러 해 동안 내가 했던 시범들 가운데 가장 인기 있는 것은 건물 철거구wrecking ball(건물 철거용 쇳덩이—옮긴이)가 지나는 길에 내 머리를 갖다 놓는 위험을 감수하는 것이다. 사실을 밝히자면 실제 건물 철거구보다는 작은 축소판이지만 그렇더라도 단언하건대 잘못하면 목숨이 쉽게 날아갈 수 있다. 실제의 공사장에서 쓰이는 것은 아마 1톤가량의 둥근 추이지만 내가 만든 것은 15kg 정도다. 나는 강의실의 한쪽 벽에 뒷머리를 대고 바짝 붙어 선다. 그리고 추를 손으로 들어 내 턱에 딱 닿을 정도로 끌어당긴다. 이제 추를 놓아야 하는데, 이때 나는 아주 작은 힘이라도 미는 힘이 절대로 가해지지 않도록 매우 조심해야 한다. 조금만 힘이 가해져도 나는 분명 부상을 당할 것이고, 어쩌면 죽을 수도 있다. 그래서 나는 학생들에게 소음 등의 작용으로 나의 주의를 흐트리지 않도록 부탁한다. 심지어 잠시 숨을 멈추도록 요구하기도 하는데, 자칫하면 내 마지막 강의가 될 수도 있기 때문이다.

고백하건대, 나는 이 시범을 하면서 추가 되돌아 올 때마다 아드레날린이 솟구치는 것을 느낀다. 물론 물리가 나를 구하리라고 확신하긴 하지만 추가 내 턱에 난 수염을 스칠 정도로 날아올 때까지 서 있으려면 혼비백산하지 않을 수 없다. 그래서 본능적으로 이를 악문다. 그리고 솔직히 말하자면 언제나 눈도 감고 만다! 아마 여러분은 도대체 이 양반은 무엇에 홀려서 이런 시범을 하는지 궁금해할 것이다. 그것은 바로 물리 전체를 통틀어 가장 중요한 개념, 곧 에너지보존법칙에 대한 나의 전적인 믿음 때문이다.

이 세상의 가장 놀라운 특징 가운데 하나는 에너지가 다른 형태로 변하고, 또 다른 형태로 변하고, 또 변해서, 심지어 다시 본래의 형태로 돌아올 수도 있다는 점이다. 에너지는 계속 변할 뿐 창조되지도 소멸되지도 않는다. 실제로 이런 변화는 언제나 일어나고 있다. 우리의 문명뿐 아니라 기술적으로 가장 낮은 수준의 문명도 여러 가지 다양한 방식으로 이 과정에 의존하고 있다. 가장 눈에 띄는 예로는 우리가 먹는 음식을 들 수 있다. 소화를 거치면 음식 속의 탄소에 들어 있는 대부분의 화학에너지는 세포 속에서 ATP$_{\text{adenosine triphosphate}}$ 라는 화합물로 바뀌어 여러 가지 일을 하는 데에 사용된다. 또한 캠프파이어를 할 때는 나무나 목탄 속의 탄소가 산소와 결합하면서 이에 저장된 화학에너지가 열과 이산화탄소로 바뀐다.

활의 시위를 당기면 우리 몸의 에너지는 활에 위치에너지로 저장되고 당긴 시위를 놓으면 화살을 공기 중으로 날려보내는 운동에너지로 바뀐다. 총의 경우에는 화약이 폭발할 때 그 안에 담긴 화학에너지가 급격히 팽창하는 가스의 운동에너지로 바뀌어 총알을 총구 밖으로 밀어낸다. 자전거를 탈 때는 아침이나 점심 때 먹은 음식에서 나온 화학에너지가 몸 속에서 ATP라는 다른 형태의 화학에너지로 바뀌어 페달을 밟게 만든다. 이때 우리 근육은 화학에너지를 사용하여 수축하면서 기계적 에너지를 발휘하여 페달을 민다. 차의 엔진을 켤 때는 배터리에 저장된 화학에너지가 전기에너지로 바뀐다. 이 전기의 일부가 실린더에서 휘발유와 공기의 혼합 가스를 태우며, 이로 인해 화학에너지가 방출된다. 이 에너지는 열로 바뀌고, 이 열에 의해 실린더 안에 있는 기체의 압력이 증가하며, 이로 인해 피스톤이 밀려난다. 피스톤은 이 힘으로 크랭크축을 돌리고, 이렇게 전달된 에너지는 변속기를 거쳐 바퀴를 돌린다. 휘발유에 들어 있던 화학에너지는 이 놀라운 과정을 거쳐 우리가 차를 몰도록 해준다.

하이브리드차는 부분적으로 이 역과정에 의존한다. 이 차는 달리다가 브레이크를 밟으면 운동에너지의 일부를 전기에너지로 바꾸어 배터리에 저장하고, 이는 나중에 모터를 돌려 차를 몰 때 쓰인다. 석유 보일러는 석유에 담긴 화학에너지를 열로 바꾸는데, 이 열은 난방기의 물을 데워 온도를 높이고, 이 물은 펌프에 의해 라디에이터로 보내진다. 네온사인에서는 네온 가스가 들어 있는 관을 따라 달리는 전하의 운동에너지가 가시광선으로 바뀐다.

이런 응용 사례들은 끝이 없는 것 같다. 원자로에서는 우라늄이나 플루토늄의 핵에 들어 있는 핵에너지가 열로 바뀌고, 이 열로 물을 수증기로 바꾸며, 이 수증기로 터빈을 돌려 전기를 만든다. 석유뿐 아니라 석탄이나 천연가스와 같은 화석연료에 들어 있는 화학에너지는 열로 바뀔 수 있는데, 발전소에서는 결국 이 열로 전기에너지를 생산한다.

여러분은 배터리를 만들어서 에너지 변환의 경이를 쉽게 체험할 수 있다. 배터리의 종류는 보통의 차나 하이브리드차에 있는 것부터 컴퓨터의 무선마우스나 휴대폰에 쓰이는 것 등등 아주 많다. 그런데 믿거나 말거나 감자와 동전과 못과 두 가닥의 구리선만 있으면 배터리를 만들 수 있다. 구리선은 15cm 정도가 적당하며 양쪽 끝의 절연피복은 미리 벗겨둔다. 먼저 두 구리선의 한 끝을 각각 못과 동전에 연결한다. 다음으로 못을 감자의 한쪽에 깊이 박고 반대쪽에 동전도 적당한 깊이로 밀어넣는다. 그런 다음 이 구리선의 다른 두 끝에 크리스마스트리를 장식할 때 쓰는 작은 전구를 갖다댄다. 그러면 불빛이 조금 반짝거릴 것이다. 만세! 유튜브에서는 이런 종류의 배터리들을 많이 찾아볼 수 있으므로 각자 더 시도해보기 바란다.

분명 에너지의 변환은 우리 주변에서 항상 일어나고 있지만 어떤 것들은 더욱 두드러진다. 직관에 가장 어긋나는 것의 하나는 이른바 중력위치에너지다. 일반적으로 정지한 물체에는 에너지가 없다고 여기지만 사실은 그 반대이며 어떤 경우에는 아주 많을 수도 있다. 중력은 물체를 언제나 지구의 중심으로 끌어당기려 하므로 모든 물체는 어떤 높이에서 떨어뜨리면 속도가 붙는다. 이 과정에서 물체는 중력위치에너지를 잃는 반면 운동에너지를 얻는다. 따라서 전체적으로 에너지는 창조되지도 소멸되지도 않는다. 한마디로 제로섬 게임이다! 질량이 m인 물체가 수직으로 h 만큼 떨어지면 위치에너지는 mgh 만큼 줄어들지만 운동에너지는 같은 정도로 늘어난다. 여기서 g는 중력가속도이고 그 값은 $9.8 m/s^2$

이다. 만일 물체를 수직으로 h만큼 들어올리면 그 중력위치에너지는 mgh만큼 늘어나지만 이 에너지는 우리가 일을 하면서 공급해야 한다.

바닥에서 2m 높이의 선반에 있는 1kg의 책이 바닥으로 떨어지면 그 중력위치에너지는 $1 \times 9.8 \times 2 = 19.6$ J(줄)만큼 줄어들지만 바닥에 닿는 순간 그 운동에너지는 19.6 J이 된다.

나는 중력위치에너지라는 이름이 아주 좋다고 여긴다. 다음과 같이 생각해보자. 위 예에서 책을 바닥에서 들어 선반에 올릴 경우 19.6 J의 에너지가 든다. 이게 에너지의 손실일까? 아니다! 그 결과 책은 바닥에서 2m 올라갔으므로 오늘이든 내일이든 내년이든 다시 바닥으로 떨어지면서 이만큼의 에너지를 우리에게 되돌려줄 '잠재력'을 가진 셈이다(위치에너지의 영어는 potential energy라고 하는데, 여기의 potential은 '잠재적인'이란 뜻이다. 다시 말해서 위치에너지는 다른 에너지로 변할 '잠재력'을 가진 에너지라는 뜻이다.—옮긴이). 책을 바닥에서 높이 올리면 올릴수록 잠재적으로 확보되는 위치에너지도 더 커진다. 하지만 그러기 위해 우리가 공급해야 할 에너지도 그만큼 많아진다.

화살을 쏘기 위해 시위를 당길 때도 비슷한 과정이 진행된다. 활에 저장된 에너지는 우리의 선택에 따라 잠재적으로 활용이 가능한 상태에 있으며, 결단을 내리면 위치에너지는 운동에너지로 바뀌어 화살을 날린다.

이제 무척 놀라운 사실을 담고 있는 간단한 방정식을 보자. 여기서 약간의 수학을 견뎌내면 여러분은 갈릴레오의 가장 놀라운 실험이 왜 성립하는지 알게 될 것이다. 전해오는 이야기에 따르면 갈릴레오는 무게, 따라서 질량이 서로 다른 두 공을 들고 피사의 사탑에 올라 낙하 속도가 질량과 무관하다는 사실을 보여주었다고 한다. 한편 뉴턴의 운동법칙에 따르면 움직이는 물체의 운동에너지 KE, kinetic energy 는 물체의 질량과 속도의 제곱에 비례하며 구체적으로는 $KE = mv^2/2$이 된다. 우리는 이미 물체의 중력위치에너지가 운동에너지로 바뀐다는 사실을 알고 있으므로 mgh는 $KE = mv^2/2$과 같다. 따라서 $mgh = mv^2/2$라는 식을 얻는다. 이 식의 양변을 m으로 나누면 이것이 사라지면서 $gh = v^2/2$라는 식이 된다. 그리고 분수를 없애기 위해 양변에 2를 곱해주면 $2gh = v^2$이 된다. 이는 갈릴레오가 실험하고자 했던 물체의 속도가 $2gh$의 제곱근과 같다는 뜻이다.* 이 식에서 질량이 완전히 사라졌다는 점을 주목하자! 질량은 말 그대로 아무런 요소가 아니며, 따라서 속도는 질량과 무관하다. 구체적인 예를 보자. 질량이 얼마이든 어떤 바위를 100m 높이에서 떨어뜨리면 저항을 무시할 경우 초속 45m의 속도로 땅에 부딪치는데, 시속으로는 약 160km다.

질량이 얼마이든 어떤 바위를 지구로부터 수십만 km 떨어진 곳에서 떨어뜨린다고 상상해보자. 이게 지구의 대기로 들어올 때의 속도는 얼마일까? 애석하게도 이 경우에는 위에서 보인 간단한 식을 쓸 수 없고 따라서 속도도 $2gh$의 제곱근이 아니다. 왜냐하면 중력가속도는 지구로부터의 거리에 강하게 의존하기 때문이다. 예를 들어 지구로부터 약 38만km 떨어진 달이 있는 곳에서 지구에 의한 중력가속도는 지구 표면 가까이에서보다 3,600배나 작다. 여러분이 믿어주기를 바라면서 계산 과정을

---

* 이 식을 쓸 때 g에는 9.8을 넣고 h는 미터(m) 단위로 하면 속도 v는 m/s로 나온다. 만일 h가 바닥에서 1.5m이면 물체는 바닥에 약 5.4m/s로 부딪치며 시속으로는 약 19km다.

생략하고 답을 바로 말하면 이는 시속 약 4만km에 이른다.

아마 여러분도 지금쯤 중력위치에너지가 천문학에서 얼마나 중요한지 이해할 수 있을 것이다. 제13장에서 다루겠지만 어떤 물체가 머나먼 거리에서 중성자성으로 떨어지면 초속 약 16만km로 충돌한다. 그렇다, 이 속도는 초속이다! 이 속도에서는 질량이 1kg밖에 되지 않는 돌멩이의 에너지도 무려 1.3경J(줄)이나 되며, 1천MW(메가와트) 규모의 큰 발전소가 반년가량 생산해내는 에너지에 해당한다.

서로 다른 에너지들끼리 변환될 수 있고 다시 원래의 에너지로 될 수 있다는 사실도 충분히 놀랍기는 하지만 더욱 놀라운 것은 전체 에너지에 아무런 이득도 손해도 없다는 점이다. 정말 경이롭게도 결코 없다! 그리고 바로 이 때문에 건물 철거구는 절대로 나를 죽일 수 없다.

15kg의 공을 내 턱으로 당겨서 수직 거리 h만큼 올리면 중력위치에너지는 mgh만큼 증가한다. 이 공에서 손을 놓으면 중력 때문에 강의실을 가로질러 진동하면서 mgh는 운동에너지로 바뀐다. 여기서 h는 내 턱과 공이 가장 낮은 위치에 있을 때 사이의 수직 거리다. 공이 흔들리다가 이 가장 낮은 위치에 이르면 운동에너지는 mgh가 될 것이다. 그리고 이 점을 지나 큰 원호를 그리면서 다시 최고점에 이르면 운동에너지는 모두 위치에너지로 바뀐다. 따라서 공은 이 최고점에 이르면 잠시 멈추게 된다. 운동에너지가 없으면 운동도 없기 때문이다. 하지만 이는 순간에 불과하며, 이때가 지나면 공은 내려가면서 위치에너지가 다시 운동에너지로 바뀐다. 이와 같은 운동에너지와 위치에너지의 합을 역학에너지 mechanical energy 라고 부른다. 이 경우 공기의 저항과 같은 마찰이 없다면 전체 역학에너지는 불변이며, 다시 말해

서 보존된다.

이는 공이 애초에 놓았을 때의 위치보다 더 높이 올라가지 못한다는 뜻이다. 그 경로를 따라 외부에서 여분의 힘이 가해지지 않는 한 말이다. 이 실험에서 공기의 저항은 나의 안전벨트다. 그 덕분에 공이 가진 역학에너지의 아주 미세한 일부가 열로 바뀌어 사라진다. 그래서 공이 다시 돌아올 때는 내 턱으로부터 불과 3mm쯤에서 멈추는데 이 장면은 8.01 강좌의 11번째 강의에서 볼 수 있다. 수전은 이 시범을 세 차례 보았으며, 그때마다 부르르 떨었다. 사람들은 내가 연습을 많이 했는지 물어보곤 한다. 그때마다 나는 다음과 같이 사실대로 말한다. "나는 에너지의 보존을 100% 확신하므로 굳이 연습할 필요가 없죠."

하지만 공을 놓을 때 자칫 미세한 힘이라도 더한다면 어떻게 될까? 예를 들어 공을 놓을 때 마침 기침을 하게 되어 공을 약간 더 세게 민다면 어떨까? 그러면 공은 예상 위치보다 조금 더 올라와 나의 턱을 부수고 말 것이다.

에너지보존법칙의 발견은 19세기 중엽 영국의 한 양조업자의 아들 제임스 줄 James Joule 이 행한 연구에서 주로 유래했다고 말할 수 있다. 그의 업적은 에너지의 본질을 이해하는 데에 매우 중요했기에 에너지의 단위는 그의 이름을 따서 줄(J)joule 로 부른다. 그의 아버지는 줄과 줄의 형을 유명한 실험과학자 존 돌턴 John Dalton 에게 보내 함께 연구하도록 했다. 돌턴은 줄을 아주 잘 가르쳤다. 줄은 아버지의 양조업을 물려받은 뒤 지하실에서 많은 혁신적인 실험을 했으며, 이를 통해 전기와 열과 역학에너지의 특성을 이해하는 데에 필요한 독창적인 방법을 개발했다. 그의 발견 가운데 하나는 도체에 전류를 흘리면 열이 발생한다는 것이다. 그는 이를 분석하기 위해 여러 물질들로 만든 코일을 하나씩 물병에 넣고 전류를 통해 온도의 변화를 측정했다.

줄은 열이 에너지의 일종이라는 근본적 통찰을 얻어냈으며, 이에 의해 그때까지 오랫동안 널리 받아들여졌던 열에 대한 이해가 허물어졌다. 당시에 열은 유체의 일종으로 여겨졌고 칼로릭 caloric 이라고 불렸는데, 여기서 오늘날 우리가 쓰는 열량 단위의 이름 칼로리 calorie 가 유래했다. 이에 따르면 열이라는 유체는 농도가 높은 곳에서 낮은 곳으로 흐르고 창조되거나 파괴되지 않는다. 하지만 줄은 열이 여러 가지 방법으로 만들어진다는 사실에 주목하여 그 본질이 유체와 다르다고 주장했다. 예를 들어 그는 폭포수의 온도가 위쪽보다 아래쪽이 더 높다는 사실을 발견하고 그 높이 차이에 해당하는 중력위치에너지의 일부가 폭포의 아래에서 열로 바뀐다고 결론지었다. 그는 또한 물통 속의 물을 물갈퀴로 젓는 유명한 실험에서 물의 온도가 올라가는 현상을 관찰했으며, 1881년에는 물갈퀴의 운동에너지와 발생하는 열 사이의 변환 관계를 놀랍도록 정확히 측정하는 데에 성공했다.

이 실험에서 줄은 옆의 그림과 같이 물이 담긴 통에 물갈퀴가 달린 축을 세우고 외부로 연장된 축에 밧줄을 감았으며 도르래를 거쳐 수직으로 늘어뜨린 밧줄의 다른 쪽 끝에는 추를 매달았다. 이 추가 내려가면 축을 감은 밧줄이 풀리면서 통 속의 물에 잠긴 물갈퀴가 돌아간다. 좀 더 정확히 분석해보자. 그가 밧줄에 연결된 질량 m의 추를 수직 거리 h만큼 떨어뜨리면 위치에너지의 변화는 mgh 다. 그러면 물갈퀴는 이만큼의 운동에너지를 발휘하고 이는 마찰에 의해 열로 바뀌어 물의 온도를 높인다. 이 장치의 그림은 다음과 같다.

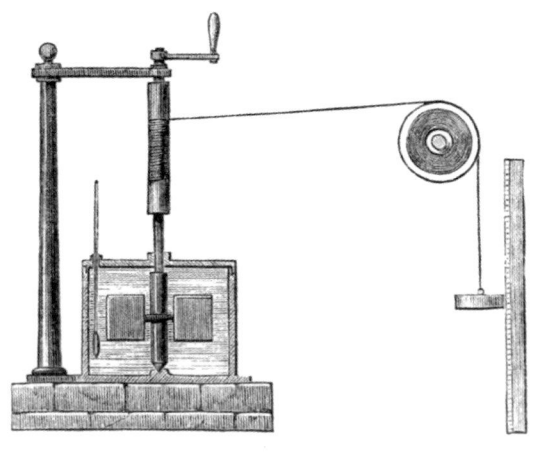

이 실험이 탁월하다고 인정받는 이유는 줄이 이를 통해 물로 전해지는 에너지의 양을 정확히 계산해낼 수 있었다는 점인데, 그 값은 mgh다. 이 실험에서 밧줄에 매달린 추는 물이 물갈퀴의 회전을 방해하므로 아주 천천히 내려온다. 그러므로 추가 땅에 닿을 때의 운동에너지는 무시해도 좋을 만큼 작다. 다시 말해서 추가 가진 중력위치에너지는 사실상 모두 물에 전달된다.

1J은 어느 정도일까? 1kg의 물체를 0.1m 떨어뜨리면 그 운동에너지는 mgh만큼 증가하는데 이게 바로 약 1J이다. 이렇게 보면 1J은 얼마 되지 않는 것 같다. 하지만 그 양은 아주 빠르게 늘어날 수 있다. 야구공을 최고 시속 160km로 던지는 메이저리그 투수가 있다고 하자. 이런 속도로 던지려면 그는 약 140J의 에너지가 필요한데, 이는 14kg의 사과 박스를 1m 들어올리는 데에 필요한 에너지와 같다.*

140J의 에너지가 밀집된 상태로 빠르게 우리를 덮치면 죽을 수도 있다. 하지만 한두 시간에 걸쳐 덮친다면 알아차리지도 못할 것이다. 또한 이만큼의 에너지를 베개에 실어 때리더라도 죽지는 않는다. 하지만 야구공이나 돌멩이나 총알에 집중되어 짧은 시간에 발휘된다면 이야기가 달라진다.

다시 건물 철거구로 돌아가자. 1톤의 철거구를 수직으로 5m만큼 떨어뜨렸다고 하자. 그러면 $mgh = 1{,}000 \times 10 \times 5 = 50{,}000 J$의 위치에너지가 운동에너지로 바뀐다. 이는 상당한 강타이며 특히 아주 짧은 시간에는 더욱 그렇다. 여기에 운동에너지의 식을 적용하면 속도도 구할 수 있다. 이 철거구가 가장 낮은 점에 이르면 초당 약 10m의 속도로 움직이는데, 시속으로는 약 35km이므로 1톤이나 나가는 철거구로서는 상당히 빠른 속도라고 말할 수 있다. 이 정도의 에너지가 발휘되는 모습은 다음의 놀라운 동영상에 잘 나타나 있다. 여기에는 맨해튼의 공사장에서 한 미니밴이 철거구에 맞아 마치 장난감처럼 날아가는 모습이 담겨 있다. www.lionsdenu.com/wrecking-ball-vs-dodge-mini-van/

우리는 얼마나 많은 음식 에너지가 필요한가?

인류 문명을 유지해주는 에너지의 변환이 행하는 놀라운 위업은 일상의 가장 기본적인 과정에 필요한 에너지의 양을 생각해봄으로써 쉽게 이해

---

* 물리에서 흔히 그렇듯 계산을 간단히 하기 위해 여기서는 g의 값을 $10 m/s^2$으로 간주했다.

할 수 있다. 예를 들어 사람의 몸에서 하루에 발생되는 열량은 약 천만 J 정도다. 열병에 걸리지 않았다면 우리 몸의 체온은 37°C가량이며, 이 열은 적외선으로 방출되는데, 그 속도는 초당 100J 정도다. 그런데 이 방출률은 공기의 온도나 몸의 크기에 달려 있으며, 몸이 큰 사람일수록 초당 방출하는 에너지도 크다. 이는 전구가 방출하는 에너지와 비교해 볼 수 있다. 1W는 초당 1J의 에너지가 방출된다는 뜻이므로 초당 100J의 에너지가 나오면 100W에 해당한다. 따라서 에너지의 방출률로 보면 사람들은 대략 100W의 전구와 같다. 하지만 사람의 몸은 전구보다 훨씬 크므로 전구만큼 뜨겁게 느껴지지 않는다. 전기담요의 방출률은 50W에 불과한데, 이 사실로부터 이미 짐작하겠지만, 겨울에 침대에서 전기담요를 쓰는 것보다 다른 사람과 함께 있는 게 훨씬 아늑하게 느껴질 것이다.

에너지에 대한 단위는 열 가지가 넘는다. 에어컨에서는 BTU British thermal unit, 전기요금에서는 킬로와트시 kWh, 원자물리학에서는 전자볼트 eV, 천문학에서는 에르그 erg와 같은 단위들이 쓰인다. BTU는 약 1,055J, kWh는 3.6×10^6 J, eV는 1.6×10^{-19} J, 에르그는 10^{-7} J이다. 우리에게 낯익으면서도 중요한 단위 가운데 하나로 칼로리 cal가 있는데, 1 *cal*는 약 4.2J이다. 따라서 매일 1천만 J가량을 발생하는 우리 몸의 경우 200만 *cal*를 조금 넘는 열을 내놓는 셈이다. 하지만 이게 말이 되는가? 우리는 매일 겨우 2천 *cal* 정도밖에 먹지 않는다고 하는데 말이다. 그 이유는 식품에서 쓰이는 칼로리는 사실 위에서 말하는 칼로리의 1,000배인 킬로칼로리(kcal)를 뜻하기 때문이다. 그래서 혼동을 방지하기 위해 식품에서의 칼로리는 대문자 C를 써서 Cal로 쓰기도 한다. 이렇게 하는 까닭은 본래의 칼로리가 물 1g을 1°C 높이는 데에 필요한 열량이라는 너무 작은 단위여서 불편하기 때문이다. 그러므로 매일 1천만 J의 에너지를 방출하려면 대략 2,400kcal 또는 2,400Cal의 식품을 먹어야 한다. 만일 이보다 훨씬 많이 섭취하면, 글쎄, 조만간 대가를 치러야 한다. 여기의 수학은 아주 냉정하다. 하지만 그럼에도 많은 사람들은 이를 무시하려 한다.

날마다 행하는 모든 신체적 활동은 어떤가? 이에 대한 연료도 섭취해야 하지 않은가? 예를 들어 계단을 오르내린다든지 집 주위를 어슬렁거린다든지 청소기를 끌고 다닌다든지 하는 활동들에 대해서는 어떤가? 알다시피 집안일은 아주 힘들 수 있고 따라서 우리는 막대한 에너지를 쓸 것 같다. 그렇지 않은가? 음, 나는 이에 대한 답변을 듣고 여러분이 놀랄까 걱정된다. 사실 아주 실망스럽다. 우리가 일상생활에서 영위하는 활동은 당혹스러울 정도로 적은 에너지를 소모할 뿐이다. 따라서 그 에너지 양은 체육관에 가서 매우 힘든 운동을 하지 않는 한 음식의 열량 계산을 할 때 완전히 무시해도 좋을 정도에 불과하다.

여러분이 4층의 사무실까지 가는 데에 엘리베이터를 이용하는 대신 계단으로 간다고 생각해보자. 나는 많은 사람들이 계단을 이용하면서 일종의 자부심을 느낀다는 점을 알고 있다. 하지만 계산을 해보자. 4층까지의 계단을 오르면 10m쯤 높아지고 하루에 3번씩 오른다고 가정하자. 그리고 나는 여러분을 잘 모르지만 몸무게는 대략 70kg이라고 하자. 그러면 이 계단을 3번 오를 때 얼마나 많은 에너지가 소모될까? 나아가 정말 많은 자부심을 갖기 위해 하루에 5번 오른다고 해보자. 여러분은 정말 애를 쓰는 셈이다. 4층까지 하루에 5번이라니! 아무튼 여러분이 방출하는 에너지는 mgh인데 여기서 h는 1층에서 4층까지의 높이다. 그러면 70kg에 중력가속도의 대략적인 값으로 $10\,m/s^2$을 곱하고 그 결과에 다시 10m를 곱한다. 그런데 이런 일을 하루에 5번 하므로 다시 5를 곱한다. 그러면 최종 결과는 약 3만 5천 J이다. 이 값을 여러분의 몸이 하루에 방출하는 1천만 J의 열량과 비교해보라. 여러분은 이 보잘것없는 3만 5천 J 때문에 좀 더 먹어야 한다고 생각하는가? 잊는 게 좋다! 전체의 0.3%에 불과하여 사실상 아무것도 아니기 때문이다.

하지만 터무니없는 열량 소모 장비를 파는 상인들은 이런 사실에도 불구하고 열띤 상술을 편다. 오늘 아침만 해도 나는 우편 주문 카탈로그를 받았는데 거기에는 "입고 다니기만 해도 일상생활을 통해 저절로 감량이 된다"는 광고가 딸린 첨단 제품이 소개되어 있었다. 어쩌면 여러분은 팔과 다리에 이 무거운 제품을 걸치고 다니면 무거운 느낌이 들고 근육이 늘어나는 것 같아서 좋아할 수도 있다. 하지만 나로서는 이해하기 어려운 생각이며, 이런 자학적 도구로 상당한 감량이 된다는 예상은 버리는 게 좋다!

이쯤에서 예민한 독자는 계단을 5번 오르기만 할 뿐 내려오지 않을 수는 없다는 사실을 감지할 것이다. 올라갈 때 얻은 3만 5천 J의 에너지는 내려오는 동안 여러분의 근육과 신발과 바닥 등에서 열로 방출된다. 만일 뛰어내린다면 계단을 오르면서 비축했던 모든 중력위치에너지는 여러분의 몸에서 운동에너지로 바뀌어 아마 뼈를 한두 개쯤 부러뜨릴 것이다. 그러므로 올라갈 때 얻었던 3만 5천 J의 에너지를 내려오는 동안 유용한 형태로 돌려받지는 못한다. 물론 아주 정교한 장치를 쓴다면 일부는 예를 들어 전기와 같은 에너지로 되돌려받을 수 있는데, 이는 바

에너지 보존 | 253

로 하이브리드차에서 일어나는 현상과 같다.

다른 각도에서 보자. 이 계단 오르기를 약 10시간 동안 나누어 한다고 생각해보자. 예를 들어 아침에 한두 번, 낮에 한두 번, 그리고 저녁에 남은 횟수를 채운다. 그러면 10시간에 해당하는 3만 6천 초 동안 여러분은 약 3만 5천 J의 에너지를 발생시킨다. 그렇다면 이는, 섭섭할지 모르겠지만, 평균 1W도 되지 않는 정말 미미한 양에 지나지 않는다. 이것을 앞서 계산했던 초당 100J, 곧 100W의 에너지를 방출한다는 결과와 비교해보라. 이로부터 알 수 있듯 계단 오르기를 통해 날려보낼 수 있는 에너지는 무시할 정도다. 따라서 허리 사이즈를 줄이는 데에는 사실상 아무런 도움이 되지 않는다.

하지만 대신 1,500m의 산을 오른다면 어떨까? 그러자면 여러분은 일상적인 방출량 외에 약 100만 J의 에너지를 더 소모해야 한다. 그런데 100만 J의 에너지는 1천만 J에 비할 때 무시할 수준이 결코 아니다. 따라서 이런 산을 오른 뒤 배고픔을 느끼는 것은 당연하며, 이때는 정말로 음식을 보충해야 한다. 만일 이 산을 4시간 동안에 올랐다면 평균적으로 70W를 더 소모한 셈이고, 이는 분명 상당한 양이다. 그래서 이런 경우 몸은 우리의 뇌에게 "나는 더 먹어야 한다"라는 메시지를 강하게 보낸다.

어쩌면 여러분은 일상적인 1천만 J에 비해 10%의 에너지를 더 소모했으므로 평상시 먹는 양의 10% 정도, 곧 약 240cal 정도만 더 먹으면 될 것이라고 여길 수 있다. 100만은 1천만의 10%이니까 말이다. 하지만 꼭 그렇지는 않다. 이때 우리는 예상보다 좀 더 먹어야 하는데 이유는 직관적으로도 알 수 있다. 음식을 에너지로 바꾸는 우리 몸의 능력이 그다지 좋지 않기 때문인데, 과학적으로는 효율이 낮다고 말한다. 사람의 경우 이 효율은 평균적으로 40%가량이 최선이다. 다시 말해서 기껏해야 우리가 섭취하는 에너지의 40%가량만이 유용한 에너지로 바뀔 수 있다는 뜻이다. 나머지는 열로 달아나는데, 에너지는 보존되어야 하므로 어디로든 이런 식으로 방출되어야 한다. 따라서 등산이라는 취미를 유지하는 데에 필요한 100만 J의 추가 에너지를 공급하려면 약 600cal의 열량을 섭취해야 하는데, 이는 대략 하루에 한 끼를 더 먹는 것에 해당한다.

필요한 것을 어디서 얻을까?

일상생활에 필요한 에너지의 양은 놀랍다. 목욕에 필요한 물을 데우는 데에 들어가는 에너지를 계산해보자. 식은 아주 간단하다. kg으로 나타낸 물의 질량에 섭씨로 나타낸 온도 변화를 곱해주면 kcal로 나타내지는 열량이 나온다. 따라서 욕조에 약 100kg의 물이 들어가고 물의 온도를 50°C쯤 높인다면 약 5,000kcal의 열량이 필요하다. 바꿔 말하면 이 정도의 더운물을 만드는 데에 약 2천만 J의 에너지가 들어간다는 뜻이다. 목욕은 분명 즐겁지만 이처럼 상당한 에너지가 소모된다.

 놀라운 것은 미국에서 에너지가 너무 싸다는 점이다. 이런 정도의 목욕을 하는 데에 약 1.5달러밖에 들지 않는다. 200년쯤 전에는 나무로 목욕물을 데웠다. 장작 1kg의 에너지는 약 1,500만 J이므로 한 가족이 한 번 목욕을 하려면 장작 1kg에 담긴 에너지를 모두 빼내야 한다고 말할 수 있다. 그런데 현대적인 나무 난로의 효율은 약 70%이지만 200년 전에 쓰던 개방형 화덕이나 난로는 효율이 훨씬 낮아서 오래 가동해야 했을 것이므로 100kg의 물을 데우는 데에는 5~10kg가량의 나무가 필요했을 것이다. 그러므로 우리 조상들이 우리보다 훨씬 뜸하게 목욕하고, 목욕을 할 때면 같은 물을 한 가족이 모두 함께 사용했다는 것도 놀랄 일은 아니다.

오늘날 한 가정이 사용하는 에너지의 양을 파악하는 데에 도움이 되는 숫자들은 대략 다음과 같다. 실내난방기는 약 1천W를 소모한다. 다시 말해서 1시간에 360만 J을 쓴다는 뜻이며, 좀 더 익숙한 전기 단위로 말하면 1kWh에 해당한다. 추울 때 켜는 전기난로는 약 2,500W를 소모한다. 창문에 다는 에어컨은 보통 1,500W를 소모하지만 중앙집중형은 5~20kW가량을 쓴다. 180°C에서 전기오븐은 2kW를 쓰지만 식기세척기는 3.5kW가량을 쓴다. 여기에 한 가지 흥미로운 비교가 있다. 17인치 브라운관 모니터가 달린 탁상형 컴퓨터는 150~350W를 쓰지만 이 모니터와 컴퓨터가 대기 상태에 있을 때는 20W 이하밖에 소모하지 않는다. 낮은 쪽으로 보면 전자시계가 달린 라디오는 4W밖에 쓰지 않는다. 9V 알칼리 건전지에 담긴 에너지의 총량은 약 1만 8천 J로 약 5Wh에 해당하므로 이 건전지를 쓰면 이 라디오를 1시간 남짓 사용할 수 있다.

세계 인구는 65억이 넘고 해마다 약 5×10^{20}J의 에너지를 소모한다. 석유수출국기구OPEC가 석유금수조치를 취한 지 40년이 지났지만 아직도 85%의 에너지가 석탄, 석유, 천연가스 등의 화석연료에서 나온다. 미국의 인구는 3억을 약간 넘으므로 전 인류의 20분의 1에 불과하지만 에너지는 전 세계의 5분의 1을 소모한다. 미국인은 사실 에너지의 지나친 낭비자이며 이에 대해선 변명의 여지가 없다. 이는 내가 오바마 대통령이 노벨상을 받은 물리학자 스티븐 추Steven Chu를 에너지부의 장관으로 임명한 것을 기뻐하는 이유 가운데 하나다. 에너지 문제를 해결하려면 에너지의 과학에 주목할 필요가 있기 때문이다.

예를 들어 사람들은 태양에너지의 잠재력에 많은 희망을 걸고 있는데 나도 그 개발을 적극 찬성한다. 하지만 우리는 여기에 놓인 한계를 유의해야 한다. 태양이 탁월한 에너지 원천이란 점에는 논란의 여지가 없다. 태양은 4×10^{26}W, 곧 매초 4×10^{26}J의 에너지를 방출하는데, 대부분은 태양 광선 스펙트럼의 가시광선과 적외선 영역에 들어 있다. 지구와 태양 사이의 거리는 약 1억 5천만km이므로 그중 얼마가 지구에 오는지 계산할 수 있다. 그 값은 약 1.7×10^{17}W이므로 연간으로는 약 5×10^{24}J에 해당한다. 만일 구름이 없는 맑은 날에 $1m^2$의 판을 햇빛에 수직으로 놓으면 약 1,200W의 에너지를 받는다. 단 이때 햇빛 에너지의 약 15%는 지구의 대기에 의해 반사되거나 흡수된 것으로 계산했다. 따라서 대충 계산할 때는 맑은 날 햇빛에 수직인 $1m^2$의 판은 약 1,000W, 곧 1kW의 에너지를 받는다고 보면 된다.

태양에너지의 잠재력은 엄청난 것 같다. 전 세계의 에너지 수요를 감당하려면 $2 \times 10^{10} m^2$가 필요한데, 이는 그다지 크지 않은 나라인 내 조국 네덜란드의 다섯 배에 해당하는 넓이다.

하지만 문제가 있다. 하루에는 낮과 밤이 있다는 사실을 아직 고려하지 않았다. 곧 하루 내내 낮인 듯 계산했던 것이다. 또한 구름도 있다. 게다가 태양전지판을 고정식으로 만든다면 태양을 계속 수직으로 바라볼 수 없다. 지구상의 위치도 문제다. 적도 부근의 나라들은 북반구의 북쪽 또는 남반구의 남쪽에 있는 나라들보다 더 많은 태양에너지를 받으며 날씨가 다른 곳보다 더운 것도 이 때문이다.

다음으로 태양에너지를 붙잡을 태양전지의 효율을 고려해야 한다. 태양전지를 만드는 데에는 다양한 기술이 있고 또 계속 개발되고 있다. 하지만 아주 값비싼 물질로 만든 것을 제외하고 실용적인 실리콘으로 만든 것만 보면 최대 효율은 18%가량이다. 태양에너지를 전기에너지로 바꾸지 않고 바로 물을 데우면 효율은 훨씬 높아진다. 비교 삼아 석유보일러의 효율을 보면 그다지 신형이 아니더라도 75~80%는 쉽게 나온다. 그러므로 이런 제한 요소들을 모두 고려할 경우 필요한 넓이는 독일의 3배가 넘는 약 1조m^2에 이른다. 하지만 태양에너지를 전기로 바꿀 태양전지판들을 배열하고 건설할 비용을 아직 포함하지 않았다. 현재 태양으로부터 전기를 뽑아내는 비용은 화석연료로부터 뽑아내는 비용의 약 2배다. 이처럼 태양에너지를 전기에너지로 바꾸는 비용도 엄청날 뿐 아니라 이런 프로젝트를 추진할 기술이나 정치적 의지도 턱없이 부족하다. 태양에너지를 이용하는 방법이 성장하고는 있지만 세계 경제를 떠받드는 데에는 한동안 비교적 작은 역할밖에 하지 못한 이유가 바로 여기에 있다.

그러나 만일 지금 시작한다면 앞으로 약 40년에 걸쳐 엄청난 발전을 이룰 수도 있다. 2009년 국제에너지기구IEA와 국제환경보호단체인 그린피스는 정부가 충분한 보조금을 지원한다면 태양에너지가 2030년에는 전 세계 에너지 수요의 7%, 2050년에는 무려 25%를 감당할 수 있으리라고 예측했다. 몇 해 전 유명한 과학잡지 《사이언티픽 아메리칸》은 앞으로 40년 동안 4천억 달러 이상의 보조금과 현금 프로그램을 운용한다면 태양에너지는 미국 전기 수요의 69%, 전체 에너지 수요의 35%를 제공하게 될 것이라고 보았다.

풍력은 어떨까? 사실 인류는 풍력을 돛에 부는 바람을 이용한 때부터 지금까지 오랫동안 이용했다. 또한 풍차도 전기에너지보다 오랫동안 쓰였으며 어쩌면 1천 년도 넘을 것이다. 자연으로부터 에너지를 얻어 사람이 쓰는 여러 에너지로 바꾸는 원리는 변함이 없어서, 13세기의 중국이든 더 고대의 이란이든 12세기의 유럽이든 다를 게 없다. 이 모든 장소에서 풍차는 식수와 농사용 물을 긷거나 밀가루를 만들기 위해 낟알들을 큰 돌 사이에 넣고 갈거나 함으로써 사람이 해야 할 가장 힘든 일을 떠맡았다. 그러려면 바람은 전기를 만드는 것에 상관없이 우선 풍차를 돌려야 한다.

전기의 원천이 될 바람은 쉽게 얻을 수 있고 완전히 재생 가능하며 온실효과를 일으키는 기체를 전혀 배출하지 않는다. 2009년에 풍력에너지는 세계적으로 340 테라와트시 terawatt-hour 에 달해 전 세계 전기 수요의 약 2%를 공급했는데 1TW(테라와트)는 1조W를 가리킨다. 풍력에너지의 이용은 또한 빠르게 증가하고 있으며, 지난 3년 동안 2배나 늘었다.

핵에너지는 어떤가? 이는 우리가 흔히 알고 있는 것보다 훨씬 많다. 사실 우리 주위에 언제나 맴돌고 있다. 유리창에는 방사능을 가진 칼륨-40이 들어 있고 반감기는 120억 년이나 되는데, 지구의 핵은 이것이 붕괴하면서 만들어내는 에너지 덕분에 데워진다. 대기중의 모든 헬륨은 지구에서 자연적으로 나타나는 동위원소들의 방사성붕괴에 의해 만들어졌다. 우리가 알파선이라고 부르는 것은 사실 더 크고 불안정한 원자핵에서 방출되는 헬륨의 원자핵이다.

나는 아주 특별하고도 많은 피에스타Fiesta 세트를 갖고 있는데, 이는 1930년대부터 미국에서 설계 및 제작된 접시, 사발, 반찬그릇, 컵 등의 식기류를 가리킨다. 나는 그 접시들 중 몇 개를 가져와 수업하면서 학생들에게 보여주기를 좋아한다. 그런데 '피에스타 레드Fiesta red'라고 부르는 오렌지색의 접시에는 도자기에 바르는 유약의 흔한 성분 가운데 하나인 산화우라늄이 함유되어 있다. 이 접시에 방사선 탐지 장치 가이거 계수기를 가까이 가져오면 삐삐 소리가 빠르게 울려나온다. 접시 안의 우라늄이 핵분열이라 부르는 과정을 통해 감마선을 방출하기 때문인데, 핵분열은 원자로를 가동시키는 것과 똑같은 과정이다. 이 시범이 끝난 뒤 나는 언제나 학생들을 우리 집의 저녁식사에 초대하지만 기이하게도 지금껏 아무도 응낙하지 않았다.

우라늄-235와 같은 무거운 원자핵이 쪼개지는 핵분열에서는 막대한 에너지가 방출된다. 원자로에서는 이 연쇄반응이 제어된 상태로 진행되지만 원자폭탄에서는 폭발적으로 진행되어 엄청난 파괴를 초래한다. 매초 약 10억 J, 곧 약 1천MW의 전력을 생산하는 원자력발전소는 우라늄-235의 원자핵을 매년 약 10^{27}개가량 소모하는데, 이는 우라늄-235 약 400kg에 해당한다.

그런데 자연계에서 발견되는 우라늄은 99.3%가 우라늄-238이고 우라늄-235는 0.7%에 불과하다. 따라서 원자력발전소는 농축우라늄을 쓰는데, 그 농도는 경우에 따라 다르지만 대개 5%가량이다. 다시 말해서 원자력발전소에서 쓰는 우라늄 연료 막대에는 우라늄-235가 0.7%

대신 5%가량이 들어 있다는 뜻이다. 그러므로 1천MW의 원자력발전소는 매년 약 8,000kg의 우라늄을 소모하며, 그중 약 400kg이 우라늄-235다. 참고로 1,000MW를 생산하는 화석연료 발전소는 석탄으로 환산하면 매년 약 50억kg을 소모한다.

 우라늄을 농축하려면 수천 대의 원심분리기가 필요하므로 비용이 많이 든다. 원자폭탄에 사용할 정도의 것은 우라늄-235의 농도가 적어도 85%는 되어야 한다. 이제 여러분은 입증할 수 없는 상황에서 분명하지 않은 수준으로 우라늄을 농축하는 나라들에 대해 많은 나라들이 우려하는 까닭을 이해할 수 있을 것이다!

 원자력발전소에서는 제어된 연쇄반응에서 발생된 열로 물을 수증기로 바꾸며, 이 수증기는 증기터빈을 돌려 전기를 만든다. 원자력을 전기로 바꾸는 원자력발전소의 효율은 약 35%다. 원자력발전소가 1,000MW를 생산한다는 기사를 보면 여러분은 이것이 생산하는 총 에너지가 1,000MW이고 그중 3분의 1은 전기가 되지만 3분의 2는 열로 낭비된다는 뜻인지 아니면 생산하는 전기에너지가 1,000MW이고 총 에너지는 약 3,300MW인지 궁금할 것이다. 그 차이는 결코 작지 않기 때문이다! 어제 나는 이란이 머지않아 1,000MW의 전력을 생산할 원자력발전소를 가동할 것이라는 뉴스를 보았는데, 여기에는 혼동의 여지가 없다!

 지구온난화에 대한 우려가 지난 몇 년 사이에 극적으로 높아짐에 따라 원자력에너지의 선택 여부가 다시 쟁점으로 떠오르고 있다. 화석연료를 태우는 발전소들과 달리 원자력발전소는 온실가스를 거의 배출하지 않는다. 미국의 원자력발전소는 이미 100곳이 넘고 미국 전체 전기에너지의 약 20%를 생산하고 있는데, 프랑스는 75%가 넘으며, 전 세계적으로는 15%가량을 차지한다.

  원자력발전소에 대한 정책은 나라마다 다르지만 더 많이 건설하려면 엄청난 정치적 노력이 필요하다. 스리마일 섬Three Mile Island과 체르노빌Chernoby, 그리고 일본에서 발생한 악명 높은 사고로 인해 원자력발전소에 대한 공포가 널리 퍼져 있기 때문이다. 게다가 건설 비용이 아주 비싸기도 하다. 미국의 경우 발전소당 50억~100억 달러로 보지만 중국은 20억 달러가량이다. 끝으로 원자력발전소에서 나오는 방사능이 강한 폐기물은 심각한 기술적 및 정치적 과제로 남아 있다.

  지구에는 아직 막대한 화석연료가 있다. 그러나 우리는 자연이 만들어내는 것보다 훨씬 빠른 속도로 소모하고 있다. 게다가 세계 인구는 계속 증가하고 있고, 에너지가 많이 소모되는 개발이 중국이나 인도처럼 인구가 가장 많은 나라들에서 매우 빠른 속도로 진행되고 있다. 따라서 우리는 심각한 에너지 위기를 맞고 있으며 이를 피해갈 길은 사실상 없다. 그렇다면 과연 어찌해야 할까?

  글쎄, 우선 무엇보다 중요한 것은 날마다 우리가 에너지를 얼마나 쓰는지 그리고 얼마나 줄일 수 있는지에 좀 더 관심을 가져야 한다는 점이다. 나는 나의 에너지 소비량이 사뭇 적다고 생각한다. 하지만 그래도 미국에 살고 있기에 틀림없이 세계의 평균보다 네댓 배 이상 소모할 것이다. 나는 전기를 쓰고, 물을 데우고 난방을 하고 요리를 하는 데에 가스를 쓴다. 나는 내 차를 많이 타지는 않지만 아무튼 휘발유를 소모한다. 이것들을 모두 더하면 나는 2009년의 경우 날마다 평균적으로 약 1억J을 소모하는데, 이는 약 30kWh에 해당하고, 그 절반가량은 전기에너지다. 바꾸어 말하면 약 200명의 노예가 날마다 12시간씩 마치 개처럼 나를 모시는 데에 드는 에너지와 같다. 생각해보라. 고대에는 가장 부유한 왕족들만 이렇게 살았다. 우리는 얼마나 놀랍도록 호사스런 시대에 살고 있는가! 200명의 노예들이 날마다 12시간씩 쉬지도 않고 내가 이렇게 살 수 있도록 도와주고 있다니 말이다. 그런데 360만 J에 해당하는 1kWh의 전기를 위해 나는 고작 25센트밖에 내지 않는다. 가스와 휘발유의 에너지당 단가도 비슷한데, 이 모두를 합하여 내가 내는 비용은 매달 225달러가량이다. 따라서 200명의 노예들이 매달 겨우 약 1달러씩 받으면서 나를 섬기는 셈이다! 따라서 우리의 의식 전환이 필수적이다. 하지만 이런 이야기는 이쯤만 해두자.

백열등 대신 소형형광등 CFL, compact fluorescent light 과 같은 에너지 절약형 제품을 쓰면 큰 효과를 볼 수 있다. 실제로 나는 이를 통해 아주 극적인 결과를 얻었다. 케임브리지에 있는 내 집에서는 2005년과 2006년에 각각 8,860과 8,317kWh의 전기를 썼다. 이는 조명과 에어컨과 세탁기와 건조기에 쓴 것이며, 난방과 온수와 요리는 가스로 한다. 2006년 12월 중순쯤 뉴제너레이션에너지 New Generation Energy 라는 회사를 설립한 나의 아들 척은 내게 놀라운 선물을 했다. 집에 있던 75개의 백열등을 모두 소형형광등으로 바꾸었던 것이다. 그랬더니 우리 집의 전기 소비량은 극적으로 떨어져 2007년과 2008년에 각각 5,251과 5,184kWh에 불과했다. 이렇게 전기 소비량이 40%가 줄어드니 해마다 내는 돈이 850달러나 절약되었다. 미국의 경우 주택과 상업용 전기의 각각 12%와 25%가 조명에 쓰이므로 이는 분명 우리 모두가 나아갈 길이다!

이런 취지를 좇아 2007년 오스트레일리아 정부는 나라 안의 모든 백열등을 형광등으로 바꿀 계획을 수립했다. 그렇게 하면 오스트레일리아

에너지 보존

전체의 온실가스 배출이 크게 줄어들 뿐 아니라 내 경우에서 보았듯 각 가정의 에너지 비용도 크게 절감될 것이다. 하지만 해야 할 일은 아직도 많다.

나는 인류가 삶의 질을 현재처럼 유지하면서 생존해갈 유일한 길은 핵융합을 믿을 만하고 진지한 에너지 원천으로 개발하는 것이라고 믿는다. 핵융합은 핵분열과 다르다. 핵분열은 우라늄이나 플루토늄과 같은 원자의 핵이 쪼개지면서 에너지를 내놓는 것이고, 현재의 원자력발전소는 이 에너지로 원자로를 운행한다. 반면 핵융합에서는 수소의 원자핵들이 합쳐져 헬륨을 만들면서 에너지를 내놓는다. 핵융합은 별들이 내뿜는 에너지의 원천이며 폭탄으로는 이미 이용되고 있다. 핵융합의 단위 질량당 에너지 방출량은 물질과 반물질이 충돌하는 것을 제외하고는 가장 높은데, 물질-반물질의 충돌은 우리가 사용할 에너지의 원천이 될 가능성이 없다.

상당히 복잡한 이유 때문에 수소의 동위원소들 가운데 중수소와 삼중수소만 핵융합 반응로에 적합하다. 원자핵에 양성자와 중성자를 하나씩 가진 중수소는 쉽게 구할 수 있다. 지구에 있는 수소들의 약 6천 개마다 하나가 중수소이기 때문이다. 대양의 바닷물 부피는 약 10억 km^3에 이르므로 중수소의 공급은 사실상 무한대나 같다. 삼중수소는 지구에서 자연적으로 나오지 않고 반감기가 12년에 불과하지만 핵반응로에서 쉽게 만들어진다.

진짜 문제는 실제적으로 작동하고 제어할 수 있는 핵융합 반응로를 만드는 것이다. 사실 앞으로 과연 성공할 수 있을지는 아무도 모른다. 지구에서 수소 원자핵들이 융합하도록 하려면 약 1억°C의 높은 온도가 필요한데, 이는 별의 중심부 온도와 맞먹는다.

과학자들은 핵융합에 대해 오랫동안 열심히 연구해왔다. 나아가 나는 갈수록 많은 나라들이 에너지 위기를 절감함에 따라 과학자들도 더욱 열심히 매진하리라고 본다. 정말 이는 큰 문제다. 하지만 나는 낙관론자다. 나의 인생을 돌이켜볼 때 나의 연구 분야에서 우주에 대한 우리의 관념을 뒤엎는 참으로 놀라운 변화들을 목격했기에 더욱 그렇다. 예를 들어 예전의 우주론은 대부분 추측에 불과하고 과학적 근거는 조금뿐이었지만 이제는 진정한 실험과학의 한 분야가 되었으며 그 결과 우주의 기원에 대해 엄청난 지식을 얻게 되었다. 사실 오늘날 우리는 많은 사람들이 우주론의 황금기라고 부르는 시대에 살고 있다.

내가 엑스선 천문학을 시작했을 때 우리는 우주의 깊은 곳에 있는 엑스선의 근원을 겨우 10여 개쯤 알고 있었다. 하지만 지금은 수만 개가 넘는다. 50년 전에 오늘날 1.5kg 정도의 노트북 컴퓨터와 맞먹는 성능을 가진 컴퓨터를 만든다면 내 연구실이 있는 MIT의 건물 대부분을 차지했을 것이다. 50년 전에 천문학자들은 지상의 광학망원경과 전파망원경에 의지해야 했으며 오직 그것뿐이었다!

하지만 오늘날 우리는 허블우주망원경도 있고 엑스선관측위성도 있고 감마선천문대도 있으며, 심지어 중성미자천문대도 이용 및 건설하고 있다! 50년 전에는 빅뱅의 가능성이 여전히 의문이었다. 그러나 지금 우리는 빅뱅 이후 100만분의 1초가 지난 때의 우주는 어땠는지에 대해 이야기할 뿐 아니라 우리 우주를 창조한 폭발이 있은 후 5억 년이 지난 때인 130억 년 전에 생성된 천체들에 대해서도 상당한 확신을 갖고 연구하고 있다. 이처럼 방대한 발견과 변화를 배경에 두고 생각할 때 어찌 내가 과학자들이 핵융합의 제어라는 문제를 해결하지 못하리라고 예상할 수 있을까? 물론 나는 이 문제의 어려움이나 조속히 이루어야 할 중요성을 과소평가할 생각은 없다. 하지만 아무튼 단지 시간문제라고 믿는다.

외계에서 오는 엑스선

FOR THE LOVE
OF PHYSICS

10
외계에서 오는 엑스선

하늘은 주위의 세계를 이해하려 애쓰는 인류에게 밤낮으로 문제를 제기해왔으며 이는 물리학자들이 천문학에 매료된 이유 가운데 하나다. 우리는 "태양은 무엇인가?" "왜 움직이는가?"라고 묻는다. 그리고 달에 대해서는 "이것이 행성인가 별인가?"라고 묻는다. 우리 조상들이 행성과 별이 어떻게 다르다고 여기게 되었는지 생각해보자. 행성은 태양을 공전한다. 그 궤도는 관측되고 그려지고 설명되고 예측될 수 있다.

니콜라우스 코페르니쿠스Nicolaus Copernicus, 갈릴레오 갈릴레이, 티코 브라헤, 요하네스 케플러, 아이작 뉴턴을 비롯한 16~17세기의 위대한 과학자들은 밤하늘이 제시하는 이 신비들을 해결하기 위해 하늘을 쳐다봐야 했다. 갈릴레오가 그의 망원경을 흐릿한 점이나 마찬가지였던 목성으로 향했을 때 4개의 작은 달이 그 주위를 맴돌고 있다는 사실이 드러난 데에 대해 얼마나 흥분했을지 상상해보라! 반면 이와 동시에 밤마다 하늘을 수놓는 수많은 별들에 대해 너무나 모르고 있다는 사실을 깨닿고 느끼게 되었을 좌절은 또 어땠을까! 놀랍게도 고대 그리스의 데모크리토스Demokritos와 16세기의 천문학자 조르다노 브루노Giordano Bruno 등이 이미 별은 우리의 태양과 같은 것들이라고 주장했지만 이를 증명할 길은 알지 못했다. 어떻게 그럴 수 있을까? 왜 하늘에 떠 있을까? 얼마나 멀리 떨어져 있을까? 왜 밝기가 서로 다를까? 왜 색깔도 서로 다를까? 그리고 맑은 날 저녁에 지평선의 한 끝에서 다른 끝까지 펼쳐지는 넓은 빛의 띠는 무엇일까?

이후 천문학과 천체물리학의 이야기는 이런 의문들에 대한 답을 찾는 노력이었고 일부의 답을 얻은 뒤에는 또 새로운 의문들이 덧붙여졌다. 지난 약 400년 동안 천문학자들이 볼 수 있었던 것들은 물론 그들이 사용하는 망원경의 배율과 해상도에 달려 있었다. 그러나 하나의 위대한 예외는 티코 브라헤였다. 그는 아주 간단한 장비를 사용하여 맨눈으로 매우 상세한 관찰을 했는데, 그가 남긴 기록은 케플러에게 전해져 오늘날 '케플러의 법칙'이라고 부르는 3가지의 중요한 발견으로 이어졌다.

이 세월의 대부분에 걸쳐 인류가 가진 것은 광학망원경뿐이었다. 나는 이 말이 천문학자가 아닌 사람들에게 이상하게 들리리란 점을 알고 있다. '망원경'이라는 말을 들으면 여러분은 자동적으로 '렌즈와 거울이 달린 원통'이고 관측은 이를 통해 쳐다보는 것이라는 생각을 떠올릴 것이기 때문이다. 그런데 어떻게 망원경이 광학적이지 않을 수 있단 말인가? 2009년 10월 오바마 대통령이 백악관에서 천문학의 밤을 주최했을 때 뜰에 설치된 망원경들은 모두 광학망원경들이었다.

하지만 칼 얀스키Karl Jansky가 은하계에서 오는 라디오파를 발견한 1930년대 이후 천문학자들은 우주를 관측하는 전자기파의 영역을 계속 넓혀갈 길을 찾아왔다. 그들은 높은 진동수의 라디오파인 마이크로파는 물론 진동수 영역이 가시광선의 바로 아래에 있는 적외선과 바로 위에 있는 자외선, 그리고 이보다 높은 영역에 있는 엑스선과 감마선도 찾고 발견했다. 이런 전자기파들을 검출하려면 우리는 특별히 설계된 일련의 망원경들을 갖추어야 한다. 그중 어떤 것들은 엑스선과 감마선을 탐지하는 위성이기도 한데, 이런 장비들 덕분에 우리는 우주를 더 넓고 깊이 탐색하게 되었다. 오늘날에는 심지어 지하에 설치된 중성미자망원경도 있다. 그중 지금 남극에 설치되고 있는 것은 아주 적절하게도 아이스큐브_IceCube라고 불린다.

천체물리학에 몸담은 지난 45년 동안 나는 엑스선 천문학 분야에서 연구해왔다. 그리하여 새로운 엑스선원을 발견하고 서로 다르게 관측되는 수많은 현상들에 대한 설명을 개발했다. 이미 이야기했지만 내 연구 경력의 출발은 이 분야의 흥미롭고도 들뜬 초창기와 일치하며 이후 40년 동안 나는 그 치열한 활동의 중심부에 있었다. 엑스선 천문학은 나의 인생을 바꾸었는데 더욱 중요한 것은 천문학의 면모 자체를 일신했다는 점이다. 이 장과 이어지는 4개의 장에서는 과학적 경력의 전부를 엑스선 천문학에 바친 사람의 관점에서 이 분야에 대한 여행을 안내하고자 한다. 이를 위해 우선 엑스선 자체부터 살펴보자.

엑 스 선 은   무 엇 인 가 ?

'엑스선'이란 이름은 기이하게 들리는데 이는 방정식에서 미지수를 대개 x로 쓰는 데에서 유래된 듯하다. 하지만 엑스선은 단순히 전자기파의 일종으로 자외선과 감마선 사이에 있어서 우리의 눈에 보이지 않는 광자들로 이루어져 있다. 네덜란드와 독일에서는 엑스선이라 부르지 않고 1895년에 이를 발견한 독일 물리학자 빌헬름 뢴트겐Wilhelm Röntgen의 이름을 따서 뢴트겐선이라고 부른다. 엑스선도 빛의 스펙트럼에 있는 다른 전자기파들처럼 3가지의 서로 다르면서도 관련되어 있는 성질들로 구별한다. 첫째는 진동수로 초당 반복하는 횟수를 가리키며 단위는 이미 보았듯 Hz(헤르츠)다. 둘째는 파장으로 각 파동의 길이를 가리키며 단위는 nm(나노미터)를 쓴다. 끝으로 셋째는 에너지로 단위는 eV(전자볼트) 또는 그 1천 배인 keV(킬로전자볼트)를 쓴다.

간단히 다른 것과 비교해보자. 초록색의 빛은 파장이 약 500nm이므로 10억분의 500m가량이며 에너지는 약 2.5eV다. 그런데 에너지가 가장 낮은 엑스선의 파장은 약 12nm이고 그 광자의 에너지는 약 100eV이므로 초록색 빛의 에너지보다 40배쯤 높다. 그리고 에너지가 가장 높은 엑스선의 파장은 약 0.012nm이고 에너지는 약 100keV이므로 초록색 빛의 에너지보다 4만 배쯤 높다. 치과에서 쓰는 엑스선의 에너지는 약 50keV까지 올라간다. 전자기파 스펙트럼의 반대쪽을 보자. 미국의 라디오 방송국들이 쓰는 AM 대역의 진동수는 520~1,170㎑ 범위이므로 그 파장은 577~175m쯤이 되는데, 그 에너지는 초록색 빛보다는 10억 배 그리고 엑스선보다는 1조 배가량 약하다.

자연계에서는 엑스선이 여러 방법으로 만들어진다. 대부분의 방사성 원소들은 핵이 붕괴할 때 자연스럽게 엑스선을 방출한다. 이때 전자들은 높은 에너지 상태에서 낮은 에너지 상태로 떨어지며 그 차이에 해당하는 에너지가 엑스선 광자로 방출된다. 전자들의 에너지 레벨은 양자화되어 quantized 있으므로 이 광자들의 에너지도 똑똑 끊어진 상태로 나타난다. 한편 전자가 원자핵 주위를 고속으로 지날 때 방향이 바뀌면서 가졌던 에너지의 일부를 엑스선으로 내놓기도 한다. 이런 방식으로 방출되는 엑스선의 파장은 연속적인데, 어려운 독일어 이름이지만 브렘슈트랄룽 bremsstrahlung 이라고 부른다. 그러나 말 그대로 풀이하여 제동복사 制動輻射, braking radiation 라고 불러도 좋다. 이 현상은 천문학에서 매우 흔하며 많은 의료기기와 치과 장비들에서도 볼 수 있다. 다음 사이트에는 브렘슈트랄룽 방식으로 엑스선이 방출되는 것을 애니메이션으로 만든 동영상이 소개되어 있다. www.youtube.com/watch?v=3fe6rHnhkuY

의료기기들 가운데서도 에너지가 불연속적인 엑스선을 내놓는 게 있지만 일반적으로 연속적인 엑스선을 내놓는 브렘슈트랄룽 방식이 훨씬 많다. 높은 에너지를 가진 전자가 자기력선을 맴돌면 속력의 방향이 계속 바뀌므로 가진 에너지의 일부를 엑스선의 형태로 내놓게 된다. 이 현상은 싱크로트론복사 synchrotron radiation 라고 부르지만 자기브렘슈트랄룽 magnetic bremsstrahlung 이라고도 부르는데, 아래서 이야기할 게성운 Crab Nebula 에서 일어나고 있다.

고밀도의 물질이 수백만K(켈빈 온도)의 고온으로 가열될 때에도 엑스선이 방출될 수 있다. 제14장에서 보겠지만 이는 흑체복사 blackbody radiation 라고 부른다. 물질이 이토록 높은 온도로 가열되는 것은 극히 이례적인 경우로, 무거운 별들이 장엄한 폭발을 일으키며 죽어가는 현상을 가리키는 초신성폭발 또는 블랙홀이나 중성자성으로 기체가 매우 빠른 속도로 떨어질 때 일어난다. 이에 대해서는 제13장에서 더 자세히 이야기할 것을 분명히 약속한다! 예를 들어 태양의 경우 표면 온도가 약 6천K이므로 총 에너지의 절반보다 조금 적은 46%가 가시광선 그리고 나머지의 대부분은 적외선(49%)이나 자외선(5%)으로 방출된다. 다시 말해서 태양은 엑스선을 방출하기에는 온도가 너무 낮다. 그럼에도 불구하고 태양에서도 엑스선이 방출되기는 하는데 그 과학적 배경은 완전히 이해되고 있지 않으며, 에너지도 전체 복사 에너지의 100만분의 1가량에 지나지 않는다. 사람의 몸도 온도가 낮으므로 가시광선은 나오지 않고 적외선이 주로 방출된다(제9장 참조).

엑스선의 가장 흥미롭고도 유용한 성질의 하나는 피부와 같은 부드러운 조직보다 뼈와 같은 물질이 더 세게 흡수한다는 것이며, 이 때문에 우리 몸의 각 부위에 대한 엑스선 영상은 밝고 어두운 부분으로 나뉘어 나타난다. 또한 여러분은 엑스선 촬영을 할 때 필요한 부분 외에는 납이 든 장비를 걸쳐서 보호한다는 사실도 기억할 것이다. 엑스선을 불필요하게 많이 쬘 경우 암이 발생할 확률이 증가하기 때문이다. 이런 뜻에서 대기가 엑스선의 좋은 흡수제라는 점은 아주 다행스럽다. 해수면 부근에서는 에너지가 1keV 정도로 낮은 엑스선의 99%가 단지 1cm 정도의 공기로도 차단된다. 그러나 5keV쯤의 엑스선을 99% 차단하려면 약 80cm의 공기가 필요하다. 그리고 25keV나 되는 고에너지 엑스선을 같은 비율만큼 차단하려면 약 80m의 공기가 필요해진다.

엑 스 선   천 문 학 의   탄 생

여러분은 이제 1959년 브루노 로시가 외계에서 오는 엑스선을 관찰할 아이디어를 가졌을 때 대기권을 완전히 벗어난 곳으로 로켓을 올려보낼 생각을 했던 이유를 이해할 수 있을 것이다. 하지만 그의 아이디어는 황당했다. 태양계를 벗어난 곳에서 엑스선이 올 것이라고 여길 만한 이론적 근거는 어디에도 없었기 때문이었다. 그러나 로시는 과연 로시였다. 그는 자신의 제자로서 미국의 과학과 기술AS&E 이라는 연구 회사를 이끌고 있던 마틴 애니스와 동료 리카르도 지아코니를 찾아가 이 아이디어가 추구할 만한 가치가 있다고 설득했다.

지아코니와 그의 동료 프랭크 파올리니Frank Paolini는 엑스선을 검출할 수 있는 특별한 가이거뮐러관을 개발하여 이것을 로켓의 꼭대기 부분에 부착했는데, 이렇게 실은 것은 사실 모두 3개였다. 그들은 이를 광역검출기라고 불렀지만 당시에 광역이라는 말은 겨우 신용카드 크기의 영역을 가리킬 정도였다. AS&E 연구팀은 이 실험을 지원할 자금을 찾아나섰다. 하지만 나사는 그들의 제안을 거부하고 말았다.

지아코니는 제안을 수정하여 달도 연구 범위에 포함시켜 케임브리지 공군연구소AFCRL, Air Force Cambridge Research Laboratories 에 다시 제출했다. 이 논리에 따르면 태양의 엑스선은 달에 부딪혀 형광을 방출하는데, 이를 관찰함으로써 달 표면의 화학적 분석 능력을 증진시킬 수 있다고 한다. 그들은 또한 태양풍에 포함된 전자들이 달 표면에 부딪힐 때 일어나는 브렘슈트랄룽도 관측할 수 있으리라고 보았다. 햇빛 속의 엑스선이 약하더라도 달은 지구에 아주 가까우므로 이 현상들은 검출될 수 있을 것이라고 예상했다. 이런 수정은 효과적이었는데, AS&E는 이전부터 비밀로 분류된 것들을 포함한 몇 가지 다른 프로젝트들에 대해 공군으로부터 지원을 받고 있었으므로 어쩌면 심사원이 달에 대해 관심이 있다는 사실을 눈치채고 이렇게 수정했을 수도 있다. 그 상세한 내막이야 어떻든 AS&E의 새로운 제안은 결국 승인되었다.

1960년과 1961년에 실시된 두 번의 로켓 발사는 실패로 돌아갔다. 1962년 6월 18일에는 자정 바로 1분 전에 로켓의 발사가 이루어져 위에서 이야기한 태양계 외부에서 오는 엑스선과 달에서 오는 엑스선을 검출하는 임무를 수행하게 되었다. 이 로켓은 대기권의 영향을 벗어난 80km 상공에서 겨우 6분을 보내면서 가이거뮐러관으로 $1.5 \sim 6\text{eV}$의 에너지를 가진 엑스선을 관측했는데, 당시에 로켓으로 우주를 관측하는 것은 이 정도가 고작이었다. 다시 말해서 로켓은 대기권 밖으로 나가 하늘을 5~6분 정도 관측한 뒤 다시 지상으로 되돌아왔다.

그런데 참으로 놀라운 일은 엑스선을 곧바로 검출했다는 사실이었다. 게다가 이는 달도 아니고 태양계도 아니고 이를 벗어난 다른 어딘가에서 오는 것이었다.

깊은 우주 공간에서 엑스선이 온다고? 왜? 이 발견을 아무도 이해하지 못했다. 이 탐사가 있기 전에 엑스선을 방출하는 별은 단 하나밖에 몰랐는데 그것은 바로 태양이었다. 하지만 천문학적 규모에서 보자면 바로 옆 골목이나 다름없는 10광년의 거리에 태양을 둔다면 이로부터 오는 엑스선의 세기는 이 역사적인 탐사에 실린 장비가 검출할 수 있는 한계의 100만분의 1에도 미치지 못할 것이다. 이는 누구나 알고 있는 사실이었다. 따라서 검출된 엑스선을 방출하는 원천은 그 정체가 무엇이든 거리가 아주 가깝지 않는 한 적어도 태양보다 100만 배가 넘는 세기의 엑스선을 내뿜어야 한다. 하지만 태양보다 적어도 100만 또는 10억 배 이상의 엑스선을 방출하는 천체에 대해서는 말 그대로 아무도 들어본 적이 없다. 나아가 그런 천체를 묘사하는 과학적 이론도 없다. 요컨대 이 발견은 하늘에서 벌어지는 완전히 새로운 현상에 대한 것이었다.

과학의 완전히 새로운 분야인 엑스선 천문학이 1962년 6월 18~19일 사이의 밤에 태어났던 것이다.

천체물리학자들은 이렇게 발견된 엑스선원X-ray Source이 정확히 어디이며 다른 원천들도 있는지 알아보기 위해 검출기를 갖춘 로켓들을 잇달아 올려보냈다. 그런데 관측된 천체들의 위치에는 언제나 어느 정도의 오차가 있다. 따라서 천문학자들은 '오차상자error box'라고 부르는 가상의 상자를 하늘에 설정하고 그 변들을 °(도), ′(분), ″(초)의 단위로 나타낸다. 보통 이 상자는 목표로 삼은 천체가 그 안에 들어갈 확률이 90%가 되도록 충분히 크게 설정한다. 천문학자들은 이 상자에 집착하는데 그 이유는 명백하다. 이 상자가 작을수록 천체의 위치가 정확해지기 때문이다. 그럴 경우 엑스선을 내뿜는 천체를 광학적으로도 찾기가 쉬워지므로 그 한계는 엑스선 천문학에서 특히 중요하다. 다시 말해서 오차상자를 정말로 작게 하는 게 중요한 과업이다.

에딘버러대학교University of Edinburgh의 앤디 로렌스Andy Lawrence 교수는 e-천문학자e-Astronomer라는 이름으로 천문학 블로그를 개설했다. 그는 언젠가 여기에 수백 개에 이르는 엑스선원들의 위치를 나타낸 그림을 보면서 학위논문을 쓰던 시절의 감상을 올렸다. "어느 날 밤 나는 내가 오차상자가 된 꿈을 꾸었다. 하지만 내가 품고 있어야 할 엑스선원은 찾지 못했고, 놀라서 땀에 젖은 채 깨어났다." 여러분은 그 기분을 이해할 수 있을 것이다!

리카르도 지아코니, 허브 거스키Herb Gursky, 프랭크 파올리니, 브루노 로시가 발견한 엑스선원의 오차상자는 10°×10°, 곧 100제곱도 정도였다. 이를 태양의 크기가 0.5°쯤이라는 점과 비교해보라. 엑스선원의 위치를 발견할 불확실성의 넓이는 태양이 500개 모여 있는 곳의 넓이와 같다! 이 상자는 전갈자리Scorpio와 수준기자리Norma를 품고 있고 제단자리Ara의 가장자리에 닿아 있다. 따라서 엑스선원이 어느 자리에 있는지를 명확히 밝히기는 불가능했다.

1963년 4월 워싱턴 D.C.에 있는 해군연구소Naval Research Laboratory의 허버트 프리드먼Herbert Friedman 연구팀은 이 엑스선원 위치의 정확도를 크게 향상시켰다. 그리하여 엑스선원이 전갈자리에 있다는 사실을 밝혀냈으며, 이 때문에 오늘날 이는 Sco X-1으로 불린다. 여기서 X는 엑스선을 가리키고 1은 전갈자리에서 처음으로 발견된 엑스선원이라는 뜻이다. 그런데 어디서도 언급된 적이 없지만 역사적으로 흥미로운 점은 이것이 엑스선 천문학의 탄생을 알렸던 지아코니 등의 논문에 실렸던 오차상자의 중심으로부터 약 25°나 떨어져 있다는 사실이다. 천문학자들은 백조자리Cygnus에서 처음 발견된 것은 Cygnus X-1이라 이름지었는데 줄여서 Cyg X-1으로 쓰기도 하며, 다음 것들은 Cyg X-2 등으로 나타냈다. 이와 마찬가지로 헤르쿨레스자리Hercules와 켄타우루스자리Centaurus에서 처음 발견된 엑스선원은 각각 Her X-1과 Cen X-1으로 이름지었다. 이후 3년 사이에 로켓을 이용하여 10개가 넘는 엑스선원을 발견했지만 하나의 중요한 예외는 황소자리Taurus에서 발견된 Tau X-1

이다. 이에 대해서는 이것이 무엇인지 그리고 수천 광년이 넘는 거리에서도 탐지할 수 있을 정도의 엄청난 엑스선을 어떻게 만들어내는지 아무도 몰랐다.

이 예외는 좀 더 색다른 천체 가운데 하나로, 게성운이라고 부른다. 게성운을 모른다면 이 책에 삽입된 사진(13번)을 지금 들춰보기 바란다. 나는 여러분이 이를 즉각 알아보리라고 믿는다. 인터넷에도 이에 대한 사진들이 많다. 이는 초신성이 장엄한 폭발을 한 뒤 남겨놓은 참으로 경이로운 천체로 약 6천 광년 떨어져 있다. 중국의 천문학자들은 1054년에 이에 대한 기록을 남겼는데 다음 사이트를 비롯한 자료들에 따르면 아메리카 원주민들이 그린 상형문자에도 묘사된 것으로 보인다. http://seds.org/messier/more/m001_sn.html#collins1999. 중국의 천문학자들은 이것이 황소자리 부근의 거의 아무것도 없는 곳에서 갑자기 나타난 매우 밝은 별이라고 썼다. 그 정확한 날짜에는 약간의 논란이 있지만 많은 사람들은 7월 4일이라고 주장한다. 이 천체가 발견된 그 달에는 온 하늘을 통틀어 달 다음으로 밝았다고 한다. 심지어 몇 주 동안은 대낮에도 보였는데 밤에는 이후 2년 동안이나 볼 수 있었다.

하지만 한번 사라지자 과학자들은 18세기에 이르도록 잊어버린 듯했다. 그러나 존 베비스John Bevis와 샤를 메시에Charles Messier가 서로 독립적으로 이를 발견했고, 이 무렵 이 초신성의 잔해는 구름과 같은 성운이 되어 있었다. 메시에는 혜성, 성운, 성단 등에 대한 중요한 목록을 작성했으며, 게성운은 M-1이란 이름으로 이 목록의 첫째에 올랐다. 1939년 북부 캘리포니아에 있는 릭천문대Lick Observatory의 니콜라스 메이올Nicholas Mayall은 M-1이 1054년에 폭발한 초신성의 잔해임을 알게 되었다. 약 천 년의 세월이 흐른 오늘날에도 게성운의 내부에서는 아주 놀라운 일들이 펼쳐지고 있으며, 이에 따라 어떤 천문학자들은 이를 연구하는 데에 자신의 경력을 모두 바치고 있다.

허브 프리드먼의 연구팀은 1964년 7월 7일에 달이 게성운 앞을 지나가면서 시야를 가로막게 된다는 사실을 깨달았다. 천문학자들은 이렇게 달이 행성이나 항성을 가려 시야를 가로막는 현상을 엄폐occultation 라고 부르는데, 바로 달이 게성운을 엄폐한다는 뜻이었다. 이에 프리드먼은 게성운이 실제로 엑스선원의 하나임을 확인하고자 했을 뿐 아니라 이와 다르면서도 이보다 훨씬 중요한 사실을 밝힐 수 있게 되기를 바랐다.

1964년 천문학자들 사이에는 1930년대부터 그 존재가 가정되기는 했지만 한 번도 검출되지 않았던 천체에 대한 관심이 되살아나기 시작했는데, 이는 바로 중성자성이었다. 이 기이한 천체에 대해서는 제12장에서 더 자세히 이야기하겠지만 아무튼 이는 별의 일생 중 마지막 단계에 나오는 종류의 하나로 초신성이 폭발할 때 만들어지고 대부분 중성자로 되어 있다고 여겨졌다. 만일 존재한다면 중성자성의 밀도는 참으로 높아서 태양과 같은 질량을 가진 것의 경우 반지름이 겨우 10여 km에 불과하다. 도대체 이런 게 과연 상상이나 되는가?

하지만 중성자가 발견된 지 겨우 2년 뒤인 1934년에 월터 바데Walter Baade 와 프리츠 츠비키Fritz Zwicky 는 초신성supernova 이라는 용어를 만들고 중성자성이 초신성의 폭발에서 만들어질 것이라고 주장했다. 이에 프리드먼은 게성운에 있는 엑스선원이 바로 중성자성일지도 모른다고 보았는데, 만일 그가 옳다면 달이 게성운을 가로지를 때 엑스선의 검출이 갑자기 끊길 것이다.

그는 달이 게성운 앞을 지나는 동안 여러 대의 로켓을 날리기로 결정했다. 이 과정 동안에 달이 지나가는 길은 정확히 알 수 있으므로 검출기를 그 방향으로 향하게 한 뒤 게성운이 사라질 때 엑스선의 세기가 줄어드는지를 관찰하면 된다. 결과는 예상과 일치했다. 검출기의 신호는 줄어들었고, 이는 엑스선원에 대한 최초의 결정적인 광학적 확인으로 기록되었다. 이는 중대한 성과였다. 광학적 확인이 일단 이루어지면 이 수수께끼처럼 강력한 엑스선원의 배경에 숨은 메커니즘을 발견하는 데에 매우 낙관적일 수 있기 때문이다.

하지만 프리드먼은 실망했다. 달이 게성운을 지날 때 엑스선이 바로 사라지지 않고 서서히 줄어들었던 것이며, 이는 엑스선이 어떤 하나의 천체가 아니라 게성운 전체에서 나온다는 사실을 뜻하기 때문이었다. 그래서 그는 중성자성을 발견하지 못했다. 그러나 게성운에는 아주 특별한 중성자성이 있으며 엑스선도 실제로 방출하는데, 그 축을 중심으로 초당 30번씩이나 회전한다! 만일 충분한 눈요기를 하고 싶다면 찬드라엑스선천문대Chandra X-ray Observatory가 개설한 다음 사이트를 찾아 게성운의 영상을 감상하기 바란다. http://chandra.harvard.edu/photo/2009/crab/ 약속하거니와 이 영상들은 참으로 놀랍다. 하지만 45년 전에는 지구 궤도를 도는 엑스선 망원경이 없었으므로 머리를 훨씬 많이 써야 했다. 1967년 조슬린 벨이 전파 펄서radio pulsar를 발견한 뒤 1968년에는 프리드먼이 마침내 게성운에 있는 중성자성에서 초당 30번씩 회전하는 엑스선 펄서를 검출했다.

프리드먼이 게성운의 엄폐를 관찰하는 동안 나중에 나와 친구가 된 MIT의 조지 클라크는 텍사스에서 밤에 풍선을 높이 띄워올려 Sco X-1

이 방출하는 고에너지의 엑스선을 검출할 준비를 하고 있었다. 하지만 인터넷이 없었음에도 재빨리 전해지는 뉴스를 통해 프리드먼의 결과를 전해 듣고 계획을 완전히 바꾸었다. 그리하여 게성운에서 약 15keV의 과량으로 방출되는 엑스선을 찾는 주간 비행 실험을 실시하여 바라던 신호를 검출했다!

 이 성과가 얼마나 감격스러웠는지 말로 표현하기 어렵다. 우리는 과학적 탐사의 신기원이 동트는 시점에 서 있었다. 그리고 우주의 이 놀라운 영역을 가리고 있던 커튼을 열어젖히는 기분이었다. 우리는 검출기를 그토록 높이 올림으로써, 우주에 좀 더 다가섬으로써, 엑스선이 공기에 흡수되지 않을 수 있는 대기의 상층부까지 올라감으로써 인류의 역사가 시작된 이래 지금껏 우리의 눈을 가렸던 필터를 제거해냈던 것이다. 이렇게 하여 우리는 완전히 새로운 스펙트럼의 영역으로 나아갔다.

 이런 일은 천문학의 역사에서 가끔씩 일어난다. 하늘의 천체들이 새롭거나 다른 전자기파를 방출한다는 사실을 알 때마다 우리는 별에 대해 우리가 알고 있다고 생각하는 사실을 바꾸어야 했다. 그 내용은 별들이 어떻게 태어나고 어떻게 살고 어떻게 죽는가 하는 삶의 순환 그리고 성단과 은하와 은하단 등이 어떻게 만들어지고 진화하는지에 대한 것들이다. 예를 들어 전파 천문학은 은하의 중심에서 수십만 광년에 이르는 제트(가스·액체·증기·불꽃 등의 사출물)가 방출된다는 사실을 알려주었다. 나아가 펄서와 퀘이사와 전파은하를 발견했으며, 초기 우주에 대한 우리의 관념을 극적으로 변화시킨 우주마이크로파배경복사를 발견하는 데에도 기여했다. 감마선 천문학gamma-ray astronomy은 우주에서 가장 강력하지만 다행히 아득히 먼 곳에서 일어난 것으로 감마선 폭발gamma-ray burst이라고 부르는 현상을 발견했는데, 그 잔광은 엑스선에서 가시광선을 거쳐 저 아래의 라디오파까지 퍼져 있다.

우리는 우주 공간에서 엑스선을 발견한 성과가 우주에 대한 우리의 이해를 바꾸게 될 것이라는 사실을 알고 있었다. 단지 어떻게 바뀔 것인지를 몰랐을 뿐이다. 우리의 새 장비로 쳐다보는 곳에서마다 우리는 새로운 현상을 목격했다. 언뜻 이는 놀랍지 않을 수도 있다. 광학 천문학자들은 허블우주망원경으로 영상을 얻게 되면서부터 놀라운 흥분을 맛보았다. 하지만 겉으로 분명히 드러나지 않았을 뿐 더 많은 성과에 목말라했다. 그들은 기본적으로 오랜 세월 동안 전해오는 장비를 수천 년의 역사를 가진 분야에 확대해서 적용했을 뿐이다. 그러나 우리 엑스선 천문학자들은 완전히 새로운 과학적 영역이 동터온다는 점을 깨달았다. 앞으로 그 앞날이 어찌 될지 또 어떤 발견이 일어날지 그 누가 알까? 정녕 아무도 모른다!

1966년 1월 이 분야가 막 시작되었을 때 브루노 로시가 나를 MIT로 초대함으로써 조지 클라크의 연구팀에 들어갈 수 있게 된 것은 얼마나 큰 행운인지 모른다. 조지는 매우 명민한 물리학자이며 여생을 친구로 지낼 만한 참으로 훌륭한 사람이다. 나는 훌륭한 경력과 친구를 같은 달에 얻었던 이 큰 행운이 지금도 좀처럼 믿어지지 않는다.

초기의 엑스선 풍선

11
초기의 엑스선풍선

내가 MIT에 왔을 때 활동적인 풍선 연구팀은 전 세계에 5군데가 있었다. MIT의 조지 클라크, 오스트레일리아 애들레이드대학교의 켄 매크러켄Ken McCracken, MIT의 짐 오버벡Jim Overbeck, UC샌디에이고의 래리 페터슨Larry Peterson, 라이스대학교의 밥 헤임즈Bob Haymes 등이 그들이었다. 이 장의 내용은 대부분 엑스선풍선과 관련된 나의 연구에 대한 것인데, 이는 1966~1976년 사이의 10년 동안 내 연구의 중심이었다. 이 시기에 나는 텍사스의 팔레스타인, 애리조나의 페이지, 캐나다의 캘거리, 오스트레일리아 등에서 관측했다.

우리 풍선은 엑스선 검출기를 싣고 약 50km 높이까지 올라가는데, 그곳의 기압은 해수면의 0.3%에 불과하다. 공기가 이처럼 얇으면 15keV의 에너지를 가진 엑스선의 상당량이 투과할 수 있다.

우리의 풍선관측은 로켓관측을 보완했다. 로켓에 실린 검출기는 대개 1~10keV 범위의 엑스선을 탐지하며 전체 비행시간도 5분 정도에 불과하다. 풍선관측은 여러 시간 동안 가능하고 나의 가장 긴 기록은 26시간에 달했으며, 내가 사용한 엑스선 검출기는 15keV가 넘는 엑스선을 탐지한다.

로켓관측에서 탐지되지 않은 엑스선원이 대부분의 에너지를 낮은 진동수의 엑스선으로 방출한다면 풍선관측에서는 검출되지 않을 수 있다. 반면 풍선관측에서는 로켓관측에서 볼 수 없는 높은 진동수의 엑스선으로 대부분의 에너지를 방출하는 엑스선원을 찾을 수 있다. 그러므로 우리는 새로운 원천을 탐지하여 스펙트럼의 영역을 고에너지 쪽으로 확장했을 뿐 아니라 그것이 방출하는 엑스선의 광도 변화를 몇 분에서 몇 시간에 이르도록 추적할 수 있었는데 이런 관측은 로켓으로는 불가능하다. 간단히 이 정도가 천체물리학 분야에서 나의 초기 연구가 거둔 성과였다.

1967년 우리는 Sco X-1에서 엑스선의 섬광을 관측했는데 이는 커다란 충격이었으며 이에 대해서는 이 장의 뒷부분에서 더 이야기하겠다. 우리 팀은 또한 로켓관측에서는 나타나지 않았던 GX 301-2, GX 304-1, GX 1+4의 세 원천을 발견했는데 이 모두는 수분 간격으로 엑스선의 광도가 변했다. 심지어 GX 1+4는 약 2~3분을 주기로 규칙적인 광도 변화를 보이기도 했다. 당시 우리는 엑스선의 광도가 왜 그렇게 빠르게 변하는지에 대해 전혀 알지 못했으며, 2~3분의 주기적 변화에 대해서는 더욱 그랬다. 하지만 우리는 우리가 새로운 영역을 열어젖히고 있다는 사실은 깨달았다.

그러나 일부 천문학자들에게는 심지어 1960년대에 이르도록 엑스선 천문학의 중요성이 깊이 스며들지 못했다. 1968년 나는 브루노 로시의 집에서 네덜란드의 천문학자 얀 오르트Jan Oort를 만났는데 그는 가장 유명한 천문학자들 가운데 한 사람이었다. 그의 상상력은 참으로 놀라웠다. 제2차 세계대전 뒤 그는 네덜란드에서 완전한 전파 천문학 프로그램을 시작했다.

그가 그 해에 MIT를 방문했을 때 나는 1966년과 1967년에 풍선관측으로 얻은 자료를 보여주었다. 나는 그때의 일을 결코 잊지 못하는데, 그때 그는 내게 "엑스선 천문학은 도무지 별로 중요하지 않습니다"라고 대답했다. 믿어지는가? 도무지 별로 중요하지 않다고? 그는 완전히 틀렸다. 엑스선 천문학은 천문학 역사를 통틀어 가장 중요한 분야 가운데 하나이지만 그는 그 중요성에 대해 완전히 깜깜했다. 공정히 말하면 이는 당시 그가 이미 68세였음에 비해 나는 더 젊고 굶주렸기 때문이었는지도 모른다. 그러나 나는 우리가 순금을 캐고 있지만 지금은 단지 표면을 긁고 있을 뿐이라는 사실만은 명백히 알고 있었다.

1960년대와 1970년대에 나는 엑스선 천문학 분야에서 나오는 논문을 모조리 읽었던 기억이 난다. 1974년 나는 레이덴대학교에서 다섯 번의 강연을 통해 엑스선 천문학의 전 분야를 조망했는데 오르트도 청중 속에 있었다. 하지만 오늘날 엑스선 천문학 분야는 여러 작은 분야들로 나뉘어 매년 수천에 이르는 논문들이 쏟아져나오므로 그 전모를 아무도 파악하지 못한다. 그래서 많은 연구자들은 온 경력을 바쳐 예를 들어 단독의 별, 유착원반accretion disk, 엑스선쌍성, 구상성단, 백색왜성, 중성자성, 블랙홀, 초신성 잔해, 엑스선 폭발, 엑스선제트, 은하핵, 은하단 등의 10여 가지에 이르는 분야들 가운데 하나를 연구하고 있다.

나의 경우 초창기가 가장 환상적인 시절이었다. 풍선을 띄우는 일은 아주 비싸고 시간이 많이 걸리고 긴장이 촉발되는 등 매우 정교한 작업이어서 서술하기가 정말 어렵다. 하지만 해보도록 하겠다.

풍선, 엑스선 검출기 띄우기

물리학자가 뭔가를 하려면 장비를 갖추고 작업을 도와주는 학생들에게 보수를 주기 위해 자금을 확보해야 하며 때로는 먼 곳까지 여행도 해야 한다. 물론 이론물리학자의 경우 종이나 컴퓨터만 있어도 충분할 수 있다. 사실 과학자들은 연구계획서를 쓰는 데에 많은 시간을 보낸다. 경쟁력이 높아야 연구에 필요한 자금을 지원 받을 수 있기 때문이다. 나는 이게 낭만적이라거나 매력적이지 않다는 사실을 잘 안다. 하지만 믿거나 말거나 이것을 쓰지 않고는 아무것도 할 수 없다. 아무것도!

　어떤 실험이나 관측에 대해 환상적인 아이디어가 떠올랐다고 하자. 그러나 이것을 설득력 있는 계획서로 만들지 못하면 아무 소용이 없다. 우리는 언제나 세계 최고의 수준에서 경쟁하므로 정말 치열하다. 이런 상황은 지금도 마찬가지이며 다른 분야에 있는 과학자들도 거의 모두 그렇다. 생물학, 화학, 물리학, 컴퓨터과학, 경제학, 천문학 등등 어느 분야에서든 성공적인 실험과학자를 본다면 여러분은 수많은 경쟁자들을 끊임없이 물리치려 노력하는 사람을 보고 있는 셈이다. 그래서 대부분의 분야가 따뜻하고 안락한 성품의 사람에게 어울리지 않는다. MIT에서 10년 동안 일했던 아내 수전이 "MIT에는 겸손한 사람이 없다"라고 자주 말한 이유는 바로 여기에 있다.

자금을 확보했다고 하자. 사실 우리는 대개 그랬고 특히 나는 국가과학재단NSF, National Science Foundation 과 나사에서 많은 지원을 받았다. 손상 없이 회수하기 위해 낙하산을 매단 900kg의 엑스선망원경을 실은 풍선을 50km 가까이의 높이까지 올려보내는 일은 아주 복잡한 과정이다. 우선 날씨가 충분히 조용해야 한다. 풍선은 아주 정교하므로 조금만 거칠어도 모든 계획이 물거품이 된다. 또한 보조 설비들도 필요하다. 풍선을 띄울 장소와 띄우는 데 필요한 차량과 풍선이 대기권 높이 올라갔을 때 이를 추적할 수 있는 장비 등이 그것들이다. 엑스선원들은 은하계의 중심부에 많으므로 나는 대체로 이 부근을 관측하고자 했다. 그런데 그러려면 그곳이 보이는 남반구로 가야 했으므로 나는 오스트레일리아의 밀두라Mildura 와 앨리스스프링스Alice Springs 를 후보지로 택했다. 그곳은 우리 집에서 엄청나게 멀리 떨어진 곳이어서 그때 이미 자식이 넷이었던 나는 한 번에 몇 달씩 가족과 떨어져 지내야 했다.

풍선 띄우기에 관련된 것들은 죄다 비싸다. 풍선 자체만 해도 엄청나게 크다. 내가 날렸던 가장 큰 것은 당시에도 가장 컸고 어쩌면 지금까지도 가장 클지 모르지만 부피가 약 150만m³에 이른다. 그래서 약 50km 상공에서 완전히 부풀면 지름은 70m가 넘는다. 이것은 초경량 폴리에틸렌으로 만드는데, 두께는 1천분의 1mm에 불과하므로 비닐랩이나 담배를 싸는 종이보다 얇다. 따라서 띄우는 작업을 하는 동안 땅에 스치기만 해도 찢어질 수 있다. 이 거대하고 아름다운 풍선의 무게는 약 300kg 정도인데, 만일을 대비하여 예비로 하나 더 가지고 간다. 가격은 하나에 10만 달러였으므로 40년 전에는 정말 거액이었다.

풍선들은 거대한 공장에서 만들어져야 했다. 풍선을 이루는 탄제린

tangerine의 껍질과 같은 삼각형 모양의 조각들은 따로따로 만들어 가열해서 붙인다. 제조업체는 붙이는 작업을 여자들에게만 맡겼다. 그들에 따르면 남자들은 참을성이 없어서 실수를 자주 저지르기 때문이라고 한다. 그런 뒤 우리는 풍선을 부풀리기 위한 헬륨도 오스트레일리아까지 날라야 했다. 헬륨 자체의 값만 해도 풍선 하나에 8만 달러나 되었다. 오늘날 가격으로 환산하면 예비 헬륨, 교통비, 숙박비, 식비 등은 빼고 풍선 하나와 헬륨만 해도 70만 달러가 넘는다. 그렇다! 우리는 오스트레일리아의 사막 한가운데에 살면서 우주 공간 깊은 곳의 비밀을 추적하려 했던 것이다. 하지만 나는 아직 잭에 대해 말하지 않았는데, 그에 대해서는 잠시 뒤에 이야기할 것이다.

그래도 풍선은 망원경에 비하면 싸다. 망원경은 극히 정교한 기계로 무게가 약 1톤인데, 만드는 데에 2년가량이 걸리고 비용은 오늘날로 환산하면 100만~400만 달러 정도다. 우리는 한번에 2대의 망원경을 가질 돈을 확보한 적이 없었다. 따라서 망원경을 잃게 되면 적어도 2년 동안은 불운하게 지내야 하는데 그런 일이 2번 일어났다. 새로 지원 자금을 받기까지는 새 망원경의 제작에 착수하지도 못한다. 그러므로 하나라도 잃으면 대참사다.

문제는 내게서 그치지 않는다. 내 밑에서 공부하는 대학원생들은 모두 망원경의 제작에 깊이 관여하고 있으므로 그들의 박사학위 논문은 망원경과 이를 이용한 관측에 대한 것으로 구성된다. 따라서 망원경 사고가 일어나면 학위는 풍선과 함께 하늘로 날아가버리고 중대한 시간적 지연이 초래된다.

우리의 실험에는 날씨도 협조해야 한다. 성층권에는 연중 6달 동안은

동에서 서, 다른 6달 동안은 서에서 동으로 시속 약 160km로 항상 부는 바람이 있다. 따라서 1년에 2번씩 방향을 바꾸는데 우리는 이것을 전환이라고 부른다. 이런 전환이 일어나면 50km 상공의 풍속은 아주 낮아져서 여러 시간 동안 관측하기에 좋은 조건이 된다. 따라서 우리는 이 바람을 측정하고 전환하는 동안에 풍선을 띄울 장소에 미리 가 있어야 한다. 우리는 이틀에 한 번 꼴로 날씨 측정용 풍선을 띄우고 레이더로 추적한다. 대개의 경우 이 풍선들은 약 35km 이상 올라가서 터진다. 하지만 대기의 상태를 예측하는 것은 실험실에 마련된 트랙에 볼베어링을 굴리는 시범과는 다르다. 대기는 훨씬 복잡하므로 예측하기도 훨씬 어려우며, 따라서 우리가 하는 모든 일은 좋은 일기예보에 의존해야 했다.

다른 것도 있다. 대류권계면이라고 부르는 10~20km 사이의 대기층은 -50°C에 이를 정도로 매우 춥기 때문에 우리가 띄운 풍선은 부서지기 쉽게 바삭바삭해진다. 여기에는 제트기류도 있으므로 이 바람이 풍선을 스치면 폭발할 수도 있다. 이처럼 풍선 관측에서는 많은 일이 잘못될 수 있다. 한번은 풍선이 바다로 날아가 망원경이 끝장났다. 그런데 실렸던 짐들이 9달 뒤 뉴질랜드의 해안에서 발견되었다. 게다가 코닥 회사의 도움으로 필름에 기록된 자료들을 기적적으로 복구할 수 있었다.

우리는 풍선관측을 위한 준비를 수없이 되풀이했다. 하지만 언제나 아무리 열심히 준비한다고 해도 약간의 운이 여전히 필요했다. 어떤 때는 많은 운이 필요할 때도 있었다. 우리는 장비들을 그 먼 곳까지 운반하고, 망원경을 점검하고, 기계들을 조정하고, 다른 모든 것들도 제대로 작동하는지 확인했다. 그리고 낙하산을 연결한 망원경을 풍선에 설치한다. 풍선을 띄울 장소에서 이 모든 준비 작업을 마치는 데에는 약 3주가 걸린다. 하지만 그런 뒤에 날씨가 도와주지 않으면 배터리만 충전하면서 하릴없이 계속 기다려야 한다. 이런 때에는 앨리스스프링스가 아름다운 곳이라는 게 도움이 된다. 그곳은 오스트레일리아 중심부의 사막에 있는 황홀한 도시다. 마치 아무것도 없는 곳의 한가운데에 있는 듯한 느낌을 주지만, 하늘이 맑은 날 풍선을 띄울 준비를 하는 이른 아침 무렵의 풍경은 정말 장관이다. 깜깜한 밤하늘이 동트기 전의 진한 푸른색으로 바뀌는가 싶으면 해가 금세 떠올라 하늘과 사막은 밝은 분홍과 오렌지색으로 칠해진다.

일단 준비가 되면 바람은 시속 5km 이하로 3~4시간 동안 일정한 방향으로 불어주어야 한다. 풍선을 부풀리는 데에만 2시간이 걸리고 띄우는 것까지 더하면 이 정도의 시간이 필요하기 때문이다. 이 때문에 우리는 바람이 가장 적은 석양 무렵에 띄우는 경우가 많았다. 하지만 우리의 예상이 어긋날 수도 있으며, 그런 때는 또다시 날씨가 협조할 때까지 기다리고 또 기다려야 했다.

한번은 밀두라에서 이런 일도 있었다. 아직 풍선을 부풀리지도 않았는데 일기예보와는 달리 바람이 불어왔다. 그 결과 풍선은 망가졌지만 다행히 망원경은 안전했다! 하지만 단 몇 초 사이에 20만 달러가 날아가 마음이 쓰라렸다. 우리가 할 수 있는 일이라곤 다시 더 좋은 날씨를 기다려 예비로 준비한 풍선을 띄우는 것뿐이었다.

실패는 언제라도 나올 수 있다. 앨리스스프링스의 마지막 탐사에서는 풍선을 띄우는 도중에 잇달아 두 개를 모두 잃었다. 준비하던 사람이 치명적인 실수를 저질렀던 것이다. 그래서 우리의 탐사는 완전히 실패하고 말았지만 다행이 망원경은 다치지 않았다. 땅에서 떠오르지도 않았기 때문이었다. 1980년 텍사스의 팔레스타인에서 실시했던 마지막 탐사에서는 8시간 동안의 비행은 성공적이었지만, 비행을 끝내라는 무전 명령이 전해진 다음 낙하산이 펴지지 않아 망원경을 잃어버렸다.

오늘날에도 풍선 띄우기는 결코 확신할 수 없는 방법이다. 2010년 4월에 앨리스스프링스에서 시도된 나사의 풍선 띄우기에서는 뭔가가 잘못되어 풍선을 띄우는 도중에 추락했다. 그 결과 수백만 달러에 달하는 장비가 파괴되었고 구경꾼들은 다칠 뻔했다.

여러 해 동안 나는 아마 20개 정도의 풍선을 날렸을 것이다. 이 가운데 띄우거나 높이 올리는 데에 실패한 것은 5차례뿐인데, 높이 오르지 못한 것은 헬륨이 샜기 때문이었던 것 같다. 따라서 성공률은 75%에 불과하지만 높은 비율로 여겨진다. 삽입된 컬러 화보에는 풍선을 헬륨으로 부풀리는 장면(사진 11번)과 띄우는 장면(사진 9번)의 모습이 실려 있다.

풍선을 띄울 곳으로 가기 전에 우리는 매사추세츠의 윌밍턴Wilmington에 있는 회사에서 장비들을 점검한다. 망원경의 경우 진공실에 넣고 목표 고도와 같은 약 0.003기압으로 감압하고 온도도 거기에 맞추어 -50°C로 낮춘 뒤 작동시킨다. 이 조건에서 엑스선 검출기를 작동시켜 방사선원에서 나오는 엑스선을 20분마다 10초씩 관찰하는 작업을 24시간 연속으로 계속하는 것이다. 우리는 우리와 경쟁하는 연구팀들도 같은 식의 작업을 한다고 여겼다. 하지만 때로 그들의 망원경은 저온에서 배터리의 전력이 낮아지거나 아예 고갈되어 작동하지 않았다. 우리의 경우 이런 점검을 철저히 했기 때문에 그런 일은 일어나지 않았다. 만일 점검하는 도중에 배터리의 전력이 낮아지면 가열할 방법을 고안하여 필요할 경우 전력이 다시 회복되도록 했다.

또한 고압의 전선에서 스파크가 발생하는 코로나방전의 문제도 있다. 우리 장비의 일부는 고압에서 작동하는데, 기압이 아주 낮아 공기가 매우 엷어지면 공기에 노출된 전선에서 스파크가 일어날 이상적인 조건이 된다. 제7장에서 전력선 부근에 가면 "웅~"소리가 난다고 말했던 게 기억나는가? 이것이 바로 코로나방전이다. 고압에서 작동하는 기기를 다루는 실험물리학자들이라면 누구나 코로나방전이 일어날 수 있다는 사실을 알고 있다. 나는 이 방전의 예를 강의실에서 보여준다. 강의실에서는 이런 현상이 재미있지만 50km 상공에서는 재앙이다.

일반적으로 코로나방전이 일어날 경우 장비들은 틱틱거린다. 만일 이 전기적 소음이 많아지면 엑스선 광자가 발생하는 신호를 잡을 수 없게 된다. 이게 얼마나 큰 재앙이냐고? 완전히 망한다. 풍선이 비행하는 동안 쓸 만한 자료는 전혀 얻을 수 없다. 해결책은 고압의 전선들을 모두 실리콘고무로 잘 감싸는 것이다. 다른 연구팀들도 같은 방법으로 대처했지만 여전히 코로나방전을 맞곤 했다. 하지만 우리의 완벽한 점검은 그만한 가치가 있어서 그런 일이 전혀 일어나지 않았다. 이것은 이처럼 정교한 망원경을 만들 때 나타나는 10여 가지의 복잡한 공학적 문제들 가운데 하나일 뿐이다. 이런 문제들 때문에 망원경을 만드는 데에는 그토록 오랜 시간과 많은 돈이 들었던 것이다.

이렇게 해서 망원경을 높은 고도로 올렸다고 하자. 거기서 엑스선을 어떻게 탐지할까? 답은 간단하지 않다. 그러니 잠시 내 설명을 견뎌주기 바란다. 우리는 아이오딘화나트륨NaI의 결정으로 만든 특수한 검출기를 쓴다. 이것은 로켓관측에서 사용하는 기체를 채운 비례계수기 proportional counter와 달리 15keV가 넘는 에너지를 가진 엑스선을 탐지할 수 있다. 엑스선 광자가 이 결정들 가운데 하나로 침투하면 그 궤도에 있는 전자들 가운데 하나와 충돌하면서 에너지를 전달하여 퉁겨내는데, 이 현상을 광전흡수photoelectric absorption라고 부른다. 그러면 퉁겨나온 전자는 결정 안을 돌아다니면서 멈출 때까지 여러 이온들의 자취를 만들어낸다. 이 이론들은 다시 중성화되면서 대부분 가시광선으로 에너지를 방출한다. 따라서 본래 엑스선 광자가 지녔던 에너지는 결국 섬광의 형태로 방출된다. 엑스선의 에너지가 높을수록 섬광의 세기도 높다. 우리는 광전관으로 섬광을 포착하여 전기 펄스pulse(맥박처럼 짧은 시간에 생기는 진동현상. 극히 짧은 시간만 흐르는 전류를 말한다.—옮긴이)로 바꾸는데, 섬광이 밝을수록 펄스의 전압도 높아진다.

다음으로 펄스를 증폭하여 선별기로 보낸다. 선별기는 각 펄스의 전압을 측정하고 크기별로 정렬하며, 이로부터 엑스선의 에너지 수준을 알아낼 수 있다. 초창기에 우리는 엑스선의 에너지 수준을 5가지로밖에 분류하지 못했다.

그때 우리는 한 번의 비행이 끝나면 풍선의 장비에서 에너지 수준과 검출 시간이 나타난 기록을 얻었다. 그 뒤 선별기를 연결하여 선별된 펄스를 발광다이오드로 보냈으며, 이 다이오드는 5가지의 에너지 수준에 따라 서로 다른 세기의 섬광 패턴을 만들어낸다. 그러면 이 섬광을 필름에 연속적으로 기록할 수 있는 카메라로 촬영했다.

이 카메라에 빛이 들어오면 필름에 자취가 만들어진다. 따라서 관측 필름은 일련의 직선과 점선 또는 점선과 직선이 배열된 상태가 된다. 우리는 MIT로 돌아오면 조지 클라크가 설계한 특수 판독기로 이 필름을

'읽는데', 이 과정에 의해 직선과 점선은 종이 위에 구멍이 뚫린 펀치테이프punch tape로 옮겨진다. 그런 다음 펀치테이프를 감광다이오드로 읽고 자료를 자기테이프에 기록한다. 우리는 컴퓨터 카드에 포트란Fortran으로 쓴 프로그램을 이용하여 자기테이프의 자료를 컴퓨터의 메모리로 옮긴다. 오늘날의 관점에서 보면 이상의 과정은 마치 선사시대의 작업처럼 들린다. 하지만 어쨌든 이를 끝으로 우리는 마침내 엑스선의 신호를 5가지의 서로 다른 에너지 수준과 시간의 함수로 작성한 자료를 얻게 된다.

나는 이것이 마치 루브 골드버그의 기계Rube Goldberg machine(미국의 만화가 루브 골드버그가 간단한 일을 일부러 복잡한 과정을 거쳐 처리하는 것을 그린 스케치에서 유래한 가상적 기계를 가리킨다.-옮긴이)처럼 여겨진다는 사실을 잘 알고 있다. 하지만 우리가 하려는 일을 생각해보자. 우리는 초당 검출되는 엑스선의 횟수와 에너지를 측정하면서 그것이 방출되는 원천의 방향도 찾고자 한다. 빛의 세기는 광원으로부터 멀어지는 거리의 제곱에 비례하여 약해지므로 이때 검출되는 엑스선의 광자는 광속으로 수천 년이 넘도록 은하 속을 여행하는 동안 그 세기가 갈수록 줄어든다. 지상의 산꼭대기에 세워진 광학망원경은 위치를 어느 한 방향으로 고정하여 밤이면 밤마다 원하는 시간만큼 관찰할 수 있다. 그러나 우리는 기껏해야 1년에 한 번, 그것도 겨우 몇 시간에 불과한 관측 시간을 조금도 낭비하지 않고 50km 상공으로 띄운 연약한 풍선에 실린 1톤가량의 망원경으로 관측해야 한다.

풍선이 날아가는 동안 나는 작은 비행기를 타고 이를 쫓는데, 대개는 밤이 아니라 낮에 1.5~3km 상공에서 맨눈으로 관찰한다. 여러분은 한

번에 오랫동안 이렇게 비행하는 게 어떨지 상상해보기 바란다. 나는 체구가 작지 않다. 따라서 좌석이 넷뿐인 작은 비행기에서 한번에 8시간, 10시간, 12시간을 버티다보면 멀미가 쉽게, 너무나 쉽게 치민다. 게다가 나는 풍선이 떠 있는 동안 내내 긴장한다. 안도할 수 있는 시간은 망원경을 회수하여 자료를 확보한 뒤에야 겨우 찾아온다.

풍선은 엄청나게 크므로 50km 가까이 올라가도 햇빛이 비치면 아주 선명하게 볼 수 있다. 레이더를 쓰면 띄운 장소에서 지구의 곡률 때문에 레이더 전파가 반사되지 않는 곳까지 추적할 수 있다. 이 때문에 우리는 풍선에 무전기를 설치했으며 밤에는 이를 이용하여 추적하는 수밖에 없다. 갖은 노력을 다해 지역 신문에 풍선 띄우기에 대한 기사를 실어 널리 알려도 풍선은 수백 km를 날아가게 되므로 높이 떠 있는 동안 우리는 UFO를 보았다는 여러 가지의 목격담을 듣게 된다. 물론 이는 재미있지만 사실 충분히 이해할 만하다. 사람들이 그 높은 하늘에서 가늠할 수 없는 크기의 신비로운 물체가 떠도는 것을 보면 UFO 외에 다른 무엇을 상상하겠는가? 그들이 보기에 이는 정말 말 그대로 미확인비행물체인 것이다. 컬러 화보 10번은 50km 상공에 떠 있는 풍선을 망원경으로 촬영한 사진이다.

우리의 모든 계획과 일기예보와 심지어 바람의 전환에도 불구하고 50km 상공의 바람은 믿기 어렵다. 한번은 풍선이 앨리스스프링스의 북쪽으로 날아가리라고 예상했지만 반대로 곧장 남쪽으로 날아갔다. 우리는 해가 질 때까지 눈으로 관찰하다가 밤이 되자 무선으로 날이 샐 때까지 추적했다. 아침이 되자 풍선은 멜버른에 너무 가까이 접근했는데 시드니와 멜버른 사이에 있는 공군 작전 영역에 진입하는 것은 허용되지 않았다. 물론 아무도 풍선을 격추시키지는 않겠지만 아무튼 뭔가 조처를 해야 했다. 그래서 고집스런 풍선이 금지된 영역에 막 들어설 즈음 우리는 내키지 않지만 짐을 떨어뜨리라는 무전 명령을 내렸다. 망원경을 분리하면 풍선은 그로 인해 발생하는 갑작스런 충격파를 견디지 못하고 찢어져 파괴된다. 하지만 망원경이 떨어지기 시작하면 1980년 실험 때의 예외만 빼고 거기에 달린 낙하산이 펼쳐져서 천천히 떠돌다가 땅으로 안전하게 돌아온다. 거대한 풍선이 찢겨져 생긴 잔해들은 대개 약 4천m²가 넘는 범위로 흩어져 내린다. 이런 일은 풍선을 띄울 때마다 언젠가는 자료의 수집을 차단하고 임무를 끝내야 하므로 결국에는 맞게 될 필연적인 일이기는 하지만 그때마다 슬픈 기분이 든다. 우리는 다만 망원경이 될 수 있는 대로 높이 올라가기를 바랐다. 당시 우리는 자료에 너무나 굶주렸으며, 그것을 얻는 게 전부였기 때문이었다.

오지에서 캥거루 잭과 만나다

우리는 망원경의 바닥에 판지로 만든 충격흡수장치를 부착하여 부드럽게 착륙하도록 했다. 낮 동안에 떨어진다면 풍선을 맨눈으로 볼 수 있으므로 낙하산도 곧 찾을 수 있다. 분리 명령을 내리면 풍선이 갑자기 사라진다. 우리는 망원경이 떨어지는 동안 작은 비행기로 주위를 맴돌면서 쫓아갈 수 있을 때까지 따라간다. 그리고 땅에 닿으면 지도에 그 위치를 최대한 정확하게 기입한다.

그런데 이때부터 가장 기괴한 대목이 시작된다. 우리는 비행기에 있고, 우리가 몇 해 동안 노력을 쏟아부어 얻은 자료를 담고 있는 짐은 곧 닿을 듯한 땅에 있다. 하지만 비행기가 사막의 아무데나 내릴 수는 없다! 이때 우리가 할 일은 지역 주민의 주의를 끄는 것이다. 이를 위해 우리는 주민의 집 위로 낮게 날아가곤 한다. 사막에서는 집들이 사뭇 멀리 떨어져 있다. 그래서 주민들은 비행기가 낮게 날면 무슨 뜻인지 알아차리고 대개 집에서 나와 손을 흔들어 응답한다. 그러면 우리는 공항이 아니라 사막에 있는 가장 가까운 곳의 임시 활주로에 내려 주민이 오기를 기다린다.

한번은 주변에 집이 거의 없어서 한참 동안 찾아다녔다. 마침내 이 친구 잭을 찾았는데 그의 가장 가까운 이웃도 80km나 떨어진 곳에서 살고 있었다. 그는 술에 취했고 꽤 괴짜였다. 물론 처음에 우리는 그런 줄 몰랐으며, 공중에서 신호를 보낸 뒤 임시 활주로에 착륙하여 그를 기다렸다. 그런데 그는 15시간이 지나서야 비로소 고물 트럭을 타고 나타났다. 그 트럭은 창문은 없고 지붕만 있었으며 뒤에는 열린 짐칸이 있었다. 잭은 이 차로 사막을 시속 100km로 질주하면서 캥거루를 쫓고 사냥하기를 좋아했다.

나는 내 밑에서 일하는 대학원생과 함께 잭의 트럭을 타고 짐이 있는 방향을 알려주는 추적 비행기를 쫓아갔다. 트럭은 아무런 표지도 없는 영역을 통과해야 했다. 우리는 비행기와 계속 무전으로 연락했는데 잭과 함께 간 게 다행이었다. 캥거루 사냥 덕분에 그는 어디로 가야 할지를 정확히 알고 있었던 것이다.

그는 또한 내가 싫어했던 게임을 즐겼다. 하지만 우리는 이미 그에게 의지하고 있었으므로 막을 도리가 없었다. 그는 이 게임을 한 번만 보여 주었는데 먼저 개를 트럭의 지붕에 태우고 시속 100km로 가속한다. 그런 뒤 갑자기 브레이크를 밟으면 개는 공중으로 붕 떠서 날아가 땅으로 내동댕이쳐진다. 그 개가 얼마나 가엾던지! 하지만 잭은 계속 웃음을 터뜨리면서 즐겨 쓰는 말을 내뱉았다. "늙은 개에게는 새 기술을 못 가르치지요."

짐이 있는 곳까지 가는 데에만 반나절이 걸렸다. 그런데 길이가 1.8m나 되는 정말 징그러운 이구아나가 짐을 차지하고 있었다. 솔직히 말하면, 나는 완전히 겁을 먹었다. 하지만 물론 내색하기는 싫었고 대학원생에게 "별거 아니야. 이놈은 온순해. 자, 가봐!"라고 말했다. 그래서 그가 나섰는데 이구아나는 정말로 온순했다. 우리가 짐을 챙기고 꾸려서 잭의 트럭에 싣는 데에 4시간이나 걸렸지만 그동안 이놈은 꼼짝도 하지 않았다.

풍 선   교 수

짐을 챙긴 우리는 앨리스스프링스로 돌아왔다. 그런데 아니나 다를까, 우리의 모습은 커다란 풍선을 띄우는 사진과 함께 《센트럴리언 애드보케이트Centralian Advocate》의 첫 페이지를 장식했다. 헤드라인은 "우주 탐사의 시작Start of Space Probe"이었으며 기사는 "풍선 교수가 돌아왔다"라는 소식을 전했다. 나는 일종의 지역 명사가 되어 로터리클럽과 고등학교에서 강연을 했고, 심지어 스테이크하우스에서는 우리 팀에게 공짜로 저녁을 대접하기도 했다. 하지만 우리가 정말로 원하는 것은 필름을 갖고 하루라도 빨리 집으로 돌아가 현상하고 분석하여 무엇을 발견했는지 살펴보는 일이었다. 그래서 며칠에 걸쳐 정리를 한 뒤 귀환 길에 올랐다. 여러분은 내 이야기를 통해 이런 종류의 연구가 얼마나 힘겨운지 이해했을 것이다. 나는 적어도 2년에 한 번은 두 달 정도 집을 떠나야 했으며 때로는 매년 그랬다. 두말할 것도 없이 이 때문에 내 첫 번째 결혼 생활은 많은 갈등을 겪을 수밖에 없었다.

하지만 모든 긴장과 초조에도 불구하고 아주 즐겁고 흥미로웠다. 나의 대학원생들은 아주 자랑스러웠고 특히 제프 매클린토크 Jeff McClintock 와 조지 리커 George Ricker 는 더욱 그랬다. 제프는 현재 하버드-스미소니언 천체물리센터 Harvard-Smithsonian Center for Astrophysics 에 있으며 제13장에서 이야기하겠지만 엑스선쌍성에 있는 블랙홀의 질량을 측정한 연구로 2009년에는 로시상을 받았다(브루노 로시 교수를 기려 제정한 상이다). 또한 기쁘게 말하거니와 조지는 아직도 MIT에서 일하고 있다. 그는 혁신적인 새 장치를 개발하고 설계하는 데에 탁월하며, 감마선 폭발에 대한 연구로 가장 유명하다.

풍선 띄우기는 나름대로 아주 낭만적이다. 새벽 4시에 닿기 위해 공항으로 차를 몰아간다. 그리고 일출과 장엄하게 부풀어오른 풍선을 바라본다. 아름다운 사막의 하늘 아래 처음에는 별들만 보이지만 차츰 태양이 떠오른다. 마침내 풍선을 놓으면 하늘로 떠오르며 먼동의 빛을 받아 은빛과 금빛을 내뿜는다. 여러분도 이제는 이것을 띄우기 위해 얼마나 많은 세세한 일들이 제대로 돌아가야 하는지 이해하게 되었을 것이다. 따라서 우리는 끝날 때까지 긴장의 끈을 놓을 수 없다. 풍선 띄우기가 성공했는가 싶으면 믿을 수 없는 느낌이 밀려온다. 이 순간을 위해 하나하나 잠재적 재앙이 될 수 있는 수많은 것들이 모두 각자의 할 일을 정확히 해냈다는 느낌이 바로 그것이다.

당시 우리는 정말 최첨단에서 일했다. 그리고 그 성공의 일부는 술에 취한 오스트레일리아 캥거루 사냥꾼의 푸근한 호의 덕분이었다.

Sco X-1에서 터져나온 엑스선 섬광

그 무렵 어떤 엑스선원들은 방출하는 엑스선의 세기에 전혀 예기치 못한 놀라운 변화를 일으키는 섬광을 발산하기도 했다. 그리고 이 발견만큼 나를 흥분에 떨게 한 것도 없었다. 어떤 원천들에서 나오는 엑스선의 세기가 변한다는 아이디어는 일찍이 1960년대 중반부터 학계에 감돌고 있었다.

록히드 미사일 앤드 스페이스 컴퍼니 Lockheed Missiles and Space Company 의 필립 피셔 Philip Fisher 연구팀은 1964년 10월 1일에 로켓관측을 실시했다. 그리고 여기서 탐지한 7개의 엑스선원에서 나오는 엑스선의 세기를 1964년 6월 16일 프리드먼의 연구팀이 로켓관측으로 얻은 자료들과 비교했다. 그들은 오늘날 Cyg X-1이라고 부르는 Cyg XR-1에서 나오는 엑스선의 세기(우리는 이를 엑스선량 X-ray flux 이라고 부른다.)가 6월 14일에 비해 10월 1일에 5배나 약해졌다는 사실을 발견했다. 하지만 이 관측에서 나타난 변화가 진짜인지는 분명하지 않았다. 피셔의 연구팀은 자신들이 사용한 검출기보다 프리드먼의 연구팀이 사용한 검출기가 낮은 에너지의 엑스선에 대해 훨씬 민감하다는 사실을 지적하면서 발견된 차이는 이 때문일지도 모른다고 설명했다.

이 문제는 1967년 프리드먼 연구팀이 지난 2년 동안 관측된 30개의 엑스선원에서 나오는 엑스선량을 비교함으로써 일단락되었다. 이 조사에서 많은 원천들의 세기가 실제로 변한다는 사실이 확인되었는데, 특히 놀라운 것은 Cyg X-1의 변화였다.

1967년 4월 오스트레일리아의 켄 매크러켄 연구팀은 로켓을 발사하여 당시 우리가 알고 있던 가장 밝은 엑스선원이었던 Sco X-1와 맞먹는 원천을 발견했다. 그런데 이것은 1년 반 전에 같은 장소를 조사했던 관측에서는 발견되지 않았다. 그때 '엑스레이노바x-ray nova'라고 불렀던 이 원천의 발견은 워싱턴 D.C.에서 열린 미국물리학회 봄학회에서 발표되었다. 그런데 이틀 뒤 엑스선 천문학의 가장 유명한 개척자 가운데 한 사람과 통화를 하자 그는 내게 "이 터무니없는 말을 믿습니까?"라고 말했다.

그 세기는 몇 주가 지나자 약 3분의 1로 약해졌고 5달 뒤에는 최소한 50분의 1까지 잦아들었다. 오늘날 우리는 이런 원천들을 그냥 단조롭게 '임시엑스선원x-ray transients'이라고 부른다.

매크러켄 연구팀은 남십자성Southern Cross으로 더 잘 알려진 남십자자리constellation Crux에서 한 엑스선원을 찾았다. 그들은 아주 들떴고 일종의 정서적 대상으로 삼았다. 이 별자리가 바로 오스트레일리아의 국기에 들어 있기 때문이다. 하지만 엑스선원의 위치가 남십자성 바로 바깥이라고 밝혀지자 이 오스트레일리아인들은 실망했다. 그 원천은 켄타우루스자리에 있으므로 본래의 이름 Crux X-1도 Cen X-2로 고쳐졌다. 이처럼 과학자들도 그들의 발견에 대해 매우 감정적으로 흐를 수 있다.

1967년 10월 15일 조지 클라크와 나는 오스트레일리아 밀두라에서 풍선을 띄워 10시간 동안 Sco X-1를 관측하여 중요한 발견을 했다. 이 발견은 휴스턴에 있는 나사 우주센터의 사진에서 보듯 어떤 성공을 거둔 뒤 사람들이 서로 껴안고 환호하는 장면과는 거리가 멀다. 그들은 일어나는 사건을 실시간으로 본다. 하지만 우리의 관측에서는 자료에 곧바로 접근할 도리가 없다. 우리는 그저 풍선이 버티고 우리의 장비가 아무 문제없이 작동하기만을 바랄 뿐이다. 나아가 우리는 망원경과 자료를 어떻게 회수해야 할지를 항상 걱정한다. 그래서 모든 염려와 흥분은 바로 이런 곳들에서 나온다.

우리는 자료를 얻으면 MIT로 와서 분석해야 하므로 그 사이에 몇 달이 지난다. 어느 날 나는 테리 토르소스Terry Thorsos의 도움을 받으며 컴퓨터실에 있었다. 컴퓨터는 아주 많은 열을 방출하므로 컴퓨터실은 에어컨 설비를 갖추어야 했다. 나는 그때 밤 11시쯤으로 기억하는데, 컴퓨터를 쓸 일이 있으면 저녁에 살며시 찾아오는 게 좋다. 당시에는 프로그램을 돌릴 때 언제나 컴퓨터 기사가 함께 있어야 했다. 나는 자료를 넣고 참을성 있게 기다렸다.

풍선관측 자료를 쳐다보고 있던 나는 어느 순간 갑자기 Sco X-1에서 나오는 엑스선량이 크게 증가하는 것을 보았다. 바로 거기서 프린트되어 나오는 엑스선량이 약 10분 사이에 4배로 뛰어오르더니 거의 30분 동안이나 지속되다가 다시 수그러들었다. 우리는 Sco X-1이 내뿜는 엑스선 섬광을 목격한 것이었는데 이는 정말 엄청났다. 이런 현상은 지금껏 관찰된 적이 없었다. 보통의 경우라면 스스로 이렇게 자문할 것이다.

"이 섬광은 다른 방식으로 설명될 수 있지 않을까? 어쩌면 검출기의 오작동 때문이 아닐까?" 하지만 이 경우 내 마음에는 아무 의심도 없었다. 나는 기기를 속속들이 알고 있다. 그 준비와 점검 과정을 믿었으며, 비행 중 내내 검출기를 계속 점검했고 대조를 위하여 알려진 방사성 원천을 이용하여 20분마다 엑스선 스펙트럼을 측정했지만 아무런 문제도 없었다. 따라서 나는 이 자료를 100% 신뢰한다. 인쇄되어 나오는 결과에서 나는 엑스선량의 증가와 감소를 지켜볼 수 있었다. 10시간의 비행 동안에 관측한 모든 원천들 가운데 단 하나만 오르내렸다. 그것은 바로 Sco X-1이었으며, 이 발견은 사실이었다!

다음날 아침 나는 조지 클라크에게 그 결과를 보여주었고 그는 의자에서 거의 나자빠질 뻔했다. 우리는 모두 이 분야를 잘 알고 있다. 우리는 너무나 흥분했다! 그 이런 현상을 누구도 관측하기는커녕 예상하지도 못했다. 10분가량의 시간 사이에 엑스선량의 세기가 이렇게 변하다니! Cen X-2에서 나오는 엑스선량은 처음 검출한 뒤 몇 주가 지나서야 3분의 1로 줄어들었다. 그런데 여기서 우리는 10분 사이에 4분의 1로 줄어드는 변화를 목격했다. 대략 3,000배나 빠른 변화였다.

우리는 Sco X-1이 에너지의 99%를 엑스선으로 방출하며, 그 엑스선의 휘도는 태양이 방출하는 엑스선 휘도의 약 100억 배에 이른다는 사실을 알고 있었다. 그러한 Sco X-1이 그 휘도를 10분이라는 짧은 시간 동안에 4배나 바꿀 수 있다는 사실은 물리학의 어떤 이론으로도 이해할 수 없었다. 우리의 태양이 10분 사이에 4배나 밝아진다면 도대체 어떻게 설명할 것인가? 나는 그저 겁에 질릴 수밖에 없었다.

이처럼 짧은 시간 사이의 변화는 풍선을 이용하는 엑스선 천문학에서 이루어진 가장 중요한 발견이라고 말할 수 있다. 이 장에서 이미 말했듯 우리는 로켓관측으로 발견하지 못한 엑스선원도 발견할 수 있었으며 이것도 중요한 발견이다. 하지만 Sco X-1이 보여주는 10분 단위의 변화보다 충격적인 것은 없었다.

너무나 예기치 못한 일이었기에 다른 많은 과학자들도 믿을 수 없다고 했다. 과학자들도 건드리기 어려운 강한 선입관을 갖고 있는 경우가 많다. 《천체물리 저널 레터스Astrophysical Journal Letters》의 전설적인 편집자 수브라마니안 찬드라세카르Subrahmanyan Chandrasekhar는 Sco X-1에 대한 우리의 논문을 심사위원에게 보냈는데 그 심사위원은 우리의 발견을 도무지 믿지 않았다. 나는 40년이 지난 지금에도 그가 다음과 같이 썼던 것을 기억하고 있다. "이는 넌센스가 분명합니다. 우리는 모두 이 강력한 엑스선원이 10분가량의 시간 사이에 변할 수 없다는 사실을 알고 있습니다."

그래서 우리는 그 잡지에 우리 방식대로 그 사실을 밀어붙였다. 지난 1962년 로시도 똑같은 일을 해야 했다. 《피지컬 리뷰 레터스Physical Review Letters》의 편집자 새무얼 굿스미트Samuel Goudsmit는 엑스선 천문학의 초석이 되는 논문을 받아들였다. 왜냐하면 나중에 썼다시피 로시는 과연 그답게 논문의 내용에 대해 기꺼이 "개인적인 책임을 지겠다"고 다짐했기 때문이었다.

오늘날에는 망원경과 장비들이 훨씬 더 예민하므로 많은 엑스선원들이 어떤 시간 척도에서든 변한다는 사실을 알고 있다. 다시 말해서 어떤 원천을 날마다 계속 관찰하면 그 엑스선량이 날마다 변한다는 뜻이다. 나아가 초 단위로 관찰해도 마찬가지이며, 심지어 어떤 원천들의 경우

밀리초 단위로 분석해도 변화를 찾을 수 있을 것이다. 하지만 당시에는 10분 단위의 변화도 예기치 못한 새로운 결과였다.

1968년 2월 나는 이 발견에 대해 MIT에서 강연했는데 리카르도 지아코니와 허브 거스키가 청중 속에 있는 것을 보고 흥분에 휩싸였다. 나는 마침내 나도 내 분야에서 최첨단의 위치에 올라섰다는 사실을 인정받게 되었다는 느낌을 받았던 것이다.

다음 몇 장에서 나는 여러분에게 엑스선 천문학이 이미 해결한 수많은 문제와 천체물리학자들이 아직도 답을 찾기 위해 노력하고 있는 몇 가지의 미스터리를 소개하겠다. 또한 중성자성으로 여행하고 블랙홀의 심연으로 뛰어들기로 한다. 모자를 잘 챙기고 따라나서자.

Chapter 12

우주적 재앙, 중성자성, 블랙홀

12
우주적 재앙, 중성자성, 블랙홀

중성자성은 엑스선 천문학 역사의 한가운데에 있다. 그리고 이것들은 정말 '쿨cool' 하다. 온도가 낮다는 뜻은 전혀 아니다. 표면 온도가 태양 표면보다 100배가 넘게 뜨거운 100만K(켈빈온도)보다 높은 것들이 흔하기 때문이다.

1932년 제임스 채드윅James Chadwick은 중성자를 발견했으며 이 업적으로 1935년에 노벨 물리학상을 받았다. 이 놀라운 발견으로 많은 과학자들은 원자의 구조에 대한 그림이 마무리되었다고 여겼다. 이후 월터 바데와 프리츠 츠비키는 초신성의 폭발에서 중성자성이 만들어질 수 있다는 가설을 내세웠다. 이는 사실로 밝혀졌다. 중성자성은 질량이 큰 별이 생애를 마감하는 마지막 단계에서 일어나는 참으로 엄청난 파국적 사건을 통해 태어난다. 이는 우리가 알고 있는 한 우주에서 가장 빠르고 가장 장엄하고 가장 격렬한 과정, 곧 초신성의 핵이 붕괴하는 현상이다.

중성자성은 우리의 태양과 같은 별이 아니라 적어도 그 8배 이상 무거운 별에서 만들어진다. 우리 은하계에는 아마 이런 별이 10억 개보다 많을 것으로 여겨진다. 하지만 은하계에는 온갖 종류의 별들이 엄청나게 많으므로 이 거인들이 이렇게 많더라도 전체적으로는 드물다고 봐야 한다.

우주와 세상의 수많은 것들처럼 별도 엄청나게 강력한 힘들 사이의 대략적인 균형을 유지하는 능력 덕분에 살아간다. 원자핵을 태우는 별들의 심장부는 수천만K의 고온에서 일어나는 핵반응 때문에 높은 압력과 함께 막대한 에너지를 만들어낸다. 태양의 경우 중심부의 온도는 약 1,500만K이고 매초 10억 개 이상의 수소폭탄이 폭발할 때 내놓는 것과 맞먹는 에너지를 방출한다.

안정한 별에서는 이 압력이 별의 엄청난 질량이 발휘하는 중력과 적절한 균형을 이룬다. 하지만 밖으로 분출하려는 핵반응의 압력과 중력이 안으로 당기는 힘 사이의 균형이 무너지면 별은 불안정해진다. 예를 들어 우리의 태양은 이미 50억 년가량을 살았고 이런 식으로 앞으로도 50억 년을 보낼 것이다. 그러나 별이 죽을 때쯤에는 극적인 변화가 일어난다. 중심부의 핵연료를 모두 소모하면 많은 별들은 맹렬한 쇼를 시작함으로써 삶의 마지막 단계로 나아간다. 특히 아주 무거운 별의 경우 더욱 그렇다. 어떤 의미에서 초신성은 비극의 주인공과 닮았다. 이들은 대개 과장된 삶을 발작적인 감정의 분출과 함께 마치는데, 때로는 격렬하게 심금을 울리는 큰 소리로, 아리스토텔레스가 말했듯, 청중들에게 연민과 공포를 불러일으킨다.

가장 방탕한 별의 마지막 단계는 핵붕괴 초신성인데, 이는 우주에서 가장 큰 에너지가 분출되는 현상의 하나다. 여기서 나는 가능한 한 올바로 묘사해보도록 하겠다. 커다란 질량을 가진 별의 핵연료도 결국 고갈된다. 그에 따라 중심부의 핵반응이 서서히 시들면 이로부터 발생했던 압력도 줄어든다. 그러면 결국 남아 있는 물질들이 발휘하는 지속적인 중력의 냉혹한 인력이 이를 압도하게 된다.

이러한 핵연료의 소모 과정은 사실 꽤 복잡하면서도 환상적이다. 대부분의 별들처럼 아주 무거운 별들도 처음에는 수소를 태워 헬륨을 만드는 과정으로 시작한다. 별들은 핵분열이 아니라 핵융합에 의해 에너지를 얻는다. 한 예로 수소의 원자핵은 양성자인데 이것들 4개가 매우 높은 온도에서 융합하면 헬륨이 만들어지면서 많은 열을 내놓는다. 이런 별들에서 수소가 고갈되면 중력 때문에 중심부가 수축된다. 그런데 이 수축 때문에 온도는 더욱 올라가며 이때부터 헬륨들이 융합하여 탄소를 만든다. 태양보다 약 10배 이상 무거운 별들은 탄소가 고갈되면 산소를 태우고 이어서 네온, 실리콘 등을 태우며 결국 그 중심부는 철로 바뀐다.

이처럼 각 단계가 끝날 때마다 중심부는 더욱 수축되고 온도는 더욱 올라가면서 다음 단계로 넘어간다. 그런데 각 단계가 만들어내는 에너지는 앞 단계보다 적으며 그 기간도 갈수록 줄어든다. 정확한 기간은 별의 질량에 따라 다르기는 하지만 수소의 연소 단계는 약 3,500만K에서 1천만 년쯤 진행되지만 마지막의 실리콘 연소 단계는 약 30억K에서 며칠밖에 지속되지 않는다! 각 단계에서 별은 그 전 단계의 산물을 거의 모두 태우므로 이를테면 재활용을 하는 셈이다!

마지막 단계는 실리콘이 융합하여 철을 만드는 것인데, 철은 주기율표에 나오는 모든 원소들 가운데 가장 안정한 원자핵을 가진 원소다. 그러므로 철이 융합하여 더 무거운 원소를 만든다고 할 경우 에너지가 방출되는 게 아니라 오히려 소모된다. 따라서 에너지를 방출하는 핵반응은 여기서 끝난다. 결국 별이 철을 계속 만들어냄에 따라 철로 된 중심부는 빠르게 커진다.

철로 된 중심부의 질량이 태양의 1.4배에 이르면 찬드라세카르한계 Chandrasekhar limit 라고 부르는 마술과도 같은 한계에 이르는데, 이는 위대한 물리학자 찬드라세카르의 이름에서 따온 용어다. 이 한계에 이르면 중심부의 압력은 강력한 중력에 더 이상 버티지 못해 무너져내리면서 밖으로는 초신성 폭발이라는 장관을 펼친다.

한때 번영을 누렸던 성을 둘러싼 대군을 상상해보자. 이제 성은 곧 무너질 위기에 처해 있다. 영화 〈반지의 제왕〉에 나오는 몇몇 전투 장면이 떠오르는데, 무수히 많은 듯한 오르크Orc의 군사들이 성벽을 무너뜨리는 것도 그 예다. 찬드라세카르한계에 이른 별의 중심부는 수천분의 몇 초 사이에 무너져내린다. 그런데 이렇게 붕괴하는 물질들의 속도는 광속의 4분의 1에 이를 정도로 엄청나서 내부의 온도는 상상하기 어려운 1천억K까지 올라간다. 이는 태양의 중심부보다 무려 1만 배나 높은 온도다.

만일 별 하나의 질량이 태양의 10~25배 사이라면 이 과정에서 그 중심부에 새로운 종류의 별, 곧 중성자성이 만들어진다. 만일 태양의 8~10배 사이라면 역시 중성자성이 만들어지지만 그 중심부에서 일어나는 핵반응은 위에서 이야기한 것과는 다르며, 여기서는 다루지 않기로 한다.

무너지는 중심부의 높은 밀도 때문에 양성자와 전자는 한데 합쳐진다. 이때 양성자의 양전하와 전자의 음전하는 상쇄되어 사라지며, 서로 합체하여 중성자를 만들면서 중성미자를 방출한다. 그 결과 개별적인 원자핵은 더 이상 존재하지 않는다. 모두 한데 뭉쳐 중합중성자체degenerate neutron matter 라고 부르는 물질로 변하므로 결국 무척 멋들어진 이름을 얻은 셈이다! 나는 이에 대항하는 힘의 이름도 좋아하는데 그것은 중성자중합압력neutron degeneracy pressure이다. 만일 전구체前驅體, progenitor 라고 부르는 별의 질량이 태양의 약 25배가 넘으면 중성자성이 될 부분의 질량이 태양의 약 3배를 넘어서게 된다. 그러면 중력은 중성자중합압력까지도 압도하게 된다. 이후 결국에는 어찌 될까? 잠시 생각해보기 바란다.

그렇다. 나는 여러분이 잘 추측했으리라 본다. 블랙홀 말고 뭐가 있겠는가? 블랙홀에는 우리가 알고 있는 어떤 형태의 물질도 그대로 존재할 수 없다. 무엇이든 거기에 가까이 다가서면 중력이 너무나 강하여 도저히 빠져나오지 못한다. 빛, 엑스선, 감마선, 중성미자 등등 그 무엇도 말이다. 다음 장에서 보게 될 쌍성계의 진화는 이와 아주 다를 수 있다. 왜냐하면 쌍성계의 경우 무거운 별의 껍질이 초기 단계에서 제거되므로 중심부가 단독의 별에서만큼 커지지 않을 수도 있기 때문이다. 그런 경우 본래 태양보다 40배나 무거운 별이라도 중성자성만 남길 수 있다.

나는 중성자성이나 블랙홀이 될 전구체의 경계가 그다지 분명하지 않다는 점을 강조하고자 한다. 여기에는 전구체의 질량 외에도 많은 요인들이 관련된다. 예를 들어 별의 회전도 중요한 요소다.

하지만 블랙홀은 분명 존재한다. 이것은 들뜬 과학자나 공상과학 작가들의 환상이 아닌 실체이지만 사실 믿을 수 없을 정도로 환상적이다.

블랙홀은 엑스선과 깊이 관련되어 있으며 약속하건대 나중에 반드시 이에 대해 이야기하겠다. 다만 우선 이것만은 말해둔다. 블랙홀은 실체일 뿐 아니라 어쩌면 우주에 존재하는 적절한 크기의 은하들 모두의 중심부에 자리잡고 있을 수 있다는 점이다.

다시 중심부 붕괴로 돌아가자. 우리는 여기서 밀리초 단위의 사건을 이야기하고 있다는 점을 기억하기 바란다. 일단 중성자성이 만들어지면 별을 이루는 물질들은 그곳으로 맹렬히 빨려 들어갔다가 문자 그대로 튕겨나오면서 밖으로 퍼져가는 충격파를 만든다. 그런데 그 에너지는 남아 있는 철의 원자핵들을 깨뜨리는 데에 쓰이므로 결국 더 이상 나아가지 못한다. 앞서 말했지만 가벼운 원소들이 융합하여 철의 원자핵을 만들 때는 에너지를 내놓으므로 반대로 철의 원자핵을 깨뜨리는 데에는 에너지가 소모된다. 중심부가 붕괴되면서 전자와 양성자가 뭉쳐서 중성자가 될 때는 중성미자도 함께 만들어진다. 나아가 중심부의 온도가 1천억K에 이르면 이른바 열중성미자 thermal neutrino도 만들어진다. 중심부가 붕괴되면 중성미자는 그때 발생하는 전체 에너지의 99% 정도에 해당하는 10^{46}J에 이르는 에너지를 갖고 달아나며, 남은 1%의 대부분은 별에서 방출되는 물질들의 운동에너지로 쓰인다.

중성이고 질량이 거의 없는 중성미자는 거의 모든 물질들을 투과하며 별의 중심부도 대부분 그냥 지나간다. 하지만 중심부 부근의 밀도는 극히 높으므로 중성미자는 약 1%가량의 에너지를 그곳 물질들에게 빼앗긴다. 따라서 그 물질들은 초당 2만 km에 이르는 속도로 맹렬히 방출된다. 이 현상은 폭발이 일어난 뒤 1천 년이 넘도록 보일 수도 있다. 이를 초신성의 잔해라고 부르는데, 게성운도 그 한 예다.

초신성폭발은 참으로 현란하다. 광도가 최고일 때 광학적 휘도는 초당 10^{35}J에 이르며 태양 휘도의 3억 배에 해당한다. 그런 초신성은 평균적으로 한 세기에 둘 정도 나타나는데, 만일 은하계에서 나타난다면 하늘에서 가장 밝은 천체 가운데 하나가 된다. 오늘날에는 완전히 자동화된 로봇망원경을 사용하여 비교적 가까운 은하들의 큰 집단으로부터 매년 수백에서 수천에 이르는 초신성들을 관찰하고 있다.

이와 같은 핵붕괴 초신성은 태양이 지난 50억 년 동안 방출한 에너지의 200배에 이르는 에너지를 약 1초 사이에 뿜어내는데, 그중 99%는 중성미자에서 나온다!

그런 현상이 바로 1054년에 일어났다. 이로부터 만들어진 별은 지난 1천 년 동안 하늘에서 가장 밝은 별이 되었으며, 너무나 밝아 몇 주 동안은 낮에도 맨눈으로 볼 수 있을 정도였다. 거대한 성간 공간에 내려치는 우주적 섬광이라 할 초신성폭발은 가스가 냉각되고 퍼져감에 따라 몇 년 사이에 시든다. 하지만 이 가스는 소멸하지 않는다. 1054년의 폭발에서는 중성자성뿐 아니라 게성운도 만들어냈는데, 이 성운은 온 하늘을 통틀어 가장 경이로우면서도 여전히 변화하고 있는 천체다. 그리하여 거의 무한한 새 자료들의 원천으로 작용하면서 놀라운 영상과 새로운 관측 사실들을 제공하고 있다. 그런데 수많은 천문학적 현상들은 수백만에서 수십억 년에 이르는 엄청난 시간 동안 일어나므로 지질학적 연대에 비교할 정도다. 따라서 만일 초나 분 단위로 진행되는 매우 빠른 현상, 심지어 연 단위로 일어나는 것이라 해도 새롭게 발견될 경우 특히 흥미롭게 여겨진다.

실제로 게성운의 어떤 부분의 모양은 며칠 사이로 변한다. 허블우주

망원경과 찬드라엑스선천문대는 대마젤란운 Large Magellanic Cloud 에 있는 초신성1987A의 잔해도 우리가 볼 수 있을 정도로 빠르게 모양이 변한다는 사실을 발견했다.

지상에 설치된 세 군데의 서로 다른 중성미자천문대에서 초신성1987A가 폭발하면서 내놓는 중성미자를 동시에 검출했는데, 그 빛은 우리에게 1987년 2월 23일에 도착했다. 중성미자는 검출하기가 무척이나 어렵다. 그 폭발이 지속된 13초 동안 이 초신성을 향하고 있는 지구 표면의 어디에나 1m²당 약 300조 개의 중성미자가 쏟아졌다. 하지만 이 천문대들에서는 모두 겨우 25개밖에 검출하지 못했다. 이 초신성은 10^{58}개 정도라는 상상할 수 없을 만큼 많은 중성미자를 방출했지만, 지구에서 17만 광년의 먼 거리에 있기에 0을 30개나 떼어낸 '겨우' 4×10^{28}개가량만 지구에 도착했다. 그러나 그중 99.9999999% 이상은 그대로 지구를 지나버렸다. 만일 그 절반쯤을 멈추게 하려면 1광년, 곧 약 10^{13}km 두께의 납이 필요하다.

초신성1987A의 전구체는 이것을 둘러싼 고리가 만들어지기 2만 년쯤 전에 두터운 가스층을 밀쳐냈다. 하지만 이 고리는 폭발이 일어난 뒤 8달이 지나도록 보일 수 없었다. 밀쳐진 가스의 속도는 초당 8km 정도였으므로 비교적 느린 편이었다. 하지만 2만 년이 지나는 동안 가스층의 반지름은 3분의 1광년, 곧 빛이 8달 동안 가야 할 정도로 커졌다.

그렇게 초신성은 만들어졌는데 폭발 때 방출된 자외선은 광속으로 퍼져나가 8달이 지나자 앞서 출발한 가스층을 따라잡았다. 그래서 고리를 이루는 가스층은 이를테면 자외선 덕분에 스위치가 켜져서 우리 눈에 보이는 가시광선을 방출하게 되었다. 삽입된 컬러 화보 14번에서 초신성1987A의 모습을 볼 수 있다.

하지만 이밖에 엑스선도 있다. 폭발할 때 방출된 가스는 광속의 15분의 1쯤인 초속 약 2만 km로 퍼져나갔다. 우리는 고리가 얼마나 큰지 알고 있으므로 이렇게 방출된 가스가 언제쯤 고리에 충돌할지 계산할 수 있다. 그 결과는 11년 남짓이며 이때 엑스선이 방출된다. 지금까지의 이야기를 들으면 이 폭발은 마치 몇 십 년 전의 사건처럼 여겨진다. 하지만 초신성1987A는 대마젤란운에 있으므로 실제로는 약 17만 년 전에 일어났다.

오늘날까지 초신성1987A의 잔해에서는 중성자성이 검출되지 않았다. 어떤 천체물리학자들은 처음에 중성자성이 만들어졌지만 이후 붕괴하여 블랙홀이 되었을 것이라고 믿는다. 1990년 나는 초신성에 대한 세계적 전문가로 캘리포니아대학교에 있는 스탠 우슬리 Stan Woosley와 내기를 했다. 그때부터 5년 사이에 중성자성이 발견될 것인지 아닌지가 그 내용이었는데, 나는 이 내기에서 100달러를 잃었다.

이 놀라운 현상에서는 이밖에도 많은 것들이 생성된다. 초신성의 초고온 반응로에서는 높은 단계의 핵융합이 일어나 철보다 훨씬 무거운 원소들도 만들어낸다. 이 산물들은 가스 구름을 이루며 결국에는 한데 합쳐 새로운 별이나 행성들을 만든다. 따라서 우리 인간은 물론 모든 생물은 별이 만든 원소들에서 태어났다. 이러한 별의 반응로와 엄청나게 격렬한 폭발이 없었다면 우리는 주기율표에 기록된 많은 원소들을 볼 수 없을 텐데, 그 최초의 사건은 바로 다름 아닌 빅뱅이다. 그러므로 우리는 중심부가 붕괴되는 초신성을 천상의 조그만 산불로 여길 수 있다. 하나의 별은 불타 사라지지만 이로부터 새로운 별과 행성이 태어나기 때문이다.

어떤 면으로 보나 중성자성은 극단적인 대상이다. 지름은 몇 km에 불과하여 화성과 목성 사이에서 공전하는 소행성들보다 작고 태양보다는 수만 배나 작다. 하지만 그 밀도는 태양의 평균 밀도보다 약 3천억 배나 높다. 따라서 한 순가락 정도의 중성자성 물질은 지구에서 약 1억 톤이나 나갈 것이다.

중성자성에 대해 내가 좋아하는 것은 그 이름을 말하거나 쓰는 것만으로 이미 물리학의 양 극단이 만나게 된다는 사실이다. 미세함과 거대함이 그것인데, 우리가 결코 직접 볼 수 없을 정도로 작은 중성자성은 그 놀라운 밀도로 우리 뇌의 능력을 한껏 비튼다.

중성자성은 회전한다. 어떤 것들은 엄청나게 빨리 돌며 특히 처음 생길 때는 더욱 그렇다. 왜 그럴까? 이는 아이스스케이팅 선수가 팔을 뻗칠 때보다 움츠릴 때 더 빨리 도는 것과 마찬가지 원리다. 물리학자들은 이 현상을 각운동량이 보존되기 때문이라고 설명한다. 각운동량을 자세히 설명하자면 무척 복잡하다. 하지만 기본적인 개념은 쉽게 이해할 수 있다.

이것이 중성자성과 무슨 상관이 있을까? 그것은 바로 우주의 모든 것이 회전한다는 사실과 관련된다. 따라서 붕괴하여 중성자성이 될 별도 회전한다. 이 별은 폭발하면서 대부분의 물질을 내던지지만 태양의 한두 배에 이르는 물질은 간직하는데, 이것은 폭발하기 전의 중심부보다 수천 배나 작은 크기에 밀집되어 있다. 그런데 각운동량은 보존되므로 중성자성의 회전 속도는 적어도 100만 배쯤 증가해야 한다.

조슬린 벨이 발견한 처음 두 중성자성은 약 1.3초의 주기로 회전했다.

게성운에 있는 중성자성은 초당 30번의 빠르기로 회전하는데 지금껏 발견된 것 가운데 가장 빠른 것은 놀랍게도 초당 716번이나 회전한다! 이 별의 적도 부근은 광속의 약 15%에 이르는 엄청난 속도로 돌고 있다는 뜻이다!

　모든 중성자성이 돌고 있으며 그중 많은 것들이 상당한 자기장을 갖고 있다는 사실은 '맥동하는 별pulsating star'을 줄여서 펄서pulsar라고 부르는 중요한 천체의 존재를 알려준다. 펄서는 그 자극 방향으로 전파의 빔을 발사하는 중성자성을 가리킨다. 지구의 경우 자극과 지리적 극이 눈에 띨 정도로 떨어져 있다. 그런데 펄서도 마찬가지여서 펄서가 회전함에 따라 전파 빔은 온 하늘을 휘젓는다. 따라서 관측자가 이 빔이 지나는 곳에 있다면 빔은 짧은 시간 동안만 관찰되므로 펄서가 주기적으로 명멸하는 듯 보인다. 이 때문에 천문학자들은 등대효과lighthouse effect라고 부르기도 한다. 라디오파로부터 가시광선과 엑스선과 감마선에 이르기까지의 극히 넓은 전자기파 스펙트럼을 단독으로 방출하는 중성자성은 대여섯 개가 알려져 있는데, 쌍성계를 이루는 중성자성과 혼동하지 말아야 한다. 게성운에 있는 펄서도 고립된 것의 하나다.

　조슬린 벨은 영국의 케임브리지에서 대학원생으로 있던 1967년에 첫 펄서를 발견했다. 처음에 그녀와 지도교수 앤터니 휴이시는 이 맥동의 규칙성을 어떻게 이해해야 할지 몰랐다. 그 주기는 약 1.3373초였고 각 펄스는 0.04초밖에 지속되지 않았다. 그들은 처음에 어떤 외계의 생물이 보내는 규칙적인 신호일지도 모른다는 생각에서 '작은 초록인Little Green Men'이란 말을 만들고 이것의 첫 글자들을 이용하여 LGM-1이라고 불렀다. 그런데 곧이어 벨은 약 1.2초 주기로 맥동하는 두 번째의 LGM을 발견했고 이에 따라 이 펄스들은 외계의 생물이 보내는 게 아니라는 사실이 분명해졌다. 완전히 서로 다른 두 문명이 왜 지구를 향해 비슷한 주기의 신호를 보낸단 말인가? 벨과 휴이시가 이 결과를 발표한 뒤 얼마 되지 않아 코넬대학교의 토머스 골드Thomas Gold는 펄서가 회전하는 중성자성이라는 사실을 깨달았다.

블랙홀

앞서 블랙홀에 대해 알아보기로 한 것이 기억나는가? 마침내 이 기괴한 대상을 직접 볼 때가 왔다. 나는 왜 사람들이 이것들을 두려워하는지 이해한다. 유튜브를 조금만 둘러보더라도 여러분은 블랙홀의 '재구성'이 어떤 모습인지 많이 찾아볼 수 있다. 그 대부분은 '죽은 별'이나 '별 포식자'의 범주에 속한다. 대중의 상상 속에서 블랙홀은 우주에 있는 초강력의 배수구이며, 한없이 탐욕스런 입으로 모든 것을 집어삼킨다.

하지만 가까이에 있는 모든 것을 집어삼킨다는 생각은 초대형 블랙홀의 경우라도 완전한 오류다. 주로 별이겠지만 블랙홀 주위의 모든 물체들은 매우 안정된 궤도를 돌고 이는 초대형 블랙홀의 경우에도 마찬가지다. 그렇지 않다면 우리 은하계는 중심부에 있는 태양 400만 배가량의 거대한 블랙홀에 빨려들어 이미 사라졌을 것이다.

우리는 이 기괴한 짐승에 대해 무엇을 알고 있을까? 블랙홀 이전 단계의 중성자성은 태양 질량의 3배가 못되는 별들이 중력에 의해 붕괴한 것들이다. 핵반응을 일으키던 본래의 별이 태양보다 25배쯤 무거우면 중성자성의 단계에 머물지 않고 더욱 붕괴한다. 그리고 그 결과는 바로 블랙홀이다.

블랙홀이 주위의 별과 함께 쌍성계를 이루면 별의 움직임을 통해 그 중력 효과를 측정할 수 있다. 나아가 때로는 그 질량도 알아낼 수 있는데, 이런 계에 대해서는 다음 장에서 살펴본다.

블랙홀은 표면 대신 천문학자들이 사상의 지평선 event horizon 이라고 부르는 것을 가진다. 이는 중력이 너무 강해서 아무것도, 심지어 빛도 그 중력장에서 빠져나오지 못하는 경계를 가리킨다. 아마 이것이 쉽게 이해되지 않을 수도 있다. 그러므로 블랙홀을 널찍한 고무판의 한가운데에 있는 무거운 공이라고 상상하자. 그러면 가운데가 처질 것이다. 만일 고무판이 없다면 헌 양말이나 버려진 팬티스타킹을 써도 좋다. 될 수 있는 대로 큰 사각형으로 잘라서 가운데에 돌을 놓아보자. 그런 다음 네 모서리를 들어올리면 깔때기의 주둥이나 토네이도의 꼬리처럼 움푹 파인 모습이 나타날 것이다. 이것이 바로 사차원의 시공에서 일어나는 형상의 삼차원 버전이다. 물리학자들은 이처럼 중력이 사차원 시공에서 일으키는 효과를 중력우물 gravity well 이라고 부른다. 만일 돌을 훨씬 큰 바위로 바꾸면 훨씬 깊은 우물이 만들어질 텐데, 이는 거대한 물체일수록 시공을 더욱 크게 휜다는 점을 보여준다.

우리는 삼차원 공간밖에 볼 수 없으므로 무거운 별이 사차원 시공을 어떻게 휘는지를 쉽게 시각화할 수 없다. 중력을 이와 같은 사차원 시공의 만곡으로 볼 수 있다고 제시한 사람은 바로 알베르트 아인슈타인이다. 그는 이처럼 중력을 기하의 문제로 바꾸었는데, 물론 이 기하는 고교 과정에서 배우는 것과는 좀 다르다.

이 말을 들으면 하던 실험을 멈추게 되어 다행으로 여기겠지만 팬티스타킹 실험은 몇 가지 이유 때문에 이상적이지 못하다. 그 주된 이유는 이 실험에서는 돌이 만든 중력우물을 안정되게 도는 구슬의 궤도를 상상하기가 어렵기 때문이다. 하지만 실제의 우주에서는 많은 물체들이 큰 질량의 천체 주위를 몇 백만 년, 심지어 몇 십억 년 이상 안정되게 돈다. 달이 지구를 돌고, 지구가 태양을 도는데, 태양도 1천억이 넘는 별들과 함께 은하의 중심을 돈다는 사실을 생각해보라!

반면 이 실험은 블랙홀을 시각화하는 데에 도움이 된다. 예를 들어 더 무거운 것일수록 더 급한 경사의 우물을 만든다. 따라서 그런 우물일수록 올라오는 데에 더 많은 에너지가 든다. 무거운 별의 중력은 심지어 이를 탈출하는 빛의 에너지도 떨어뜨린다. 그 결과 빛의 파장은 늘어나고 진동수는 줄어든다. 이처럼 빛의 파장이 늘어나는 현상을 적색편이라고 부른다는 점을 앞서 이미 본 적이 있다. 조그맣게 밀집된 무거운 별은 그 중력으로 적색편이를 일으키며 이를 중력적색편이 gravitational redshift 라고 부른다. 이것과 제2장 및 제3장에서 보았던 도플러효과에 의한 적색편이는 구별해야 한다.

행성이나 별을 탈출하려면 다시 떨어지지 않기 위한 최소한의 속도가 필요하다. 이를 탈출속도 escape velocity 라고 부르는데 지구의 경우 초속 약 11km이고 시속으로는 4만km쯤 된다. 따라서 지구를 도는 인공위성의 속도는 모두 초속 11km를 넘지 못한다. 탈출속도가 높을수록 탈출하는 데에 더 많은 에너지가 든다. 운동에너지의 식은 $mv^2/2$이므로 탈출하는 데에 필요한 에너지는 질량과 속도에 모두 의존하기 때문이다.

아마 여러분은 중력우물이 엄청나게 깊어지면 바닥에서부터 탈출하는 데에 필요한 속도가 광속보다 커질 수도 있을 것이라는 생각이 들 것이다. 만일 그렇다면 그토록 깊은 중력우물에서는 심지어 빛도 벗어날 수 없다는 뜻이다.

독일의 물리학자 카를 슈바르츠실트Karl Schwarzschild는 일반상대성이론에 나오는 아인슈타인의 방정식을 풀어서 주어진 질량의 물체가 얼마나 작게 밀집되면 빛도 벗어날 수 없는 블랙홀이 될 수 있을지를 계산했다. 이 반지름이 바로 사상의 지평선이며 '슈바르츠실트반지름Schwarzschild radius'이라고 부르는데 그 크기는 물체의 질량에 달려 있다.

슈바르츠실트가 구한 식은 놀랍도록 단순하다. 하지만 이는 회전하지 않는 블랙홀에만 적용되며, 이런 것들을 때로 슈바르츠실트블랙홀이라고 부른다. 회전하는 블랙홀은 적도 부분이 부풀므로 사상의 지평선도 정확한 구가 아니라 조금 눌린 모양이 된다.

이 식에는 잘 알려진 상수들이 들어 있고, 슈바르츠실트반지름은 태양 하나의 질량당 3km가 조금 못된다. 이를 이용하면 어떤 블랙홀이 가진 사상의 지평선을 쉽게 구할 수 있는데, 예를 들어 태양보다 10배쯤 무거운 것의 경우 그 반지름은 약 30km다. 한편 지구에 대해 같은 계산을 해보면 그 반지름은 1cm보다 조금 작다. 하지만 이렇게 작은 블랙홀이 존재한다는 증거는 없다. 그렇다면 태양과 같은 질량의 별이 지름 6km의 구로 밀집된다면 중성자성이 될까? 그렇지 않다. 그만큼의 질량이 그토록 작은 구로 밀집되면 자체의 중력 때문에 스스로 붕괴하여 블랙홀이 된다.

아인슈타인보다 훨씬 이전인 1748년 영국의 철학자이자 지질학자인 존 미첼John Michell은 중력이 너무 강하여 빛조차 빠져나오지 못하는 별이 있을 것이라고 주장했다. 그는 간단한 뉴턴 역학의 식을 써서 계산했는데 이는 내가 가르치는 신입생이 30초 안에 풀 수 있는 수준이다. 하지만 그 결과는 슈바르츠실트의 결과와 같다. 곧 태양보다 N배 무거운 별이 3Nkm보다 작게 뭉치면 빛조차도 탈출하지 못한다. 아인슈타인의 일반상대성이론에 따른 결론이 훨씬 단순한 뉴턴 역학의 결과와 일치한다는 사실은 사뭇 놀라운 우연이다.

둥그런 사상의 지평선 중심에는 물리학자들이 특이점 singularity 이라고 부르는 게 존재한다. 이는 크기가 0이고 밀도는 무한대인 괴이한 것으로, 방정식의 해로 나오기는 하지만 우리의 상상력을 초월한다. 온갖 추측이 떠도는데도 불구하고 특이점이 과연 어떤 것인지에 대해서는 아무도 모른다. 그런 것을 다룰 수 있는 물리학이 적어도 아직까지는 없기 때문이다.

인터넷을 찾아보면 블랙홀에 대한 갖가지의 동영상들이 떠도는데 대부분은 매우 아름다우면서도 위협적으로 묘사되어 있다. 상상을 초월하는 작용에 의한 우주적 규모의 파괴가 암시되어 있기 때문이다. 그래서 많은 언론인들은 제네바 부근에 있는 유럽원자핵공동연구소 CERN 의 거대강입자충돌기 Large Hadron Collider 가 가동되면 블랙홀이 생성될 수도 있다는 우려를 보도했다. 그리하여 일반인들 사이에는 물리학자들이 지구의 운명을 놓고 도박을 벌인다는 의구심이 들게 되었다.

하지만 정말 그럴까? 우연히 블랙홀이 만들어졌다고 하자. 이게 과연 지구를 집어삼킬까? 그 답은 아주 쉽게 얻을 수 있다. 2010년 3월 30일 거대강입자충돌기 속에서 서로 마주보며 달리는 양성자들의 에너지는 3.5조 eV였으므로 정면으로 충돌한 양성자들의 에너지는 7조 eV 가량이었다. 그곳의 과학자들은 최종적으로 14조eV까지 끌어올리려 하며 이는 현재까지 얻은 어떤 실험에서의 에너지보다 훨씬 강하다. 양성자의 질량은 1.6×10^{-24}g 정도다. 그런데 물리학자들은 질량을 흔히 에너지로 표현하며 이는 약 10억eV에 해당한다. 아인슈타인의 유명한 $E=mc^2$에 따르면 질량과 에너지는 동등하기 때문이다. 여기서 E는 에너지, m은 질량, c는 광속을 나타낸다. 나는 매사추세츠의 고속도로를 가다가 '교통정보는 511에서'라는 안내판을 보면 언제나 전자의 질량이 511keV라는 사실을 떠올리곤 한다.

14조eV의 에너지가 모두 블랙홀을 만드는 데에 쓰인다고 하자. 그러면 2×10^{-20}g가량인 양성자의 1만 4천 배 정도의 블랙홀이 될 것이다. 이에 대해 수많은 물리학자들과 검토위원들이 이 문제를 둘러싸고 제기된 산더미 같은 자료들을 두고 논의한 결과 염려할 것은 전혀 없다는 결론을 발표했다. 왜 그런지 궁금한가? 여러분도 당연히 알 권리가 있는데, 그 논지는 아래와 같다.

첫째로, 이처럼 작은 블랙홀은 미세블랙홀micro black holes이라고 부르는데, 거대강입자충돌기에서 이런 블랙홀이 생성될 가능성은 거대잔여차원large extra dimensions이라고 부르는 이론에 달려 있다. 하지만 이 이론의 타당성은 매우 의심스러우며 사실상 부정되고 있다. 이에 대한 실험적 검증은 현재로서는 도무지 불가능하기 때문이다. 따라서 애초에 이런 미세블랙홀이 생성될 가능성 자체가 극히 낮다.

이에 대한 우려를 분명히 서술한다면 그런 미세블랙홀이 어찌어찌 만들어지고 유착체가 되어 주위의 물질을 끌어들이면서 서서히 자라나고, 마침내 지구를 통째로 집어삼키는 괴물로 커질 수 있다고 간추릴 수 있다. 하지만 미세블랙홀이란 게 실제로 가능하다면 중성자성이나 백색왜성이라는 집을 찾아 쏟아지는 막대한 에너지를 가진 우주선에 의해 이미 만들어졌을 것이다. 이런 우주선들은 실제로 존재하지만 이와 동시에 중성자성이나 백색왜성들도 수십억 년은 아닐지라도 수억 년 이상 안정적으로 존재하는 것으로 보이므로 이것들을 집어삼키는 미세블랙홀은 없는 것으로 여겨진다. 요컨대 안정한 미세블랙홀의 위협은 사실상 전무하다.

게다가 잔여차원의 이론이 없다면 플랑크질량Planck mass이라고 부르는 2×10^{-5}g보다 작은 질량을 가진 블랙홀들은 만들어질 수조차 없다. 다시 말해서 이토록 작은 질량을 가진 블랙홀을 다룰 물리학이 적어도 현재까지는 없다는 뜻이다. 이런 것들을 다룰 양자중력이론이 아직 없기 때문이다. 그러므로 2×10^{-20}g의 미세블랙홀이 가질 슈바르츠실트반지름이 얼마나 되는가 하는 의문은 무의미하다.

스티븐 호킹 Stephen Hawking은 블랙홀도 증발할 수 있다는 사실을 밝혔다. 그런데 질량이 작을수록 더 빨리 증발한다. 태양보다 30배쯤 무거운 블랙홀이 증발하는 데에는 10^{71}년가량의 세월이 걸린다. 나아가 태양보다 10억 배쯤 무거운 초대형 블랙홀은 무려 10^{93}년이나 버틸 것이다! 그렇다면 2×10^{-20}g 정도의 미세블랙홀은 얼마나 살아 있을까? 이것은 아주 좋은 의문이기는 하지만 애석하게도 답은 모른다. 호킹의 이론은 플랑크질량보다 작은 것에는 적용되지 않기 때문이다.

하지만 그래도 미심쩍으므로 비교를 위해 살펴본다면 2×10^{-5}g의 미세블랙홀은 겨우 10^{-39}초밖에 살지 못한다. 이를테면 이것들의 소멸 속도는 생성 속도보다 더 빠른 셈이며, 바꿔 말하면 생성되지도 못한다는 뜻이다. 따라서 거대강입자충돌기에서 문제되는 2×10^{-5}g의 미세블랙홀은 전혀 우려할 필요가 없다.

하지만 그럼에도 사람들은 거대강입자충돌기의 운전을 멈추라는 소송을 끊임없이 제기했다. 그런데 내가 우려하는 것은 이런 것들보다 과학자와 일반인들 사이의 간격이다. 정말이지 과학자가 이런 것들까지 설명해야 한다는 것은 마뜩찮은 일이다. 전 세계의 가장 뛰어난 물리학자들이 이를 검토하고 아무런 문제가 없다고 설명했음에도 불구하고 언론인과 정치인들은 이 하찮은 것으로 대중의 공포를 증폭하는 시나리오를 지어냈다. 공상과학이 어떤 면에서는 과학 자체보다 더 강한 영향력을 발휘하는 것 같다.

나는 블랙홀보다 더 기괴한 것은 없다고 본다. 중성자성도 표면으로 자신을 드러낸다. 이를테면 중성자성은 "자, 보세요. 나는 이런 표면이 있답니다"라고 말하는 셈이다. 하지만 블랙홀은 표면도 없고 아무것도 내놓지 않는다. 물론 호킹방사 Hawking radiation 가 있기는 하지만 관측된 적은 없다.

어떤 블랙홀들은 유착원반 accretion disc 이라고 부르는 평평한 원반으로 둘러싸여 있다. 다음 장에서도 설명하겠지만 이런 블랙홀들은 유착원반과 수직 방향으로 매우 강한 에너지를 가진 입자들을 분출한다. 이것들은 사상의 지평선 안에서 나오는 것은 아니지만 아직껏 해결되지 않은 커다란 미스터리다. 그 영상은 다음 사이트를 참조하기 바란다. www.wired.com/wiredscience/2009/01/spectacular-new/

블랙홀의 내부, 곧 사상의 지평선 안쪽의 세계에 대해서는 수학적으로 접근할 수밖에 없다. 아무것도 나오지 못하므로 블랙홀의 내부로부터는 어떤 정보도 얻을 수 없다. 그래서 어떤 물리학자들은 유머 감각을 발휘하여 "우주 검열관"이라고 부른다. 블랙홀은 자신의 동굴에 숨어 있는 것이다. 여러분이 사상의 지평선을 한번 지나면 돌아올 수 없고, 신호도 보낼 수 없다. 초대형 블랙홀이 만든 사상의 지평선을 지날 때는 거기를 지난다는 사실도 알아차리지 못할 것이다. 거기에는 도랑도 없고 벽도 없고 문턱도 없다. 한마디로 거기를 지난다고 해서 주변의 환경이 갑자기 변하는 것은 아니다. 상대성이론의 물리학들이 적용되기는 하지만 거기를 지나는 여러분이 자신의 시계를 보면 빨라지거나 느려지지 않으며 멈추지도 않는다.

그러나 멀리서 이 광경을 보는 사람의 경우는 아주 다르다. 그들이 보는 것은 여러분이 보는 게 아니다. 그들의 눈은 여러분의 몸에서 나와 블랙홀의 중력우물을 거슬러 탈출하는 빛이 전해주는 영상을 본다. 그런데 사상의 지평선에 점점 가까워지면 중력우물의 경사는 점점 더 급해진다. 따라서 빛은 우물을 벗어나는 데에 더 많은 에너지를 소모하므로 더욱 심한 중력적색편이를 나타낸다. 이 때문에 방출된 빛의 파장은 점점 더 길어지고 진동수는 줄어든다. 먼 곳에서 보는 사람들에게 여러분의 모습은 점점 더 붉어지며, 파장이 적외선 영역으로 들어가면 사라진다. 하지만 이후에도 파장은 더욱 길어져서 라디오파가 되고, 사상의 지평선에 가까이 가면서 무한히 길어진다. 그러므로 실제로는 여러분이 사상의 지평선을 넘기 전에 이미 먼 곳의 사람들에게는 보이지 않게 된다.

먼 곳의 관찰자는 또한 참으로 예기치 못한 일을 겪는다. 블랙홀 부근에서 빠져나오는 빛의 속도가 줄어드는 것이다! 하지만 이는 특수상대성이론의 가정을 위반하는 것은 아니다. 블랙홀 부근의 관찰자는 빛의 속도가 여전히 초속 30만km로 보이기 때문이다. 그러나 먼 곳의 사람에게는 이보다 느리게 보인다. 따라서 여러분의 몸에서 나오는 빛이 먼 곳의 관찰자에게 전해주는 영상은 여러분이 블랙홀에 다가감에 따라 점점 느려진다. 그 결과는 아주 흥미롭다. 여러분이 사상의 지평선에 다가서면 모든 동작이 느리게 보이는 것이다! 매 순간의 영상이 갈수록 늦게 전해지므로 마치 슬로모션과도 같아진다. 그들에게 여러분의 속도, 동작, 시계, 심지어 심장 박동마저도 블랙홀에 다가갈수록 느려지며, 마침내 거기에 이르면 완전히 멈추고 만다. 만일 사상의 지평선 부근에서 나오는 빛이 중력적색편이를 겪지 않는다면 먼 곳의 관찰자는 여러분의 모습이 사상의 지평선에서 영원히 얼어붙었다고 여길 것이다.

편의상 지금까지는 도플러효과를 무시했다. 하지만 사상의 지평선에 다가설수록 여러분의 속도는 계속 증가하므로 도플러효과도 커진다. 실제로 여러분이 사상의 지평선을 지날 때는 아마 광속에 근접할 것이다. 그리고 이로 인한 도플러효과는 먼 곳의 관찰자에게 중력적색편이와 비슷하게 나타난다.

사상의 지평선을 지난 뒤에는 더 이상 외부와 신호를 주고받을 수 없다. 하지만 여러분은 여전히 바깥을 볼 수 있다. 그런데 외부에서 블랙홀의 안쪽으로 들어오는 빛은 중력 때문에 파장이 점점 짧아져 청색편이가 일어난다. 만일 여러분이 중성자성의 표면에 서 있으면서 하늘을 쳐다보더라도 마찬가지 현상을 보게 될 것이다. 하지만 블랙홀에서는 엄청난 속도로 추락하므로 바깥세상이 멀어지게 보이며, 그 결과 적색편이에 해당하는 도플러효과가 일어난다. 그렇다면 블랙홀로 추락하는 여러분에게는 청색편이와 적색편이 중 어떤 효과가 더 우세할까? 그냥 비길까?

나는 콜로라도대학교의 실험천체물리협동연구소JILA, Joint Institute for Laboratory Astrophysics에 있는 앤드루 해밀턴Andrew Hamilton에게 이에 대해 물어보았다. 그는 블랙홀의 권위자인데 나의 예상대로 답은 그다지 간단하지 않았다. 블랙홀로 자유낙하하는 사람에게 쏟아지는 외부 세계의 빛이 일으키는 청색편이와 적색편이는 전체적으로는 대략 상쇄된다. 하지만 구체적으로 위와 아래 부분은 적색편이, 가운데 부분은 청색편이가 일어난다. 이에 대해서는 다음 사이트에 올라있는 "슈바르츠실트 블랙홀의 여행"이라는 재미있는 동영상으로 살펴볼 수 있다. http://jila.colorado.edu/~ajsh/insidebh/schw.html

하지만 블랙홀에는 표면이 없으므로 머물 곳이 없다. 블랙홀을 만든 모든 물질은 특이점이라는 하나의 점으로 붕괴되기 때문이다. 그렇다면 조석력은 어떨까? 다시 말해서 여러분의 머리와 발가락에 미치는 중력의 차이가 아주 클 텐데, 그로 인한 효과는 어떻게 되는 것일까? 예를 들어 지구의 경우 달에 가까운 곳과 먼 곳은 달의 인력이 다르므로 조석력이 발생하고, 이 때문에 간만의 차가 생긴다.

그 답은 갈기갈기 찢긴다는 것이다. 태양 질량의 3배가량인 블랙홀에 떨어지면 사상의 지평선을 지나기 약 0.15초 전에 찢어지고 만다. 사람들은 이 현상을 '스파게티화spaghettification'라고 시각적으로 표현한다. 여러분이 그곳을 지날 경우 믿을 수 없을 정도로 길게 늘어나기 때문이다. 사상의 지평선을 통과하고 나면 찢겨진 조각들은 모두 약 0.00001초 만에 특이점에 이르며, 밀도는 무한대로 치솟는다. 하지만 우리 은하계의 중심에 있는 태양 질량의 400만 배나 되는 초대형 블랙홀의 경우에는 사건의 지평선을 지나도록 별 문제를 느끼지 못한다. 하지만 이처럼 안전한 느낌도 순간이다. 조만간 결국 스파게티화를 겪게 되기 때문이다. 여기서 말하는 '조만간'은 겨우 13초에 불과하다. 그런 다음에는 0.15초 만에 특이점에 닿는다.

블랙홀에 대한 모든 현상은 누구나 기괴하게 여기지만 내가 대학원 과정을 지도했던 제프리 매클린토크 Jeffrey McClintock 와 존 밀러 Jon Miller 처럼 이를 관찰하는 천체물리학자들은 더욱 그렇다. 우리는 별과 비슷한 질량을 가진 별질량블랙홀 stellar-mass black hole 이 존재함을 알고 있다. 이런 블랙홀들은 1971년 광학 천문학자들이 백조자리의 Cyg X-1이 실제로는 쌍성계이며 그중 하나가 블랙홀이란 점을 밝힘으로써 알려지게 되었다. 이에 대해서는 다음 장에서 살펴본다.

천상의 발레

FOR THE LOVE
OF PHYSICS

13
천상의 발레

이제 여러분은 하늘에 있는 별들의 상당수는 우리에게 친숙한 태양을 단순히 멀리 갖다놓은 차원보다 훨씬 복잡하다는 사실이 그다지 놀랍게 들리지 않을 것이다. 하지만 우리가 보는 별들의 3분의 1가량은 하나의 별이 아니라 한 쌍의 별이 중력으로 묶여 서로 공전하고 있다는 사실은 몰랐을 것이다. 다시 말해서 밤하늘에 빛나는 별들은 모두 하나의 별로 보이지만 그 셋 중 하나는 쌍성계라는 뜻이다. 그 가운데는 심지어 세 별이 서로 공전하는 삼성계 triple star system 도 있다. 하지만 그다지 흔하지는 않다. 우리 은하에 있는 밝은 엑스선원의 상당수도 쌍성계로 밝혀졌기에 나는 이것들을 많이 다루었다. 그런데 이것들은 정말 흥미롭다.

쌍성계의 각 별들은 서로의 질량중심 주위를 돈다. 질량중심은 두 별의 사이에 있는데 무게가 서로 같으면 한가운데에 있고, 무게가 차이가 나면 무거운 별 쪽으로 쏠린다. 그런데 각 별들의 공전주기는 정확히 같아야 하므로 무거운 별은 가벼운 별보다 공전 속도가 느리다.

이 원리를 시각화하기 위해 양쪽의 무게가 같은 아령을 떠올려보자. 이것을 돌리면 중간점을 중심으로 돌 것이다. 다음으로 양쪽이 각각 2kg과 10kg으로 된 아령을 생각해보자. 그러면 질량중심이 10kg 쪽으로 많이 쏠린다. 따라서 이것을 돌리면 무거운 쪽이 작은 궤도를 그리는 반면 가벼운 쪽은 같은 시간 동안 큰 궤도를 그리며 돌게 된다. 이 아령을 확대하여 쌍성계로 생각하면 작은 별은 무거운 별보다 다섯 배의 속도로 공전해야 한다는 점을 쉽게 이해할 수 있다.

만일 한 별이 다른 별보다 훨씬 무거우면 심지어 질량중심이 무거운 별의 내부로 들어갈 수도 있다. 지구와 달도 쌍성계인데, 그 질량중심은 지구 표면에서 1,700km가량 안쪽에 있다. 이에 대해서는 '부록 2'에서 다시 이야기한다.

밤하늘에서 가장 밝은 별로 8.6광년 떨어져 있는 시리우스도 '시리우스A'와 '시리우스B'라는 두 별로 이루어진 쌍성계다. 이 두 별은 서로의 질량중심을 50년의 공전주기로 돌고 있다.

우리가 쌍성계를 보고 있다는 사실을 어떻게 알 수 있을까? 맨눈으로는 따로따로 볼 수 없다. 그러나 쌍성계까지의 거리와 사용하는 망원경의 성능에 달려 있기는 하지만, 때로 우리는 두 별을 각각 관찰하여 시각적으로 확인할 수 있다.

독일의 유명한 수학자이자 천문학자인 프리드리히 빌헬름 베셀Friedrich Wilhelm Bessel은 밤하늘에서 가장 밝은 별인 시리우스가 보이는 별과 보이지 않는 별로 이루어진 쌍성계라고 예측했다. 그는 정확한 천문학적 관찰을 토대로 이런 결론을 내렸다. 1838년 그는 최초로 시차관측을 했는데 이는 헨더슨을 가까스로 따돌린 것이었다(제2장 참조). 1844년 그는

천상의 발레 | 333

알렉산더 폰 훔볼트Alexander von Humboldt에게 다음과 같은 유명한 편지를 썼다. "저는 시리우스별이 보이는 별과 보이지 않는 별로 이루어진 쌍성계라는 믿음을 갖고 있습니다. 우주에 있는 모든 천체가 반드시 빛을 내야 한다고 가정할 필요는 없습니다. 무수히 많은 별들이 빛난다고 해서 빛나지 않는 무수히 많은 별들의 존재를 부정할 수는 없을 것입니다." 이는 심원한 내용을 담은 주장이었다. 우리는 보이지 않으면 믿지 않는 경향이 있기 때문이다. 베셀은 오늘날 '불가시천문학astronomy of the invisible'이라 부르는 것을 시작한 셈이다.

시리우스B라는 '보이지 않는' 별은 1862년 앨번 클라크Alvan Clark가 처음 관찰했다. 그는 지금 내가 살고 있는 매사추세츠주 케임브리지에 있는 아버지의 회사가 새로 만든 당시 최대 구경의 47cm 망원경을 시험하면서 시리우스를 택했다. 보스턴의 스카이라인 위로 떠오르는 시리우스를 향해 망원경을 겨냥한 그는 시리우스A보다 천 배나 더 어두운 시리우스B를 처음으로 발견했다.

청색편이와 적색편이

지금까지 어떤 별이 쌍성계인지를 알아내는 가장 좋은 방법은 분광법을 이용하여 도플러효과를 측정하는 것이다. 이는 특히 아주 먼 것에 대해 더욱 유용하다. 천문학에서 분광법보다 더 강력한 연구 수단은 없을 것이며, 지난 몇 세기 동안 도플러효과보다 더 중요한 발견도 없을 것이다.

우리는 물체가 뜨거워지면 가시광선을 방출한다는 사실을 흑체복사를 통해 이미 알고 있다. 제5장에서 이야기했다시피 무지개는 물방울들이 햇빛을 프리즘처럼 분산하여 빨강에서 보라에 이르는 색깔을 연속적으로 펼쳐내는 것으로 스펙트럼의 일종이다. 따라서 별에서 오는 빛도 분산시키면 스펙트럼을 얻게 되는데, 다만 모든 색깔이 같은 세기로 나타나지는 않는다. 예를 들어 별의 온도가 낮으면 색깔이 붉고 스펙트럼도 그렇게 나타난다. 오리온자리에 있는 베텔주스Betelgeuse의 온도는 2천K밖에 되지 않아서 밤하늘에 보이는 가장 붉은 별의 하나이다. 반면 같은 오리온자리에 있는 벨라트릭스Bellatrix의 온도는 2만 8천K에 이른다. 그래서 밤하늘에 보이는 가장 푸르고 밝은 별의 하나이며 때로 아마존별Amazon Star이라고 부른다.

별의 스펙트럼을 자세히 살펴보면 색깔이 흐려지거나 아예 없어진 좁은 틈새들이 발견된다. 이것을 흡수선absorption line이라고 부르는데 햇빛에는 수천 개가 있다. 흡수선의 원인은 별의 대기에 있는 많은 원소들이다. 알다시피 원자는 전자와 원자핵으로 되어 있다. 그런데 전자의 에너지는 아무 값이나 될 수는 없고 불연속적으로 분포된 에너지 준위energy level를 이룬다. 다시 말해서 전자의 에너지는 양자화quantization 되어 있어서 준위들 사이의 값들은 가질 수 없는데, 이 현상으로부터 양자역학이라는 분야가 생겨났다.

중성 수소 원자에는 하나의 전자가 있다. 여기에 빛이 충돌하면 전자는 광자의 에너지를 흡수하여 낮은 에너지 준위에서 높은 에너지 준위로 올라간다. 하지만 에너지 준위가 양자화되어 있으므로 이런 과정은 아무 에너지에서나 일어나지는 않는다. 다시 말해서 한 준위에서 다른 준위로 올라가기에 딱 알맞은 에너지를 가진 광자와 충돌해야 하며, 이는 광자의 파장과 진동수가 일정한 값으로 제한된다는 뜻이기도 하다. '공명흡수resonance absorption'라고 부르는 이 과정이 일어나면 이 에너지를 가진 광자가 소멸되므로 본래의 연속 스펙트럼에서 이 파장의 빛에 해당하는 영역이 사라지고 흡수선이 나타난다.

수소 원자는 별빛의 가시광선 스펙트럼에서 4개의 흡수선을 만드는데 그 색깔, 곧 파장은 정확히 알려져 있다. 한편 다른 원소들은 전자의 수가 수소보다 많으므로 더 많은 흡수선들을 만든다. 이 때문에 각각의 원소들은 독특한 흡수선들의 조합을 나타낼 수 있는데, 이를테면 이는 사람의 지문에 해당한다. 이 조합들은 실험실에서의 연구를 통해 매우 정확히 조사할 수 있다. 따라서 별빛의 스펙트럼에 나타난 흡수선들을 면밀히 살펴보면 별의 대기에 들어 있는 원소들을 알아낼 수 있다.

그런데 별이 우리로부터 멀어지면 도플러효과가 일어나 흡수선들을 포함한 스펙트럼 전체가 빨강 쪽으로 이동하며 이게 바로 적색편이다. 반면 스펙트럼이 청색편이를 나타내면 별이 우리에게 다가온다는 뜻이다. 나아가 흡수선들이 이동한 정도를 정확히 측정하면 우리에 대한 별들의 상대속도를 알아낼 수 있다.

쌍성계를 관찰하면 각각의 별은 공전주기의 절반 동안은 우리에게 다가오고 다른 절반 동안은 우리로부터 멀어지는데, 이 과정에서 두 별의 행동은 정반대다. 만일 두 별이 모두 충분히 밝으면 그 스펙트럼에서 적색편이와 청색편이를 모두 볼 수 있으며, 이로써 쌍성계임을 확신하게 된다. 그런데 스펙트럼 속의 흡수선들은 별들의 공전을 따라 움직인다. 예를 들어 공전주기가 20년이면 각 흡수선들은 10년 동안은 적색편이를 일으키고 다른 10년 동안은 청색편이를 일으키며, 한 주기를 마치는 데에 20년이 걸린다.

따라서 흡수선이 적색편이 또는 청색편이만 나타낸다 하더라도 스펙트럼 안에서 왔다갔다하는 모습을 보이면 쌍성계임을 알 수 있다. 그리고 전체 주기를 계산하여 그 공전주기도 알아낼 수 있다. 이런 일은 언제 일어날까? 한 별이 너무 어두운 경우가 이에 속한다.

다시 엑스선원으로 돌아가자.

시클로프스키와 그 너머

일찍이 1967년에 러시아의 물리학자 조셉 시클로프스키Joseph Shklovsky는 Sco X-1에 대한 한 가지 모델을 제시했다. "모든 특성을 고려해볼 때 이것은 유착 상태에 있는 중성자성에 해당한다 …… 이런 유착 상태가 쌍성계의 주된 별이 중성자성이고 딸린 별이 기체를 공급하는 방식으로 이루어져 있다면 이는 자연스러우면서도 아주 효과적이라고 말할 수 있다."

나는 이 문장이 여러분에게 그다지 충격적으로 여겨지지 않으리라고 본다. 게다가 천체물리학에서 쓰이는 조금 무미건조한 전문용어들로 되어 있기에 더욱 그럴 것이다. 하지만 과학의 어느 분야에서나 전문가들은 서로 대개 이렇게 이야기한다. 그래서 나는 강의실에서 나의 동료 물리학자들이 이룬 참으로 놀랍고 때로는 혁명적이기까지 한 발견들을 지성적이고 호기심 많은 학생들에게 효과적으로 전달하기 위해 많은 노력을 기울인다. 이 책을 쓰는 목적도 이런 노력의 일환인데, 그러려면 전문가와 일반인들 사이의 틈새를 좁히기 위해 어려운 말들을 지성적인 일반인들이 충분히 이해할 수 있는 개념과 용어로 바꾸어서 표현해야 한다. 애석하게도 대다수의 전문가들은 동료들하고만 이야기하려 하며, 수많은 일반인들, 특히 그중 정말로 과학을 이해하고 우리의 세계로 들어와보려는 사람들이 듣기에는 너무 어려운 표현을 많이 쓴다.

다시 시클로프스키의 아이디어로 돌아가 그가 무엇을 제시하는지 살펴보자. 그는 물질을 공급하는 별과 이를 빨아들이는 중성자성으로 이루어진 쌍성계를 말하고 있다. 이때 중성자성은 '유착 상태'를 이루는데, 이 유착은 물질을 공급하는 공여성 때문에 생긴다. 생각해보면 참 기괴한 아이디어 아닌가?

시클로프스키의 생각은 옳은 것으로 판명되었다. 그런데 재미있는 일이 있다. 당시 그는 Sco X-1에 대해서만 이야기했고, 우리들 대부분은 그의 아이디어를 진지하게 고려하지 않았다. 그런데 이런 태도는 여러 이론들에서 자주 일어난다. 나는 천체물리학에서 대다수의 이론들이 잘못된 것으로 드러난다고 말하더라도 동료 이론가들을 무시한다는 뜻은 아니라고 생각한다. 그리고 실제로 이 때문에 관측 천체물리학자들은 여러 이론들에 대해 그다지 많은 주의를 기울이지 않는다.

하지만 유착 중성자성은 엑스선을 만들어내는 최적의 환경에 있다는 사실이 밝혀졌다. 그런데 이처럼 시클로프스키가 옳았다는 점은 어떻게 알아냈을까?

천문학자들은 1970년대 초에 들어서야 어떤 엑스선원들이 쌍성계의 특성을 갖고 있다는 사실을 깨달았다. 하지만 그렇다고 이 쌍성계들이 반드시 유착 중성자성이라는 뜻은 아니었다. 그런데 이 비밀을 드러낸 최초의 엑스선원이 바로 Cyg X-1이었고 이는 결국 엑스선 천문학 전반에 걸쳐 가장 중요한 것의 하나가 되었다. 1964년 로켓 실험으로 발견된 Cyg X-1은 매우 밝고 강력한 엑스선원이었으며, 이후 엑스선 천문학자들로부터 줄곧 많은 관심을 받았다.

그런데 1971년 전파 천문학자들은 Cyg X-1에서 라디오파를 발견했다. 그들은 Cyg X-1의 위치에 대한 전파망원경의 오차상자를 350제곱초까지 좁혔는데, 이는 엑스선을 추적하는 것보다 20배나 더 정밀한 것이었다. 또한 그들은 가시광선 영역도 조사했다. 다시 말해서 그들은 신비로운 엑스선을 방출하는 대상을 가시광선으로 직접 볼 수 있게 되기를 바랐던 것이다.

그 오차상자 안에는 HDE 226868이라는 매우 밝은 청색초거성blue supergiant이 있었다. 이처럼 별의 종류가 알려지면 천문학자들은 이와 아주 비슷한 다른 별들과 비교하여 그 질량을 사뭇 정확하게 결정할 수 있다. 당시 세계적으로 저명한 앨런 샌디지Allan Sandage를 포함한 다섯 천문학자들은 조사 결과 HDE 226868이 "별다른 특성이 없는 전형적인 B0 초거성"이라고 결론지었다. 하지만 그들은 이것이 Cyg X-1의 광학적 공여성이라는 사실을 놓쳤다. 당시 덜 유명했던 다른 광학 천문학자들은 이 별을 더욱 면밀히 조사했으며 결국 참으로 충격적인 발견을 했다.

그들은 이것이 쌍성계의 한 별이며 공전주기는 5.6일임을 알았다. 나아가 그들은 이 쌍성계에서 나오는 강력한 엑스선이 아주 작고 밀집된 대상에게 유착된 광학적 공여성이 제공하는 기체들에서 나온다는 사실을 정확히 밝혀냈다. 질량은 엄청나지만 크기는 아주 작은 대상으로 빨려 들어가는 기체들만이 그토록 강력한 엑스선의 원천이 될 수 있다.

그들은 공여성의 스펙트럼 속에 나타나는 흡수선들을 이용하여 궤도운동에서 유래하는 도플러효과를 측정했다. 이미 설명했지만 별이 지구로 다가올 때는 청색편이가 일어나고 멀어질 때는 적색편이가 일어난다. 그 결과 그들은 엑스선을 방출하는 동반성의 질량이 너무나 커서 중성자성이나 백색왜성은 아니라는 결론을 내렸다. 백색왜성은 밀도가 높고 작은 또 다른 종류의 별로 시리우스B가 이에 속한다. 그렇다면 이 두 가지가 아니면서 더욱 무거운 것은 무엇일까? 그것은 바로 블랙홀이며, 이것이 그들이 내세운 주장이었다.

하지만 그들은 관측 과학자들답게 그들의 결론을 신중하게 표현했다. 루이스 웹스터Louise Webster와 폴 머딘Paul Murdin은 1972년 1월 7일자의 《네이처》에 다음과 같이 썼다. "이 대상의 질량은 태양의 2배가 넘는 듯하며, 따라서 우리는 이것이 블랙홀일 수밖에 없을 것이라는 생각이 든다." 한편 톰 볼턴Tom Bolton은 한 달 뒤 《네이처》에 다음과 같이 썼다. "결론적으로 이 유착체는 블랙홀일 수 있다는 독특한 가능성을 보여준다." 삽입된 컬러 화보에는 미술가가 그린 Cyg X-1의 이미지가 실려 있다(사진 15번).

그래서 이 탁월한 천문학자들, 곧 영국의 웹스터와 머딘, 그리고 토론토의 볼턴은 엑스선쌍성과 우리 은하 안에 있는 블랙홀을 처음으로 발견했다는 영예를 공유하게 되었다. 볼턴은 이 업적을 아주 자랑스럽게 여겨 'Cyg X-1'을 몇 년 동안 자동차 번호판으로 사용했다.

나는 그들이 이토록 경이로운 발견을 했는데도 불구하고 중요한 상을 하나도 받지 못한 것을 항상 기이하게 여겨왔다. 그들은 이 분야의 핵심을 최초로 탐색하지 않았는가 말이다! 그들은 엑스선쌍성을 처음으로 찾아냈다. 그리고 그곳의 유착체가 블랙홀일 수 있다고 말했다. 이 얼마나 탁월한 업적인가!

1975년 다른 사람도 아닌 스티븐 호킹이 친구인 이론물리학자 킵 손Kip Thorne과 내기를 하면서 Cyg X-1이 블랙홀이 아니라는 데에 승부를 걸었다. 하지만 당시 이미 대부분의 천문학자들은 이를 블랙홀로 믿고 있었다. 결국 호킹도 15년이 지난 뒤 패배를 인정했다. 그런데 나는 그가 오히려 기뻐했으리라고 본다. 그가 한 연구의 대부분은 블랙홀에 대한 것이기 때문이다. 가장 정확한 최근의 관측에 따르면 Cyg X-1 블랙홀의 질량은 태양의 15배가량이라고 한다. 이 결과는 제리 오로즈Jerry Orosz와 나의 제자였던 제프 매클린토크로부터 개인적으로 들었으며 조만간 출판될 예정이다.

그런데 예민한 독자라면 아까부터 뭔가 미심쩍었을 것이다. "잠깐, 블랙홀은 중력이 너무나 강해서 아무것도 빠져나올 수 없다고 하지 않았습니까? 그런데 어떻게 엑스선이 나온단 말입니까?" 이는 아주 훌륭한 질문이므로 반드시 대답하기로 약속한다. 하지만 우선 간단히 말하면 다음과 같다. 블랙홀에서 나오는 엑스선은 사상의 지평선 안쪽에서 나오는 게 아니다. 이 엑스선은 물질들이 블랙홀에 빠져들면서 방출하는 것이다. 그런데 블랙홀은 Cyg X-1의 관측 사실은 설명해주지만 다른 쌍성계에서 나오는 엑스선은 설명해주지 못한다. 이를 위해서는 중성자 쌍성계가 필요한데, 이것은 훌륭한 인공위성 우루Uhuru가 찾아냈다.

엑스선 천문학은 1970년 12월 전적으로 엑스선 천문학의 연구에 바쳐진 최초의 인공위성이 지구 궤도에 오르면서 극적인 전환을 맞게 되었다. 케냐의 독립 7주년 기념일에 케냐에서 발사된 이 인공위성에는 스와힐리어로 '자유'를 뜻하는 '우루'라는 이름이 붙여졌다.

우루는 지금도 궤도를 돌고 있는데 이런 인공위성이 무엇을 할 수 있는지 생각해보자. 대기가 전혀 없는 곳에서 날마다 24시간씩 1년 365일을 계속 관측할 수 있다! 우루는 5, 6년 전만 해도 꿈으로만 여겼던 관측을 할 수 있는 것이다. 그래서 2년 조금 넘는 동안 우루는 예민한 검출기를 이용하여 온 하늘의 엑스선 지도를 완성했는데, 여기에는 게성운보다 500배, Sco X-1보다 1만 배나 약한 원천들이 모두 포함되어 있다. 그전까지 우리는 겨우 수십 개밖에 찾지 못했지만 우루는 모두 339개를 찾았고, 이는 온 하늘에 대한 최초의 엑스선 지도가 되었다.

대기의 굴레에서 우리를 해방시킨 인공위성 관측은 우주에 대한 우리의 시각을 혁신했다. 이에 의해 우리는 전자기파 스펙트럼의 거의 모든 영역을 통해 우주의 심연을 들여다보면서 거기에 담긴 놀라운 대상을 알게 되었다. 허블우주망원경이 광학적 우주에 대한 시야를 넓혀준 것과 마찬가지로 일련의 엑스선 관측 장비들도 엑스선 우주에 대한 우리의 시야를 넓혀주었다. 나아가 현재는 더 높은 에너지를 가진 감마선 관측도 이루어지고 있다.

1971년 우루는 켄타우루스자리의 Cen X-3에서 4.84초 주기의 펄스를 발견했다. 하루 동안 우루는 엑스선의 분출이 한 시간에 10배의 비율로 변화하는 현상을 관찰했다. 펄스의 주기는 처음에는 0.02%쯤 감소하다가 나중에는 0.04%쯤 증가하는데, 이런 변화는 약 한 시간 간격으로 일어난다. 이 모든 현상은 아주 흥미로우면서도 당혹스럽다. 자전하는 중성자성에서는 이런 펄스가 나올 수 없다. 펄서의 자전주기는 매우 정확해서 어느 것도 한 시간 동안 0.04%나 변하지는 않는다.

이 모든 의문은 우루를 이용하는 연구팀이 Cen X-3가 2.09일의 공전 주기를 가진 쌍성계라는 사실이 발견되면서 깨끗이 해명되었다. 4.84초 주기의 펄스는 유착 중성자성의 공전 때문이었는데 이에 대한 증거는 압도적이었다. 첫째로 그들은 2.09일마다 공여성이 중성자성을 가림에 따라 엑스선이 사라진다는 사실을 관측했다. 둘째로 그들은 펄스 주기와 관련된 도플러효과를 측정할 수 있었다. 중성자성이 지구 쪽으로 다가오면 펄스의 주기는 조금 줄어들고 멀어지면 조금 늘어난다. 이 놀라운 결과는 1972년 3월에 출판되었고, 이로써 1971년의 논문에 당혹스럽게 제기되었던 현상들이 모두 자연스럽게 설명되었다. 이는 Sco X-1이 공여성과 유착 중성자성으로 이루어진 쌍성계라는 시클로프스키의 예측과도 정확히 부합했다.

또한 같은 해에 지아코니 팀도 헤르쿨레스자리에서 펄스와 식蝕 현상(한 천체가 다른 천체를 가리거나 그 그림자에 들어가는 현상)을 보이는 새로운 엑스선원을 발견하고 Her X-1으로 이름지었다. 이것도 중성자성을 가진 엑스선쌍성이었다!

이 경이로운 발견들에 의해 엑스선 천문학은 이후 몇 십 년 동안 지배적인 분야로 떠올랐다. 엑스선쌍성은 아주 드물어서 우리 은하계의 경우 수억 개의 쌍성계마다 하나 정도밖에 되지 않을 것이다. 하지만 그럼에도 불구하고 현재까지 우리 은하계에서 수백 개에 이르는 엑스선쌍성이 발견되었다. 그 대부분의 경우 유착체는 백색왜성이나 중성자성이다. 그러나 블랙홀이 유착체인 것도 최소한 20여 개가 넘는다.

우루 위성이 발사되기 전인 1970년에 우리 연구팀이 2.3분 주기의 엑스선원을 발견했다는 이야기를 기억하는가? 당시 우리는 이 주기의 의미를 전혀 알 수 없었다. 하지만 이제 우리는 이 GX 1＋4가 약 304일의 공전주기를 가진 엑스선쌍성이며, 유착 중성자성은 약 2.3분 주기로 자전한다는 사실을 알고 있다.

엑 스 선 쌍 성 의　　운　행　　원　리

적절한 거리에 적절한 크기의 공여성이 있으면 중성자성은 황홀한 불꽃놀이를 펼친다. 머나먼 우주 공간 속에서 이 별들은 아이작 뉴턴은 꿈에도 상상하지 못한 아름다운 춤을 추는 것이다. 하지만 이 율동은 과학을 전공하는 대학생이라면 누구나 이해할 고전역학의 법칙에 따를 뿐이다.

　좀 더 잘 이해하기 위해 우리의 고향에서부터 시작하자. 지구와 달은 쌍성계다. 지구의 중심과 달의 중심을 직선으로 잇고 이를 따라가다 보면 지구가 당기는 인력과 달이 당기는 인력이 반대 방향으로 비기는 점이 나타난다. 그곳에 있으면 알짜힘은 없다. 그러다 지구 쪽으로 다가서면 지구로 떨어지고, 달 쪽으로 다가서면 달로 떨어진다. 이곳은 내부라그랑주점 inner Lagrangian point 이라고 부른다. 물론 이 점은 달과 아주 가깝다. 지구의 질량은 달의 80배가량이나 되기 때문이다.

　다시 유착 중성자성과 이보다 훨씬 큰 공여성으로 이루어진 엑스선쌍성으로 돌아가자. 두 별이 아주 가까우면 내부라그랑주점은 공여성의 표면 안쪽에 있을 수 있다. 그럴 경우 공여성에 있는 물질의 일부는 공여성의 인력보다 더 큰 인력을 중성자성으로부터 받게 된다. 그 결과 대개 뜨거운 수소 기체로 된 공여성의 이 물질들은 공여성에서 중성자성으로 흘러들어가게 된다.

쌍성의 두 별은 공통의 질량중심을 공전하므로 중성자성으로 흘러드는 물질들은 곧장 낙하하지 않는다. 중성자성의 표면에 닿기 전에 이 물질들은 먼저 궤도로 들어가 고온의 회전 원반을 만들며 이것이 바로 유착원반이다. 그리고 이 원반 안쪽의 일부 기체들은 결국 중성자성의 표면으로 끌려 떨어지게 된다.

이때 다른 면에서 이미 우리에게 낯익은 물리 현상이 펼쳐진다. 이 기체는 매우 뜨거워서 양전기를 띤 양성자와 음전기를 띤 전자로 이온화된 플라즈마를 이룬다. 그런데 중성자성은 매우 강한 자기장을 갖고 있으므로 하전 입자들은 자기장에 끌린다. 그리하여 플라즈마의 대부분은 지구의 오로라처럼 중성자성의 자극으로 빨려든다. 그 결과 물질들은 자극과 충돌하면서 온도가 엄청나게 올라가 수백만K에 이르면서 엑스선을 방출한다. 일반적으로 자극의 방향은 별의 자전축과 일치하지 않는다(제12장 참조). 따라서 지구에 있는 우리는 중성자성의 뜨거운 곳이 우리를 향할 때 강한 엑스선을 받는다. 그런데 중성자성은 자전하므로 마치 펄스를 뿜는 듯 보인다.

모든 엑스선쌍성에는 중성자성, 백색왜성, 또는 Cyg X-1에서와 같은 블랙홀을 유착체로 가지며 유착원반은 그 궤도를 공전한다. 유착원반은 우주에서 가장 경이로운 대상의 하나이지만 전문적인 천문학자들 외에는 이에 대해 들어본 적도 없었다.

블랙홀 엑스선쌍성들은 모두 유착원반을 갖고 있다. 심지어 많은 은하들의 중심에 있는 초대형 블랙홀도 이를 가질 수 있다. 다만 우리 은하계의 중심에 있는 초대형 블랙홀의 경우는 그렇지 않은 것 같다.

이제 유착원반의 연구는 천문학 전반에 걸쳐 있는데, 더 놀라운 이미지들은 다음 사이트에서 찾아볼 수 있다. www.google.com/images?hl=en&q=xray+binaries&um=1&ie=UTF 유착원반에 대해서는 아직도 모르는 게 아주 많다. 그중 당혹스런 한 가지 문제는 유착원반의 물질들이 어떻게 작은 유착체를 찾아가는가 하는 것이다. 또 다른 것은 유착원반의 불안정성인데, 이 때문에 작은 유착체로 흘러드는 물질의 양이 변하며, 이에 따라 엑스선의 세기도 변한다. 또한 일부 엑스선쌍성에 내포된 전파의 방출에 대한 이해도 너무 미흡하다.

공여성으로부터는 초당 약 10^{18}g의 물질이 유착 중성자성으로 흘러든다. 이는 아주 많은 양으로 들리지만 이런 속도로 지구만 한 질량이 소모되는 데에는 200년가량이 걸린다. 유착체의 강한 중력장으로 빨려드는 유착원반의 기체들은 엄청난 속도로 가속되어 광속의 1/3~1/2의 속도에 이르게 된다. 이렇게 하여 이 물질들이 지녔던 중력위치에너지는 약 5×10^{30}W(와트)의 운동에너지로 바뀌며, 그 결과 밀려드는 수소 기체의 온도는 수백만K까지 치솟는다.

제14장에서 물체가 가열되면 흑체복사 현상이 일어난다는 사실을 보게 된다. 이때 온도가 높을수록 빛의 에너지도 높아지며, 그에 따라 파장은 짧아지고 진동수는 높아진다. 물질의 온도가 수천만에서 수억K일 때 방출되는 빛은 대부분 엑스선이다. 따라서 5×10^{30}W의 거의 모두가 엑스선으로 방출되는데, 이는 태양의 전체 휘도가 4×10^{26}W이지만 그중 엑스선은 10^{20}W에 불과하다는 점과 아주 대조적이다. 이 비교에서 보면 우리의 태양은 사실 얼음이나 마찬가지다.

중성자성 자체는 광학적으로 보기에 너무 작다. 하지만 이보다 훨씬 큰 공여성과 유착원반은 망원경으로 볼 수 있다. 유착원반은 부분적으로 엑스선가열 X-ray heating 이라는 과정을 통해 상당한 빛을 내뿜는다. 유착원반의 물질이 중성자성의 표면과 충돌하면 엑스선이 모든 방향으로 방사되며 이 때문에 유착원반 자체도 영향을 받아 고온으로 가열된다. 이에 대해서는 다음 장에서 엑스선 폭발을 살펴보며 다시 이야기한다.

엑스선쌍성의 발견으로 태양계 외부의 엑스선에 대한 신비가 처음으로 밝혀졌다. 그래서 우리는 Sco X-1과 같은 곳에서 방출되는 엑스선의 휘도가 광학적 휘도보다 1만 배나 강한 이유도 알게 되었다. 엑스선은 수천만K라는 고온의 중성자성에서 나오지만 광학적 빛은 이보다 온도가 훨씬 낮은 공여성과 유착원반에서 나온다.

그런데 우리가 엑스선쌍성이 어찌 작동하는지를 웬만큼 알았다고 생각할 즈음 자연은 또 다른 놀라움을 보여주었다. 엑스선 천문학자들은 기존의 이론적 모델을 비웃는 새로운 현상을 발견했던 것이다.

1975년에 이루어진 참으로 기괴한 현상의 발견 덕분에 나의 과학적 경력은 절정에 이르렀다. 나는 엑스선 폭발이라는 놀랍고도 신비로운 현상을 관찰하고 연구하고 설명하는 데에 완전히 빠져들었다.

엑스선 폭발에 대한 이야기에는 자료를 온통 잘못 해석한 러시아 과학자들 그리고 엑스선 폭발이 매우 큰 블랙홀에서 일어난다고 주장하는 하버드대학교 동료들과의 경쟁도 들어 있다. 이때 블랙홀들은 그 원천으로 너무 많이 지목되어 가여울 정도였다. 믿기 힘들겠지만 심지어 나는 엑스선 폭발에 대한 자료가 국가 기밀에 속한다는 이유로 발표하지 말라는 지시를 적어도 두 번 이상 받기도 했다.

엑스선 폭발

14
엑스선 폭발

언제나 놀라움으로 가득 차 있던 자연은 1975년 엑스선 천문학계를 뒤흔들었다. 당시 상황은 너무나 치열하여 감정을 억누를 길이 없었고, 나는 격랑의 한가운데에 있었다. 여러 해 동안 나는 하버드대학교의 동료들과 논쟁을 벌였지만 그들은 들으려 하지 않았다. 하지만 다행스럽게도 러시아의 동료들은 경청해주었다. 그때 나는 모든 일의 중심 역할을 했으므로 객관적 입장을 취하기는 아주 어렵지만 될 수 있는 한 그렇게 해보도록 하겠다!

새로운 사건은 바로 엑스선 폭발이었다. 이 현상은 1975년 네덜란드 천문위성 ANS, Astronomical Netherlands Satellite 의 자료를 이용하던 그린들리 Grindlay 와 헤이즈 Heise 그리고 핵실험을 탐지할 목적을 가진 2대의 미국 첩보위성 벨라 Vela 5의 자료를 이용하던 벨리언 Belian 과 코너 Conner 와 에반스 Evans 가 독립적으로 발견했다. 엑스선 폭발은 Sco X-1에서 발견된 휘도의 변화와는 완전히 다른 것이다. 이는 10여 분의 주기로 1만 배의 세기로 되풀이되면서 수십 분 동안 지속되지만 엑스선 폭발은 훨씬 빠르고 훨씬 밝으며 겨우 10분 1초가량밖에 지속되지 않는다.

MIT의 우리 연구팀은 1975년에 발사된 제3소형천문위성 Third Small Astronomy Satellite을 독자적으로 갖게 되었는데 줄여서 SAS-3이라고 불렀다. '우루'처럼 낭만적인 이름은 아니었지만 이 위성은 내 인생을 통틀어 가장 흥미로운 연구 수단이었다.

엑스선 폭발에 대해 전해들은 우리는 1976년 1월에 이를 찾아나섰다. 그리하여 3월까지 5개, 그 해 말까지 10개를 발견했다. SAS-3의 감도와 기능은 엑스선 폭발을 탐지하고 연구하는 데에 아주 이상적인 것으로 밝혀졌다. 물론 애초에 엑스선 폭발을 탐지하도록 설계된 것은 아니었으므로 이는 아주 운 좋은 결과였다. 정말이지 행운의 여신은 항상 나와 함께 하는 것 같았다! 우리는 놀라운 자료들을 수집했는데, 마치 하늘에서 날마다 금광을 캐는 듯 여겨졌다. 이 작업은 매일 24시간 계속되었으므로 나도 끊임없이 이에 매달렸다. 나는 몰입하기도 했지만 홀리기도 했던 것이다. 나는 바라는 곳이면 어디나 겨누면서 고품질의 자료를 얻을 수 있는 엑스선 천문대를 가진 셈이었는데, 이는 내 인생에서 단 한 번 있을까말까 한 기회였다.

사실 말하자면 대학생, 대학원생, 보조원, 박사연구원, 교수를 망라한 우리 팀 모두는 '엑스선 폭발 열병'에 걸려 있었다. 나는 불꽃과도 같았던 그 느낌을 지금도 기억할 수 있다. 그런데 우리는 서로 다른 연구팀으로 나뉘었고, 그 결과 심지어 우리들끼리 경쟁하게 되었다. 물론 어떤 사람들은 이를 달가워하지 않았다. 하지만 나는 이것이 적어도 우리를 더욱 열심히 잘할 수 있도록 분발시켰다고 생각하며, 그 결과 얻은 과학적 자료들은 참으로 놀라웠다.

하지만 이런 집착은 결혼생활과 가족들에게는 좋지 않았다. 나의 과학적 성과는 가늠할 수 없을 정도로 높아졌지만 내 첫 결혼생활은 실패로 끝나고 말았다. 물론 이는 나의 잘못이다. 나는 지구 반대쪽으로 떠나 몇 달 동안 지내면서 풍선을 떠올리는 생활을 여러 해 동안 되풀이했다. 이제 우리의 인공위성을 갖게 되었지만 그래도 오스트레일리아에서의 생활이 그리워지곤 한다.

엑스선 폭발원burst source들이 가족을 대신하게 되었다. 정말이지, 우리는 그것들과 함께 자고 함께 살면서 속속들이 연구해가지 않았던가! 마치 친구들처럼 그것들도 각자 독특한 개성을 갖고 있다. 그래서 지금도 나는 그 폭발들 중 많은 것들을 기억하고 있다.

엑스선 폭발원들의 대부분은 2만 5천 광년가량 떨어져 있다. 따라서 이를 토대로 1분도 되지 않는 시간 동안 방출되는 엑스선의 에너지를 계산할 수 있는데 그 값은 상상하기도 힘든 10^{32}J에 이른다. 태양이 사흘 동안 모든 범위의 빛으로 방사하는 에너지가 대략 이 정도라는 사실을 생각하면 이해하는 데에 도움이 될 것이다.

그런데 어떤 폭발들은 거의 시계처럼 정확한 주기로 되풀이된다. 예를 들어 MXB 1659-29는 2.4시간마다 폭발하는데, 어떤 것들은 몇 시간에서 며칠에 이르기도 하며, 심지어 몇 달 동안 폭발하지 않는 것들도 있다. MXB의 M은 MIT, X는 X-ray, B는 burster(폭발원)을 나타낸다. 그리고 숫자는 적도좌표계equatorial coordinate system라고 부르는 천문좌표계에서의 위치를 나타내는데, 아마추어 천문가라면 친숙하게 여겨질 것이다.

물론 가장 중요한 의문은 폭발의 원인이다. 엑스선 폭발의 공동 발견자 가운데 한 사람인 조시 그린들리Josh Grindlay를 포함한 하버드대학교의 두 동료들은 이에 너무나 도취되었다. 그런 나머지 1976년 그 원인이 태양보다 수백 배 이상 무거운 블랙홀이라고 주장했다.

그런데 우리는 얼마 가지 않아 엑스선 폭발의 스펙트럼이 식어가는 흑체의 스펙트럼과 비슷하다는 점을 발견했다. 흑체는 블랙홀과 다르다. 흑체는 거기에 닿는 빛들을 하나도 반사하지 않고 모두 흡수한다는 이상적인 물체다. 모두 경험했겠지만 한여름의 낮에 주차장에 세워둔 검은색의 차가 흰색의 차보다 더 뜨거워지는 것은 바로 이런 성질 때문이다. 이상적인 흑체에서 주목할 또 다른 사실은 이것이 아무 빛도 반사하지 않으므로 그로부터 나오는 빛은 오직 온도에 의한 결과라는 점이다. 예를 들어 전기히터를 생각해보자. 전기를 꽂은 뒤 조리 온도에 이르면 파장이 긴 불그레한 빛을 띤다. 온도가 이보다 높아지면 주황색을 거쳐 노랑으로 바뀌어가지만 대개 온도가 이 이상 올라가지는 않는다. 그런 다음 전기를 끊으면 히터가 식으면서 빛의 방출도 사그라지는데, 이 모습이 엑스선 폭발과 비슷하다는 뜻이다. 흑체의 스펙트럼은 아주 잘 알려져 있으므로 대상의 스펙트럼을 일정한 시간 동안 관찰하면 그 식어가는 온도를 쉽게 계산할 수 있다.

이처럼 흑체에 대한 지식이 충분하므로 우리는 기본적인 과정을 거쳐 엑스선 폭발에 대해 많은 자료를 얻어냈는데 그 결과는 사뭇 놀라웠다. 우리는 지구에서 2만 5천 광년 떨어진 미지의 엑스선원을 분석함으로써 MIT의 물리학과 1학년 학생이 알고 있는 것과 똑같은 지식으로 커다란 돌파구를 열었던 것이다!

알려진 바에 따르면 초당 내뿜는 에너지를 뜻하는 흑체의 전체 휘도는 직관적으로 파악하기는 어렵지만 온도의 4제곱에 비례한다. 또한 흑체의 넓이에도 비례하는데 이 점은 직관적으로 쉽게 이해된다. 따라서 지름이 같은 구형의 두 흑체가 있는데 하나의 온도가 다른 것보다 2배 높다면 고온의 것이 저온의 것보다 $2^4 = 16$배의 에너지를 내뿜는다. 한편 넓이는 지름의 제곱에 비례한다. 따라서 흑체의 크기를 3배로 늘리면 방출되는 에너지는 9배로 늘어난다.

어느 한순간의 엑스선 스펙트럼은 빛을 내뿜는 흑체의 온도를 알려준다. 그런데 폭발이 지속되는 동안 온도는 빠르게 3천만K까지 올랐다가 천천히 떨어진다. 한편 우리는 그곳까지의 거리를 대략 알고 있으므로 폭발이 일어나는 동안의 휘도도 계산할 수 있다. 이처럼 흑체의 온도와 휘도를 모두 알면 그 원천의 지름도 추산할 수 있으며 이 또한 폭발이 진행되는 어느 순간에라도 곧바로 얻어낼 수 있다. 이 작업을 처음 행한 사람은 나사의 고다드우주비행센터 Goddard Space Flight Center 에 있던 진 스왱크 Jean Swank 였다. 그런데 MIT의 우리도 재빨리 따라잡았고 폭발한 다음 식어가는 대상의 지름이 약 10km라는 결론을 얻었다. 그리고 이는 폭발의 근원이 거대한 질량의 블랙홀이 아니라 중성자성임을 보여주는 강력한 증거였다. 나아가 이게 중성자성이라면 아마 엑스선쌍성일 것이다.

1975년 MIT를 방문하고 있던 이탈리아의 천문학자 로라 마라시 Laura Maraschi 는 2월의 어느 날 나의 연구실로 찾아왔다. 그녀는 엑스선 폭발이 유착 중성자성의 표면에서 일어나는 거대한 핵폭발의 결과일 것이라는 제안을 내놓았다. 수소가 중성자성으로 유입되면 중력위치에너지가 엄청난 열로 바뀌면서 엑스선이 방출된다는 사실은 앞장에서 이야기했다. 그런데 그녀의 제안에 따르면 유입된 물질들이 중성자성의 표면에 누적되면 수소폭탄과 같이 도저히 억제할 수 없는 과정을 거쳐 핵폭발을 초래하며 이때 엑스선 폭발이 수반된다. 이런 폭발이 한 번 일어나고 나면 물질들이 다시 모일 때까지 일정한 시간이 필요하며, 다 모이면 또 폭발이 일어난다. 마라시는 내 칠판에서 간단한 계산을 했고, 이에 따르면 중성자성으로 몰려드는 물질의 속도가 광속의 절반 정도가 되면 핵폭발 때보다 훨씬 많은 에너지가 방출되는데, 이는 자료가 보여주는 결과와 정확히 부합한다.

나는 강한 인상을 받았다. 이 설명은 아주 타당하게 여겨졌기 때문이다. 핵폭발은 요구 조건들을 분명히 충족한다. 엑스선 폭발에서 관측된 냉각 패턴도 중성자성에서 일어나는 거대한 폭발을 원인이라고 보면 잘 맞아떨어진다. 게다가 핵폭발에 필요한 물질이 모이려면 어느 정도의 시간이 필요하다는 점도 그녀의 아이디어로 잘 설명된다. 정상적인 유착 속도에서는 임계 질량이 모이는 데에 몇 시간가량이 걸리는데, 많은 폭발원에서 관측되는 시간 간격이 바로 이 정도다.

내 연구실에는 방문객들을 성가시게 하는 재미있는 라디오가 있다. 거기에는 태양 에너지를 사용하는 배터리가 내장되어 있는데 이 배터리가 충분히 충전되었을 때만 작동한다. 이 라디오를 햇빛이 드는 곳에 놓아두면 대략 10분쯤마다 갑자기 소리를 내지만 충전된 에너지가 곧 소진되므로 몇 초 만에 다시 사그라지는데, 가동에 걸리는 시간은 겨울이나 날씨가 좋지 않을 때는 더 늘어난다. 엑스선 폭발도 이와 다를 게 없다. 배터리에 전기가 모이는 것은 중성자성에 물질이 유입되는 것과 같다. 시간이 흘러 적당한 양에 이르면 폭발이 일어나고 이내 사그라진다.

마라시가 찾아온 지 몇 주가 지난 1976년 3월 2일 엑스선 폭발의 열기 속에서 우리는 내가 MXB 1730-335라고 이름지은 엑스선원을 찾아냈다. 그런데 놀랍게도 이것은 하루에도 수천 번이나 폭발을 일으켰다. 이는 마치 기관총을 쏘는 듯한 폭발이었는데, 간격이 6초밖에 되지 않은 때도 많았다. 당시 이것이 우리에게 얼마나 기괴하게 여겨졌는지를 정확히 뭐라고 표현해야 할지 모르겠다. 오늘날 급속폭발원 Rapid Burster 이라고 부르는 이것들은 당시 완전히 예외적인 존재들이었고, 마라시의 아이디어는 속절없이 무너졌다. 무엇보다 6초라는 짧은 시간 동안에는 중성자성에서 핵폭발을 일으키기에 충분한 물질이 모일 수 없다는 것이 결정적인 이유였다.

또한 엑스선 폭발이 유착의 부산물이라면 유착 자체로 인한 중력위치에너지의 변환에서 유래하는 엑스선, 곧 폭발에서 나오는 엑스선보다 훨씬 강한 엑스선이 방출되어야 하지만 이것도 관측되지 않았다. 그리하여 1976년 3월 초에는 핵폭발이 근원일 것이라는 마라시의 훌륭한 아이디어는 실질적으로는 사망선고를 받아 어느덧 오래된 속담처럼 잊혀져갔다.

그래서 우리는 MXB 1730-335의 발견에 대한 논문을 펴내면서 이 폭발이 중성자성을 향한 경련성 유착 spasmodic accretion 때문에 일어난다는 제안을 내놓았다. 대부분의 엑스선쌍성이 유착원반에서 중성자성으로 물질이 안정하게 흘러가면서 엑스선을 방출함에 비하여 급속폭발원에서는 아주 불규칙적인 흐름이 일어난다는 뜻이었다.

이 폭발을 관측한 결과 우리는 폭발이 클수록 다음 폭발 때까지 오래 걸린다는 점을 발견했는데, 그 시간은 6초에서 8분 사이였다. 빛의 방출도 비슷했다. 특히 큰 번개가 칠 때는 방전도 크다는 뜻이므로 다음의 방전을 일으키는 데에 필요한 전기장을 만들 때까지 더 오랜 시간이 지나야 했다.

그 해 말 엑스선 폭발에 대한 러시아의 1975년 연구 논문 번역본이 느닷없이 나타났다. 이는 1971년 코스모스Kosmos 428 인공위성으로 검출한 엑스선 폭발에 대한 것이었다. 우리는 깜짝 놀랐다. 그들은 엑스선 폭발을 검출했을 뿐 아니라 서구보다 더 앞섰던 것이다! 하지만 이에 대한 이야기를 들을수록 나는 점점 깊은 의문에 빠졌다. 그들이 관측한 폭발의 양상은 우리가 SAS-3으로 관측한 것과 아주 달랐기 때문이었다. 그래서 나는 그들이 관측한 게 과연 진짜였는지조차 의심스러웠다. 어쩌면 인공적이거나 아니면 어떤 기묘한 원인으로 지구 가까이에서 발생한 것으로 여겨지기도 했다. 하지만 철의 장막 때문에 더 이상 추적할 수도 없고 밝힐 수도 없었다.

그런데 1977년 여름에 운 좋게도 소련에서 열리는 고등 학술회에 초청을 받게 되었다. 여기에는 미국과 소련에서 각각 12명의 천체물리학자들만 참석했는데, 그곳에서 조셉 시클로프스키, 로알드 사그데프Roald Sagdeev, 야코프 젤도비치Yakov Zel'dovich, 라시드 수냐에프Rashid Sunyaev와 같은 세계적인 과학자들을 처음 만났다.

여러분도 짐작하다시피 나는 거기서 엑스선 폭발에 대한 발표했고 이에 대한 논문을 쓴 러시아 과학자들을 만났다. 그들은 아낌없이 많은 자료들을 보여주었으며 1975년의 논문에 실렸던 것보다 훨씬 많았다. 하지만 나는 즉각 이것이 말도 되지 않는다는 사실을 알아차렸다. 그러나 적어도 처음에는 아무 말도 하지 않았다. 나는 먼저 책임자인 로알드 사그데프에게 다가갔는데 그는 당시 모스크바에 있는 소련과학아카데미 USSR Academy of Sciences 의 우주연구소 소장을 맡고 있었다. 그런데 그의 사무실에는 벌레들이 우글거렸고 그가 나가서 이야기하자고 하기에 밖으로 함께 나왔다.

나는 그에게 그들이 발표한 자료가 왜 사실일 수 없는지를 설명했고 그는 바로 이해했다. 하지만 이어서 나는 내가 이를 바깥 세상에 알리면 소련 측 연구자들이 그 체제 아래서 고난을 겪게 되지 않을까 걱정스럽다고 말했다. 그러자 그는 그런 일은 없을 것이라고 다짐했고, 나에게 그들과 만나 내가 했던 이야기를 그대로 말해달라고 했다. 그래서 나는 그렇게 했으며 이후 다시는 엑스선 폭발에 대한 소련 논문을 보지 못했다. 하지만 나는 지금도 우리가 서로 친구로 지낸다는 사실을 덧붙여야겠다!

여러분은 러시아에서 관측한 엑스선 폭발이 무엇인지 궁금할지도 모르겠다. 당시에는 몰랐지만 이제는 알고 있다. 그것은 인공적인 것이었고 누가 만들었는고 하니 바로 러시아인들이었다! 이 미스터리는 곧 해결하겠다.

우선은 아직 더 살펴보아야 할 진짜 엑스선 폭발로 돌아가자. 폭발로 인한 엑스선이 다시 유착원반이나 공여성을 파고들면 유착원반과 공여성은 뜨거워지고 광학 스펙트럼 부분이 잠시 동안 빛난다. 그런데 엑스선이 유착원반이나 공여성에 이르려면 시간이 좀 걸리므로 우리는 엑스선 폭발이 일어난 잠시 뒤에 광학적 번개가 나타날 것이라고 예상했다. 그래서 우리는 엑스선과 광학적 폭발이 동반되는 것들을 찾아나섰다. 나의 대학원생이었던 제프 매클린토크와 그의 동료들은

1977년 처음으로 두 군데의 엑스선 폭발을 광학적으로 확인했는데 그것들은 MXB 1636-53과 MXB 1735-44였다. 그래서 우리는 이것들을 목표로 삼았다.

여러분은 과학이 어떻게 진행되는지 알겠는가? 만일 모델이 옳으면 관측할 수 있는 결과가 있게 마련이다. 1977년 여름 나는 동료들 및 친구 제프리 호프먼과 함께 엑스선, 전파, 가시광선, 적외선을 망라한 '폭발관측burst watch'을 세계적으로 동시에 실행하고자 했다.

이것은 그 자체로 놀라운 모험이었다. 우리는 14개 나라에 있는 44개 천문대의 천문학자들에게 달이 없어서 '암흑 시간dark time'이라고 부르는 최적의 시간 동안 소중한 시간을 쪼개서 어쩌면 아무 일도 일어나지 않을 희미한 별 하나를 관측할 필요가 있다고 설득해야 했다. 그런데 그들이 기꺼이 참여하기로 했다는 사실은 그때 엑스선 폭발의 신비가 얼마나 중요하게 여겨졌는지를 잘 보여준다. 우리는 SAS-3으로 MXB 1636-53을 35일이 넘도록 관찰하면서 120번의 엑스선 폭발을 관측했다. 하지만 지상의 망원경에서는 한 번도 관측되지 못했다. 그래서 우리는 정말 실망했다!

여러분은 우리가 전 세계의 동료들에게 사과해야 한다고 여길 수 있다. 하지만 사실은 아무도 이를 문제삼지 않았다. 과학이란 바로 이런 것이다.

그래서 우리는 이듬해에 지상의 대형망원경만 이용하여 다시 시도했다. 제프리 호프먼은 우주비행사가 되기 위해 휴스턴으로 떠났지만 나의 대학원생 린 코민스키Lynn Cominsky와 1977년 여름에 MIT를 방문한 네덜란드의 천문학자 얀 반 파라디스Jan van Paradijs가 1978년에 이루어진

엑스선 폭발 | 359

폭발관측에 참여했다.* 그런데 이번의 목표는 MXB 1735-44이었다. 그리고 1978년 6월 2일 밤 우리는 성공했다! 조시 그린들리와 매클린 토크를 포함한 그의 동료들은 칠레의 체로 토롤로 Cerro Tololo 에 있는 지름 1.5m의 망원경으로 광학적 폭발을 관측했는데 이는 우리가 MIT에서 SAS-3으로 엑스선 폭발을 관측하고 난 몇 초 뒤의 일이었다. 이 덕분에 우리는《네이처》의 표지를 장식하는 큰 영예를 안게 되었다. 나아가 이 연구는 엑스선 폭발이 엑스선쌍성에서 온다는 우리의 믿음을 더욱 뒷받침해주었다.

하지만 여전히 우리를 괴롭히는 것은 왜 하나만 빼고 나머지는 하루에 많아야 몇 번밖에 폭발하지 않음에 비하여 급속폭발원은 그토록 다르게 행동하는가 하는 문제였다. 이에 대한 답은 나의 연구 경력을 통틀어 가장 당혹스럽지만 동시에 가장 경이로운 발견에 자리잡고 있었다.

급속폭발원은 우리가 우발원 transient 이라고 부르는 것에 속하는데 제11장에 나오는 Cen X-2도 그중 하나다. 하지만 급속폭발원은 그 가운데서도 반복우발원 recurrent transient 에 속한다. 1970년대에 이것은 약 여섯 달마다 한 번씩 몇 주 동안 활동적으로 폭발하다가 사라지곤 했다.

급속폭발원을 발견한 지 1년 반쯤 뒤에 우리는 폭발 기록 속에서 이 신비로운 폭발원을 엑스선 폭발의 로제타스톤 Rosetta Stone 으로 탈바꿈시킬 중요한 자취를 발견했다. 1977년 가을 급속폭발원이 다시 활동할 때 내가 데리고 있던 대학생 허먼 마셜 Herman Marshall 은 이 폭발의 기록을

---

* 당시만 해도 나와 얀은 서로 아주 가까운 친구가 되리라는 것을 전혀 알지 못했다. 우리는 그가 1999년에 세상을 뜰 때까지 약 150편의 과학 논문을 함께 썼다.

아주 면밀히 검토하다가 급속폭발들 속에서 서너 시간 간격으로 훨씬 드물게 일어나는 다른 종류의 폭발을 발견했다. 처음에 우리는 이것을 특수폭발special burst이라고 불렀다. 그런데 이것들은 다른 많은 폭발원들에서 공통적으로 관찰되는 식어가는 흑체복사의 패턴과 같았다. 다시 말해서 우리가 특수폭발이라고 불렀던 것은 실제로는 전혀 특수하지 않은 것이었다. 그래서 우리는 이것을 1종폭발Type I bursts, 급속폭발을 2종폭발Type II bursts로 고쳐 불렀다. 그동안의 분석에 따르면 2종폭발은 경련성 유착 때문에 일어난다는 게 분명했고 여기에는 의문의 여지가 없었다. 하지만 1종폭발은 여전히 핵폭발 때문이 아닐까 싶었다. 그런데 우리는 결국 이것을 밝혀냈으며, 조금 뒤에 어떻게 알아냈는지에 대해 이야기하겠다.

1978년 가을 MIT의 동료 폴 조스Paul Joss는 중성자성의 표면에서 일어나는 핵폭발의 특성에 대해 세밀한 계산을 했다. 그의 결론에 따르면 거기서 축적된 수소는 처음에 조용히 융합하여 헬륨을 만들며, 이렇게 만들어진 헬륨의 질량과 압력과 온도가 임계값에 이르면 격렬하게 융합하면서 1종폭발을 일으킨다. 또한 이로부터 안정한 유착에서 발생하는 엑스선의 에너지가 핵폭발에서 방출되는 에너지보다 수백 배나 강하다는 예측도 따라나왔다. 다시 말해서 이 과정에 쓰이는 중력위치에너지가 핵폭발 에너지의 수백 배에 이른다는 뜻이다.

우리는 1977년 가을 5일 반 동안의 관측을 통해 급속폭발원에서 방출되는 엑스선의 총 에너지를 측정했다. 그 결과 2종폭발에서 방출되는 에너지는 '특수한' 1종폭발보다 120배에 이른다는 점이 밝혀졌다. 한마디로 이것은 결정타였다! 이 시점에서 우리는 급속폭발이 엑스선쌍성

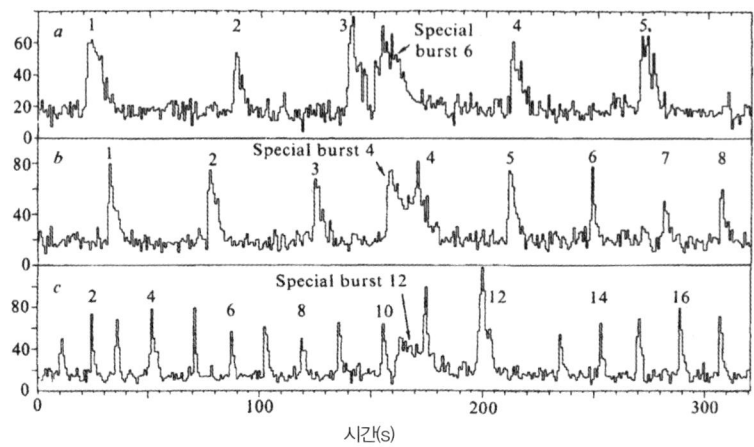

1977년 가을 SAS-3로 검출한 급속폭발의 자료. 수평축은 시간, 수직축은 약 1초 동안 관찰된 엑스선의 수를 나타낸다. 각 그래프에는 약 300초 동안의 자료가 담겨 있으며, 빠르게 일어나는 2종폭발에는 일련번호를 매겼다. 그래프마다 하나씩 보인 '특수폭발'에는 다른 번호를 매겼는데, 이것들은 핵폭발에서 유래하는 1종폭발이다. 이 자료는 1978년 2월 16일자의 《네이처》에 실린 호프먼, 마셜, 르윈의 논문에서 발췌했다.

에서 나오며 1종폭발은 유착 중성자성의 표면에서 일어나는 핵폭발 때문임에 비하여 2종폭발은 공여성에서 유착 중성자성으로 흘러드는 물질들이 내놓는 중력위치에너지의 결과라는 사실을 확신하게 되었다. 이제 의문의 여지는 없어졌다. 그래서 이후 우리는 모든 1종폭발의 원천은 엑스선쌍성의 중성자성으로 보았다. 동시에 우리는 블랙홀이 그 원천일 수 없다는 결론을 내렸다. 블랙홀에는 표면이 없으므로 핵폭발이 일어날 수 없기 때문이다.

1978년 우리들 대부분은 폭발원이 엑스선쌍성의 유착 중성자성이라는 점을 확신하고 있었음에 비하여 하버드대학교의 그린들리는 여전히 대형 블랙홀이 그 원천이라고 주장했다. 심지어 그는 1978년에 펴낸 논문을 통해 대형 블랙홀에서 폭발이 어떻게 이루어지는지를 설명하려고 했다. 나는 과학자들도 자신의 이론에 감정적으로 유착될 수 있다는 점을 말하고 싶다. 케임브리지의 《리얼페이퍼 Real Paper》는 나와 그린들리의 사진을 곁들여 '하버드와 MIT의 대결'이란 제목으로 긴 이야기를 보도했다.

폭발원이 쌍성이라는 증거는 1981년 나와 덴마크의 친구 홀저 페더슨 Holger Pederson 과 얀 반 파라디스가 폭발원 가운데 하나인 MXB 1636-53의 공전주기가 3.8시간이라는 점을 발견함으로써 확립되었다. 하지만 그린들리는 1984년이 되어서야 비로소 승복했다.

결과적으로 정상적인 1종폭발에 대한 이론을 확인시켜준 것은 가장 기이한 원천인 급속폭발원이었다. 하지만 동시에 오히려 신비로움도 더해졌다. 여기서의 아이러니는 급속폭발원이 제시한 설명에도 불구하고 그 자체는 대부분 미스터리로 남게 되었다는 점이다. 이에 대해서는 관측자들뿐 아니라 이론가들도 당혹스러워한다. 현재 우리가 내놓을 수 있는 가장 그럴듯한 설명은 경련성 유착이다. 물론 여러분에게 이런 용어는 낯선 곳으로 여행할 때나 듣게 될 것으로 비쳐지리란 점을 잘 안다. 하지만 어디까지나 이는 용어일 뿐 과학은 아니다. 중성자성으로 떨어질 물질들은 어쩐 일인지 모르지만 유착원반에서 잠시 머물면서 어떤 고리나 방울을 이룬 뒤에 갑자기 분리되어 중성자성의 표면으로 돌진하면서 그 중력위치에너지를 폭발적으로 분출한다고 여겨진다. 우리는 이런 분리를 원반불안정성 disk instability 이라고 부른다. 하지만 이것도 용어일 뿐, 정말로 어찌 이루어지는지는 아무도 모른다.

게다가 급속폭발원이 얼마동안 쉬었다가 다시 활동하게 되는 이유도 아직 알지 못한다. 왜 켜졌다 꺼졌다 하는 행동을 되풀이하는 것일까? 현재로서는 도무지 알 수 없다. 1977년에는 SAS-3의 모든 검출기들이 어떤 폭발을 동시에 감지한 사태가 한 번 관측되었다. 이는 기괴한 일이었다. 검출기들은 각자 전혀 다른 방향을 향하고 있었기 때문이었다. 우리가 떠올릴 수 있는 그럴듯한 유일한 설명은 매우 높은 에너지를 가진 어떤 감마선이 인공위성 전체를 투과하면서 이런 신호를 남겼으리라는 것이었다. 엑스선은 에너지가 낮아서 이렇게 투과할 수 없다. 그런데 모든 검출기가 동시에 작동했으므로 이 감마선이 어느 방향에서 오는 것인지도 알 수 없었다. 그런데 이후 몇 달 동안 이런 사태는 수십 번 관측되다가 갑자기 멈추었다. 그리고 13개월 뒤에 또 일어났다. 하지만 MIT의 누구도 어떤 실마리조차 찾지 못했다.

나는 데리고 있던 대학생들 가운데 크리스티안 텔레프슨Christiane Tellefson의 도움을 받아 이 폭발들의 목록을 작성했다. 나아가 특징들에 따라 A, B, C라는 유형으로 나누기도 했다. 나는 이것들을 한데 모아 '쓰레기 폭발'이라는 뜻 shit bursts 파일에 저장해두었다.

나는 해마다 우리를 방문하는 나사의 사람들에게 우리의 연구에 대해 발표하면서 최신의 흥미로운 엑스선 폭발 사례들과 함께 이 이상한 폭발들에 대한 자료도 보여주었다. 나는 이에 대한 논문을 쓰기가 꺼려진다고 설명했지만 한눈에도 그들은 이 분야에 정통한 사람들이 아니었다. 그러나 그들은 출판을 미루지 말라고 격려해주었으며, 이에 따라 나는 크리스티안과 함께 논문을 쓰기 시작했다.

그런데 어느 날 나는 나의 제자였고 당시 로스알라모스국립연구소Los

Alamos National Laboratory에서 비밀 연구를 하고 있던 밥 스칼렛Bob Scarlett으로부터 전혀 예기치 못한 내용의 전화를 받았다. 그는 이 폭발에 대해 출판하지 말라고 요청했다. 나는 이유를 물었지만 그는 대답하지 않았으며, 대신 그 폭발들이 일어났던 시간에 대한 정보를 알려달라고 해서 그대로 해주었다. 이틀 뒤 그는 다시 전화를 걸어와 국가 기밀이라는 이유로 출판해서는 안 된다고 말했다. 나는 의자에서 거의 나자빠질 뻔했다. 나는 곧이어 친구인 프랑스 코르도바France Cordova에게 전화를 했다. 그녀는 한때 MIT에서 나와 함께 일했지만 당시에는 역시 로스알라모스에 있었다. 나는 그녀에게 밥과의 통화 내용을 말하면서 무슨 일인지 암시라도 얻게 되기를 고대했다. 그녀는 밥과 의논했음에 틀림없다. 왜냐하면 그녀도 얼마 전에 내게 전화를 걸어 출판하지 말라고 요청했기 때문이었다. 그녀는 이 폭발이 천문학적 흥미와는 전혀 무관하다고 털어놓아 나를 안심시켰다. 요컨대 결국 나는 출판하지 않았다.

몇 년 뒤 나는 그 이유를 알았다. '쓰레기 폭발'들은 극히 강한 방사성원소를 사용하는 핵발전기로 가동되는 몇몇 러시아 인공위성들에서 나온 것이었다. SAS-3가 그 위성들 가까이 지나갈 때마다 방사성원소들에서 나오는 감마선의 소나기를 맞곤 했던 것이다. 1971년 러시아 과학자들이 검출했던 이상한 폭발들이 기억나는가? 나는 그것도 러시아 위성들로부터 나온 게 거의 확실하다고 믿는데 …… 기막힌 아이러니다!

1970년대 말에서 1995년에 이르는 기간은 내 인생에서 놀랍도록 격렬한 시기였다. 당시 엑스선 천문학은 관측 천문학 분야에서 최첨단에 있었다. 그리고 엑스선 폭발의 연구에 참여한 덕분에 나는 내 과학적 경력의 절정에 오를 수 있었다. 그때 나는 전 세계를 돌면서 매년 아마

10여 차례 이상 발표를 했을 것이다. 동유럽과 서유럽, 오스트레일리아, 아시아, 남아메리카, 중동, 그리고 미국 전역을 떠돌았다. 나는 많은 국제 천체물리학 학회에 초청되어 강연했으며 엑스선 천문학에 대한 세 권의 책을 발간할 때 주간을 맡았는데, 마지막 책인《소형 별 엑스선원 Compact Stellar X-ray Sources》은 2006년에 나왔다. 정말이지 어지럽도록 바빴지만 황홀한 기간이었다.

하지만 그동안 이룬 놀라운 진보에도 불구하고 급속폭발원은 아직도 그 신비에 대한 모든 설명들을 물리치고 있다. 물론 언젠가 누군가에 의해 밝혀지리라고 나는 믿는다. 그러나 그 뒤에도 뭔가 마찬가지로 당혹스런 문제에 부딪칠 것이다. 그래서 나는 과학을 사랑한다. 그리고 이 때문에 나는 급속폭발원의 폭발 기록을 포스터 크기로 만들어내 연구실의 눈에 잘 띄는 곳에 붙여놓았다. 거대강입자충돌기에서든 허블초심역에서든 물리학자들은 갈수록 많은 자료들을 얻고 갈수록 많은 독창적인 이론들을 내놓는다. 하지만 한 가지 내가 아는 사실은 그들이 무엇을 발견하고 제안하고 이론화하든 더욱 많은 신비를 발견하게 될 것이라는 점이다. 과학에서는 많은 답들이 항상 더욱 많은 의문들로 이어진다.

세상을 보는 법

FOR THE LOVE
OF PHYSICS

15
세상을 보는 법

대부분의 고등학생들과 대학생들은 교사나 교수들이 복잡한 수식을 이용하여 가르치므로 물리를 싫어한다. 나는 MIT에서 이런 식으로 가르치지 않으며 이 책의 접근법도 이와 다르다. 나는 물리를 물리가 아니면 드러나지 않을 세상을 보는 법의 하나로 제시한다. 그 범위는 아주 미세한 아원자입자에서 광대한 우주에 이른다. 물리는 중력이나 전자기력처럼 우리 주위에서 작용하지만 눈에는 보이지 않는 힘들을 볼 수 있게 해준다. 또한 무지개를 언제 어디서 발견할 수 있는지 알려줄 뿐 아니라 해무리나 달무리, 안개무지개, 원광, 심지어 유리무지개를 찾는 법도 알려준다.

첨단에 서있는 과학자들은 우리가 세상을 보는 법을 혁신했다. 뉴턴 이래 우리는 태양계의 운행을 이해하고 예측하게 되었으며 그런 일을 할 수 있는 미적분이라는 수학을 갖게 되었다. 뉴턴 이후 누구도 햇빛이 많은 빛들로 이루어진 게 아니라거나 무지개는 햇빛이 물방울들 속에서 굴절하고 반사해서 만들어진 게 아니라는 말을 하지 못하게 되었다. 맥스웰 이후 전기와 자기는 영원히 하나로 엮어졌다. 그래서 나는 심지어 이 책에서도 이것들을 별도의 장으로 나누기가 아주 힘들었다.

나는 물리와 예술 사이의 황홀한 관계를 본다. 첨단의 예술도 세상을 보고 풀이하는 새로운 방법을 알려준다. 여러분은 내 삶의 많은 부분에서 내가 물리에서와 마찬가지로 현대 예술에 홀릴 정도로 빠져들었다는 사실을 알면 놀랄지 모르겠다. 나는 이 모두와 사랑에 빠졌다! 앞에서 이미 수많은 피에스타 세트를 갖고 있다고 말했지만 1960년대 중반부터 수백 점이 넘는 예술 작품들도 수집해왔다. 그림, 콜라주, 조각, 양탄자, 의자, 책상, 인형, 가면 등등, 이제는 너무 많아서 내 집의 마루와 벽에는 더 이상 전시할 여유도 없다.

MIT의 내 연구실은 물리가 지배하고 있고 대학에서 두 점의 위대한 예술 작품을 빌려 내 연구실에 전시하고 있을 뿐이지만, 집에는 물리에 관한 책은 10여 권에 불과한 반면 예술에 관한 책은 250권가량에 이른다. 나는 일찍부터 예술과 사랑에 빠진 것을 다행으로 여긴다.

나의 부모님도 예술품들을 모았지만 지적으로는 거의 이해하지 못했다. 부모님은 단지 좋아하는 것들을 찾아나섰을 뿐이며 그래서 알지 못할 골목에 들어서기도 했다. 그들은 때로 걸작을 만나기도 했지만 때로는 평범한 것들도 수집했는데, 물론 이것들도 최소한 고르는 순간에는 걸작처럼 보였을 것이다. 내게 강한 인상을 남긴 것 가운데 하나는 아버지의 초상이며, 지금은 케임브리지의 내 집 벽난로 위에 걸어두었다. 이 그림은 참으로 강렬하다. 아버지는 나처럼 두드러진 개성을 지녔고 고집도 셌다. 화가는 아버지를 잘 알았기에 그의 특징을 탁월하게 포착했다. 허리 위를 그린 이 초상화에는 억센 사각형의 어깨 위에 커다란 직사각형 모습의 벗겨진 머리가 자리잡고 있으며, 작은 입은 자족하는 듯한 미소를 띠고 있다. 그런데 정말 두드러지는 것은 눈을 보이지 않게 감싸고 있는 검고 두꺼운 안경이다. 그래서 아버지의 눈은 묘하게 치솟은 왼쪽 눈썹과 어울려 방안의 어디에 있든 우리를 쫓고 있는 듯 보인다. 여기서 아버지의 온 인격이 단적으로 드러나는데, 한마디로 말하면 이는 날카로운 통찰이다.

내가 고등학교에 다닐 때 아버지는 화랑과 박물관으로 나를 데리고 다니셨다. 예술은 내게 세상을 보는 새로운 눈을 주었기에 나는 이때부터 깊이 사랑하게 되었다. 화랑이나 박물관에 가면 학교에서와 달리 우리의 흥미에 따라 나아갈 수 있다. 좋아하는 곳에서는 언제라도 멈출 수 있고 때가 되면 떠날 수 있다. 이처럼 예술과는 각자 독특한 관계를 만들 수 있다. 얼마 지나지 않아 나는 스스로 박물관을 찾게 되었고 짧은 시간 동안 많은 지식을 얻었다.

특히 나는 반 고흐 van Gogh 에 빠져들었다. 실제로 그의 이름은 반 코흐라고 해야 하지만 두 개의 목구멍소리가 짧은 'o'음을 사이에 두고 이어지므로 네덜란드 사람이 아니면 정확히 발음하기 어렵다. 그 결과 나는 15살 때 학교에서 반 고흐에 대한 발표를 하기도 했다. 나아가 나는 친구들을 이끌고 박물관을 찾기도 했는데, 이런 뜻에서 내가 교육자의 길로 들어선 것은 실로 예술 덕분인 셈이다.

이때 나는 처음으로 상대방의 나이에 상관없이 그들의 마음을 새로운 분야로 열어주는 교육이라는 게 얼마나 좋은 일인지를 알게 되었다. 훌륭한 물리 교사를 만나지 못하여 물리를 모호하고 어렵게 생각하는 것과 마찬가지로 예술도 그렇게 여기는 것은 참으로 애석한 일이다. 이는 내가 지난 8년 동안 MIT의 게시판에 매주 인터넷에서 내려받은 이미지를 걸고 "이 작품을 만든 예술가는?"이라는 퀴즈를 내온 한 이유이기도 하다. 나는 한 해가 지나면 그중 가장 많은 답을 맞힌 세 사람에게 상품을 주었는데 그중에는 예술에 대한 아주 훌륭한 책도 있었다. 어떤 학생들은 꾸준히 참여했으며, 그 답을 찾느라 인터넷을 섭렵하면서 예술에 대해 더욱 많이 배우게 되었다! 나는 이 주간 퀴즈가 아주 재미있어서 페이스북에는 새로 격주 퀴즈를 올렸다. 따라서 구미가 당긴다면 여러분도 참여할 수 있다.

나는 또한 운 좋게도 내가 사는 이 시대에 첨단을 걷는 몇몇 뛰어난 예술가들과 공동 작업을 하는 황홀한 기회를 갖기도 했다. 1960년대 말에 독일의 '하늘 예술가sky artist' 오토 피엔Otto Piene이 MIT의 고등시각연구센터Center for Advanced Visual Studies에 연구원으로 왔는데, 이를 계기로 그는 20년 간 이 센터를 이끌게 되었다. 당시 이미 나는 거대한 풍선을 날려본 경험이 있었으므로 오토의 하늘 예술을 도와주었다. 우리가 함께 한 첫 작품은 '빛줄기실험Light Line Experiment'이라고 불렀다. 75m의 폴리에틸렌 풍선 4개에 헬륨을 채운 것으로 각각의 양끝을 땅에 고정하면 MIT 운동장의 산들바람에 흔들리는 우아한 아치가 되었다. 그런데 우리는 이것을 모두 이어 300m나 되는 기다란 풍선으로 만든 다음 한쪽 끝을 하늘로 띄워올렸다. 그리고 밤이면 서치라이트로 비추었는데 수백 미터 상공에서 마치 뱀처럼 끊임없이 모습을 바꾸며 파도를 일으키고 뒤트는 광경은 참으로 놀랍고도 환상적이었다.

이 작품에서 내가 한 일은 대개 기술적인 것이었다. 오토의 아이디어를 실현하려면 어떤 크기와 모양의 풍선이 필요한지를 알아내야 했기 때문인데, 폴리에틸렌의 두께를 계산하는 것도 그 한 예다. 우리는 충분히 떠오를 정도로 가벼우면서도 바람이 부는 조건에 견딜 정도로 강한 것을 바랐던 것이다. 1974년 콜로라도주의 아스펜Aspen에서 우리는 '빛 텐트light tent'를 묶는 줄에 다면체 모양의 유리구슬들을 매달았다. 나는 미학과 물리학을 동시에 충족하는 방안을 찾기 위해 다양한 크기의 풍선과 구슬의 무게에 대해 많은 계산을 했다. 나는 오토의 예술적 아이디어를 구현하는 데에 물리학으로 지원하는 게 정말 마음에 들었다.

오토는 1972년 뮌헨 올림픽의 폐막식에서 거대한 오색 무지개 풍선을 선보였으며 나는 이 일에도 깊이 관여했다. 물론 우리도 이 올림픽이 이스라엘 선수들의 피살로 인해 그토록 비극적으로 끝나리라고는 전혀 예상하지 못했다. 그래서 올림픽 바다Olympic sea 위로 거의 150m 이상 높이 떠올라 커다란 아치를 그린 450m에 이르는 우리의 무지개 풍선은 이 비극에서 희망을 염원하는 상징이 되었다. 이 무지개 풍선은 삽입된 컬러 화보 12번 사진에서 볼 수 있다. 우주를 관측하기 위해 풍선 띄우기를 시작할 때만 해도 나는 이런 작품에 관여하게 될 줄은 꿈도 꾸지 못했다.

오토는 네덜란드의 예술가 페테르 스트뤼켄Peter Struycken을 소개해주었다. 나는 부모님이 네덜란드에서 그의 작품을 수집했기에 그의 예술에 대해 이미 잘 알고 있었다. 어느 날 오토는 MIT에서 내게 전화를 했다. "내 방에 네덜란드의 예술가 한 분이 계신데 만나보시겠습니까?" 사람들은 이 작은 나라에서 같이 왔다는 사실만으로도 우리가 서로 만나 이야기하기를 좋아할 것이라고 여기는 경향이 있다. 하지만 사실 나는 그렇지 않다. 그래서 나는 오토에게 "왜 그래야 하죠? 그분 성함은 어떻게 되나요?"라고 물었다. 하지만 오토가 "페테르 스트뤼켄입니다"라고 대답하자마자 나는 바로 승낙했다. 다만 그래도 만일을 위해 사실은 아니지만 30분밖에 만날 수 없다고 덧붙였다. 그래서 페테르는 내 연구실로 왔는데 우리는 무려 5시간이나 이야기를 나누었다. 정말 5시간이었다! 게다가 나는 레갈 시푸드Legal Sea Foods로 안내하여 굴까지 대접했다! 이렇게 우리는 처음부터 죽이 맞았고 이후 페테르는 25년이 넘도록 가장 가까운 친구의 한 사람이 되었다. 그의 방문으로 나의 삶은 영원토록 변했던 것이다!

 첫 토론에서 나는 페테르가 자신의 중요한 문제 또는 의문을 '보도록' 할 수 있었다. "어떤 사물은 언제 다른 사물들과 다른가?"라는 게 그의 의문이었다. 그런데 모든 것은 어떻게 정의하느냐에 달려 있다. 어떤 사람들에게 사각형은 삼각형이나 원과 다르게 보일 것이다. 하지만 폐곡선이 되는 기하학적인 선들은 모두 같은 것이라고 정의하면 이 세 도형들은 모두 같아진다.

 페테르는 내게 같은 프로그램으로 그린 10여 장의 컴퓨터 그림을 보여주고 "이것들은 모두 같습니다"라고 말했다. 하지만 내게는 모두 아주 다르게 보였다. 문제는 "같다"는 것을 어떻게 정의하느냐에 달려 있었다. 나는 그 그림들이 모두 같다면 내게 하나 줄 수도 있겠다고 말했다. 그러자 그는 주겠다고 한 뒤 그 그림 뒤에 네덜란드어로 "토론에 감사하며"라고 적었다. 이처럼 전형적으로 페테르는 정말 매우 겸허하게 살았다. 나는 이밖에도 그의 작품이 많지만 이 작은 그림을 가장 좋아한다.

페테르는 내가 물리학자이면서도 예술에 아주 흥미가 많을 뿐 아니라 그의 작품을 도울 수도 있다는 사실을 깨달았다. 그는 컴퓨터 예술 분야의 세계적인 선구자 가운데 한 사람이었다. 1979년 그는 리엔 데커스Lien Dekkers 및 대니얼 데커스Daniel Dekkers와 함께 1년 동안 MIT를 방문했으며, 우리는 아주 긴밀히 함께 작업했다. 우리는 거의 매일 만났고 그의 집에서 일주일에 두세 번 같이 식사했다. 페테르를 만나기 전에 나는 예술 작품들을 그냥 보았을 뿐이지만 페테르는 내가 이해하도록 도와주었다.

그가 없었다면 나는 선구적인 작품들에 대한 안목을 결코 갖추지 못했으리라고 생각한다. 그것들은 세상을 보는 우리의 안목을 근본적으로 바꾸었다. 나는 예술이 아름다움에 관한 것이기는 하지만 나아가 심지어 대부분은 발견에 관한 것이라는 사실을 배웠다. 그리고 내가 보기에 과학과 예술은 바로 여기에서 서로 만난다.

그때 이후 나는 예술을 아주 다르게 보기 시작했다. 내가 무엇을 좋아했는지는 더 이상 중요하지 않다. 중요한 것은 예술적 자질이며, 세상을 보는 새로운 눈이다. 그리고 이 안목은 예술에 대한 뭔가를 정말로 알게 되었을 때만 얻어질 수 있다. 나는 예술 작품들이 만들어졌던 시대를 면밀히 검토하기 시작했다. 1915년에서 1920년까지 나온 우크라이나 출신의 카지미르 S. 말레비치Kazimir S. Malevich의 작품들은 환상적이다. 하지만 1930년대에 다른 사람들이 그린 이와 비슷한 작품들에 대해서는 아무런 흥미를 느끼지 못한다. 폴 고갱Paul Gauguin은 그의 전형적인 자부심을 드러내면서 "예술은 혁명 아니면 표절이다"라고 말했는데, 여기에는 분명 뭔가 진실이 담겨 있다.

나는 선구적 작품들에 이르는 진화의 과정에 매료되었다. 예를 들어 나는 피에트 몬드리안 Piet Mondrian 의 작품들이 만들어진 연도를 정확하게 말할 수 있게 되었다. 이제는 나의 딸 파울린도 그러한데, 1900년부터 1925년 사이에 그가 이룬 발전은 아찔할 정도다. 여러 해가 지나면서 나는 박물관의 작품들에 걸린 연도가 잘못된 경우를 가끔씩 알아차리기도 했다. 그럴 때면 나는 언제나 이를 지적했는데, 큐레이터들은 때로 당황해하면서도 그때마다 바로잡았다.

나는 페테르의 아이디어를 구현하는 데에 10여 차례 이상 함께 했다. 우리의 첫 작품은 〈16번째 공간 16th Space〉이었는데, 이 16차원의 예술로 우리는 11차원의 끈이론을 물리쳤다. 페테르의 〈전이 Shift〉라는 연작도 생각난다. 그는 컴퓨터 프로그램에 투입할 수학적 토대를 개발했는데, 이로부터 아주 복잡하고 흥미로운 작품이 만들어졌다. 하지만 그는 수학을 잘 하지는 못했으므로 그의 방정식은 기괴했고 사실 말하자면 우스꽝스러웠다. 그는 이 방정식을 아름답게 꾸미고 싶었지만 어찌 해야 좋을지 몰랐다.

나는 해답을 구할 수 있었다. 물리학적으로는 그다지 복잡하지 않은 것으로, 삼차원 공간을 퍼져나가는 파동에 해당했다. 우리는 그 파장과 속도와 방향을 정할 수 있다. 또한 세 파동이 서로 교차하며 나아가게 할 수도 있다. 각 파동들의 초기 조건을 주고 각자 전파되도록 한 뒤 함께 더해주면 된다. 그러면 이로부터 매우 재미있는 간섭무늬가 만들어진다.

그 배경에 깔린 수학은 아름답고 페테르에게는 매우 중요했다. 나는 자랑하려는 게 아니며, 그도 역시 똑같이 말할 것이다. 그의 삶에서 내가 했던 역할은 대부분 이런 것들이었다. 곧 세상을 수학적으로 아름답게 하려면 어찌 해야 하는지를 보여주고 쉽게 이해시켜주는 것이었다. 내가 그의 연작들 가운데 하나를 원하면 그는 언제나 너그럽게 승낙했다. 그래서 운 좋게도 나는 스트뤼켄의 작품을 13점가량이나 갖게 되었다!

페테르와 함께 작업한 결과 나는 로테르담에 있는 보이만스 반 뵈닝겐 박물관Boymans van Beuningen Museum 관장의 초청을 받게 되었다. 그리하여 1979년 암스테르담에 있는 쾨펠케르크Koepelkerk의 거대한 돔 아래에서 첫 번째의 몬드리안 강연을 하는 영예를 안았다. 거기에는 무려 900명가량의 청중이 만원사례를 이루었는데, 이 강연은 이제 아주 유명해져서 해마다 개최되고 있다. 1981년의 연사는 움베르토 에코Umberto Eco였고, 1993년과 1995년과 2010년의 연사는 각각 도널드 주드Donald Judd와 렘 쿨하스Rem Koolhaas와 찰스 젱크스Charles Jencks였다.

내가 예술 작업에 관여한 것은 오토나 페테르와 함께한 것만은 아니다. 언젠가 한번은 장난삼아 내 자신의 개념적인 작품을 시도한 적이 있었다. '물리학자의 눈으로 20세기의 예술을 살펴보다'라는 제목으로 강연을 했을 때 http://video.mit.edu/watch/looking-at-20th-century-art-through-the-eyes-of-a-physicist-9611/ 나는 집에 물리에 관한 책은 10여 권에 불과하지만 예술에 관한 책은 적어도 250권이 넘으므로 비율이 약 20배에 이른다고 설명했다. 그리고 그중 10권을 책상 위에 올려놓고 청중들이 중간의 휴식 시간에 들춰볼 수 있게 했다. 하지만 균형을 맞추기 위해 나는 절반은 물리에서 뽑았다고 말했다. 강연 날 아침 나는 물리 교과서를 정확히 절반으로 쪼갰다. 그리고 이것을 강연장에 가져와 보여줄 때 쪼갠 부분을 아주 조심스럽게 가르면서 정말로 절반의 책이라고 말했다. 이어서 "예술을 이해하는 여러분에게 보여주겠습니다"라고 외친 뒤 나는 큰 소리가 나도록 책상 위에 떨어뜨렸다. 하지만 나는 내 행동을 아무도 이해하지 못했을까 걱정이었다.

르네상스 시대부터 현대에 이르기까지 예술의 역사를 돌이켜보면 분명한 경향이 드러난다. 예술가들은 일반적인 관습의 형태로 그들에게 가해진 여러 가지 굴레들을 차례로 제거해갔던 것이다. 이 제한들은 주제, 형상, 재료, 시각, 기법, 색채 등에 두루 걸쳐 있었다. 하지만 19세기 말이 되자 예술가들은 예술이 자연계를 묘사한다는 관념을 완전히 내던지게 되었다.

진실은 이렇다. 오늘날 우리는 이 선구적인 작품들을 위대하다고 여기지만 예술가들의 진짜 의도는 이와 사뭇 다르다. 그들은 세상을 보는 새로운 눈을 소개하고자 했던 것이다. 예를 들어 반 고흐의 〈별이 빛나는 밤Starry Night〉이나 아내의 초상을 그린 마티스Matisse의 〈푸른 줄무늬Green Stripe〉처럼 오늘날 우리가 우상과 같이 숭배하고 칭송하는 아름다운 작품들 중 많은 것들은 그 당시 조롱과 적의에 시달려야 했다. 또한 어느 미술관에서나 가장 많은 인기를 끌면서 사랑 받는 모네Monet, 드가Degas, 피사로Pissarro, 르누아르Renoir와 같은 인상파의 작품들도 처음 소개되었을 때는 역시 많은 비웃음을 받았다.

이제 우리 대부분이 그들의 작품을 아름답다고 여기게 되었다는 사실은 세월이 지남에 따라 그들이 승리했음을 보여준다. 그들이 세상을 바라보는 새로운 안목은 우리의 것이 되었고, 그들이 보던 세상은 우리의 세상이 되었다. 이처럼 100년 전에는 마냥 추했던 것들이 이제는 아름답게 여겨질 수도 있다. 나는 당시의 비평가들이 마티스를 '추의 사자

apostle of ugliness'라고 불렀다는 사실을 오히려 좋아한다. 수집가 레오 스타인Leo Stein은 마티스가 아내를 그린 〈모자를 쓴 여자 Woman with a Hat〉를 가리켜 "내가 본 가장 흉한 뒤범벅"이라고 평했지만 결국 이를 사들였다!

20세기의 예술가들은 자연적인 재료들을 이용했는데 때로 충격적이기도 했다. 예를 들어 마르셀 뒤샹Marcel Duchamp은 변기를 이용한 작품을 만들고 〈샘fountain〉이라고 불렀다. 또한 그는 풍자적인 작품 〈모나리자 Mona Lisa〉에 'L.H.O.O.Q.'라는 자극적인 문구를 새겨넣기도 했다(프랑스어로 빠르게 발음하면 대략 "그녀는 뜨거운 여자다"라는 뜻이 된다.—옮긴이). 뒤샹은 위대한 해방자였으며 그의 이후에는 무엇이든 가능해졌다! 그는 우리가 예술을 보는 눈을 뒤흔들었던 것이다.

반 고흐, 고갱, 마티스, 드랭Derain 이후에는 누구도 이전과 같은 방식으로 색을 볼 수 없게 되었다. 또한 앤디 워홀Andy Warhol 이후 그 누구도 캠벨Campbell 회사의 수프 깡통이나 마릴린 먼로Marilyn Monroe의 이미지를 예전과 같이 볼 수 없게 되었다.

예술의 선구적 작품들도 아름답고 심지어 경이로울 수 있다. 하지만 대개, 특히 처음에는 당혹스럽고 심지어 추하게 보일 수 있다. 하지만 아무리 추하더라도 선구적인 예술 작품들의 진짜 아름다움은 그 의미에 담겨 있다. 세상을 보는 새로운 방식은 결코 낯익고 따뜻한 침대가 아니며 언제나 소름이 돋도록 차가운 샤워와 같다. 하지만 나는 이런 샤워가 상쾌하고 자극적이며 해방감을 안겨주는 것 같다.

나는 물리에서의 선구적 업적들도 마찬가지로 본다. 이전까지 보이지 않았거나 자욱한 안개로 덮였던 영역에 놀랍도록 계시적인 발걸음이 내

딛어지면 우리는 세상을 더 이상 같은 방식으로 보지 않게 된다.

내가 이 책에서 소개했던 수많은 경이로운 발견들도 처음에 소개될 때는 매우 당혹스런 것들이었다. 또한 그 배경에 깔린 수학들을 배워야 한다면 더욱 주눅이 들 것이다. 하지만 내가 소개한 몇몇 위대한 돌파구들은 마냥 흥미롭고 아름답게 여겨졌기를 기대한다. 세잔, 반 고흐, 피카소, 마티스, 몬드리안, 말레비치, 칸딘스키, 브랑쿠시, 뒤샹, 폴록, 워홀 등은 예술의 세계에 도전하는 새로운 길을 열었다. 이와 마찬가지로 뉴턴과 그를 따르는 모든 사람들도 우리들에게 새로운 시각을 제시했다.

20세기 초에 물리학을 이끌었던 사람들도 수천 년은 아닐지라도 최소한 수백 년 동안 과학자들이 닦았던 길들을 완전히 뒤엎는 아이디어들을 내놓았다. 앙투안 앙리 베크렐Antoine Henri Becquerel, 마리 퀴리Marie Curie, 닐스 보어 Niels Bohr, 막스 플랑크Max Planck, 알베르트 아인슈타인, 루이 드브로이Louis de Broglie, 에르빈 슈뢰딩거 Erwin Schrödinger, 볼프강 파울리 Wolfgang Pauli, 베르너 하이젠베르크Werner Heisenberg, 폴 디랙Paul Dirac, 엔리코 페르미Enrico Fermi 등이 바로 그들이다. 양자역학이 나오기 전까지 우리는 입자는 입자로서 뉴턴의 법칙에 따르고 파동은 파동으로서 다른 법칙을 따른다고 믿었다. 하지만 오늘날 우리는 모든 입자들도 파동처럼 행동하고 모든 파동들도 입자처럼 행동한다는 사실을 알고 있다. 18세기에는 빛이 파동인지 입자인지에 대해 대립했다. 하지만 제5장에서 보았듯 1801년 토머스 영의 실험에 의해 파동으로 거의 굳어졌다. 그러나 오늘날에는 두 성질을 모두 갖고 있다고 보고 있으며 더 이상 논란의 대상이 아니다.

양자역학이 나오기 전까지 물리학은 결정론적이라고 믿어졌다. 같은 실험을 백 번 되풀이하면 같은 결과를 백 번 얻게 된다는 뜻에서 그렇게 보았던 것이다. 하지만 오늘날 우리는 이것이 그렇지 않다는 사실을 알고 있다. 양자역학은 확실성이 아니라 확률을 다룬다. 이는 너무나 충격적이어서 심지어 아인슈타인도 결코 수긍하지 않았다. 그는 이에 대해 "신은 주사위놀이를 하지 않는다"는 유명한 말을 남겼다. 하지만 아인슈타인은 틀렸다!

양자역학이 나오기 전까지 우리는 입자의 위치와 운동량은 본질적으로 얼마든지 정확하게 동시에 측정할 수 있다고 믿었다. 여기서 운동량은 입자의 질량과 속도를 곱한 것이다. 뉴턴의 법칙에 따르면 이는 분명 옳다. 하지만 오늘날 우리는 이것도 사실이 아니란 점을 알고 있다. 직관적으로는 이해하기 어렵지만 위치를 정확하게 잴수록 운동량의 정확도는 떨어지며, 이것이 바로 하이젠베르크의 불확정성원리 uncertainty principle 다.

아인슈타인은 그의 특수상대성이론에서 시간과 공간이 한데 엮여 시공 spacetime 이라는 단일한 사차원의 실체를 이룬다고 주장했다. 그는 빛의 속도가 초속 약 30만km로 일정하다고 가정했다. 어떤 사람이 광속의 절반에 이르는 엄청나게 빠른 기차를 타고 가면서 앞쪽에 있는 사람의 얼굴에 헤드라이트를 비출 경우 두 사람 모두 그 빛의 속도를 같은 값으로 관측한다. 이는 우리의 직관과 너무나 어긋난다. 일상적인 직관에 따를 경우 이 기차에서 빛을 비추면 그 속도는 빛의 속도에 기차의 속도를 더한 초속 45만km가 되어야 하기 때문이다. 하지만 사실은 그렇지 않다. 아인슈타인에 따르면 30만에 15만을 더하더라도 여전히 30만이 된다! 그의 또 다른 위업인 일반상대성이론은 더욱 기이하다. 우주를 붙들고 있는 힘을 완전히 새롭게 해석함으로써 중력이 시공의 구조 자체를 왜곡할 뿐 아니라 그렇게 왜곡된 시공을 지나는 빛의 경로도 휘게 한다고 주장하기 때문이다. 아인슈타인은 뉴턴의 물리학에 중대한 수정이 필요함을 보였다. 그리하여 빅뱅, 우주의 팽창, 블랙홀 등이 등장하는 현대의 천문학으로 나아가는 길을 열었다.

1970년대에 MIT에서 강의를 하기 시작했을 때 부분적으로 나의 성격상 나는 물리의 아름다움과 재미에 더 큰 중점을 두었다. 그리하여 너무 세부에 치우쳐 학생들이 흥미를 잃지 않도록 주의를 기울였다. 나는 가르치는 주제마다 학생들 자신의 세계와 관련지으려 했고, 그들이 전혀 생각하지 못했던 방식으로 보되 이해할 수 있는 방식으로 접근하고자 했다. 학생들이 질문할 때면 어느 것에든 나는 "아주 좋은 질문입니다" 하면서 치켜세웠다. 학생들에게 절대로 하지 말아야 할 가장 중요한 일은 그들은 멍청하고 교수는 똑똑하다는 인상을 주는 것이다.

전기와 자기에 관한 강좌에는 내가 아주 소중하게 여기는 순간이 있다. 나는 그 학기의 대부분을 바쳐 전기와 자기가 어떻게 얽혀 있는지를 놀랍도록 우아하게 보여주는 맥스웰방정식을 향해 조심스럽게 조금씩 다가간다. 이 방정식들이 서로 소통하는 과정에는 믿을 수 없을 정도로 빼어난 내적 아름다움이 깃들어 있다. 전기와 자기는 전자기라는 한 현상의 두 측면이다. 이것들은 하나의 통일장이론 unified field theory 이므로 실제로는 결코 분리할 수 없다.

그래서 나는 이 4가지의 아름다운 방정식들을 강의실의 벽마다 설치된 서로 다른 스크린들에 비춘다. 그리고 말한다. "보라. 이 식들을 들이 마셔라. 이것들이 여러분의 뇌를 꿰뚫게 하라. 여러분은 각자의 인생에서 단 한 번 처음으로 맥스웰방정식들이 서로 속삭이며 완전한 아름다움을 뽐내는 광경을 깊이 음미하면서 보고 있다. 이런 일은 다시 일어나지 않는다. 여러분은 이제 이전의 여러분이 아니다. 처녀성을 잃은 것이다." 이 지적 정상을 정복함으로써 학생들의 삶에서 참으로 기념비적인 순간으로 기억될 이 날을 위해 나는 600송이의 수선화를 준비하여 각자에게 나누어준다.

몇 해가 지나면 학생들은 맥스웰방정식의 자세한 내용은 잊었지만, 수선화를 가져와 세상을 보는 새로운 눈을 갖게 된 사실을 기념했던 그 날을 기억하고 내게 편지를 보내오곤 한다. 나는 이게 최고 수준의 교육이라고 본다. 나는 학생들이 칠판에 쓰인 것을 되살릴 수 있는가 하는 것보다 그들이 보았던 아름다움을 기억하고 있는지가 훨씬 더 중요하다고 믿는다. 진정한 가치는 수업의 진도가 아니라 진실의 발견에 있다 What counts is not what you cover, but what you uncover!

나의 목표는 학생들이 물리를 사랑하고 세상을 달리 볼 수 있도록 하는 것인데, 이는 바로 인생의 목표이기도 하다! 우리는 학생들이 이전까지 결코 물어보지 않았던 의문을 스스로 던지게 함으로써 그들의 지평을 넓혀줄 수 있다. 핵심은 학생들이 세상에 대해 갖는 순수한 흥미와 연결시키면서 물리의 세계를 열어젖히는 데 있다. 그래서 나는 언제나 학생들이 각각의 나무를 위아래로 살피기보다 숲을 널리 보게 되도록 노력한다. 이는 또한 여러분을 위해 이 책에서 시도했던 노력이기도 하다. 부디 즐거운 여행이 되기를 진심으로 기원한다.

What counts is not what you cover,
but what you uncover!

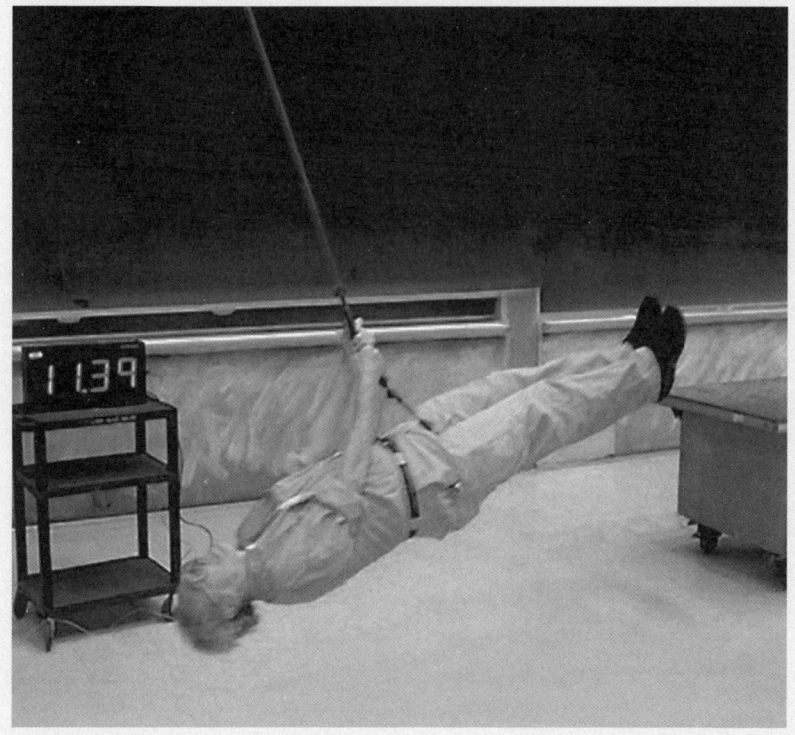

부록 1

포유류의 대퇴골

포유류의 몸무게가 부피에 비례한다는 가정은 합리적이다. 강아지와 이보다 4배 큰 다 자란 개를 비교해보자. 나는 정확히 말해서 큰 개가 강아지보다 길이라는 측면, 곧 몸의 높이와 길이, 다리의 길이와 두께, 머리의 넓이 등에서는 모두 4배라고 가정한다. 이 경우 큰 개의 부피와 몸무게는 강아지보다 4의 세제곱인 64배가량이 된다.

   이를 이해하는 한 가지 방법은 가로와 세로와 높이가 각각 a와 b와 c인 직육면체를 생각해보는 것이다. 이것의 부피는 a×b×c다. 그런데 이 길이를 모두 4배로 키우면 부피는 4a×4b×4c, 곧 64abc로 늘어난다. 이것을 좀더 수학적으로 표현하면 포유류의 부피와 질량은 길이의 세제곱에 비례한다고 말할 수 있다. 따라서 큰 개가 강아지보다 4배 크다면 부피는 4의 세제곱인 64배가 된다. 그러므로 대퇴골의 길이를 l이라고 하면 크기가 서로 다른 포유류의 질량은 대략 l^3에 비례하여 달라진다.

이상은 질량에 대한 이야기였다. 그런데 포유류의 무게를 지탱하는 대퇴골의 강도는 두께에 비례할 것이다. 그렇지 않은가? 직관적으로 봐도 두꺼운 뼈일수록 더 큰 무게를 감당한다는 것은 명백하다. 이를 수학적으로 표현하면 대퇴골의 강도는 뼈의 단면적에 비례한다고 말할 수 있다. 그런데 단면의 모양은 대략 원이고, 반지름을 r이라고 하면 단면적은 πr^2이다. 그러므로 원의 지름이 d라면 넓이는 d^2에 비례한다.

대퇴골의 두께를 그 지름을 뜻하는 d로 부르자. 그러면 갈릴레오의 아이디어에 따를 경우 포유류의 무게는 뼈가 몸무게를 지탱할 수 있도록 d^2에 비례하지만, 이와 동시에 갈릴레오의 아이디어와는 상관없이 언제나 l^3에 비례한다. 그러므로 갈릴레오의 아이디어가 옳다면 d^2도 l^3에 비례해야 하며, 이는 d가 $l^{3/2}$에 비례한다고 말하는 것과 같다.

이제 몸의 크기가 5배의 차이가 나는 두 포유류를 생각해보자. 그러면 큰 것의 대퇴골은 작은 것의 5배일 것이며, 그 두께는 $5^{3/2}=11$배의 차이가 날 것이다. 강의에서 나는 코끼리의 대퇴골은 생쥐의 것보다 100배 정도 길다는 사실을 보였다. 그러므로 갈릴레오의 아이디어가 옳다면 코끼리 대퇴골의 두께 d는 생쥐의 것보다 $100^{3/2}=1$천배가량이 될 것이라고 예상할 수 있다.

그러므로 아주 무거운 포유류를 상상할 경우 어느 단계에 이르면 뼈의 두께가 그 길이와 같거나 심지어 더 커질 수도 있다는 뜻이 된다. 하지만 이는 아주 비현실적이며, 따라서 포유류의 최대 크기에는 한계가 있다고 보는 게 타당하다.

부록 2

뉴턴의 법칙

뉴턴의 만유인력법칙은 다음과 같이 쓸 수 있다.

$$F_{grav} = G\frac{m_1 m_2}{r^2} \quad [1]$$

여기서 F_{grav}는 질량이 m_1과 m_2인 물체들 사이의 인력이고 r은 이것들 사이의 거리이며, G는 중력상수다.

뉴턴의 이 법칙은 적어도 원리적으로는 태양과 여러 행성들의 질량을 계산할 수 있게 해준다.

이 과정이 어떻게 이루어지는지 살펴보자. 먼저 태양부터 시작한다. 태양의 질량을 m_1이라 하고 어떤 행성이든 그 질량을 m_2라고 하자. 행성의 궤도는 원이고 그 반지름은 r이며 공전주기는 T라고 하자. 지구는 365.25일이고 수성은 88일인데, 목성은 거의 12년이나 된다.

17세기에 알려졌던 6개의 행성 가운데 5개가 그렇듯 공전궤도가 원이거나 원에 아주 가깝다고 하면 행성의 공전 속도는 일정하며 방향만 계속 바뀐다. 하지만 속도가 일정하더라도 방향이 바뀌면 가속이 일어난다는 뜻이다. 그러면 뉴턴의 운동 제2법칙에 따라 가속의 원인이 되는 힘이 존재해야 한다.

구심력이라고 부르는 이 힘 F_c는 언제나 정확히 행성에서 태양 쪽으로 향한다. 물론 뉴턴은 역시 뉴턴답게 이 힘을 정확히 계산할 수 있었다. 나는 수업 시간에 이 식을 직접 유도하는데, 그 크기는 다음과 같다.

$$F_c = \frac{m_2 v^2}{r} \quad [2]$$

여기서 v는 행성의 공전속도다. 그런데 이는 원주의 길이 $2\pi r$을 행성이 태양을 한 바퀴 도는 데에 걸리는 공전주기 T로 나누어서 구할 수 있다. 따라서 위의 식은 다음과 같이 고쳐 쓸 수 있다.

$$F_c = \frac{4\pi^2 m_2 r}{T^2} \quad [3]$$

이 힘은 어디에서 올까? 도대체 무엇이 이 힘의 근원일까? 뉴턴은 태양의 중력이 바로 이 힘이라는 사실을 깨달았다. 따라서 위의 식들에 있는 두 힘은 서로 같은 하나의 힘이므로 다음과 같이 쓸 수 있다.

$$F_{grav} = F_c \quad [4]$$

학창 시절에 배운 수학 실력을 발휘하여 조금 정리하면 태양의 질량이 다음과 같이 구해진다.

$$m_1 = \frac{4\pi^2 r^3}{GT^2} \quad [5]$$

[5]의 식에 행성의 질량 m_2는 나타나지 않는다는 점을 주목하자. 곧 행성의 질량은 필요 없고 오직 행성과 태양 사이의 평균 거리와 그 공전 주기만 알면 된다. [1]과 [2]에는 가 있는데 [5]에는 이게 없다는 게 놀랍지 않은가? 하지만 이것이 [1]과 [2]에 모두 있었다는 게 바로 F_{grav}와 F_c를 같다고 놓으면 m_2가 소거되는 이유다. 이 방법의 아름다움은 여기에 있고 이는 모두 뉴턴 경卿 덕분이다.

[5]는 어떤 행성에서나 r^3/T^2이 일정하다는 사실을 알려준다. 태양으로부터의 거리와 공전주기가 서로 아주 다르더라도 r^3/T^2은 모두 같다는 뜻이다. 독일의 천문학자이자 수학자인 요하네스 케플러는 이 놀라운 결과를 뉴턴의 시대보다 훨씬 이전인 1619년에 발견했다. 하지만 반지름의 세제곱과 공전주기의 제곱 사이의 비율이 이처럼 일정한 이유는 전혀 알 수 없었다. 이를 밝혀낸 사람은 바로 천재 뉴턴으로 68년이 지난 뒤의 일인데, 그가 제시한 법칙들의 자연스런 귀결이었다.

요컨대 [5]는 우리가 어떤 행성이든 태양까지의 거리 r과 공전주기 T와 중력상수 G만 알면 태양의 질량 m_1을 알아낼 수 있다는 뜻이다.

공전주기는 17세기보다 훨씬 이전부터 아주 정확하게 알려져 있었다. 태양과 행성 사이의 거리도 17세기보다 훨씬 이전부터 정확하게 알려져 있기는 했지만 단지 상대적 수치였을 뿐이었다. 다시 말해서 천문학자들은 예를 들어 금성 궤도의 평균 반지름은 지구와 비교하면 72.4% 가량임에 비해 목성 궤도의 평균 반지름은 지구의 5천 배나 된다. 그러나 그 절대적인 값은 전혀 다른 이야기다. 덴마크의 위대한 천문학자 티코 브라헤가 활동할 무렵인 16세기에 사람들은 지구와 태양 사이의 거리가 실제 거리인 1억 5천만km의 약 20분의 1밖에 되지 않는다고 여겼다. 17세기 초에 케플러는 더 정확하게 알아냈지만 여전히 실제의 7분의 1에 불과했다.

[5]는 태양의 질량이 태양에서 행성까지 거리의 세제곱에 비례한다는 뜻이므로 거리가 7분의 1이라는 정도로 낮게 평가되면 태양의 질량은 $7^3=343$배나 작게 계산되어 거의 아무 쓸모가 없어지고 만다.

그런데 1672년 이탈리아의 과학자 조반니 카시니 Giovanni Cassini 가 지구와 태양 사이의 거리를 당시의 상황에 비춰보면 사뭇 인상적인 7%의 오차로 정확하게 측정함으로써 새로운 돌파구가 열렸다. 이런 오차라면 r^3의 불확실성은 22%밖에 되지 않는다. 한편 중력상수 G의 오차는 적어도 30%쯤이었을 것이다. 따라서 내 추산에 따르면 17세기 말에 태양 질량의 오차는 50% 안팎이었을 것이다.

이미 말했듯 태양과 행성들 사이의 상대적 거리는 아주 정확하게 알려져 있었다. 따라서 태양과 지구 사이의 절대적 거리를 7%의 오차로 알았다는 것은 17세기 말에는 당시까지 알려진 다른 다섯 행성들까지의 거리도 같은 정확도로 계산할 수 있었다는 뜻이다.

태양의 질량을 계산하는 이 방법은 목성과 토성과 지구의 질량을 측정하는 데에도 쓸 수 있다. 이 세 행성들은 잘 알려진 궤도를 도는 위성들을 갖고 있다. 목성의 경우 갈릴레오 갈릴레이가 1610년에 4개의 위성을 발견했으며 오늘날 이것들은 갈릴레오 위성 Galilean moons 이라고 부른다. 목성의 질량을 m_1, 위성들 가운데 하나의 질량을 m_2라고 하면 [5]를 이용하여 목성의 질량을 알아낼 수 있다. 그 방법은 태양의 질량을 계산했던 것과 같지만 r에 목성과 위성까지의 거리를 넣고 T에 위성의 공전주기를 넣으면 된다. 목성에는 무려 63개의 위성이 있다. 그중 갈릴레오 위성들의 공전주기는 1.77, 3.55, 7.15, 16.69일이다.

세월이 흐름에 따라 거리와 중력상수의 정확도는 크게 개선되었다. 중력상수의 경우 19세기에는 오차가 1% 정도였지만 오늘날에는 0.01%에 불과하다.

구체적인 예로 [5]를 이용하여 달의 질량 m_2와 공전주기 T의 값을 토대로 지구의 질량 m_1을 함께 구해보자. [5]를 정확히 적용하려면 거리는 m(미터), 공전주기는 초로 나타내야 한다. 그러면 중력상수의 값은 6.673×10^{-11}이 되고 지구의 질량은 kg으로 구해진다.

지구와 달 사이의 평균 거리는 3.8440×10^8m이며 달의 공전주기는 2.3606×10^6초다. 이 값들을 [5]에 대입하면 지구의 질량은 6.030×10^{24}kg으로 나온다. 현재까지 알려진 가장 정확한 값은 5.94×10^{24}kg이므로 여기서 계산한 값과 1%의 차이밖에 나지 않는다. 이 오차의 원인은 무엇일까? 한 가지 이유는 우리가 달의 궤도를 원이라고 가정했음에 비하여 실제 궤도는 조금 찌그러진 타원이라는 데에 있다. 이 때문에 달까지의 최단 거리는 36만 400km이고 최장 거리는 40만 5,500km가 된다. 물론 뉴턴의 법칙은 타원 궤도도 쉽게 다룰 수 있지만 실제 계산은 아마 이미 지쳐 있을 여러분을 너무 괴롭힐 수 있으므로 생략하기로 하자.

우리가 구한 지구의 질량이 약간 다른 데에는 다른 이유도 있다. 우리는 달이 원을 그리면서 지구를 도는데, 이 원의 중심은 지구의 중심과 같다고 가정했다. 따라서 [1]과 [3]에서의 r은 지구와 달 사이의 거리다.

이것은 [1]에서는 옳다. 하지만 제13장에서 자세히 말했듯 사실 지구와 달은 서로 이 둘 사이의 질량중심을 공전한다. 이 질량중심은 지구 표면에서 1,700km 아래에 있으므로 [3]의 r은 [1]의 r보다 조금 작다.

우리는 지구에 살고 있으므로 지구의 질량을 구하는 데에 다른 방법을 쓸 수도 있다. 그 한 가지는 표면 가까이의 중력가속도를 측정하는 것이다. 물체를 떨어뜨리면 그 종류에 상관없이 g의 가속을 받는데 그 값은 $9.82 m/s^2$에 가깝다.* 그리고 지구의 평균 반지름은 약 6.371×10^6m다.

[1]을 다시 살펴보자. 뉴턴의 운동 제2법칙에 따르면 $F=ma$이므로 다음과 같이 쓸 수 있다.

$$G \frac{m_{earth} m}{r^2} = mg \quad [6]$$

r은 지구의 반지름이다. 여기에 $G=6.673 \times 10^{-11}$, $g=9.82 m/s^2$, $r=6.371 \times 10^6$m를 넣고 계산하면 m_{earth}를 kg으로 구할 수 있다. 여러분도 직접 해보기 바란다. [6]을 간단히 정리하면 다음 식이 나온다.

$$m_{earth} = \frac{gr^2}{G} \quad [7]$$

내 계산에 따르면 $m_{earth} = 5.973 \times 10^{24}$kg이다. 사뭇 인상적이지 않

---

* 중력가속도는 북극과 남극에서보다 적도에서 0.18%가량 더 작다. 지구의 모양이 완전한 구가 아니기 때문이다. 적도의 물체들은 북극과 남극의 물체들에 비해 지구의 중심으로부터 20km가량 더 떨어져 있으므로 적도의 중력가속도가 더 작다. 따라서 9.82는 평균값이다.

은가?

[7]에는 우리가 떨어뜨리는 물체의 질량 m은 나타나지 않는다는 점을 주목하자! 이는 놀랄 게 아니다. 지구의 질량은 우리가 떨어뜨리는 물체의 질량과 무관해야 하기 때문이다.

여러분은 또한 뉴턴이 지구의 밀도는 $1m^3$당 5천~6천kg일 것으로 믿었다는 게 흥미롭게 여겨질 것이다. 이는 어떤 천문학적 정보에서 얻어진 게 아니며, 그의 법칙들과도 아무런 관계가 없다. 이는 단지 그의 경험에 근거한 최선의 추측이었을 뿐이다. 실제로 지구의 평균 밀도는 $1m^3$당 5,540kg이다. 뉴턴의 추측을 $1m^3$당 $5,500 \pm 500$kg으로 쓰면 그 오차는 10%에 불과하니 이 또한 사뭇 인상적이다!

뉴턴의 추측이 당시에 얼마나 진지하게 받아들여졌는지는 모르겠다. 하지만 그렇다고 해보자. 지구의 반지름은 17세기에도 잘 알려져 있었으므로 이 밀도 값을 이용하면 지구의 질량도 반지름을 이용하여 구한 지구의 부피에 밀도를 곱하여 10%의 오차로 계산할 수 있다. 그러면 [7]을 통해 중력상수의 값도 같은 오차로 구할 수 있다. 이런 점들을 이야기하는 이유는 지구의 밀도에 대한 뉴턴의 추측을 받아들일 경우 17세기 말에 이미 중력상수의 값을 10%의 오차로 알아낼 수 있다는 사실이 자못 흥미롭게 여겨졌기 때문이다!

옮긴이의 말

미국의 과학자들에게 "왜 과학을 하느냐?"라고 묻는다면 뭐라고 대답할까? 정확한 근거는 없으나 여러 글에서 보고, 또 실제로 이야기해본 사람들의 대답을 종합해서 말한다면 그것은 바로 'fun'이다. fun의 구체적 의미는 장난·쾌락 등으로부터 고답적인 내용까지 포함하므로 폭이 매우 넓다. 그러나 여기서의 의미를 우리말로 옮기면 대략 '즐거움' 정도에 해당한다. 똑같은 질문을 우리나라의 과학자들에게 하면 어떨까? 요즘에는 세상이 많이 달라져서 적어도 젊은 과학자들은 역시 "즐거우니까" 또는 "즐기기 위하여"라는 답을 많이 할 것이다. 그러나 우리나라의 많은 어른들에게 "지금 직업으로 삼은 일을 왜 하십니까?"라고 물으면 이런 답을 듣기는 사뭇 어려울 것이다.

 물론 그들이라고 즐거움만으로 가득 찬 과학을 하는 것은 아니다. 그들도 연구나 실험을 하면서 "Life is terrible!"(딱히 뭐라 옮기기는 곤란하므로 '느낌'으로 파악하자)이라고 투덜거리기도 하며, "Science is beautiful only in books(과학은 책 속에서만 아름답다)"라고 말하기도 한다. 그러나 기본자세는 역시 과학 활동 자체에서 즐거움을 찾으려는 것이다. 때로 실망이나 좌절이 오더라도 이런 마음으로 극복해간다.

2002년 월드컵 때의 한 장면이 잊히지 않는다. 당시 낯선 외국인이었던 거스 히딩크Guus Hiddink 감독이 새로 대표팀을 이끌었다. 이전에는 우리나라에서 가장 뛰어나다는 감독들이 나섰지만 여러 문제 때문에 외국인 감독을 발탁했다. 물론 외국인에게 대표팀을 맡기는 데에 우려도 많았다. 그런데 나는 그 무엇에도 불구하고 축구에 대한 그의 관점 하나만은 높이 평가하고 배워야 한다고 생각한다. 언젠가 그는 경기 도중 교체 선수를 투입할 때 등을 두드리며 "Go get some fun!"이라고 말했다. "가서 재미 좀 보게!"라고나 새길 이 말이 항상 애국심이나 책임감 등에 억눌려온 우리 선수들에게 얼마나 잘 먹혀들지 알 수 없었다. 하지만 아무튼 축구를 보는 시각이 지난날의 우리와 근본적으로 다르다는 점이 이 한 마디에 잘 압축되어 있다.

1980년대 말의 어느 날이었다. 우연히 나는 어느 대학교 운동장에 갔는데 마침 두 고교 축구팀 사이에 친선 경기가 열리고 있었다. 그런데 경기 중에 어떤 선수가 실수를 했다. 그러자 그 팀의 감독이 크게 외쳤다. "야, 이 ○○야! 이리 와!" 그 선수는 경기장 건너편의 먼 곳에 있었는데도 전력으로 달려왔다. 선수가 오자 감독은 머리를 쥐어박으며 욕설을 퍼부었다. 선수는 고개를 푹 숙이고 아무 말도 하지 못했다. 그리고 다시 경기에 투입됐다. 과연 이 선수가 자기 마음껏 경기를 할 수 있는 날은 언제일까? 이후 위의 히딩크 일화를 생각하면 언제나 이 장면이 함께 겹쳐졌다.

히딩크 감독은 또한 '창의적 플레이'를 유난히 강조했다. 그는 우리 선수들에게 무엇을 제시하면 적응과 소화는 아주 잘한다고 했다. 아마 우리의 교육 수준도 높지만 복종심과 노력하는 마음이 잘 단련되어서 그럴 것이다. 하지만 그것을 넘어서는 창의적 플레이는 드물다고 지적했다. 그런데 'fun'과 '창의적 플레이' 사이에는 아주 긴밀한 함수 관계가 있다.

이 점은 과학의 공부와 연구에서도 마찬가지다. 이 책을 보면 월터 르윈 교수는 이런 사실을 그의 삶 자체는 물론 수업에서도 최고로 드러내기 위해 온갖 열정을 불사른다. 참으로 부러운 태도가 아닐 수 없다. 그래서 '우리에게도 이런 선생님들이 있다면, 나아가 사회의 도처에 이런 분들이 많다면 ……' 하는 생각이 뒤따른다. 언젠가 이런 바람이 이루어지기를 기대하는 가운데 우선 다행스런 것은 인터넷 덕분에 르윈 교수의 강의를 우리도 쉽게 볼 수 있다는 점이다. 영어 자막이 나오므로 영어 공부에도 아주 좋다. 따라서 나는 이 책을 읽은 독자 여러분 모두 그의 강의도 시간 나는 대로 시청하기를 권한다.

한 가지 유의할 것은 생활의 여러 면들 사이에 조화가 중요하다는 점이다. 르윈 교수는 타고난 열정이 정말 강했던 것 같다. 그래서 젊은 시절 자신의 연구에 너무나 몰두한 나머지 가정을 제대로 돌보지 못하여 첫 결혼이 이혼으로 막을 내렸다. 그는 이것이 "나의 잘못"이라고 말했다.

이 책에 이탈리아 출생의 프랑스 수학자이자 천문학자인 조제프 라그랑주 Joseph Lagrange, 1736~1813 의 이름이 나온다. 그는 함수의 최댓값을 구할 때 쓰는 라그랑주방법 Lagrange's method 으로도 유명하다. 그런데 그 설명에는 '용돈의 비유'가 아주 적절하다. 학생들이 용돈을 받으면 여행,

영화, 맥주, 데이트 등에 쓴다. 그런데 이리저리 궁리하며 여러 모로 알뜰살뜰 쪼개 쓰는 이유는 한마디로 "주어진 용돈의 범위에서 최대한의 fun을 얻기 위함"이다. 수학적으로 말하면 fun은 여행, 영화, 맥주, 데이트 등을 변수로 갖는 다변수함수다. 그리고 "주어진 용돈의 범위라는 제한 조건 아래 fun이라는 함수의 최댓값을 구하려는 것"이 바로 '용돈 사용의 문제'다.

 이렇게 바꿔보면 이 책에서 설명하는 수많은 과학 현상들과 마찬가지로 딱딱한 수학 문제도 아주 친밀한 일상적 문제로 다가선다. fun은 인생의 여러 측면을 변수로 갖는 다변수함수라는 새 관점은 과학이나 축구는 물론 삶의 여러 면들에도 그대로 적용될 수 있다. 과학을 직업으로 하든 취미로 하든 어려운 점도 많고, 다른 여러 직업들에서도 책임감이나 성과 등의 부담들이 많다. 하지만 어디까지나 기본자세는 "참된 fun을 조화롭게 최대화하려는 노력"이라고 보면 된다. 르윈 교수가 마지막 장에서 강조했듯, 항상 새로운 관점을 찾으면서 즐거운 마음으로 나아가도록 하자. 그러면 어느 길을 가든 참되고 보람찬 창의적 성과가 한껏 꽃필 것이다.

2012년 봄,
향림골에서 고중숙

찾아보기

ㄱ

〈공기역학적 양력, 베르누이효과, 반작용양력〉 • 110
《천체물리 저널 레터스》 • 305
가상중력 artificial gravity • 85, 86
가우스, 칼 프리드리히 Gauss, Carl Friedrich • 222
가우스법칙 Gauss's law • 235
가이거뮐러계수기 Geiger-Müller tubes • 33
가이슬러, 벤저민 Geisler, Benjamin • 146
각운동량 angular momentum • 317
간섭(회절) interference(diffraction) • 139, 140
갈릴레오 갈릴레이 Galileo Galilei • 43, 44, 46, 67, 78, 79, 100, 184, 244, 245, 268, 385, 389
갈릴레오 위성 Galilean moons • 389
감마선 gamma rays • 258, 259
감마선천문학 gamma-ray astronomy • 199, 243
감마선 폭발 gamma-ray burst • 281, 300
강력 strong nuclear force • 29, 34, 58, 237
강자성 물질 ferromagnetic material • 216, 217
거대강입자충돌기(LHC) • 323, 324, 326, 366

거대잔여차원 이론 theory of large extra dimensions • 324
거스키, 허브 Gursky, Herb • 277, 306
검전기 electroscope • 211
게성운 Crab Nebula(M-1) • 272, 278~280, 313, 314, 318
게이츠, 빌 Gates, Bill • 8
계통오차 systemic error • 51, 52, 54, 57
고갱, 폴 Gauguin, Paul • 374, 378
고다드우주비행센터 Goddard Space Flight Center • 354
고등시각연구센터 Center for Advanced Visual Studies • 371
골드, 토머스 Gold, Thomas • 319
공명 resonance • 159, 160, 168~172, 174, 178~180
공명진동수 resonance frequency • 160~162, 168, 170, 172, 176
공명판 • 165, 166
공명현 sympathetic strings • 168
공명흡수 resonance absorption • 336
관성법칙 law of inertia • 62
관악기 wind instruments • 173~176

광도 brightness • 52, 53, 285, 314
광속여행거리 light travel time distance • 56
광자 photons • 271, 272, 293~295, 335, 336
광전흡수 photoelectric absorption • 294
《광학 Opticks》• 119
교류 alternating current • 199, 226
구동진동자 driven oscillator • 162
구리 copper • 216, 223, 224, 226, 227, 229, 243
구심력 centripetal force • 86, 87, 387
국가과학재단 National Science Foundation • 288
국제에너지기구 International Energy Agency • 258
굿스미트 새무얼 Goudsmit, Samuel • 305
궤도면 orbital plane • 48
그레고리, 프레데릭 Gregory, Frederick • 222
그레이, 스티븐 Gray, Stephen • 186, 187
그린, 브라이언 Greene, Brian • 40
그린들리, 조시 Grindlay, Josh • 350, 353, 360, 362, 363
그린피스 인터내셔널 Greenpeace International • 258
글래쇼, 셸던 Glashow, Sheldon • 40, 169, 237
글루온 gluon • 29, 169
금 gold • 25, 26, 216
금관악기 • 174
금성 Venus • 28, 53, 388
급속폭발원 Rapid Bursters • 356, 360, 361,
363, 364, 366
기계적 에너지 mechanical energy • 242
기압 air pressure • 92~107, 109, 110, 200, 284, 293
기압계 • 92, 95, 99, 100
기타 guitar • 112, 113, 119
길, 데이비드 Gill, David • 50
길버트, 윌리엄 Gilbert, William • 217, 218, 221
끈이론 string theory • 40, 167, 169, 375

ㄴ

나노미터 nanometers • 154, 271
나사(미국항공우주국)NASA • 43, 145, 274, 288, 292, 303, 354, 364
나폴레옹 1세 Napoleon I • 203
남극광 aurora australis(southern lights) • 219
남십자성 southern cross • 302
남십자자리 crux • 302
네덜란드천문위성 Astronomical Netherlands Satellite • 350
네온 neon • 310
《네이처 Nature》• 340, 360, 362
노벨상 • 33, 169, 257
농축우라늄 enriched uranium • 260
《누가 버지니아 울프를 두려워하랴?》• 178
《뉴욕타임스 New York Times》• 7

뉴제너레이션에너지 New Generation Energy • 263

뉴턴(힘의 단위) • 64, 78

뉴턴, 아이작 Newton, Isaac • 13, 28, 61~63, 76, 77, 79, 88, 117, 119, 120, 138, 184, 193, 210, 234, 236, 268, 344, 368, 379, 387, 388, 392

뉴턴의 법칙 • 13, 61, 78, 81, 88, 245, 379

뉴턴의 운동 제1법칙(관성법칙) • 79

뉴턴의 운동 제2법칙(힘의 계산) • 63~65, 68, 71, 74, 387, 391

뉴턴의 운동 제3법칙(가속) • 69, 72, 74, 76, 86, 110

뉴턴의 프리즘 실험 • 119

니켈 nickel • 216

ㄷ

다윈, 찰스 Darwin, Charles • 55

단진자 simple pendulum • 80, 81

달 moon • 21, 32, 50, 62, 66, 67, 76, 78, 156, 245, 268, 274, 275, 278, 279, 280, 321, 329, 333, 344, 390

달리바르, 토머스-프랑소아 Dalibard, Thomas-Francois • 240

대기광학 Atmospheric Optics • 126, 128

대류권계면 tropopause • 290

대마젤란운 Large Magellanic Cloud • 315, 316

대일점 antisolar point • 124, 131, 142

대전서열 triboelectric series • 185, 192, 195, 202

대통일이론 grand unified theory • 237

더블베이스 • 165

덧무지개 supernumerary rainbows • 138, 140, 141

데모크리토스 Democritus • 269

데시벨 decibels • 155

데카르트, 르네 Descartes, René • 117, 184

데커스, 다니엘 Dekkers, Daniel • 374

데커스, 리엔 Dekkers, Lien • 374

도플러효과 Doppler effect • 55, 321, 328, 334, 336, 340, 343

돌턴, 존 Dalton, John • 247

동극모터 homopolar motor • 229

동위원소 isotopes • 25~27, 31, 36, 259, 264

동행거리 co-moving distance • 56

뒤샹, 마르셀 Duchamp, Marcel • 378, 279

드가, 에드가 Degas, Edgar • 377

드랭, 앙드레 Derain, Andre • 378

등대효과 lighthouse effect • 318

디랙, 폴 Dirac, Paul • 379

디제리두 didgeridoo • 175

디코도바박물관 deCordova Museum • 147

ㄹ

라그랑주 점 Lagrangian point • 344, 399
라이덴병 Leyden jars • 221, 222
라이프니츠, 고트프리트 Leibniz, Gottfried • 184
랜드, 에드윈 Land, Edwin • 136
럼스펠드, 도널드 Rumsfeld, Donald • 51
레드스톤 미사일 Redstone missile • 32
레비트론 Levitron • 234
레빗, 헨리에타 스완 Leavitt, Henrietta Swan • 52, 53
레일리산란 Rayleigh scattering • 20, 21
로렌스, 앤디 Lawrence, Andy • 276
로스알라모스국립연구소 Los Alamos National Laboratory • 364
로시, 브루노 Rossi, Bruno • 29, 30, 32, 33, 157, 274, 277, 282, 285, 300, 305
로터 Rotor • 86~88, 196
로터리클럽 Rotary Club • 211
록히드 미사일 앤드 스페이스 컴퍼니 Lockheed Missiles and Space Company • 301
뢴트겐, 빌헬름 Röntgen, Wilhelm • 271
르네상스 Renaissance • 377
르누아르, 피에르 오귀스트 Renoir, Pierre-Auguste • 377
리드악기 reed instruments • 174
리브, 스티븐 Leeb, Steven • 14
《리얼페이퍼》 The Real Paper 》• 363
리치만, 게오르크 빌헬름 Richmann, Georg Wilhelm • 210, 211
리커, 조지 Ricker, George • 300
리코더 recorder • 173
릭천문대 Lick Observatory • 278

ㅁ

마라시, 로라 Maraschi, Laura • 354~356
마셜, 허먼 Marshall, Herman • 360, 362
마셜우주비행센터 Marshall Space Flight Center • 32
마이크로파 microwave radiation • 270
마이트너, 리제 Meitner, Lise • 52
마찰 friction • 39 159, 160, 168~172, 174, 178~180
마찰전기효과 triboelectric effect • 184
마티스, 앙리 Matisse, Henri • 377~379
만유의 이론 everything, theory of • 40, 169, 237
만유인력법칙 universal law of gravitation • 76, 77, 193, 386
말레비치, 카지미르 Malevich, Kazimir • 374, 379
망원경 telescopes • 20, 23, 47, 61, 143, 268~270, 280, 288~293, 297, 305, 314, 315, 333, 334, 37, 359, 360
매사추세츠공과대학교 MIT • 265, 280, 282, 284, 286, 287, 294, 300, 303, 306, 351~354, 359, 360~365, 369, 371, 372,

374, 381, 384, 385
매크러켄, 켄 McCracken, Ken • 284
매클린토크, 제프 McClintock, Jeff • 300, 330, 341, 358
맥스웰, 제임스 클럭 Maxwell, James Clerk • 223, 234~237
맥스웰방정식 Maxwell's equations • 235~237, 381, 382
맴돌이전류 eddy currents • 230
머딘, 폴 Murdin, Paul • 340
먼로, 마릴린 Monroe, Marilyn • 378
메가파섹 megaparsec • 57
메시에, 샤를 Messier, Charles • 278
메시에목록 Messier catalog • 278
메이올, 니콜라스 Mayall, Nicholas • 278
명왕성 Pluto • 85
모네, 클로드 Monet, Claude • 377
〈모자를 쓴 여자〉 • 378
모차르트, 볼프강 아마데우스 Mozart, Wolfgang Amadeus • 170
모터 motors • 162, 225~230
모터 만들기 • 227~230
목성 Jupiter • 77, 78, 317, 386, 388~390
몬드리안, 피에트 Mondrian, Piet • 375, 376, 379
무중력 상태 zero-gravity environment • 47 74, 75, 98
무지개 rainbows • 9, 11, 16, 20, 35, 36, 117~149, 335, 368
무지개 풍선 Rainbow balloon • 372

물갈퀴 paddle wheel • 185, 248, 249
〈물리학자의 눈으로 20세기의 예술을 살펴보다〉• 376
《물리학자의 특권》• 35
미국물리학회 American Physical Society • 302
미국의 과학과 기술 (ASE)American Science and Engineering • 32, 33, 274
미세블랙홀 micro black holes • 324, 325
미적분 • 322
미첼, 존 Michell, John • 322
밀러, 존 Miller, Jon • 330
밀레니엄다리 Millennium Bridge • 180

ㅂ

바데, 월터 Baade, Walter • 279, 308
바빌로니아인 • 167
바순 • 175
바이스코프, 빅토르 Weisskopf, Victor • 35, 246
바이에른과학아카데미 Bavarian Academy of Sciences • 221
바이올린 violin • 135, 152, 160, 163~169, 172, 174
반 고흐, 빈센트 Van Gogh, Vincent • 370, 377~379
반 드레벨, 코넬리스 van Drebbel, Cornelis • 105
반감기 half-life • 26, 259, 264

반데그라프발전기 Van de Graaff generator • 10, 203

반물질 antimatter • 264

반발력 repulsion • 186, 193, 195, 199, 221, 230, 232, 233

반자성 물질 diamagnetic materials • 216

반작용양력 reaction lift • 110~112

발전기 generators • 224, 236

발전효과 dynamo effect • 218

밧줄 rope • 82~84, 87, 161, 162, 248, 249

배음 harmonics • 162~164, 167~169, 174, 175, 177, 178

배터리 battery • 188, 222, 226, 242, 243, 291, 192, 335, 355

백금 platinum • 26

백남준 • 215

백색왜성 white dwarf stars • 286, 325, 340, 343, 345

백조자리 Cygnus • 277, 330

밴앨런대(帶) Van Allen belts • 28

밴조 banjo • 164

버사, 위트 Busza, Wit • 226

번개 lightning • 197, 198, 206~212, 221, 357

《번개 끌어내리기: 계몽시대의 벤저민 프랭클린과 전기 기술》 • 210

〈별이 빛나는 밤 Starry Night〉 • 377

베르누이, 다니엘 Bernoulli, Daniel • 109, 110

베르누이방정식 Bernoulli's equation • 109

베르누이 원리 Bernoulli's principle • 109~110

베비스, 존 Bevis, John • 278

베셀, 프리드리히 빌헬름 Bessel, Friedrich Wilhelm • 333, 334

베크렐, 앙투안 앙리 Becquerel, Antoine Henri • 379

베텔주스 Betelgeuse • 335

벨, 조슬린 Bell, Jocelyn • 52, 280, 317~319

벨라5 첩보위성 Vela-5 spy satellites • 350

벨라트릭스(아마존별) Bellatrix (Amazon Star) • 335

벨리언 Belian, R. D. • 350

별의 회전 stellar rotation • 312

별질량블랙홀 stellar-mass black holes • 330

병목 • 176

보강간섭 constructive interference • 139

보어, 닐스 Bohr, Niels • 379

보이만스 반 뵈닝겐 박물관 Boijmans van Beuningen Museum • 376

보일, 로버트 Boyle, Robert • 184

볼타, 알레산드로 Volta, Alessandro • 199

볼턴, 톰 Bolton, Tom • 340

볼트 volt • 198~200

부도체 insulators • 187, 191, 196, 197

북극광 aurora borealis (northern lights) • 30, 219

북극성 Polaris • 218

분자 molecules • 20, 25, 91, 135, 155, 188, 190, 200, 201, 208, 219

불가시천문학 astronomy of the invisibles • 334

불광 Buddha's light • 143

불확정성원리 uncertainty principle • 380

브라헤, 티코 Brahe, Tycho • 184, 268, 269, 389

브랑쿠시, 콘스탄틴 Brancusi, Constantin • 379

브렘슈트랄룽 방출 bremsstrahlung emissions • 272, 274

브로이, 루이 드 Broglie, Louis de • 379

브로켄요괴(원광) Brocken spectres • 143

브로턴현수교 Broughton Suspension Bridge • 179

브루노, 조르다노 Bruno, Giordano • 269

브루스터, 데이비드 Brewster, David • 137

브루스터각 Brewster angle • 137

브루클린다리 Brooklyn Bridge • 180

블랙홀 black holes • 13, 20, 35, 158, 272, 286, 300, 312, 313, 316, 319~330, 340, 341, 343, 345, 347, 353, 354, 362, 363

비스무트 bismuth • 216

빅뱅 이론 • 28

빛의 굴절 refraction of light • 119, 120, 123, 126, 369

빛의 산란 scattering of light • 20, 21, 136

빛의 속도 speed of light • 236, 327, 328, 380

빛의 파장 wavelength of light • 140, 154, 321, 327

빛줄기 분리 실험 light in split-beam experiment • 138, 139

빛줄기실험 Light Line Experiment • 371

빨간 요정 번개 red sprites lighting •

ㅅ

사그데프, 로알드 Sagdeev, Roald • 357

사상의 지평선 event horizon • 320, 322, 323, 326~329, 341

사이클로트론 cyclotron • 26

《사이언티픽 아메리칸 Scientific American》• 258

산소 oxygen • 25, 26, 157, 208, 210, 216, 219, 241

산화크로뮴 chromium oxide • 216

살람, 압두스 Salam, Abdus • 237

삼중수소 tritium • 25, 26, 264

상쇄간섭 destructive interference • 139

상음上音 overtones • 163

상자성 물질 paramagnetic materials • 216

상트페테르부르크 과학아카데미 St. Petersburg Academy of Sciences • 210

새턴 Saturn • 32

색소폰 saxophone • 174, 175, 177

샌디지, 앨런 Sandage, Allan • 339

샌포드, 빌 Sanford, Bil • 231

석유금수조치 oil embargo • 256

석유수출국기구 (OPEC)Organization of Petroleum Exporting Countries • 256

선글라스 sunglasses • 134~137

선형편광판 linear polarizer • 136

성간 거리 측정 stellar distances, measurement of • 52
성간매질(플라즈마) intergalactic medium 플라즈마 참조 •
성단 star clusters • 52, 78, 278
세잔, 폴 Cezanne, Paul • 379
세페이드변광성 Cepheid variables • 52~54, 57
《센트럴리언 애드보케이트》 Centralian Advocate》 • 299
셰이플리, 할로우 Shapley, Harlow • 53, 45
소련 Soviet Union • 357, 358
소리굽쇠 tuning fork • 135, 152, 153, 156, 160, 163, 168, 174
소마젤란운 (SMC)Small Magellanic Cloud • 52, 53
〈소형 별 엑스선원 Compact Stellar X-Ray Sources〉 • 366
소형형광등 (CFL)compact fluorescent lights • 263
손, 킵 Thorne, Kip • 341
수냐에프, 라시드 Sunyaev, Rashid • 357
수성 Mercury • 23, 386
수소 hydrogen • 25, 26, 157, 216, 264, 310, 336, 345, 346, 354, 361
수은 mercury • 26, 99, 100, 216
수준기자리 Norma • 277
슈뢰딩거, 에르빈 Schrödinger, Erwin • 379
슈바르츠실트, 카를 Schwarzschild, Karl • 322
슈바르츠실트반지름 Schwarzschild radius • 322, 325

〈슈바르츠쉴트 블랙홀의 여행〉 • 329
스노클 snorkels • 92, 101~105, 114
스리마일 섬 Three Mile Island • 262
스왱크, 진 Swank, Jean • 354
스카이랩 Skylab • 43
스칼렛, 밥 Scarlett, Bob • 365
스코트, 데이비드 Scott, David • 67
스타인, 레오 Stein, Leo • 378
스투켈리, 윌리엄 Stukeley, William • 76
스트라디바리우스 가문 Stradivarius family • 166
스트뤼켄, 페테르 Struycken, Peter • 372, 376
스티버, 낸시 Stieber, Nancy • 12
스파게티화 spaghettification • 329, 330
스파크 sparks • 186, 188, 197, 198, 200~203, 208, 210, 293
스펙트럼 spectrum • 55, 56, 257, 271, 281, 285, 304, 318, 335, 336, 342, 353, 354, 358
〈슬럼독 밀리어네어 Slumdog Millionaire〉 • 204
슬로언디지털스카이서베이 (SDSS)Sloan Digital Sky Survey • 24, 159
시공 spacetime • 320, 381
시리우스 Sirius • 50, 51, 53, 333, 334
시리우스-A • 333, 334
시리우스-B • 333, 334, 340
시차 parallax • 47~51, 55
시차각 parallax angle • 48, 49
시클로프스키, 조셉 Shklovsky, Joseph • 337,

338, 357
시클로프스키모델 Shklovsky model • 338
시타르 sitar • 168
실리콘 silicon • 258, 293, 310
싱크로트론복사 synchrotron radiation • 272
쌍극자 dipoles • 235
쌍성계 binary systems • 312, 318, 320, 330, 332~334, 336, 337~339, 341, 343, 344

ㅇ

아데노신 트리포스페이트 (ATP)adenosine triphosphate • 242
아리스토텔레스 Aristotle • 67, 117, 309
아마존별 Amazon Star • 335
아이스큐브(망원경) IceCube (telescope) • 270
아이오딘화나트륨(NaI) 결정 sodium iodide crystals • 293
아인슈타인, 알베르트 Einstein, Albert • 28, 35, 38, 61, 234, 236, 237, 320, 322, 323, 324, 379, 380, 381
아카데미어스 Academic Earth • 7
아폴로 15호 Apollo • 15 67
안개무지개 fogbows • 141, 142, 148, 368
안드로메다은하 Andromeda galaxy • 22, 47, 54, 55, 56
알루미늄 • 41, 106, 197, 216
암페어 ampere • 199, 204, 205, 231

암흑물질 dark matter • 24, 58, 78
암흑에너지 dark energy • 24
압력 pressure • 91~109, 112, 135, 157, 158, 207, 242, 309, 310, 311, 361, 383
압력계 manometer • 114
앙페르, 앙드레-마리 Ampere, Andre-Marie • 199, 221, 222, 236
앙페르법칙 Ampere's law • 236
애니스, 마틴 Annis, Martin • 274
약력 weak nuclear force • 34, 58, 237
얀스키, 칼 Jansky, Karl • 269
양성자 protons • 24, 25, 29, 64, 70, 157, 189, 190, 193, 219, 264, 310~313, 323, 324, 345
양자역학 quantum mechanics • 140, 335, 379, 380
양전하 positive charges • 186, 189, 190, 193, 195, 196, 198, 199, 235, 236, 312
어둠상자 camera obscura • 117
얼음 ice • 63, 93, 108, 141, 346
엄폐 occultation • 279, 280
에너지보존법칙 conservation of energy • 241, 247
에르그 ergs • 251
에반스 Evans, W. D. • 350
에베레스트산 Everest, Mount • 96
에코, 움베르토 Eco, Umberto • 376
엑스선 X-rays • 13, 30, 32~34, 39, 64, 154, 268, 270~273
엑스선쌍성 X-ray binaries • 286, 300, 360~362

엑스선천문학 X-ray astronomy • 13, 29, 31, 32, 39, 265, 270, 276, 277, 285, 302, 304, 365, 366, 385

엑스선폭발 X-ray bursts • 13, 286

엑스선풍선실험 X-ray ballooning • 284, 286

《엘러건트 유니버스The Elegant Universe》 • 40

엘리자베스 1세 Elizabeth I • 218

엠이론 M-theory • 40

열중성미자 thermal neutrinos • 313

영, 토머스 Young, Thomas • 138~140

오로라 auroras • 219, 220, 345

오로즈, 제리 Orosz, Jerry • 341

오르트, 얀 Oort, Jan • 286

오리온자리 Orion • 335

오바마, 버락 Obama, Barack • 257, 269

오버벡, 짐 Overbeck, Jim • 284

오보에 oboe • 164, 173, 174

오실로스코프 oscilloscope • 168, 169, 171

오차(불확실성) uncertainty • 4, 7, 38, 39, 41, 42, 44, 46, 50, 51, 55, 57, 58, 61, 83, 84, 389, 390, 392

오차상자 error box • 276, 277, 339

옥타브 octaves • 155, 158, 159

온실가스 greenhouse gases • 234, 261, 264

올비, 에드워드 Albee, Edward • 178

와인버그, 스티븐 Weinberg, Steven • 237

와트(단위) watt • 205

와프스트라, 알데르트 Wapstra, Aaldert • 27

완전한 장이론 complete field theory • 235

왕립학회 Royal Society • 76, 210

외르스테드, 한스 크리스티안 Ørsted, Hans Christian • 222, 223

외르스테드위성 Ørsted satellite • 219

우라늄 uranium • 242, 260, 264

우라늄-235(동위원소) isotope 235 of • 260, 261

우루 위성 Uhuru satellite • 341~343, 351

우슬리, 스탠 Woosley, Stan • 316

우주 space • 14~16, 23, 24, 28, 30, 32, 34~36, 43, 47, 55~58, 62, 66, 73, 76, 78, 79, 86, 88, 156~159, 164, 169, 170, 183, 265, 269, 270, 275, 281, 282, 289, 313, 317, 319, 321, 334, 342, 345, 368, 372

우주거리사다리 cosmic distance ladder • 55

우주론 cosmology • 35, 265

우주마이크로파배경복사 cosmic microwave background (CMB) radiation • 28, 281

우주선 cosmic rays • 30

우주연구소(소련) Space Research Institute, Soviet • 358

우주의 소리(음파) • 159

우주의 팽창 expansion of space • 381

운동에너지 • 219, 224, 242~246, 248~250, 253, 313, 321, 346

워싱턴산 Washington, Mount • 99

워홀, 앤디 Warhol, Andy • 378, 379

원광(브로켄요괴) glories (Brocken spectres) • 142, 143, 144, 220, 368

원반불안정성 disk instability • 363

원소 elements • 25, 26, 271, 310, 311, 313, 316, 335, 336, 365
원심력 centrifugal force • 87, 196
원자 atoms • 13 25, 160, 169, 184, 187~190, 193, 195, 208, 264, 308, 335, 336
원자로 nuclear reactors • 242, 260, 264
원자폭탄 atomic bomb • 260, 261
원자핵 • 25, 26, 29, 34, 38, 157, 160, 189, 190, 216, 260, 264, 272, 309, 310, 312, 313, 335
웨일즈, 칼 Wales, Carl • 141
웹스터, 루이스 Webster, Louise • 340
위성 satellites • 78, 351, 365, 389, 390
위치에너지 potential energy • 241, 244, 246
위튼, 에드워드 Witten, Edward • 40
유럽원자핵공동연구소 (CERN) European Organization for Nuclear Research • 323
유리무지개 glassbows • 146~148, 368
유성(별똥별) meteorites • 20, 22
유착원반 accretion disk • 286, 326, 345, 347, 356, 358, 363
〈유체역학 Hydrodynamica〉 • 109
유튜브 YouTube • 7, 19, 202, 233, 243, 319
은하 galaxies • 20, 22~24, 34, 35, 47, 52, 55~57, 156~159, 281, 286, 288, 295, 309, 313, 314, 319, 321, 322, 340
은하간매질 intergalactic medium • 20
은하수 Milky Way galaxy • 20
은하 지도 작성 프로젝트 mapping projects • 159

은하장성 Great Wall of galaxies • 24
음색 color (timbre) • 164, 177
음식 에너지 food energy • 254
음의 배합 note-pairing • 167
음전하 negative charges • 186, 189, 190, 192, 193, 195, 197, 199, 235, 312
음파 sound waves • 135, 153, 154, 155, 157, 158, 169, 171, 174, 207
이란 Iran • 259, 261
이븐 알하이탐 Ibn al-Haytham • 117
이산화탄소 • 241
이온 ions • 64, 190, 191, 200, 201, 294, 345
이중줄넘기 • 161
인력 attraction • 186, 193, 194, 196, 198, 221, 232, 310,329, 344, 386
일반상대성이론 general relativity • 322, 323, 381
일식 solar eclipse • 20, 117

ㅈ

자기 magnesium • 214~216, 221, 222, 235, 369, 381
자기력 magnetic force • 63
자기부상열차 (EDS)electrodynamic suspension • 232, 233
자기부양열차 maglev trains • 232~234
자기브렘슈트랄룽 magnetic bremsstrahlung • 272

자기장 magnetic fields • 28, 216~220, 222~226, 230~232, 236, 318, 345

자기현수열차(EMS)electromagnetic suspension • 232, 233

자석 lodestones • 214~218, 222, 224, 226, 227, 229, 232~235

〈자석과 자성체 및 지구라는 거대한 자석에 대하여〉 • 218

자연철학 natural philosophy • 167

자외선 ultraviolet radiation • 270, 271, 273, 315

자유낙하 free fall • 73~75, 329

자철석(산화철) magnetite • 216~218

작은 초록인 Little Green Men • 318

작은각어림 small-angle approximation • 81

적도좌표계 equatorial coordinate system • 352

적색편이 redshift • 55, 56, 321, 329, 336, 337, 340

적외선 infrared radiation • 154, 251, 257, 270, 273, 327, 359

전갈자리 Scorpio • 277

전구체 progenitor • 312, 315

전기 electricity • 14, 35, 67, 182~189, 192, 198, 199, 204~206, 208, 209, 212, 214, 216, 221, 224, 226, 232, 234~236, 242, 247, 253, 256, 258, 259, 261, 262~263, 294, 353, 355, 369, 381

〈전기와 자기의 신비〉 • 194

전기장 • 64, 198, 200, 201, 203, 206, 223, 235, 236, 357

자연선택 natural selection • 55

전도체 conduction • 196

전류 electric current • 190, 191, 199, 200~209, 212, 218, 222~231, 236, 247, 248, 294

전이 Shift • 375

전자 electrons • 25, 27, 64, 135, 157, 160, 169, 183, 187, 189, 190, 191, 193~196, 199, 200, 201, 216, 219, 221, 271, 272, 274, 294, 311~313, 324, 335, 336, 342, 345, 368

전자기(학) electromagnetism • 8, 14, 172, 203, 381

전파(라디오파) radio waves • 51, 280, 296, 318, 346, 359

전파망원경 radio telescopes • 339

전하보존법칙 law of conservation of electric charge • 186

절연체 insulators • 191, 197, 199, 202

정류자 commutator • 227

정수압 hydrostatic pressure • 95~97, 99, 104, 105

정전기 static • 182, 183, 185, 191, 197, 201, 221

제2무지개 secondary rainbows • 127, 130, 131, 149

제3무지개 tertiary rainbows • 131

제3소형천문위성 SAS-3 Third Small Astronomy Satellite • 351

제단자리 Ara • 277

제세동기 defibrillators • 204, 205

제임스1세 James I • 105

제트기류 jet stream • 290

젤도비치, 야코프 Zel'dovich, Yakov • 357
젱크스, 찰스 Jencks, Charles • 376
조석력 tidal forces • 329
조스, 폴 Joss, Paul • 361
조지 2세 George II • 211
존슨 Johnson, B. C. • 110
주드, 도널드 Judd, Donald • 376
주피터 미사일 Jupiter missile • 32
줄(에너지의 단위) joule • 199, 247
줄, 제임스 Joule, James • 247, 248, 249
줄의 발견 Joule's discovery • 248, 249
중력 gravity • 15, 38, 42, 58, 62~64, 66, 71, 73, 74, 77~80, 85~88, 92, 106, 107~109, 232, 233, 237, 243, 246, 309~312, 319~322, 328, 329, 341, 368, 381, 387
중력가속도 gravitational acceleration • 65~67, 82, 243, 245, 253
중력상수 gravitational constant • 77, 386, 388~391
중력우물 gravity well • 320~322, 327
중력위치에너지 • 243~246, 248, 249, 253, 346, 354, 356, 361~363
중력적색편이 gravitational redshift • 321, 327, 328
중성미자 neutrinos • 25, 169, 265, 312~315
중성미자망원경 neutrino telescopes • 270
중성자 neutrons • 25, 29, 189, 264, 279, 308
중성자성 neutron star • 20, 246, 272, 279, 280, 306~309, 311, 312
중성자중합압력 neutron degeneracy • 312

중수소 deuterium • 25, 264
중합중성자체 degenerate neutron matter • 312
지구 earth • 13, 20~23, 28, 31, 32, 48, 53, 57, 62, 66~68, 70, 73, 74, 76~79, 86, 88, 107, 108, 156~158, 190, 198, 199, 206, 216~220, 234, 243, 245, 257, 262, 274, 280, 296, 315, 317~319, 321, 323, 324, 329, 333, 340, 341, 343~346, 352, 353, 357, 386, 388~392
지구에서 달까지의 거리 계산 • 390
지구에서 태양까지의 거리 • 79, 389
지구온난화 global warming • 259
지구의 나이 • 57
지구의 밀도 • 392
지구의 질량 • 70, 178
지구의 질량 계산 • 344, 389~392
지구의 평균 반지름 • 391
지구의 핵 • 218
지아코니, 리카르도 Giacconi, Riccardo • 33, 274, 277, 343
지자기폭풍 geomagnetic storms • 220
직류 (DC) direct current • 226, 230
진공 vacuum • 67, 100, 153, 156, 157, 236
진동수 frequency • 153~178, 226, 270, 271, 285, 321, 327, 336, 346
진자(추) pendulums • 10, 80~84, 156, 160
진자의 주기 period of pendulums • 10, 82, 83
진폭 amplitude • 81, 83, 153~156, 160, 171
진화 evolution • 35, 47, 281, 312, 375
질소 nitrogen • 219

ㅊ

찬드라세카르 Chandrasekhar • 305
찬드라세카르한계 Chandrasekhar limit • 311
찬드라엑스선천문대 Chandra X-Ray
　Observatory • 315
채드윅, 제임스 Chadwick, James • 308
천문학 astronomy • 20, 29, 31, 33~35, 39, 43,
　46, 47, 51, 55, 78, 79, 246, 251, 265, 268,
　270, 272, 276, 277, 281, 385
철 iron • 153, 210, 216, 218, 310, 311, 313,
　316
철 핵 iron core • 313
청력계 audiometer • 155, 164
청색편이 blueshift • 329, 336, 337, 340
체르노빌 사고 • 262
첼로 • 163, 164
초끈이론 superstring theory • 40
초신성 1987A Supernova 1987A • 315, 316
초신성 supernovas • 13, 272, 278, 279, 286,
　308, 309, 311~316
초전도체 superconductors • 323~324
추, 스티븐 Chu, Steven • 257
축전기 capacitor • 222
츠비키, 프리츠 Zwicky, Fritz • 279, 308
측면공명 lateral • 180

ㅋ

카시니, 조반니 Cassini, Giovanni • 389
카우프만, 수전 Kaufman, Susan • 12, 116, 145,
　247, 287
칸딘스키, 바실리 Kandinsky, Wassily • 379
칼로리 • 248, 251, 252
칼륨-40 potassium-40 • 259
캥거루 잭 Kangaroo Jack • 298
케냐 Kenya • 342
케임브리지공군연구소 (AFCRE)Air Force
　Cambridge Research Laboratories • 274
케플러, 요하네스 Kepler, Johannes • 79, 184,
　268, 269, 388, 389
케플러의 법칙 Kepler's laws • 269
켄타우루스자리 Centaurus • 277, 342
코너 Conner, J. P. • 350
코로나방전 corona discharge • 208, 293
코르도바, 프랑스 Cordova, France • 365
코민스키, 린 Cominsky, Lynn • 359
코발트 cobalt • 216
코스모스 428 인공위성 Kosmos 428 satellite •
　357
코페르니쿠스, 니콜라우스 Copernicus, Nicolaus
　• 268
쿨롱(전하의 단위) coulomb • 193, 198
쿨롱, 샤를-오귀스탱 드 Coulomb, Charles-
　Augustin de • 193
쿨롱의 법칙 Coulomb's law • 193

쿨하스, 렘 Koolhaas, Rem • 376

쿼크 quarks • 29, 34, 169

퀘이사 quasars • 28, 281

퀴리, 마리 Curie, Marie • 379

퀴리온도 Curie temperature • 218

클라드니판 Chladni plates • 172

클라리넷 clarinet • 173, 174

클라크, 앨번 Clark, Alvan • 334

클라크, 조지 Clark, George • 20, 33, 34, 280, 282, 284, 294, 303, 304

킬로칼로리 kilocalorie • 251

ㅌ

타코마해협다리 Tacoma Narrows Bridge • 179

탄소 • 25, 241, 310

탈출속도 escape velocity • 321

태양 Sun • 30, 48, 49, 54, 76~79, 87, 117, 120, 121, 124, 145, 157, 207, 208, 219, 220, 257, 258, 268, 269, 273, 275~277, 279, 304, 308~314, 317, 319, 321, 322, 323, 325, 329, 330, 332, 340, 341, 346, 352, 386~389

태양계 solar system • 33, 157, 219, 220, 221, 274, 275, 347, 368

태양에너지 solar energy • 257~259, 355

태양풍 solar wind • 30, 157, 274

텅스텐 tungsten • 216

텔레프슨, 크리스티안 Tellefson, Christiane •

364

토르소스, 테리 Thorsos, Terry • 303

토리첼리, 에반젤리스타 Torricelli, Evangelista • 99~101

토성 Saturn • 389

토크 torque • 225~229

통일장이론 unified field theory • 237, 381

튜바 tuba • 175, 176

트럼펫 trumpet • 164, 174, 176

트롬본 trombone • 173, 176

특수상대성이론 theory of special relativity • 35, 380

특이점 singularity • 323, 329, 330

ㅍ

파라디스, 얀 반 Paradijs, Jan van • 359, 363

파스칼, 블레즈 Pascal, Blaise • 99, 184

파올리니, 프랭크 Paolini, Frank • 274, 277

파울리, 볼프강 Pauli, Wolfgang • 379

파이프오르간 pipe organ • 175

패러데이, 마이클 Faraday, Michael • 222, 223, 224, 236

패러데이법칙 Faraday's law • 230, 236

펄서 pulsar • 28, 52, 280, 281, 318, 319, 342

페더슨, 홀저 Pederson, Holger • 363

페르미, 엔리코 Fermi, Enrico • 379

페르세우스은하단 Perseus cluster • 158
페터슨, 래리 Peterson, Larry • 284
포도주잔의 진동 vibrating wineglass • 161, 170, 171
포유류의 대퇴골 mammalian femurs • 43, 44, 46, 384, 385
포트란(컴퓨터 언어) Fortran • 295
폭포 waterfalls • 124, 248
폰 브라운, 베르너 von Braun, Wernher • 31, 32
폴라로이드 회사 Polaroid Corporation • 136
폴록, 잭슨 Pollock, Jackson • 379
표피효과 skin effect • 209
〈푸른 줄무늬 The Green Stripe〉 • 377
푸른 제트 blue jet lightning • 212
풀리, 데이비드 Pooley, David • 13
풍력 wind power • 259
풍차 windmills • 259
프랭클린, 로절린드 Franklin, Rosalind • 52
프랭클린, 벤저민 Franklin, Benjamin • 185~190, 209~212, 221
프록시마켄타우리 Proxima Centauri • 49
프리드먼, 허버트 Friedman, Herbert • 277, 279, 280, 281, 301, 302
프리스틀리, 조셉 Priestley, Joseph • 210
《프린키피아 Principia》 • 77, 78
플라즈마 plasma • 157, 158, 190, 345
플랑크, 막스 Planck, Max • 379
플랑크질량 Planck mass • 325
플루토늄 plutonium • 264

플루트 flute • 35, 173, 174
피사로, 카미유 Pissarro, Camille • 377
피셔, 필립 Fisher, Philip • 301
피아노 piano • 154~156, 160, 164~166, 169
피에스타 도자기 Fiestaware • 260, 369
피엔, 오토 Piene, Otto • 371~373, 376
피카소, 파블로 Picasso, Pablo • 379
《피지컬 리뷰 레터스 Physical Review Letters》 • 305
피콜로 piccolo • 174, 195
피타고라스 Pythagoras • 167

ㅎ

하버드대학교 Harvard University • 40, 44~46, 52, 347, 350, 353, 362, 363
하얀 무지개 white rainbows • 141
하이브리드 차 hybrid cars • 188, 242, 243, 254
하이젠베르크, 베르너 Heisenberg, Werner • 379, 380
하프 harp • 163, 165
해군연구소 Naval Research Laboratory • 277
해밀턴, 앤드루 Hamilton, Andrew • 329
핵분열 nuclear fission • 52, 260, 264, 310
핵붕괴 초신성 core-collapse supernova • 309, 314
핵에너지 nuclear energy • 242, 259

핵융합 nuclear fusion • 264~266, 310, 316
핵폭발모델 thermonuclear model • 355
행킨, 마르코스 Hankin, Markos • 146, 231
행성간플라즈마 interplanetary plasma • 30
허블, 에드윈 Hubble, Edwin • 54~57
허블상수 Hubble's constant • 57
허블우주망원경 Hubble Space Telescope • 57, 265, 282, 342
허블의 법칙 Hubble's law • 56
허블초심역 Hubble Ultra Deep Field • 34, 366
헐시저, 로버트 Hulsizer, Robert • 14
헤르츠 hertz • 153, 271
헤르츠스프룽, 에냐르 Hertzsprung, Ejnar • 53
헤르쿨레스자리 Hercules • 277, 343
헤이즈, 존 Heise, John • 350
헤임즈, 밥 Haymes, Bob • 284
헨더슨, 토머스 Henderson, Thomas • 50, 333
헬륨 helium • 10, 26, 197, 260, 264, 289, 292, 310, 361, 371
현수교 사고 suspension bridge disasters • 179
혜성 • 20, 30, 278
호박 amber • 11, 183, 184, 190, 216, 221
호이겐, 크리스티안 Huygens, Christian • 184, 222, 364
호킹, 스티븐 Hawking, Stephen • 325, 341
호킹방사 Hawking radiation • 326
호프먼, 제프리 Hoffman, Jeffrey • 359, 362
홀극 monopoles • 235

화석연료 fossil fuel • 243, 256, 258, 261, 262
화성 Mars • 28, 39, 220, 317
화성기후탐사선 Mars Climate Orbiter • 39
황도면 ecliptic plane • 48
황소자리 Taurus constellation • 277, 278
회오리튜브 whirling tubes • 177, 178
회절(간섭) diffraction (interference) • 140
훅, 로버트 Hooke, Robert • 184
훔볼트, 알렉산더 폰 Humboldt, Alexander von • 334
휘도 luminosity • 52~55, 304, 314, 347, 350, 354
휘도주기관계 luminosity-period relationship • 53
휘틀, 마크 Whittle, Mark • 159
휴이시, 앤터니 Hewish, Antony • 52, 318, 319
흑체복사 blackbody radiation • 272, 335, 346, 361
흡수선 absorption lines • 335~337, 340
히파르코스위성 Hipparcos (High Precision Parallax Collecting Satellite) • 51

기타

2도영역은하적색편이탐사 Two-degree Field (2dF) Galaxy Redshift Survey • 159
BTU(British thermal unit) • 251
Cen X-1 (엑스선원 X-ray source) • 277

Cen X-2 (엑스선원 X-ray source) • 302, 304, 360

Cen X-3 (엑스선원 X-ray source) • 342, 343

Crux X-1 (엑스선원 X-ray source) • 302

Cyg X-1 (엑스선원 X-ray source) • 277, 301, 302, 330, 339, 340, 341, 345

Cyg X-2 (엑스선원 X-ray source) • 277

e-천문학자 e-Astronomer • 276

GX 1+4 (엑스선원 X-ray source) • 285, 344

GX 301-2 (엑스선원 X-ray source) • 285

GX 304-1 (엑스선원 X-ray source) • 285

HDE 226868 (초거성 supergiant star) • 339

Her X-1 (엑스선원 X-ray source) • 277, 343

JR Maglev 열차 • 233

M-1 • 게성운 참조

M31 • 안드로메다성운 참조

MXB 1636-53 (엑스선원 X-ray source) • 359, 363

MXB 1659-29 (엑스선원 X-ray source) • 352

MXB 1730-335 (엑스선원 X-ray source) • 356

MXB 1735-44 (엑스선원 X-ray source) • 359, 360

Sco X-1 (엑스선원 X-ray source) • 51, 277, 280, 285, 302~305, 337, 338, 342, 343, 347, 350

Tau X-1 (엑스선원 X-ray source) • 277

UFO • 296

V2로켓 V-2 rockets • 31, 32

W 보손 W bosons • 34

Z보손 Z bosons • 34

FOR THE LOVE OF PHYSICS